帝国之雩——18世纪中国的干旱与祈雨

帝国之雩

18世纪中国的干旱与祈雨

吴十洲 著

紫禁城出版社

序

欣悉吴十洲先生大著《帝国之雩——18世纪中国的干旱与祈雨》行将问世，遵十洲先生嘱，谨赘数语，以附骥尾。

吴十洲先生早先负笈南开，师从朱凤瀚先生问先秦史，由梳理典章制度入手而得治史门径。爬梳文献，会通经史，遂成《两周礼器制度研究》力作。其后，开阔视野，驰骋古今，多历年所学而再成《乾隆一日》大著。为乾隆一朝史事所独具研究价值的吸引，最近数年，十洲先生深入其间，左右采撷，精力尽在清代三百年历史中。好学深思，用力专一，终成此新著《帝国之雩——18世纪中国的干旱与祈雨》。

有清一代，高宗当政的六十年，凭籍其父祖奠定的雄厚国基，经济平稳发展，社会相对安定，一度将文明古国推向鼎盛。然而曾几何时，国库空虚，民怨沸腾，贪风炽烈，政以贿成，太平盛景倏尔之间已成万马齐喑。同经历工业革命的资本主义世界相比，此时的清王朝已经落伍太多，相去越来越远。落后就要挨打，落后就要遭人侮辱、宰割，这样的历史教训是何等的沉痛啊!

十洲先生的新著，试图从一个侧面本质地还原历史，探讨酿成历史的深刻根源，进而总结其间所蕴含的历史教训。一叶知秋，由小见大，此一小题大做的为学方法，祖武最是佩服。因之而东施效颦，敢唱同调，敬请十洲先生并诸位大雅指教。

陈祖武　谨识

2008年1月4日

目　录

前 言

一

谁说过，历史的事实，乃是心理学上的事实。这话好像只是说了一半。大凡历史进程中，所谓事实，不会不以丰厚的社会的与人文的精神元素作为根据。历史之所以生动，正是由于人们的心理因素造就了无数的具体的、偶然的事件，而这些“心理学上的事实”在历史的洪流中，最终还要按照某种指导思想出现。我们祖先的文化成就除了具有东方式的物质形态之外，同时复有独特的精神与丰富的思想。只是如此的精神现象在具体的历史事件或历史时期中并非是以整体形式呈现的，而是经常性地被演绎得支离破碎，这样，历史便以“心理学上的事实”呈现出来。

宗教是人类社会一种普遍的精神领域的人文现象，宗教的历史自始至终充斥着一种混杂不清的理念。尽管如此，在西方学者的描述中，中国人仍被认为是对宗教漠不关心，整个身心都投入到物质事务中，沉湎于生活乐感的一群人[1]。

1 参阅卫三畏：《中国总论》（纽约，1848年）第2卷，第367页。引自[美]M · G · 道森（Mary Gertrude Mason）著，杨德山译：《西方的中国及中国人观念（1840—1876）》，中华书局，2006年，第267页。

如此而言，那么，这本书中所展开的并非纪事本末体的乾隆年间的故事，也就可称作是一个心理学上事实的综合体。一个个亢旱的年份与反反复复地向神明祈求雨泽的场景，就像是一大堆非理性的错综复杂的情节片段和许许多多亦真亦幻的影像，而这次写作就是要收集那些散落在那一时期的相关行为与态度的历史碎片，汇聚整理，以供当今社会思考。

用历史学的眼光来看，宗教只有在退出国家权力结构的时候，才会更清晰地显现出其在历史中的意义。对于清朝的祭神体系，我们至少可以从三个相互联系的方面去认识。其一，纳入国家祭典的宗教，构成了清王朝国家公务的范围，在这样一个范围内，政治与宗教高度结合在一起；其二，清朝皇帝经常以天下生灵代表的身份进行宗教活动，这些活动使皇帝成为了百姓对上天的代言人，成为了祭典上的主祭人，其中有几位皇帝通过对宗教思想的阐释而成为了实际的宗教领袖；其三，国家级的宗教祭典，使满清皇帝在文化意识和价值观上与以往的正统文化传统保持了一致。应当着重指出的是，在这本书中出现的主角——乾隆帝，是一位拥有着满族血统的皇帝，而从他所主持的国家祭典的宗教角度来看，他所奉行的宗教精神与中原以往的正统文化没有丝毫的不同。

宗教之所以实现着人类的文化价值，根本在于，宗教是一种人类出于本性，企求超越世俗的现实社会，以追求精神价值之提升的精神超越。康德将“我可以希望什么？”作为哲学研究领域中设定的“宗教”问题[1]，这是由于宗教意识的本质就是“自然生命解脱而皈依于神之意识”。诸如：如何知道有神？神的信仰如何发生？神如何满足人的欲望或人生价值的要求？等等问题，都是继宗教意识之核心而引发的意识。对于宗教本质给予客观的理解，正面肯定宗教的价值，用同情的心怀去体会宗教的精神胜境，并在当代宗教思想家们所做的不同界定之间，给予乾隆朝的宗教精神与宗教意识以恰当的阐释，这些研究无疑是十分必要的。

宗教不外为人类提供了一个足以安置人生之心灵归宿的途径。但是，宗

1 参阅《康德书信百封》，上海人民出版社，1992年，第200页。

教所要安顿的不只是现实的人生，也不只是伦常之道的安排或现实文化生活的满足。然而，观察了乾隆年祈雨的祭祀过程就会发现，这一过程所表达的宗教诉求与前文所述宗教的本质精神似乎并不在一个层面上，这种不同反而更加激发了后人在这一研究领域的探索意识。清季，包括康有为在内的一些人提倡“保教”，梁启超则在1902年明确提出，“国必恃人以保之，教则不然。教者也，保人而非保于人者也[1]。”梁氏的论断说明了宗教所具有的真正价值。而当“迷信”最终成为中国旧有宗教的重要符号，宗教在中国即已丧失了其在旧有社会向新兴社会转型过程中所必备的精神价值。

祭祀是所有宗教行为中最为典型的一种。乾隆年祭天祈雨的史实更多地表现为宗教形式与政治行为的结合。当宗教的偏见、幻觉、信念、信条和原则与政治行为相连结时，宗教的体验便在一定的生存环境与社会条件下，在相对的物质条件和相应的社会关系的基础上，构成了一个变幻多端、交错纵横的精神过程，并通过奉行宗教仪式承受了人们的情感，而这也正是统治者的某些宗教行为的真实动机。为什么这一政治体系的决策人会把充满着偏见与幻想的宗教强加在某些个人或群体的情感之上，并让它成为全体民众的行为动机和出发点？答案就隐藏在社会的意识形态中，那便是在人们的思维方式中充盈着一种共有的情感和幻想，统治者于是借用某一部分人的心理过程诉诸于具有相同情感的所有人，并使其变成普遍性的社会情感。18世纪的乾隆帝就曾试图把祈神求雨的情感与观念升华为放之四海而皆准、俟诸万世而不惑的所有人的情感与观念。

我们知道，寻求历史因果规律的努力，是一种没有终极结论的认知过程。在这样一个具有社会人文科学意义的认识过程中，如果将类似于“常雩”的宗教实践仅仅视为迷信，那么也就不可能宽容曾经出现在如此宗教观念中的理性内核。如果这些宗教不可能被宽容，那么，围绕“干旱”而奉行的宗教也就不值得历史学与文化学去关注。拟或试图再现历史的真相，然而

1 梁启超：《保教非所以尊孔论》，引自张枬、王忍之编：《辛亥革命前十年间时论选集》，三联书店，1960年，卷一（上），第164页。

我们却远离了“德行焉求福，仁义焉求吉”[1]的时代精神，因此历史最终成为了当代人的历史认识。狄尔泰说过：“再现是靠两个因素：对环境或外部情境每一生动的想象都在我们心中刺激起一个再现过程，而幻想则能够加强或削弱我们自己生活联系中所包含的力量、感情和愿望的重点，从而使我们可以对他人精神生活进行复制。”[2]也就是说，如果我们没有足够宽容的胸怀去面对这样的已经逝去的宗教实践与精神，而是一味地将其视为糟粕，那么我们将不可能理解它所产生的历史和文化的背景。

一个完整的宗教意识是包含了解脱意识、虚己意识、超越真我意识和与崇拜皈依意识[3]。当人们从自然生命之物质欲望中解脱而出，并在虚己意识中让超越的“真我”呈现，就进入了神所引导的世界。当年乾隆皇帝奉祭圜丘之神圣存在的“崇拜皈依意识”是不容置疑的。在神灵面前，乾隆帝俯首降心，追求与神圣存在相连结，可见祈雨祭典是包含着情感与意志的精神活动。在此崇拜皈依的情操与意志中，自然生命被神圣、超越的生命所贯注而神圣化，成就了“宗教的再生”，这是宗教精神的核心，也是宗教生活的中心。在祈雨过程中，这些，乾隆帝都虔诚地完成了。

然而，无论乾隆帝的宗教过程做得如何虔诚，“雩”祭的思维世界并未完成超越自然神崇拜的心理历程。人们面对自然灾害所产生的内心恐惧，乃是由于推断自然灾害背后隐含着超自然的力量所引发的，并不是自然物本身可以成为人崇拜的对象，这代表着人的宗教意识并未从自然物宰制的封闭中解放出来。而“旱魃”在心理学上的事实正是如此，它所引发的恐惧，在那个时代几乎是无法克服的。而今天，随着人类对于自然世界的了解与控制，自然神的崇拜意识已被消解而蜕变为工具意识，即使再大的非人力所能控制的自然灾害，也难以唤起人们对于自然物的恐惧或崇拜之情，这就使我们在理解乾隆年间的“雩”祀时，面临一种情感上的障碍。

1《马王堆帛书易传》。

2 [德]威廉·狄尔泰：《对他人及其生活表现的理解》，《历史的话语：现代西方历史哲学译文集》，广西师范大学出版社，2002年，第11页。

3 唐君毅：《文化意识与道德理性》，《文集》第20卷，1958年，第479页。

中国人信奉的神与西方的神当然不一样。在西方人看来，神是一切圆满事物的观念上的造就者，而中国人的神至多是一切圆满愿望的精神托付者。西方人通常这样解释中国宗教中的奉神的目的与意义，“中国人不仅没有向神献上富有人性的祭品，而且对罪过也不做任何忏悔和弥补的表示。为讨得神灵的喜欢而奉献礼物，奉献的目的是自然的；中国人对赎罪的意义毫无认识。罪过是冒犯了人而不是神。神是中国人处罚别人的判官，犯罪者只要奉神和向神送礼物就能逃避神的惩罚。中国人因此贿赂他们的神。”[1]毋庸讳言，在中国人的信仰体系中，存在有某些消极的特征。

作为朝廷祈雨的奉祭——常雩，说到底是一种与古代农业生产方式相契合的政治文化现象。乾隆朝改“常雩”为大祀的史实说明，原本是骑射民族的满族统治者在入主中原之后，不仅全面接受了中原的农业生产方式，同时也接受并进而强化了中原农业文化的各个方面，其中表现突出的正是那些被纳入国家祭统的，有着显著农业文化特征的精神领域的最高形式——宗教。如古训所说：“夫圣王之祀也，法施于民则祀之，以死勤事则祀之，以劳定国则祀之，能御大灾则祀之，能捍大患则祀之。非是族也，不在祀典。”[2]那些被纳入正统祀典的神灵必定与国计民生密切相关，就满族统治者而言，这也正是人们所说的满族政权自身的汉化过程。

二

旱灾是人们经常经历的最为不确定的典型灾害性天候之一。旱灾持续的时间越长，这样的问题就越急迫——什么时候下雨？干旱什么时候才能结束？

如何评价旱灾与水灾之异同及其对于社会的影响，这似乎是个十分重要的问题。“量化与界定旱灾的主要困难在于它的不确定性，与一目了然的水

1 [美]M·G·道森（Mary Gertrude Mason）著，杨德山译：《西方的中国及中国人观念（1840—1876）》，中华书局，2006年，第267—268页。

2 《国语·鲁语上》。

灾截然不同。”[1]水灾持续的时间有一定的限度，这进一步凸现了水灾的时限性特征。洪水造成的灾难也许是非常可怕的，但当暴雨停止、洪水退去后，幸存者一般都能返回村庄，修缮或重建房屋，恢复日常劳作，有时甚至能够得益于洪水退去时泥土淤积形成的肥沃的新土壤层。旱灾发生和发展的方式与水灾大不相同，对于人们生活的冲击也是水灾所无法相比的。一般来说，确定旱灾结束的时间并不困难，但旱灾何时开始，却不好确定。实际上，干旱持续较长一段时间之后，就会演化成旱灾。《公羊传》桓公五年上有句话说：“大雩者何？旱祭也。然则何以不言旱？言雩则旱见，言旱则雩不见。何以书？记灾也。”意思是，“大雩”祭是什么呢？是因干旱而奉行的向天神祈雨的祭祀。那么为什么不直接说干旱呢？是由于奉行雩祭就一定是出现了旱情，而如果直接说发生了旱情，则不一定就会奉行雩祭。那么史书为什么会这样记载呢？这是因为干旱已经被确认成灾。由此也可以看出，干旱何时被确认成灾，会由于受到人们心理因素的影响而被延迟或提前。

在因旱灾引发的漫长的生存危机中，有产者会乘机扩张其土地占有量，从而加重了已有的不平等状况，这时经常能够起作用的机制是抵押借贷。在持续干旱引发饥荒的煎熬下，无奈的人们对当铺的需求骤然增加，这时，“当铺经营者就可以压低质当物的价格，并提高利息率——对他们来说，这是非常有利的机会。这种机会只有在严重并长期持续的灾害导致人口结构性的、且不可逆的穷困潦倒和财力耗竭时才会受到威胁”[2]。对于那些有能力囤积粮食的人来说，长时间的旱灾是大发其财的机会，任何有粮食和货币可供出借的人都可以利用价格上涨之机，投机贩卖，牟取额外利润。旱灾引发的饥荒给富人和穷人带来的结果相反，收入的差别越发扩大，一部分人通过借贷获取高额收入，而另一部分人则债台高筑。每逢遇到这样的生存危机，就会有人“指田为当”，这就势必造成越来越多被典押的土地因无力被回赎而被卖断，这种既便利又能廉价获取土地的形式，进一步加剧了土地所有权的过分集中，而这种不平等正是社会所有对立、冲突的根源所在。乾隆年的旱

1 [德]威廉·丹多：《饥荒地理学》，伦敦1980年，第11页。

2 [法]魏丕信：《18世纪中国的官僚制度与荒政》，江苏人民出版社，2003年，第29页。

灾就曾演绎了逐渐将社会财富的大部分集中于地主、社会精英与官僚手中的过程。

旱灾具有极强的不确定性，持续的无雨加剧了社会关系的紧张程度。历史上，人们常常认为旱灾是由某种超自然的力量造成的，甚至将之归罪于官府。譬如，常年干旱的甘肃、宁夏、青海地区，在清初曾是“水旱不收，盗贼蜂起”，“百里断烟，地不生禾”[1]的一派荒凉景象。乾隆四十六年（1781）甘肃苏四十三领导的农民暴动就将所谓“民不畏威，则大威至矣”[2]的悖论活灵活现地上演了。举事的第二天清晨，愤怒的新教信众杀死了朝廷派来的文武官员，夺取武器，乘胜进袭河州。至此，回民和撒拉族民众反对门宦制度的宗教之争，一变而发展成为反对清朝统治的农民战争，成为了中国人以宗教的形式反抗清王朝专制统治的大事件。

皇帝的祈雨活动也会显得异常诚恳。乾隆二十四年（1759），全国遭遇了一次重大的旱灾。大雩之典上的《御制祝文》，乾隆帝被迫自责，并悲鸣怨天，俨然就是再一篇《云汉》，吁嗟之声依稀可闻，兢兢焉，栗栗焉，焦心盼泽，迫切恳挚以哀吁天。其宗教意味之浓烈，几动天鉴，而迓天和。

皇帝为对付旱灾还会采取许多措施，包括下诏求言、清理冤狱、停理刑名、省刑宽禁和禁止宰杀牲畜等。乾隆五十七年四月，乾隆帝就以久旱“谕台湾及沿海各省详鞫命盗各案，毋有意从严”[3]。董仲舒的《春秋繁露》还提出了“令吏民夫妇皆偶处”，就是凡亢旱无雨，朝廷在庚子日里便令吏民夫妇同房，以取阴阳调和之意，等等。这些政务的背后都隐藏着一段天人之际的神交对话，其思想的中心正是儒家文化所秉行的那种“圆而神的智慧”与“温润而恻怛或悲悯之情”[4]的精神。

旱灾一旦发生，官方和民间就会经常举行各类祈雨仪式和祭典活动。随着干旱的蔓延，人们的不满情绪不断地滋生，民间宗教“经卷”中会一再

1 中央研究院历史语言研究所编《明清史料》丙篇，第8本，第757页。

2《老子》77章。

3《清史稿·高宗本纪六》卷15。

4 牟宗三：《为中国文化敬告世界人士宣言》，引自景海峰编：《当代新儒家》，三联书店，1989年，第9页。

出现一些有关劫难灾祸的预言性描述，告诉人们世界面临的是末日审判。这些预言正好符合了物质匮乏和生活极端不稳定的灾民社会的心理特征，生存恐惧逼迫灾民寻找超自然的力量并向其移情。更加糟糕的是，那些落榜的士子们假借儒家理念与预言的结合来宣泄不满，将"天人合一"的意识引入到亢旱与政务的因果关系中，把无雨与王朝的腐败、无能联系在一起。饥荒是饥饿恐惧的现实基础，"灾民恐惧"在经验世界最终表现为对神秘力量的迷信。清代，在平均一年多便发生一次旱灾的情形之下，人们的心理习惯性地为饥饿恐惧所笼罩，即使在丰年，饥饿恐惧仍然顽固地遗留在人们的记忆里，进而形成一种灾民心理状态。饥饿恐惧成为了一种心理结构，它超越了死亡恐惧。人们通过对大义名份和救世主以及"替天行道"之类召唤的移情，形成了新的此岸世界的偶像崇拜，最终酿成深刻的社会危机。此即一种"否定的宗教"。

亢旱、待雨的现实也赋予了中国官场特异的"忍"功。一种由上而下任命式的官吏晋级制度，又将如此官场作风演绎得愈加具有广泛意义。一方面，"官僚机构并不是帝王的工具，而是像越来越为人理解的那样，是一种牵制那种体现在皇帝身上的绝对权利概念的力量"[1]。也就是说，官僚机构与皇权之间，或在对权力的诠释方面存在有严重的分歧，如若不然，乾隆帝就不必为了灾情通报畅通、不致贻误赈救，"特颁谕旨，通行宣示，嗣后督抚等，若有匿灾不报，或删减分数，不据实在情形者，经朕访闻，或被科道纠参，必严加议处，不少（稍）宽贷"[2]。甚至说："朕宁使官冒赈，不使民枵腹也。"[3]这也从侧面证实了各级官僚中匿灾瞒报与"冒灾领赈"现象的存在。另一方面，官僚分配体制与儒家主导思想的双重作用，也使这一官僚机构在赈灾事务中处于一种相当有利的社会管理结构之中。

1 [英]雷蒙·道森（Raymond Dawson）著，常绍民、明毅译：《中国变色龙——对于欧洲中国文明观的分析》，中华书局2006年，第31页。

2《清高宗实录》，卷90。

3 徐珂：《清稗类钞·帝德类》之《高宗爱民》，第一册，第247页。

三

"常雩"，一种以皇帝为首的农业社会，为了兹年的丰稔而向天神祈求雨泽的国家祭典，清人入关前未有过这样的祭祀活动，而自顺治朝至乾隆朝，经历了由征服而治理农业社会的演进过程，乾隆帝为了天下谷实的丰登不仅制定了有利于农业生产的各项政策、措施，而且在精神领域，着意提升了"常雩"在国家祭统中的地位。以"常雩"为代表的农事祭祀成为国家最重要的祭典之一，应当说是一种文化转型的标志。这一变化不仅因于满族统治者对于农业生产方式认识的深化，而且也缘于大陆季风性气候为特征的农业地理环境的制约。乾隆七年（1742），山东道监察御史徐以升提出祭常雩设坛案，实际上，是汉族文人官僚集团以古制为题向乾隆帝"发难"，意在进一步确立中原农业文化的主导地位。这一年，礼部遵旨制定常雩礼典。对于乾隆帝而言，他也因此最终垄断了祈祷雨泽的祭神权。九年（1744），恰逢旱情，乾隆帝亲祈圜丘，践行常雩礼。十年（1745）初定常雩仪典。二十四年（1759），全国大旱，为此举行了乾隆朝唯一的 "大雩"祭典。乾隆帝虔诚地对天帝称臣，历数施政过失，感召甘霖，有清一朝祈雨祭神活动达到了极致。三十九年（1774），作为国家"大祀"的常雩仪典最终完备。然而，到了四十七年（1782），常雩祭典出现了严重的疏漏，并引发出一次官场风波，这似乎从一个侧面预示着"常雩"的衰落。此后嘉庆以下诸朝对常雩祭典虽仍予以极力维护，但从中似乎也可以看到这一政治文化现象的颓势。

由于清人入关前的生产生活方式以骑射为主，故未有雩祭的礼典。正是因为这样的原因，甚至在其入关以后的一段时间里，仍被认为是占据中原的夷狄。虽然西方人卢梭曾说，他"看不起中国人，因为他们的一切所谓美德都无法使其免遭被满族人征服的命运"[1]。但中华文化的自信本源于"在天圆地方说的观念下中国乃地理上恒久的世界中心"的认识。到了18世纪，即使

1 [英]雷蒙·道森（Raymond Dawson）著，常绍民、明毅译：《中国变色龙——对于欧洲中国文明观的分析》，中华书局，2006年，第93页。

一直持有“排满”意识的朝鲜知识阶层[1]也认识到“原为中华的明朝在中国大陆消失的情形下，只能以文化的标准论及中华，没有理由不以拥有其文化的地方作为地理的中华，而在此过程中血缘并不具有决定性意义”[2]，这种认识长期以来成为整个东方主流社会的一种共识。满族人在入关以后，其生产生活方式发生了根本性的改变，遂成为中华文化的主导，但其同时也清醒地认识到，中华文化的根基固然在于良好的制度、经济民生和物性器用之存在，然而须臾不可忽视的，还有“宗天宗祖”之精神依附。

顺治十四年（1657）夏，久旱无雨引发灾情，顺治帝始祷雨于郊坛，行祈雨之礼。当时还不会用汉字独立起草制敕的顺治帝躬诣圜丘祈雨，并在前期致斋三日。在皇帝的带动下，王以下陪祀各官，都致斋三日。官民人等咸衣浅淡色服装，禁屠宰。至期，顺治帝素服，行步祷礼，不设卤簿，不除道，不奏乐。不设配位，不奠玉，不饮福受胙。同时，遣官致祭方泽、社稷、神祇坛。史书记载，行祭礼毕未及还宫，大雨就下来了，顺治帝随即卜吉报祀圜丘、方泽、社稷、神祇，各遣官一人行礼谢神。这一年，朝廷定下躬祷郊坛仪节，皇帝行“三跪九拜”礼的典制。十七年（1660）五月，顺治帝以久旱祷雨，遣官分诣各坛虔祷如礼。

康熙九年（1670）夏，发生旱灾，谕诏百官修省，礼部祈雨。第二年，康熙帝亲自祷雨，自此躬祀祈雨成为常制。康熙十年（1671）四月，祈雨礼典均与顺治十四年（1675）的奉祭相同。

乾隆帝继承了顺治、康熙、雍正帝重农的政策与思想，在精神信仰领域的“祈雨”祭典活动的基础上，提升了“雩”祭在国家祭统中的地位（见附录），这种宗教崇拜在后来统一为雩祀，即为中原农业社会普遍认同的“能御大灾则祀之，能捍大患则祀之”[3]的圣王之祀。特别应当指出的是，“常

1 孟森在《明清史论著集刊》“皇明遗民传序”指出：“自朝鲜王朝实录公布于世，才得知朝鲜经过很长时间仍不背弃对明的忠爱、坚持视清为夷狄的事实。排满之说，在中国自明遗民之后消失已有200余年。清的权力消弱后出现过排满之说，然而朝鲜即使在清的鼎盛期，也并无一日放弃清早日灭亡的希望。”[台北]世界书局，1980年，第156页。

2 [朝鲜]宋时烈：《宋子大全》之《杂著 · 杂录》，卷131。

3《国语 · 鲁语上》。

雩”的设立是历史长期演化的结果，即偶发性的“祈雨”演变成了一贯性的“常雩”过程，也就是一个从“民则祀之”逐步演变为“圣王之祀”的过程，即皇帝最终垄断了祈祷雨泽的祭神权。

近年来，乾隆皇帝的宗教信仰问题得到了学者们的热议：乾隆帝是真的对某种宗教有信仰，还是仅仅是一种政治上的“做秀”？的确，在紫禁城的内外布满了繁多的皇家宗教场所，乾隆帝的寝宫——养心殿西暖阁后面就设有一处完整的藏传佛教佛堂，而像雨花阁、梵华楼这样的藏传佛教场所更有数十处之多。此外，在紫禁城中轴线上的坤宁宫，每天都要进行本族的萨满教祭祀。正北的钦安殿里还供奉着道教的玄武大帝，万春亭内供奉着关公……有学者认为，乾隆帝在诸多信仰中对于藏传佛教的热情更加灼烈一些，似乎已经超越了政治上的诉求。然而我们不禁要问，他本人执政的权柄又如何能从个人信仰的角色中超脱出来呢？这些问题抑或可以从乾隆帝祈雨活动的研究中找到答案。宗教一旦被纳入国家祭典，本身就构成了国家公务的范畴，皇帝践行的宗教活动就更不当看作是私人信仰，如同雩祀一类的奉祭，实际上乃是皇帝在以苍生的名义作天下的代言人。

四

透过繁缛的宗教仪典，深入地观察隐藏在其背后的，人们对世界的认识，才是真正有必要的关注。在过去人们的观察中，祈雨活动并非每次都是“灵验”的，即使是皇帝出面祈雨，也是如此。而由怀疑祈雨的灵验性进而诱发人们的探索精神，这样一个逻辑的过程没有在中国发生。人们的疑惑在神性与权力的高度结合面前被消损殆尽。这时，“尽管中国人已经发展了不少精致的哲学，但没有一种哲学使他们相信大自然的统一性。多神主义没有为大自然的统一性提供任何基础”[1]。

在那个东西方并未完全沟通的时代，来华的传教士们将西方物质成就

1 ［美］明恩海（Arthur · H · Smith）著，陈午晴译：《中国乡村生活》，中华书局，2006年，第131页。

与精神带到中国，16世纪末与17世纪上叶，西方在自然科学与技术的领域之外所获得的基督教的创造性的成就，还在于宗教道德精神与当时世俗社会上所流行的文雅态度的结合。这中间的每一个因素或许都是旧有的，但这种结合的本身则又是新颖的。17世纪伟大的新教运动将圣与凡合二为一，由于寺院中的虔诚生活一变而为入世，基督的爱得以逐渐融入日常生活经验之中的所有领域。然而，在充满着危机意识的《圣经》中，在耶稣那里却看不到任何对“粮食安全”的焦虑，看到的都是对大自然供给能力的无限信赖。可以想像，来华传教士在中国所必然遭受的巨大文化阻力抑或来自迥异于欧洲的干旱灾害，而18世纪欧洲的学术氛围对中国看上去似乎是异乎寻常的有利，一个“新的拥有令人瞩目文明的东方大国的发现，以及不那么引人注目的文明被那些养成了‘高贵的蛮族’思想的人的罗马化，对未受挑战的基督教优势地位造成了重大挑战，并赋予那些信奉自然宗教、反对天启信条的人以力量”[1]。从另一个角度来看，对中华文明意义的探究，恰恰给予了欧洲启蒙运动的倡导者以扩展视野、增进活力的契机。

来华传教士将基督的经文带到了中国社会，却并不能把宗教的道德精神与当地当时的世俗社会的现实诉求和生活态度相结合。怎样才能把欧洲文艺复兴的光彩带到东方，并将其高贵的理想实现于不断受干旱侵扰的实际生活中？回答是相当无奈的，中国文化的“早熟”[2]，使得基督教的价值系统丧失了在中国得以发展的必要条件。

来华传教士将一个以“泰西水法”为蓝本的人造水系工程完整地送进了中国宫廷，但是，却没有来得及告知：在当时的欧洲，通过制造精密机械来追求高效率，业已成为人们经济活动的中心原则，近代机器制造与批量生产因此成为可能。而科学技术的成功乃基于人在精神方面的进步要求，即如何提高人在社会生产与社会生活中的价值，体现人的尊严。然而，这一科学技

1 [英] 雷蒙·道森（Raymond Dawson）著，常绍民、明毅译：《中国变色龙——对于欧洲中国文明观的分析》，中华书局，2006年，第93页。

2 如梁瀨溟言：“中国则仿佛一个聪明的孩子，身体发育未全，而智慧早开了。”参阅《梁漱溟全集》第2卷，山东人民出版社，1989年，第285页。

术成品的引入却仅为18世纪的宫廷生活和艺术起到了锦上添花作用，并不曾被用于抗旱救灾的实践中，更不用说激发中国皇帝对于追求社会进步的事业的起码的想像力。

黑格尔说过：去寻找吃的穿的，然后天国会随之降临在你面前。以马克思和魏特夫为代表的“治水——公共工程派”的观点认为，东方社会公共水利灌溉工程的独特性对东方文化的生成具有重要意义（尽管马克思的主要分析对象可能仅仅是中亚干旱地区）。治水意味着需要巨大的公共工程，治水公共工程的统一和强制性管理产生了集权主义。问题是，干旱导致集权主义这一命题为马克思所不幸而言中了。可以说治水理论揭示了东方文化起源真相的重要特征，而东方文化并不仅仅生成于灌溉工程，而是还受益于防灾（不仅是防洪和抗旱）、救灾等工程以及对灾变事件的文化适应体制。假如按魏特夫的理论，为何并不以干旱为气候特征的华南地区未能建立起另外一种社会结构呢？这的确是令人深思的问题。

五

也就在18世纪的中国，乾隆时代——一个值得儒家文化夸耀的盛世，一个绚丽的时代，据说它的财富曾经占到了世界财富总量的四分之一到三分之一[1]。德国人马克斯·韦伯这样认识：自18世纪初叶以来，中国经历了如此巨大的人口增长，再加上贵金属储量持续增加，按照欧洲人的概念，不能不认为这是资本主义发展的绝好机会。尽管有那些有利的条件，还是没有出现资本主义的发展。[2]

韦伯引入论题的境遇与这里要讨论的历史问题恰在同一个时代，以至这本书的写作不能忽视他所提出的问题。18世纪初叶，正是乾隆朝出发的年代。韦伯质疑：中国农民的小块土地经营，日益确立着农村的面貌，小块土

1 [英]斯当东著，叶笃义译：《英使谒见乾隆纪实》：“中国本部（中央）的国家收入据说稍低于二亿两白银，折合英币是六千六百万英镑，也就是说，等于英国总收入的四倍，法国瓦解前总收入的三倍。”上海书店出版社，2005年，第488页。

2 [德]马克斯·韦伯著，王荣芬译：《儒教与道教》，商务印书馆，1999年，第115页。

地经营普遍化的直接后果是，社会生产力的分散和人们抗御干旱能力的低下。这里说的农村面貌，大概是指由小农经济带来的闭塞的社会结构与乡村生活方式。一种单一重复的生产方式在愈来愈深度地制约着人们的生活方式与价值判断，其负面现象，包括日常状态中的迷信、愚昧、肮脏、毫无公益意识的利己及狭隘的拜金主义等等。伴随着这些现象的祈祷神明的活动，非但未见昭明善性，反而是恶性的一面在广大人群中日渐蔓延。时异势易，在以一小块土地经营为特征的农业社会，人们在现实生活中开始逐步发现，其自身所具有的理性思考、认识事物的能力，才是支配命运的力量，尤其是在具有了“通过田野农业而获得无穷食物”的生产技能之后，虽然神化了的“主宰之天”依然高高在上，但“自然之天”、“情理之天”的意义已日渐突显。同时，由于灾异频仍，摆脱不掉的“神灵之天”在现实生活中仍然统摄和控制着人们的精神生活，只是以往的那种更广泛意义的神性信仰萎缩到了一种单一功用的祈福之中，进而导致了人们对神佑的迷信，同时，又造成了生活在这种状态下的人们的灵性陷于一种无所依凭的精神困境，人性的自私之恶便进一步膨胀。

韦伯又指出：在中国，牛的存栏数极少，人们很少宰牛（实际上只用于牺牲祭祀）。这里指出的是与农业经济密切相关的宗教信仰及其奉祭形式。简短的几句话所概括的宗教特征包括：农业社会中的牲畜养殖与畜牧业仅有极少的背景关系，同时仅仅使用牲畜作为祈神的牺牲，据说只有神格较高的神才有资格享用带有血腥味的祭品，即“牲告歆兮，惟恪”。这种情景在乾隆年的雩祀祭典中可以轻易找到。在乾隆帝的意识中，“……众志不齐，非神道设教其何以服天下哉？”[1]显然，此乃一种用牺牲告祭上天神明并利用宗教形式来积聚人心的政治用心，这与政教分离并把信仰与最新的科学成就协调起来的基督教精神当然不同。雩祀祭典，说到底就是将宗教、法律、礼仪、风俗都混淆为一体的“礼教”仪轨，不过是一些以传统为特征的几近静止的奉神规则而已，实际上并没有多少精神的东西。如此一种奉祭形式显示

1 《汉光武论》，《清高宗御制文 · 初集》卷3。

了18世纪中国宗教精神的落后。

另外，还可以从“经济学”的角度做出一些分析。畜牧业不发达，抑或会导致国库收入仅仅来自土地上收获的谷物，贸易活动势必很少。提供相关认识的还有亚当·斯密，他认为中国忽视对外贸易是愚蠢的，因为这样的贸易能刺激经济，改善穷人的境况。他把中国的富有同劳动者的贫困加以对照后写道：“长期以来，中国一直是最富有的国家之一，也就是世界上最富饶、最有修养、最勤劳的和人口最多的国家之一。”另一方面，“中国下层人民的贫困程度又大大超过了欧洲最穷国家的下层人民。”[1]财富的过分集中导致了中国社会经济结构中不合理因素的不断增加，包括社会分工与社会分配方面的悬殊差距，造成了劳动者的极度贫困，统治者则听任这样的现象持续恶化，而不采取务实的政策与具体的措施加以纠正。

韦伯还指出：“吃肉”是“身份高贵”的同义语（因为“吃肉”意味着分享牺牲肉食，这种权利属于“当官的”）。这里韦氏用“吃肉”，即一种通常的食物来区分中国的社会阶层，并突出了“当官的”独特的宗教权利及与之相联系的物质分配权利，由此揭示了18世纪中国社会分配制度中所存在着深度不合理性，即一般的社会群体只有在长期饥饿而濒临死亡的状态下才能分享到国帑的恩惠。一种宿命论的暗示，便经一个由层层官吏治理的中央集权制国家的中心传达出来，这一社会中官与非官的界限划分得过于分明，“吃肉”成为了壁垒在社会成员之间的“精神”高墙，信仰的危机实际上是人的尊严的危机，它导致社会成员不能相互信任，使得这个国家的各种非物质性资源涣散，犹如一盘散沙。

另一方面，那些以读圣贤书自诩，拼了命地从科举的管道挤入“食肉者”阵营的读书人，早已将经典上的词句变成了官样文书中的技术性修辞，且在行政的实际操作中将儒家的“廉耻”情操丢得一干二净。造成这种状况的根本原因在于，那些步入官场的儒生们终于发现，“为天地立心，为生民立命，为往圣继绝学，为万世开太平”的理想，在获取功名的同时即已幻

1 亚当·斯密：《富国论》，E.坎南主编，第一卷，第80—81页。

灭，政治权力的实施不再是“圣道”的体现，起着实际的作用是权力的威严，每位具体的操作者，不过都是“莫非王臣”一群人中的一员，没有什么独立人格可言，利用当下的权力捞取实际的物质利益，或沉迷于故纸堆，做个诸如“刀笔吏”式的官僚文人，才是实现自我价值的不多可供选择的人生途径。已被科举制框架限定的官僚文人集团与隶属的知识体系，既无诗化的激情，也无追求真理与正义的意识，在旱灾面前，信仰雩神的人们能否走出思想混乱的危机？乾隆时期的学术思想未能就社会本身的解救之道找到答案，也没有能够面向世界寻求改造社会的真理，最终形成了知识界“万马齐喑究可哀”[1]的局面。

乾隆年间，频发而冗长的旱灾，几近拖垮了朝廷的财政，进而动摇了官僚的遴选制度，朝廷开始卖官（捐纳）。捐纳之风本来从明以来就一直盛行不衰，乾隆中后期又出现了用捐纳之银赈济灾黎的主张。乾隆帝特意将“能事之藩司”王亶望调任甘肃任布政使，专门负责捐监事宜。原本旱灾频发的甘肃的各级地方官就此胡乱编造，报灾冒领，串通一气，操纵捐纳，使之泛滥，最终酿成了四十六年（1781）的一桩重大贪污案。捐纳让从正途考试、几十年却也得不上个官做的甲榜士子们陷入更加尴尬的境地，所谓保举也是百举不得一用，只有赈捐才来得比较快。大家为了做官、保官，苟且钻营，奔兢之风，有胜前代。有了官位，就可以发财，就可以成为“肉食者”[2]，以致“天下之吏未闻有以安民为事者，而赋敛之横，刑罚之滥，剥民膏而殃民命者，天下皆是”[3]。由此，政以贿成，国基动摇，自乾隆中期以降，大小民变不绝，便不足为怪了。

即使是存在着诸多计算问题，所谓乾隆年的经济指标在全世界占有领先地位或也是一件事实。实际上，乾隆帝的种种治理上的成就已经将帝国体制下的经济推向了极致，但社会政治体制的不合理与社会精神的缺失，却最

1 龚自珍：《已亥杂诗》。

2 出于《左传》庄公十年：公将战，曹刿请见。其乡人曰：“肉食者谋之，又何间焉。”刿曰：“肉食者鄙，未能远谋。”“肉食者”专指“当官的”。

3 刘蓉：《养晦堂文集》卷3，《致某官书》。

终成为数十年后清王朝陷入瓦解的重要因素——社会上的大多数成员未能公平、公正地分享到社会发展的政治的、经济的以及文化的成果。18世纪的中国经济强势最终未能转化为社会变革的动力，其关键并不在于财富的数量，而在于经济行为的“理性”成分与社会经济结构，以及与经济现象密切相关而最终起决定作用的政治制度、分配制度与社会精神等诸因素。最终，这个曾经富足的王朝陷入内外交困，被国人自己起来推翻了。

应当重申的是，试图用巫术去控制雨水是世界各民族中所普遍存在的一种现象[1]。一旦灾害性天气形成，人们首先想到并做到的便是祈祷。祈雨，作为一种宗教的祭祀形式，今天看来是那样的不堪，诚如一位叫约翰·格雷牧师的西方传教士所说：“他们的宗教是由各种迷信组成的。他们的政府在形式上或许是最易于滥用权力的——不负责任的——专制政体。”[2]更有孟德斯鸠指出，中国专制主义的特点在于家国同构。正如克尽孝悌既是治家的思想基础，同时也被转化为治国的统治精神一样，这一时期的宗教、法律、风俗、礼仪同样被混合在一起，且被道德化，如此一种精神在长期的发展过程中所形成的“内核”，对于我们民族历史的影响是长远的。关注它与政治、社会文化间的联系，正是探索乾隆年“常雩”历史的目的所在。

作者于雄风楼书斋

2007年12月1日

1 ［英］詹·乔·弗雷泽：《金枝》，大众文艺出版社，1998年，第95—117页。

2 格雷：《中国人民法律、时尚和习俗史》，两卷本，伦敦，1878年版，第一卷，第16页。引自［英］约·罗伯茨（J·A·G·Roberts）编著，蒋重跃、刘林海译：《十九世纪西方人眼里的中国》，中华书局，2006年，第2页。

1 干旱的梦魇

广袤的帝国，因少雨、无雨而干旱，因干旱持续而引发饥荒，赤地千里，民乱纷纭……这样的记录在历朝历代的史书中比比皆是。据统计，自16世纪至19世纪的400年间，全国受灾范围在200个县以上的大旱灾年份有八个，即明崇祯十三年（1640）、清康熙十年（1671）、清康熙十八年（1679）、清康熙六十年（1721）、清乾隆五十年（1785）、清道光十五年（1835）、清咸丰五年（1856）及清光绪三年（1877）[1]。其中乾隆五十年，全国有13省受旱，最终造成“十室九空，牛损七八”[2]的悲惨场面，人们只能以树皮草根充饥，流浪异乡，饿殍盈野，死者枕藉。《清史稿·灾异志》载，有清一朝，特大型旱灾的受灾州县为1188个，年均为6.09个。被灾波及了清政府的整个版图。可以肯定地说，旱灾的危害不仅大大超过了水害，而且，由于人类活动对自然环境的破坏，在这块土地上，旱灾的危害正在逐年递增。如果说，水灾挤压了人类二维的生存空间的话，那么，旱灾则是挤压了人类的一维的生存时间。随着干旱的延续，人们所受到的生存威胁将次第

1 国家统计局、民政部编：《1949—1995中国灾情报告·历史概况》，中国统计出版社，1995年。

2 《清高宗实录》卷161，乾隆十五年二月丁卯。

加大，到头来，深潭俱竭，湖井尽涸，人们将难以找到生存的出路。

“旱既大甚，涤涤山川。旱魃为虐，如惔如焚。”无助的人们“上下奠瘗，靡神不宗”[1]。人们在呼救中，绝望的情绪一天天地蔓延，祖先神像是脱离了神位，不能保佑，天神也像是横下了一条心，拒绝将福祉降临人间。为此，国家纲纪混乱，人心惶惶。对于无雨的恐惧犹如胆战心惊的人听到了天边的雷霆，最终化成了在黑暗中哀号的梦魇。

肥遗

梦魇其一。直到乾隆七年（1742），人们似乎还在寻觅能为百谷祈得膏雨的“雩宗”。在礼制俱备，会典载有躬祷之仪的乾隆朝，居然祈雨的神祇还未定位，这在干旱频仍的国度，是多么的不可思议……《山海经》也许是上古的一部童话。这么说的理由是，上古的先民们需要童话提供希望，这种希望或是真实故事不能提供的。各种灾祸不仅提供了现实生活中的恐惧，也提供了黑暗中的梦魇影像。现实中的恐惧在梦魇中被另一种恐惧所咒缚，而克服脱离了现实的恐惧需要的则是脱离了现实的冀望。与生存愿望相比，可怕的现实和有限的承诺往往成为了再度失望的体验，为了寻求一种有意义的心灵慰籍，先民们处心积虑……于是乎，上古童话诞生了。

《山海经·西山经》上说：“又西六十里，曰太华之山，削成而四方，其高五千仞，其广十里，鸟兽莫居。有蛇焉，名曰肥遗，六足四翼，见则天下大旱。”[2]“肥遗”是有翼有足的图腾龙，它在华山上鼓动翅膀而发威，它无情地将旱灾降临天下，以示亢厉。相传商汤自伐桀后，大旱七年。殷史卜曰：当以人祷……汤曰：……吾请自当，遂以己为牲，祷于桑林之社[3]。当

1 《诗经·大雅·云汉》。

2 《山海经·北山经》亦有相似文字：“又北百八十里，曰浑夕之山，无草木，多铜、玉，嚣水出焉，而西北流注于海。有蛇，一首两身，名曰肥遗，见则其国大旱。”至于“太华”，《尚书·禹贡》上说，它远远望去其形如花（华），这样有了西岳华山的名字。《山海经》说“太华之山”高五千仞，一仞八尺也，其高且险。今测出华山海拔高2160米。

3 《艺文类聚》卷12《殷成汤》，引《帝王世纪》。

《山海经 · 西山经》之肥遗（郝本）

《山海经 · 西次三经》之鼓（胡本）

时，人们用特化的龙（鼍）的原型——六足四翼的肥遗作为神祇来求雨，而到了后来，这肥遗反倒异化了，成为了天下大旱的标志。那么，《山海经》所提供的希望在哪呢？是“肥遗”的不出现吗？这似乎是童话故事的编造者所不甘心的。在《海外东经》中出现了一个小的神祇——“雨师妾在其北，其为人黑，两手各操一蛇，左耳有青蛇，右耳有赤蛇。一曰在十日北，为人黑身人面，各操一龟”。

《山海经 · 大荒东经》之应龙（胡本）

在中国人的宗教意识中，大凡那些只具备单一功用（无论善恶与否）的神祇，在神坛上一定是一个微卑而无足轻重的小神，也就是说它们的神功愈是做得专业，其神格在多神崇拜的宗教信仰体系中就愈低下。在多神的奉祭神系中，譬如“雨师妾”这样的小神，她似乎在“兴雨”的这条专门之路上走得过远了，以致于她的神位在“重、黎绝地天通”[1]之后，仅仅归属于巫觋。郭璞曾注解说：雨师谓屏翳也。《楚辞 · 天问》竟疑惑地问道：“蓱号起雨，何以兴之？”王逸的注释说：“蓱，蓱翳，雨师名也……言雨师号呼，则云起而雨下，独何以兴之乎？”《风俗通》说：玄冥为雨师。《左

1 所谓“重、黎绝地天通”，是说从此平民不再具有直接和天地之神沟通的权力，巫史有了专职，使过去“夫人作享，家为巫史”的社会状态为之一变。”

雨师妾
观察气象的龟蛇（龙）氏族图腾。

传》昭公二十九年载“水正曰玄冥”，“少皞氏有四叔，曰重、曰该、曰修、曰熙，实能金、木及水。使重为句芒，该为蓐收，修及熙为玄冥”。杜预注“二子相代为水正”。所说纷纭。今人《山海经注证》说，雨师妾盖亦国名，即如《周书·王会篇》有姑妹国矣。《焦氏易林》乃云：“雨师娶妇，盖假托为词耳。”王念孙说：“《御览·鳞介》上无‘妾’字。”袁注：“郭（璞）注亦只释雨师……确如郝云，是一国名……郝所谓《王会篇》有姑妹国，则当是姑篾国之讹。”雨师指东方勾龙观察上天气象的雨氏族，名字是妾。雨师是职务分工，同“十日”——观察太阳氏族有关，但分工不同。妾是女系首领氏族的头人[1]。妾氏族当是以观察雨为己任的一个古老聚落，其国在十日国的北面，他们肤色黝黑，以龙蛇为图腾。雨师妾的神格很低，以致后来郭沫若在《今译》中要这样发问：“雨师蓱号何以能够兴云雨，他的身子只像个蚕子？”这样弱小的雨师，何以去降服六足四翼的肥遗？更何况诸神的神职重叠，神系也很混乱，可谓是“神”浮于事，在如潮的祈雨运动中，这类小神频繁登场，简直就像是走马灯一样 。

上古的肥遗或以年代久远已为人所淡忘。现代考古学家李济则设想用“肥遗”这个名字，指称青铜器上当中是正面兽面，而左右都有较细长的身体向外伸展的纹样[2]。李氏否定“饕餮纹”而改用动物面的理由是，“其与自然界中存在的动物的关系不能明显地看出而需使用古文献里的神话中的动物名称来指称”[3]。他认定高本汉(B.Kalgren)和容庚将无身的纹样称为饕餮，

1 参阅郭郛：《山海经注证》，中国社会科学出版社，2004年，第656页。

2 李济：《殷墟出土青铜斝形器之研究》，《中国考古报告集新编》，古器物研究专刊第3本，1968年，第69－70页。

3 张光直：《商周青铜器上的动物纹样》，《考古与文物》1981年第2期。

是错误地将其作为“形容词”加到了本来有身的物件之上，这与《吕氏春秋》饕餮有首无身的说法相抵触，故而根据《山海经》“有蛇一首两身”而称之为“肥遗型”图案。不管饕餮是不是“肥遗”，看看商周青铜器上繁多的饕餮纹，大概任何人都不会怀疑它是一个在旱灾频仍国度中普遍存在的神话影像。这是一个天字号的悖论，“肥遗”即可以为人们带来霖雨，又可以给人带来干旱。风中的故事带来了千古的困惑。

需

梦魇其二。《易经》中的《需卦》记述的简直就是一场东方冥想式的梦。需，指的是降雨的天象，似乎可以定论。“需”或训为“濡”。综观《需卦》卦意，需，从雨，其本意当为濡湿之濡。诸如《需》卦的爻辞中的“需于郊”、“需于沙”、“需于泥”都应该是濡湿的意思。因此，需又是“濡”的本字。爻辞上的“需于血”，是说求雨之后，雨如期而至，而且下的很大，沟洫里都积满了雨水。“需于酒食”，是说向天供奉祭品，以息神怒，由此恢复平衡，扶正乾坤。天降了雨，所以用酒食欢饮而表示喜庆，故曰“贞吉”。

然而，“需”卦的蕴义远远不止如此。干旱给人们造成的苦难是渐进式的，干旱到底持续多长时间，难以预测。可以说，干旱较之其他灾异给人们造成的心理压力与困惑更为深重。《说文》上说：“需，遇雨不进，止。”意思是说，天上云中藏有雨而不下来，需，就是要等待。支持这一观点的孔颖达训“需”为待，似乎也因从“需”而为等待降雨。从这个意义上去理解，“需”的意义才通达[1]。

需，是《易》六十四卦中的第五卦，卦象是乾下坎上，乾阳在下，坎险在前。可释此亦天入水中之像也。需，须也。乾知险，故须四之五。坎为

1 对“需”的理解，历来就有分歧。《十三经注疏》孔颖达训为“待”。在《经典释文》中，陆德明引《序卦》之说，训需为养。高亨在《周易古经今注》中训需为“驻止”，李镜池在《周易通义》、《周易探源》中均释为“濡”。

孚，离为光，故有孚光。坎为云，云，在天上，云并不就是雨，云须时欲降，乾须时当升，三阳既上，二位天位，故亨贞吉。坎为大川，天为金，金水相生之物也。天出入水中，当有何损，而谓为不可乎？有人说，这是在阐述如何处理因饮食之争而引发的矛盾。其实这更像是因亢旱而等待降雨的过程，人们期待着将至而未至的，即可消除一切矛盾的甘霖。

“夫雨者，盖阴阳之和，而宣天地之施者也。”[1]人生下来就需要饮食，饮食来自庄稼，庄稼的生长需要雨水。《需》的卦象显示乾为天，坎为水，天上有雨就是下不来，卦辞所示似祈雨之象。“有孚，光亨，贞吉”，即心怀诚意去祈求上天，必然光大亨通，因此占卜的结果是吉祥。而“利涉大川”，似乎是说沿途能够排除险阻。《诗·小雅·大田》云：“有渰萋萋，兴雨祁祁。雨我公田，遂及我私。”是说乌云涌起，细雨绵绵，即下在了公田上，也下在了我的私田上。《需》的卦辞当是记录了在干旱之年，人群在不同地块上耕作的情形。乾隆帝说了，“梦虽无何有，而总不出于思，思者，情之远也，真人无梦，盖不牵于思也，然思有有涉者，有无涉者”[2]。

诸书解释“需”都说是“等待”，讲的是饮食之道，此意或许没错。从更深层的意义上来说，此卦揭示了三个问题：其一是，饮食要靠劳动，“需于郊”、“需于沙”、“需于泥”描述的当是在不同的田里集体耕作。种地要靠天吃饭，天不下雨，就只有等待。“以祈甘雨，以介我稷黍”[3]。雨旸不时，从君王到各级官吏，乃至平头百姓都要祈用酒脯醢，报如常祀，精加祈祷。再者是，饮食分配不均就会产生矛盾。“小有言”是发生了口角、争论，是否议论公田、私田分配的不均，就不得而知了。而乾隆帝说了：“均田之法，势必致贫者未富，富者先贫。我君臣惟崇俭尚朴，知愧知惧，使四民则效而已。”[4]乾隆一朝，由上而下地均田是没指望了。“致寇至”是矛盾进一步激化了，达到了白天公然抢夺的情况，并发生了械斗，流了血。这些矛

1 《埤雅》，卷19。(清)傅世洵辑《益雅堂丛书》。

2 《梦辨》，《清高宗御制文·三集》，卷10。

3 《诗经·小雅·甫田》。

4 乾隆四十六年冬十月丁酉上谕。引自《清史稿·高宗本纪五》。

盾在贫富不均的社会里是经常容易发生的，而有小民起来造反，这在于有兵的官家来看并不可怕。其三是，提出了一个解决问题的原则，“需、有孚、光亨”。君主还是要与人民交往，孚信于人民，这样才能给人民带来光明与亨通。《易》上说的“否之匪人，不利君子贞，大往小来”，即以君主为代表的官僚阶层高高在上，不与人民交往，致使社会封闭，天下混乱。

大凡水灾形成后，人们最为关注的是已发生的事；而旱灾形成后，人们最为关注的是尚未发生的事。日复一日，人们一直在等待下雨，人们总是在想，老天肯定是要下雨的，可是下雨的那一天一直没有到来……天神司命主雨，神祇已经临御，雨师已经上临，八神、六合，受命降雨的一刻终将来临……，祈雨就是这样一种煎熬般的等待，奉祭与诅咒的交替，希望与绝望的轮换。相传商汤在位30年，遭遇了整整持续7年的大旱，终有祷于桑林；周宣王时大旱5年，始有《大雅·云汉》之绝唱；乾隆八至九年，京畿大旱持续了660天……这就是“需”。《易》上说的下乾上坎，乾为天，坎为水，天上有雨就是不下，干渴饥饿的人们就只有等待，在等待中受煎熬。

乾隆十三年（1748）孟夏月，乾隆帝举行常雩礼已是第个五年头，他照例斋居，并作《雩祭斋居》诗。常雩之典被视为“圣训必躬亲，频年谨从事”的重要政务，他感慨道：“北方春旱多，率似成常例。龙见未届期，祈请先小祀。受宠宜若惊，此理无巨细。广殿引熏风，罘罳晃新霁，慰惧两相萦，要矣终年计。”[1]诗中表现了乾隆帝是时复杂的心情。“龙见”时节，如期的甘霖没有来，祈雨的香火早已点燃……，乾隆帝正在为春旱而焦心，这时大殿里吹进了和煦的东南风，门阙外的窗牖上映照着光风霁月，这是上天的恩惠？还是惩戒？一种慰籍与忧虑交织的心情让他久久不能释然，就像是摆好了酒席，在等待着应邀而迟迟未至的重要宾客。四十七年（1782），这一年72岁的乾隆帝或许真的是再也等不下去了，持续的无雨让他烦了，不然的话，他决不会口出此言：

1　《清高宗御制诗集·初集》卷40。自注曰：雩祭向未举行，乾隆八年始议，岁一举行，逮今凡五年矣。

慰言懒听云可待，蒿目殷怀叹若何？

（禾）苗而秀矣秀需实，十日为期五又过。[1]

越是高寿，乾隆帝“等”的功力则越高，最终达到了“其诚符我望，惟静候天恩”[2]的境界。这似乎折射出一种精神上的疲惫。等啊，盼啊，最后，人真的是给搞疲了。

打旱骨桩

梦魇其三。怎么说呢？这时的人们每遇旱灾，心理上的恐惧、恐慌，乃至神经上的高度紧张，其程度比较上古的人似乎更甚了。混乱体现在整个社会的精神领域，以至相当多的人神志混沌，自控能力也变得异常脆弱。乾隆年大学者纪晓岚的《阅微草堂笔记》“卷七”上讲有这样一则：

> 旱魃为虐，见《云汉》之诗，是事出经典矣。《山海经》实以女魃，似因诗语而附会。然据其所言，特一妖神魃则皆僵尸，掘而焚之，亦往往致雨。夫雨为天地之欣合，以僵尸之气焰，竟能弥塞乾坤，使隔绝不通乎者，一僵尸之伎俩竟能驱逐神物，使畏避不前乎？是何说以解之。

也许这会让人想起“打旱骨桩”的民俗。这是一种基于原始巫术，进而干起的盗墓勾当。《明史》记载山东民俗说，每遇旱灾，则掘挖新入葬的冢墓，残其肢体，称作“打旱骨桩”。这种民俗，有较复杂的生成原因和较特殊的流变形式。“打旱骨桩”的语源分析还难以有确定的结论，这样的做法抑或与古来以为死人骨骼与天气干旱存在着某种神秘关系的观念相关。《春秋繁露》说到当时民间求雨礼俗的主要程序，有“取死人骨埋之”。《神农

---

1 《雩祭进宫斋戒之作》，《清高宗御制诗集·四集》卷89。

2《题符望阁》，《清高宗御制诗·四集》卷34（丙申）。

求雨书》[1]也有相同的说法。

英国人类学家弗雷泽在《金枝：巫术与宗教之研究》一书中，引述了不同民族求雨习俗中遗留的与此类似的原始巫术形式。他写道，“有时，求雨巫术是用死尸来进行的。比如，在新喀里多尼亚，求雨者把自己全身涂黑，挖出一具尸体，把它的骨头带到一个洞穴里，再按人体形状连接起来，然后把骨架悬挂在一些芋叶上，用水浇洒骨架，让水流到叶子上”。“（俄罗斯）有些地区的农民一旦陷入旱灾的痛苦之中，便常去挖出喝酒醉死的人的尸体，把它沉入最近的沼泽或湖水之中”。甚至还有类似“残其肢体”的行为，“1868年，因长期干旱，出现了歉收预兆，塔拉申斯克乡的一个村子的居民挖出一具死尸……人群中一些人一面鞭打那具尸体或尸体残剩部分，一面在它的头部附近高喊‘给我们雨水’……”。中国求雨民俗中的“打旱骨桩”，可能与弗氏所记述的做法在原始动机方面有某些相通之处。看来干旱的生存恐惧牢牢控制了人们，此后由于灾变反复发生，中国人从未从生存恐惧中站起来过。生存恐惧导致的对强制力量（暴力与狡猾）的崇拜和对“神圣秩序”的强调，终使“国人格外惑乱，社会上罩满了妖气”。

明人杨循吉《蓬轩别记》写道：“河南、山东愚民，遭亢旱，辄指新葬尸骸为旱魃，必聚众发掘，磔烂以祷，名曰‘打旱骨桩’。沿习已久。”虽然明王朝已经下令禁止此风流行，清代法律也有严禁这种风习的条文，但是，实际上直到清代，这一旱时掘墓磔骨的礼俗在民间依然盛行。乾隆年，纪昀于《阅微草堂笔记》记载：“近世所云‘旱魃’，则皆僵尸。掘而焚之，亦往往致雨。”袁枚《子不语》中“旱魃”条也可见掘坟开棺，“获而焚之，足以致雨”的说法。然而因订立规则的人与被确定执行规则的人在利益上有着难以调和的悬殊差异，如此一种风俗真是屡禁不止。“旱骨桩”又作“旱孤桩”，直到近世，中原民间依然保留有这样的陋俗遗风。

---

1 引自《艺文类聚》卷100。

"无岁不忧旱"

梦魇其四。乾隆年间，旱灾频仍。据统计，各省区上报的各种灾害次数中，旱灾共251次，在各类自然灾害中仅次于水灾。其中全国性的大旱以四十三年和五十年为最。四十三年，甘肃皋兰等36厅州县、湖南湘阴等14州县、江苏上元等36州县被旱成灾，直、鲁、豫旱，湖北江夏等46州县大饥。四川大饥，"死亡相踵"。"饿殍盈道"，"立人市鬻子女"，"此岁凶荒为百余年仅见"。

京畿就处于半干旱区，这一带遭受旱灾的年份很普遍。明朝北京发生轻重不同的旱灾年份有157年，占其总年数的56.8%。清268年，京畿出现旱象的有161个年份，占总年数的60%。康熙五十七年（1718）农历二三月间，天时亢旱，麦苗渐黄，面对此情此景，康熙帝对大臣们说："京师初夏每少雨泽。朕临御五十七年，约有五十年祈雨。"乾隆帝也曾发出"十年九忧旱"和"无岁不忧旱"的慨叹。事实就是这样。明清时期，北京地区曾发生过连续数年、甚至十几年的春夏之旱。大旱之年，也曾出现过"赤地千里"、"河干井涸"、"二麦无收"、"禾苗焦枯"、"饿殍遍野"的惨象。就史书所载，乾隆年旱灾几乎是年年都有。本书附录表中所列旱灾事例还仅仅是这一事实的大貌，而不是全部。原因之一是，被旱成灾的界定即使在今天来看也不是完全清晰的，乾隆年间的统计资料更称不上完备，然而作为人文科学的研究资料，这些却已经足以让我们对乾隆时期的干旱形势下一个确定的判断了。

私吞赈款

梦魇其五。图腾时代的叛逆者——共工氏，以水师为名的管理水的官[1]，应是伏羲至太昊大联合时代的水利工程领袖人物的通名，分工主管北方的黑

1 《左传》昭公十七年服虔注：共工以水名官，春官为东水，夏官为南水，秋官为西水，冬官为北水，中官为中水。

龙氏，也曾以龙为公共图腾，以黑龙为标志。道家所谓北方玄武——龟蛇，其中蛇的形象便有共工氏的影子。《国语·周语》上说："昔共工虞于湛乐，淫失其身，欲壅防百川，堕高堙（堰）卑，以害天下。皇天弗福，庶民弗助，祸乱并兴，共工用灭。"所谓"虞于湛乐，淫失其身"大概就是今人所说的贪污腐败行为吧，共工氏因此最终落得个"断嗣绝祀"[1]的下场。

《四凶服罪图》

清代《钦定书经图说·尧典》载，讲的是图腾时代的四个叛逆者——共工、三苗、伯鲧、驩兜服罪的故事。

陈其元《庸闲斋笔记》记：江苏淮安府山阴县的一个儒学教谕，从自己所经营的准备发给灾民的赈济款中私吞了400两银子，在这之后，就不时地陷于昏迷状态，有一次竟几天昏迷不醒。当他醒来之后说，那些由于他侵吞了赈济银两、得不到救济而饥饿不堪的人们到城隍那里告了状，城隍要将他投入滚开的油锅里，只因他的儿子孝顺，以自残手指的方式请求宽恕父亲，城隍才允许他暂时回家，并让他"布告大众，以赈务之银，不可侵蚀"。而当说完这番话，这位儒学教谕就死去了[2]。这件事在南京地区广为流传。后来在官场上，如逢赈灾，上级官员就会以警示的口气告知下级官员："如果少有沾染，是从饥民口内夺食，损人性命，将来报应必在子孙。"[3]

但就在同一部书中也有一些相反的事例，那些在救济饥民时，没有恪守

1 《淮南子·原道训》。

2 陈其元：《庸闲斋笔记》卷5。

3《军机处上谕档》卷884，嘉庆二十一年（1816）闰六月六日上谕记：1810年甘肃省旱灾，总督那彦成语。

既定规章，干了伤天害理勾当的官员，却保持了良好的声誉，并惠及子孙[1]。前后二致，莫非是所谓的“下迨诙谐游戏之类，斐然可观”[2]所指吗？这明明是当官的与他们的附庸们将眼睛盯上了赈济饥民的救命食，黑透了心。自乾隆中后期，官场上的情况是越来越糟糕，吏政已经进入了一个不可逆的漫漫的黑暗时期。

乾隆四十六年（1781）抖了出来的甘省通省官员冒赈贪赃事，是通过违例折收捐监粮，捏造灾情冒充赈恤的手段，贪污巨额国家财产的惊天大案。在此案例中，自上至下各级官员贪污白银多则百数十万，少则数千。原任平番（今永登县）知县的何汝南在四十、四十一年（1775、1776）两年内办灾，放过赈银、赈粮共合16.3万余两，其中，虚报冒销白银5万余两，前后被总督勒尔锦派买物件银6千余两，王亶望索过银1.8万两，蒋全迪（兰州知府）索过银5千余两。又，原任狄道州（今临洮县）知州陈常办赈，申报需用白银3.9万两，王亶望、蒋全迪命虚报为6.3万两，浮开之银，王亶望得银1.2万两，蒋全迪得银1万两。此外，陈常在折捐银时，每名又多收银10两，共浮收银4万有余两，又被王亶望索去银1万余两，蒋全迪索去银1万余两。通计此案，装入私囊的赃款数额在数百两至十余万的州、县官，除业已亡故或在监、在押途中病故者之外，甘省百官上下中多达110员，其中婪赃2万两以上者近30人。一省官员冒赈贪污数额之巨，固为“从来未有之奇贪异事”，然而从此，州县官员贪污数万至十数万两、

官府大宴（19世纪欧洲铜版画插图）

1 陈其元：《庸闲斋笔记》卷11。

2 俞樾为《庸闲斋笔记》所作的《序》，同治十三年。

督抚受贿数十万两者，在乾隆中期以后已不再罕见[1]。

甘肃全省官员上下相蒙，相沿作弊，自三十九年（1774）恢复捐监，至四十六年（1781），外间早有风闻，而六七年之间竟无一名官员挺身举发，可见为官者皆具有共同之利益，特别是自督抚藩臬以至道府州县，上下百余名官员组成的一省贪污集团，更具有特殊的利益关系。为了维护共有利益，自然相互容隐，官官相护，彼此包庇。正如甘肃省通省官员冒赈贪赃案主犯王亶望被正法前的自供："我贪心重了，想上下合为一气，各自分肥，又令该道府等出结存案，希冀可以朦混，况有散赈可以借端掩饰，不至败露出来，所以大胆就做了这昧尽天良的事。"[2]

想也想得出，在这样一场享用国帑的饕餮大宴中，到场的人依官位高低次第落座，按人分食，大吃特吃，你吃我占，肆无忌惮，且窃喜自得，从容不迫，等到大宴散去，或弹冠相庆，或相约再来……，可他们吞吃的是嗷嗷待哺的饥民的活命钱，救命粮啊！官僚利益集团壁垒森密，官僚体制内的自我监督形同虚设，而圈外之人到那里去知情？所以贪官们做起这样保险的搂钱事来还哪管什么"天良"。

1 参阅郭成康：《18世纪的中国与世界 · 政治卷》，辽海出版社，1999年，第276—277页。包括：乌鲁木齐地方冒销库帑案，算不上特大案件，知县瑚图里亏空库银9万两、侵蚀银3.3万余两，知县窝什浑亏空银3.7万两，贿赂都统索诺穆策凌等3.1万两。该案除瑚图里、窝什浑之外，贪污入己赃款数额在数千两至3万两的州县官还有德平等7员。

2 《乾隆朝惩办贪污档案选编》第2册，中华书局，1994年，第1345页。

2 水何以属黑

无论这种意识是自觉，或是被动的，当色彩被认定为是一种文化性符号——一种品性，它就具有了文化象征与情感联想功能，亦即转化为启示某种观念的精神力量。乾隆年，在紫禁城内收藏有整整一部《四库全书》的文渊阁，屋顶上饰用的琉璃瓦有别于其他宫禁殿宇，那是一码的黑色。用一座木制的楼阁来庋藏满满一楼的纸书，人们当然有理由忧心于由火引起的灾难，设计者的意图在于黑色属水，用以克火。文渊阁三层楼房，仿宁波“天一阁”的规制，楼上通为一间，楼下分为六间，取“天一生水，地六承之”，这是在用意识上的“水”来克制物质形态的火。也许有人认为那是徒劳的，然而，这其中积淀有一个巨大的社会群体的观察、感受与表现，其份量真的很大。

反过来说，如《洪范》曰：“水曰润下。”水若不能润下，则为罹咎之兆。凡恒寒、恒阴、雪霜、冰雹、鱼孽、蝗蝻、豕祸、龙蛇之孽、马异、人痾、疾疫、鼓妖、陨石、水潦、水变、黑眚、黑祥皆属之于水[1]。这是一种用超越物种分类的想象与排列技巧来构建的神秘知性体系，整个共同体都确定一种特征具有效力，这就是起着主导作用的要素，一种色相——黑。这种行

1 引自《清史稿·灾异志一》。

为带有浓郁的巫术意味，它与物体似乎可以产生无数的感应联系。黑色作为一个"有机的实体"，导致了一系列文化符号的确立。这一"有机的实体"代表的是一种文化之中不同个体的总体意愿。对于所囊括的个体而言，除非认定这一色相所代表的即总体的意愿，否则它所体现的意愿就可能是另外一种东西。值得关注的是，依靠部分和整体的关系或偶然的接触而变为现实的巫术连续性观念，在这里，黑色已经归属于物体的精神特质的属性。

五行说中水属黑色

今天，人们会说，色彩来自于光，其实古人已经认知了。《易经》中就说：日月丽乎天，百谷草木丽乎土，重明以丽乎正，乃化成天下。《左传》昭公二十五年载，子太叔引子产的话说："则天之明，因地之性，生其六气，用其五行。气为五味，发为五色……"人们习惯于光线带来的感觉，直至晋人谢赫创"六法论"，其"随类赋彩"的定式也是相信视觉，然后就是赋予它"天不变，道亦不变"的定则。也许唯一的例外是黑色，因为无论有无光线，黑色亦即黑色。而在人们的日常观念中，黑色又与光线的感觉纠缠在一起，这为人们的思维模式注入了视觉认识，进而形成为一种惯性，遂成为共有的文化传统固定下来。

今天，人们在对另一个有着文字文明的民族——纳西族的古籍中所出现的黑白这两个色彩进行思考后，发现白代表神灵和善，黑则代表鬼怪和邪恶。这一总体的象征形式表现在宗教法事以及人、神、鬼和生活、语言词汇及文字之中。纳西族之所以视白为善，视黑为恶，归根结底是因为纳西族为古羌人后裔，而古羌人是崇尚白颜色的。以白为善与以黑为恶，还见诸于许多原始游牧民族的意识之中，哲学中的白与黑乃是对白色的昼与黑暗的夜的抽象[1]。同时，由于黑、白二色为终极性的颜色，因此常用来象征阴阳对立，乃至宇宙间一切相反的事物。鲁迅早在1908年就阐述了"伪士当去，迷

1 参阅杨福泉：《东巴经中的黑白观念探讨》，《东巴文化论》，云南人民出版社，1991年。

信可存"[1]的观点，从一般人看作是"科学"的对立面的"乡曲小民"们的"迷信"中看到了其可能性。另据维尔纳·道姆的描述，在古代两河流域的农业民族闪米特人的传说中，雨神原是一个年迈的神祇，据说，这样的神祇是不能有儿子或女儿的。然而，他威力无比，且极其富有，因此，他似乎就是闪米特人一神教的至高无上的神，其神格就像是圣经中的上帝或伊斯兰的真主。在接下来的民间传说里，一个年轻的神出现后就把这个年迈的神杀死了。这个新神的外表特征像是黑色的云——阿拉伯半岛南部暴风雨来临前的乌云。这种乌云的特点是来势汹汹，漆黑一片，使人恐惧，但它来得猛去的也快。乌云带来了汹涌的洪水，接着是威力无比的雷电，暴风雨过后，原来干涸的河谷里就开始流淌着雨水[2]。

当然，这时的乾隆帝更加热衷的，是在儒家经典中去寻找黑色的文化依据。

传承下来的圣贤之书上根据五行五色相配置的原理，拟定东为木，为青；南为火，为红；西为金，为白；北为水，为黑；中央为土，为黄。因此，有人说，位于东方的山常以青相称，位于南方的山常以红或赤相称，位于西方的山常以白相称，位于北方的山常以黑相称，位于中央的山常以黄相称。出于同样的原理，无论是江、河、湖、海、泉、潭、塘等，位于东方者以青相称，位于南方者以红或赤相称，位于西方者以白相称，位于北方者以黑相称，位于中央者以黄相称。当然你也会很容易地找出例外来。众所周知，《尚书·禹贡》谈到了在东方的兖州，说"厥土黑坟，厥田中下"。这是战国时人按当时土地开发程度，对全国九州土性的优劣所作的概略性判定。

《礼记·月令》将黑色赋予了冬月，称：孟冬之月，日在尾，昏危中，旦七星中。天子居玄堂左，北堂之西偏也。乘玄路，驾铁骊，铁色之马。载

1 鲁迅：《破恶声论》，《鲁迅全集》第8卷，第28页。

2 参阅维尔纳·道姆：《古代闪米特人的宗教》，Ursemitische Religiom，第42—44页。转自朱利安·鲍尔迪著，谢世坚译：《黑色上帝——犹太教、基督教和伊斯兰教的起源》，广西师范大学出版社，2004年，第34页。

玄旂，衣黑衣，黑深而玄浅，如朱深而赤浅也。服玄玉，食黍与彘，其器闳以奄。是月也，命工师效功，陈祭器，按度程，毋或作为淫巧以荡上心，必功致为上。物勒工名以考其诚，功有不当，必行其罪，以穷其情。“黑”有一群相近词汇，如：玄、皂、墨、乌、黝、骊等，这其中也有色调的变化，内容很丰富。

《左传》昭公二十九年上说：“夫物，物有其官，官修其方。……故有五行之官，是谓五官，实列受氏姓，封为上公，祀为贵神。社稷五祀，是尊是奉。木正曰句芒，火正曰祝融，金正曰蓐收，水正曰玄冥，土正曰后土。”接下来说：“少皞氏有四叔：曰重、曰该、曰脩、曰熙。贯能金木及水。使重为句芒，该为蓐收，脩及熙为玄冥。”杜预注：“二子相代为水正。”黑色表述的显然是形而上体系中完整的一支，详见下表：

《五色关系表》

色相	方位	五行	季节	神主	礼玉	五官	五帝（五帝之名）	配祭
青	东方，左	木	春	青龙	青圭	句芒	大皞（灵威仰）	伏羲
赤	南方，前	火	夏	朱鸟	赤璋	祝融	炎帝（赤熛怒）	神农
白	西方，右	金	秋	白虎	白琥	蓐收	少皞（白招拒）	金天
黑	北方，后	水	冬	玄武	玄璜	玄冥	颛顼（汁光纪）	高阳
黄	中央，中	土				后土	黄帝（含枢纽）	轩辕

在方位上，北与南相对，属水，色黑，神主是四象之中北方的龟蛇神，名叫玄武，玄亦即黑色。所谓开北门“肃杀就阴”之说也是以上一连串关联词中的一项。《楚辞·远游》“召玄武而奔属”，洪兴祖注：“玄武，谓龟蛇。位在北方，故曰玄。身有鳞甲，故曰武。”由鳞甲曰武，到甲胄为武，产生了玄武主兵之说，玄武门通常为北门。从汉瓦当图案看，玄武已然是龟蛇合体……如此符号，均在古老的形而上体系的表述之中。

求雨与黑色

董仲舒在《春秋繁露》中也将黑色指向了冬季的“求雨”，具体方法是：“冬舞龙六日，祷于名山以助之，家人祠井，无壅水，为四通之坛于邑北门之外，方六尺，植黑缯六，其神玄冥，祭之以黑狗子六、玄酒，具清酒、膊脯，祝斋三日，衣黑衣，祝礼如春。以壬癸日为大黑龙一，长六丈，居中央，又为小龙五，各长三丈，于北方，皆北乡，其间相去六尺，老者六人，皆斋三日，衣黑衣而舞之，尉亦斋三日，服黑衣而立之，虾蟆、池，皆如春。”[1]用黑色来求雨的做法当然不是原创，其稿本在于上古。“三代之礼一也，民共由之，或素或青，夏造殷因。殷尚白，夏尚黑。素即白也，青近于黑，不言白黑而言素青，变文耳。此类皆制作之末，举此以例其余，则前之创造，后之因仍，皆可知矣。”大夏又是如何崇尚黑色的？理由是什么？原来，夏后氏尚黑，禹以治水之功得天下，故尚水之色。

传说中的水神叫“玄冥”，他是少皞的儿子，叫做“脩”，又叫做“熙”，是水官。《礼记·月令》孟冬之月上说：“其帝顼颛，其神玄冥。”郑玄为此作注说：“此黑精之君，水官之臣，自古以来，著德立功者也。颛顼，高阳氏也。玄冥，少皞氏之子，曰脩，曰熙，为水官。”孔颖达疏曰：“脩与熙为玄冥，是相代为水官也。”

周代的雩祭用女巫，祈雨为以阴求明。汉代昭帝时，雩祭禁举火，祈雨用皂衣，祈晴用朱衣。晋穆帝时就采用后汉之礼，“雩”祭时舞童皆皂服，持云翳，歌《云汉》之诗，皂衣就是黑色的服装。梁武帝时以雩坛不当在南郊正阳之方，移之东郊，改播燎为瘗埋。后来魏武成帝时，雩旱，选技工端洁善讴者，歌《云汉》每列一章。又，《吴录》记载：“湘东郡新平县有龙穴，中有黑土，天旱，人共遏水渍此穴，辄雨。”为了祷雨祭龙，民间有在“中有黑土”的特定地方渍水求雨的习俗。至今，在苏州弹词《描金凤·玄

---

1 《春秋繁露·求雨》。

都求雨》的唱词中还有："人家门首还插了杨柳条[1]，有的还挂了黑色布旗。"黑色布旗与杨柳条一同，用于召唤水气，以解除天旱。到了乾隆朝，每岁巳月择日行常雩礼，奉祭规格如冬至郊坛之制。雩祀礼典，皇帝躬诣行礼，衣服、旗帜亦皆用皂色。

黑色的云

水究竟为什么被赋予黑色？从古人的角度来看，能观察得到的、比较确定的物象是云。人类学认为："这些看似随意的曲析和解释并不会导致可能的符号结构无限地膨胀。相反，我们已经注意到，在任何一个巫术体系中可供发挥生动想象的范围令人吃惊地有限。"[2]《周礼·春官·保章氏》上说："以五云之物，辨吉凶，水旱降丰荒之祲象。"郑玄注引郑司农云："以二至、二分观云色：青为虫，白为丧，赤为兵荒，黑为水，黄为丰。故《春秋传》曰：凡分、至、启、闭，必书云物，为备故也。"[3]黑色的云蕴藏着降雨的希望，因此说云色黑，辨为水。下雨是有征兆有规律的自然现象，"云气发于丘山"，"云散水坠，名为雨矣！夫云则雨，雨则云矣"！"云雾，雨之征也。夏则为露，冬则为霜，温则为雨，寒则为雪，雨露冻凝者，皆由地发，不从天降也"。这些认识既加深了人们对降雨这一自然现象的了解，又延展了对水气循环的思索。在这里，虽然人们对其所期望的结果非常明确——一场及时的雨泽，但却往往对其所期望的对象的特殊的规律不甚明了。因此，迷茫的人们将自己的精神力量转向云这一物体现象背后所蕴含着

1 《晋书·天文志上》："柳八星，……又主雷雨"。佛教在中国流传中，有一个中国化了的偶像——观音，这救苦救难的观世音，手持净瓶，瓶里的柳枝可洒下甘露。这些给人们以提示，借用柳枝表达祈雨的愿望。

2 [法] 马塞尔·莫斯、昂利·于贝尔著，杨渝东等译：《巫术的一般理论献祭的性质与功能》，广西师范大学出版社，2007年，第85—86页。

3 《左传》僖公五年："凡分、至、启、闭，必书云物，为备故也。""分"为春分、秋分，其日昼夜相平；"至"为冬至、夏至，其日或极长或极短；"启"为立春、立夏，春生夏长，阳气用事为启；"闭"为立秋、立冬，秋敛冬藏，阴气用事为闭。"云"指五云，即请白赤黑黄五色云气；"物"指风、气、日、月、星辰等。古礼，国君于二至、二分、四立之日，必登台观云物之象，以预测吉凶，书之于册，好早作相应之备。

的无穷意念，并最终将雨泽的期望演绎成为一种巫术。

汉乐府诗《歌黑帝》云：白日短，玄夜深。招摇转，移太阴。霜钟鸣，冥陵起。星回天，月穷纪。听严风，来不息。望玄云，黝无色。曾冰洌，积羽幽。飞雪至，天山侧。关梁闭，方不巡。合国吹，飨蜡宾。充微阳，究终始。百礼洽，万观臻。

你说，要下雨前的云为什么是黑色的？云的颜色预兆一定的天气变化，云的黑色是阳光透不过云体所造成的。谚语说："乌云接落日，不落今日落明日。"指太阳落山时，西方地平线下升起一朵乌云接住太阳，说明乌云东移，西边阴雨天气正在移来，将要下雨了。一般来说，如接中云，则当夜有雨；如接高云，则第二天有雨。"早上乌云盖，无雨也风来"，是说早晨东南方向有黑云遮日，预示有雨。早晨吹暖湿的东南风，温度较本地空气为高，形成上冷下热，水汽上升成云，再加上白天地面受热，空气对流上升，更促使云层抬高，水汽遇冷成水滴，从而可使天气出现不风即雨的可能。

《史记·五帝本纪》曰："治气以教化，絜诚以祭祀。"鬼之灵者曰神，鬼神谓山川之神也。是说颛顼践行祈雨时，用鬼神聪明，当尽心敬事，因制尊卑之义，以象天气，用云的变化和现象教化人民。"动静之物，大小之神，日月所照，莫不砥属。"故礼曰"降于祖庙之谓仁义"。能兴云致雨，润养万物，理四时五行之气以教化万人。

《黄帝内经》还提出了水分循环和形成云雨的理论。文中说"地气上为云，天气下为雨。雨出地气，云出天气"[1]。云是地气上升所形成的，雨是天气下降所形成的。雨虽然是从天下降，溯其本源，却是由地气上升所致；云，虽然是地气上升而成，究其根本，却又是天"气"下降的云所致。东汉王充也有相似的见解，他说："雨从地上不从天下，见雨从上集，则谓从天下矣，其实地上也。"[2]考古发现的最早的云图是马王堆三号墓出土的《天文气象杂占》和敦煌所出唐天宝初年的《占云气书》[3]。这两种云图都是因军事

1 《黄帝内经·素问》卷2。

2 《论衡·说日篇》。

3 刊于1979年10月《中国文化》。

需要而用于占卜气象吉凶的。

无独有偶，在古巴比伦的“安抚众神心灵”的祭祀上，在吉日的黎明时分，祭司要宰杀一只黑公牛：公牛被牵进神庙之后，祭司割断公牛的喉管，砍下它的头。这条文献最后把一杀戮场面和突然而来的倾盆大雨联系起来[1]。在摩洛哥，庄稼没有收成常常是因为气候干旱。有一个部落为了求雨，围着清真寺或神龛走三圈，宰杀一只绵羊或山羊祭祀。通常，求雨祭祀时所用的畜牲都是黑色（特别是黑色的母牛），原因是这些黑色祭牲看起来像下雨前的乌云[2]。众多的古代农业社会的人类学资料证明，“任何人都想起那用奉献黑色的牺牲，去求雨的情景时，都相信它们是象征着雨云。‘它是黑色的，因为那正是雨的本质。’”[3]看来特定的物体品性的观念在一定程度上的确体现了一种力量，体现了巫术的因果关系。

再说水的副神——雷电之神。《山海经·海内东经》：“雷泽中有雷神，龙身而人关，鼓其腹，在吴西。”多种史籍中都记载雷神为龙身人头，说明历史上龙曾被奉为雷神。分布在内蒙古呼伦贝尔盟和黑龙江讷河县的鄂温克族人认为，雷神是龙。传说中的天上有一条龙，龙身上的每一个鳞片，都盛有一百担水，它身上有数不尽的鳞片，下雨就是神龙鳞片洒下的水滴。

神江疑

清同治庚午年（1870）夏，大旱，有人自滇南至京师，以手钞《木郎咒》一帙，示汉军宗啸吾司马山，盖楚汉祈雨多持此咒也。一时间信众云集。此人神兮兮地宣称：祈雨须分四时……。

其咒语，想必也不是空穴来风，此咒云：

1 参阅引自[英]朱利安·鲍尔迪著、谢世坚译：《黑色上帝》，广西师范大学出版社，2004年，第67页。

2 [英]朱利安·鲍尔迪著、谢世坚译：《黑色上帝》，广西师范大学出版社，2004年，第139页。

3 [英]詹姆斯·乔治·弗雷泽著，徐育新等译：《金枝——巫术与宗教之研究》，中国民间文艺出版社，1987年，第102－103页。

“干晶瑶辉玉池东，盟威圣者命青童。掷火万里坎震宫，雨骑迅发来太蒙……流精郁光奔祝融，巨灵太华登云中。墨旝皂纛扬虚空，掩曦蒸雨比云浓。阏伯撼动昆仑峰，幽灵翻海玄冥同……雷电吐毒驱五龙，四溟叆叇罗阴容。一声四海改昏蒙，雨阵所至川流洪。金光流精斩旱虹，洞阳幽灵召丰隆。玉雷浩师变崆峒，虚皇泰华扫妖爞……，勾娄吉利炎赫纵，登僧泽颐悉听从。织女四歌心公忠，转我救旱助勋隆。”[1]

其中“墨旝皂纛扬虚空，掩曦蒸雨比云浓”两句，说的正是用下界的黑色旗物来感召上天的乌云，并汇集雷电诸神“转我救旱”，最终的诉求是，大沛甘霖，解民间旱情。

山西右玉宝宁寺水陆画《往昔儒流图》
宝宁寺内原藏明代以前的水陆画136幅，据传此画是朝廷敕“为生民造福”的，现藏于山西省博物馆。由于水陆法会所供奉的神鬼众多，远远超过了寺院中平时固定供奉的佛、菩萨、罗汉。因此在祭奉时，便有必要把所祭奉的所有对象画出来，接受礼敬。

1 《清稗类钞·迷信类》。

3 皇帝也呻吟求佑

乾隆帝也有着重情谊的一面。十三年（1748）三月十二日，他心爱的皇后富察氏病逝于南巡的路上，他无论如何无法接受与自己恩爱22年的贤妻就这样与他永远阴阳两隔的事实，深深感受到一种从未经验过的锥心刺骨的痛楚。乾隆帝为逝去的皇后举行了空前隆重的盛大丧仪，并且，基于这个原因他竟没有参加当年的常雩祭典。为此他还作了《常雩之祭，岁每亲行，适以后丧未过百日，遣亲藩恭代行礼，瞻望南郊敬成六韵》诗，云：

失配心诚痛，勤民志敢移？
徒因丧未释，遂致祭如亏。
静念相遭故，明为引慝时，
东郊况需泽，首夏已过期。
麦陇嗟无及，禾田难再迟，
瓣香[1]伸叩吁，额手望恩慈[2]。

---

1 佛语。犹言一瓣香。［宋］陈若水·《沁园春·寿游侍郎》词：“丹心在，尚瓣香岁岁，遥祝尧龄。”《红楼梦》第114回道：“昨日知老太太仙逝，谨备瓣香至灵前拜奠，稍尽微忱。”

2 《清高宗御制诗集·二集》卷4。

在这首诗里，乾隆帝的哀叹之声依稀可闻，丧妻的痛楚与求雨的忧怨交织在一起，身为人主不当以私情为念，但内心的悲痛难以抑制，作为皇帝他有普惠天下的责任，雨泽，对于天下的农事来讲又是何其至重。虽然是遣派亲藩，前往致祭祈雨，但他还是放心不下，必定“麦陇嗟无及，禾田难再迟”！他只有默默地求助神明，救救天下人，也救救他自己。

夏历四月，黄昏的东方苍龙星开始出现时，便是万物蓬勃发荣之时，也是五谷待雨水而蕃长之际，因此人们确定当在此时行祈雨之祭。雩祭即为求雨的祭礼仪典。据《吕氏春秋》说，商克夏，得天下后，七年不雨，汤王乃以身祷于桑林，还剪发，割爪，自以为牺牲，用祈福于上帝。近代学者江绍原写了一本《发须爪》[1]，是关于头发、胡须、指甲三样人体细物的宗教信仰和风俗的研究。他发现，发、须、爪在古代先民的心里极尊贵，被看作是人身上最神妙，最富有生命和精力的东西。这个发现，解开了汤祷桑林之谜。汤祭祀上帝时，是用自己的头发、指甲作祭物来替代肉体以告祭上天之神，从这一传说中可感受到汤以六事自责，自为牺牲，躬祷求雨，以回天意的虔诚与肃艾。

吁嗟请雨

成汤之前或没有祈雨祭仪，或尚未见诸记载，怕是那时还没有进入农业社会。而商后期的情形则大为不同，殷墟甲骨文已见“雩”之祭名。按说周族确是个农业部落，因为从周代起便有了详备的“舞雩”记载。《周礼·地官·舞师》称，舞师“帅而舞旱叹之事”，郑玄注：“旱叹之事，谓雩也。”叹，这里指哀婉的叹息。另有《稻人》云“旱唤，共其雩敛”[2]，郑玄注：“稻人共雩敛，稻急水者也。”旱叹，旱唤，一也。稻人应是征敛国家之雩祭财用的助祭小吏。《诗经》中就有“中谷有蓷，暵其乾矣。有女

1 江绍原：《发须爪——关于它们的迷信》，上海开明书店，1929年。

2 为求雨所征敛的财用。

仳离，嘅其叹矣”[1]。讲的是，遭旱年饥馑，日以哀薄，最终家室相弃，为此妻子发出缠绵悱恻的哀叹。“旱叹”就是因遭亢旱而在祭祀时发出叹息之声以告神。雩祭的场所称为“雩宗”。《礼记·祭法》上说：“雩宗，祭水旱也。”郑玄注：“雩之言吁嗟也。”唐人孔颖达疏：“雩，吁嗟也，水旱为人所吁嗟。”《谷梁传》定公元年上也说：“雩者，为旱求者也。”《尔雅·释训》的解释是：“舞号，雩也。”《疏》中说：“雩之祭有舞有号。舞者吁嗟而请雨。”可知，古代雩祭有舞，故称舞雩。“舞”者，为求雨者模仿龙出水和蜿蜒行云的模样；“号”者，则是向上天发出呼声；吁嗟，就是的集体啼唤，伴有悲哀的叹息。即使如此，“夫万人举口，并解吁嗟，犹未能感天”。天神也可能会说“嗟来，食！”而人绝对不会说“不食嗟来之食。”[2]这是人们的一份巨大无奈。

圣人的责任就是要“赞天地之化育”，反之则不能治天下。上古圣迹之后，“至乎夏王桀，天有诰命，日月不时，寒者杂至，五谷焦死。鬼呼国”[3]，即所谓君王“惟命不于常”[4]。“商汤因旱祷于桑林，以六事自责，曰：政不节欤？民失职欤？宫室崇欤？妇谒盛欤？苞苴行欤？谗夫昌欤？何以不雨而至斯极也？言未已，大雨方数千里。”即言商汤在位三十年，遭遇的大旱整整持续了七年，他的祈祷如是之切，上苍没有理由不为之所动。传说中还说，虽遭如此亢旱而民无菜色，商汤因此为人们奉为圣王。

“天地之大德曰生，圣人之大宝曰位。位之所以为大宝者，能发政施仁以安济生民也。”[5]汉武帝当年一见董仲舒的文字，就击节称赏，呼之为奇文。《春秋繁露》一书，专讲天人感应，大体是说，天意安排民众听从君主，君主则听从天，天又俯听民众的意愿。如果君主做错了事，违背了天的

1《诗经·王风·中谷有蓷》。

2《礼记·檀弓下》载有“嗟来食”的故事。原文：齐大饥，黔敖为食于路，以待饿者而食之。有饿者，蒙袂辑屦，贸贸然来。黔敖左奉食，右执饮，曰：“嗟来，食！”（饿者）扬其目而视之，曰：“予唯不食嗟来之食，以至于斯也！”从而谢焉，终不食而死。

3《墨子·非攻》。

4《尚书·康诰》。

5《刻康济录序》，引自《关中丛书》第2辑，第2卷，北京古籍出版社，2003年，第229页。

意思，天就会发出警告了。屡告不改，天就要动怒，废弃这个君主，也就是民众就要起来造反了，天就听从民众的意愿，赐给他们另一新君主。天所发出的警告是什么呢？就是：日月失明，星辰变逆，地震山崩，江河泛滥，四时颠倒，旱暵少雨，蝗虫灾荒……凡有如此种种现象之一者，就是代表皇天震怒，人主应该急谋补救之策。董仲舒的说法进一步否定了君权的绝对性，似乎并不利于在位的大宝，那汉武帝为什么还如此赞赏它呢？

原来《春秋繁露》的学术是把阴阳家的五行论掺揉到儒学里来。儒学在早期中国社会所受到的批评，主要可以用“迂阔”二字来概括，也就是它的内容过于空洞疏迟而不切实际，而五行论则是比较“实惠”的学说。董仲舒把这样的理论加到儒学里，顿时使儒学从半天空中降下，有了实际的凭藉，由此他的学问得到了汉武帝的青睐。汉武帝罢黜百家，独尊儒术，最中意的莫过于天的警告——天谴的设计，这对于在位的大宝简直就是“缓兵之计”。看一看中国的史书，几乎处处都见得到这种思想的显现。一旦旱涝等灾异发生，皇帝不是“避殿减膳”、“下召求言”，就是“下诏罪己”或改年号，与民更始。

由于古代中国是个农业国，风调雨顺是人们基本的生存条件，而自然灾害直接影响民生且不可避免，于是皇帝干脆就把万人的“吁嗟”接过来，一人扛着这份“无奈”。这样一来，直接影响政权的民生问题就由一种精神力量化解了。史载丞相丙吉问牛喘，不问斗殴，传为识大体的榜样[1]。好榜样虽有，就是少有人照着去这样做，于是皇帝只好将避殿、求言、“罪己诏”拿出来秀上一秀，用那些好看的形式敷衍天下，并将之奉行得格外起劲。乾隆帝便是将这些形式从容运用于股掌之间的高手。在一篇《社稷坛祷雨祝文》中，他对天称臣，说：“闻人事失于下，天变应于上。兹亢旸之示，警洵赞

1 牛因暑热而大口喘气。《汉书·丙吉传》载：“吉又尝出，逢清道群斗者，死伤横道，吉过之不问，掾吏独怪之。吉前行，逢人逐牛，牛喘吐舌。吉止驻，使骑吏问：‘逐牛行几里矣？’掾吏独谓丞相前后失问，或以讥吉，吉曰：‘民斗相杀伤，长安令、京兆伊职所当禁备逐捕。……宰相不亲小事，非所当于道路问也。方春少阳用事，未可大热，恐牛近行，用暑故喘，此时气失节，恐有所伤害也。三公典调和阴阳，职（所）当忧，是以问之。’”后人包佶《奉和柳相公中书言怀》诗云：“凤巢方得地，牛喘最关心。”

化之无能。言念昨年秋霖缺，而冬雪乏，逮至今岁春望，霈而夏未霑，历四时之久矣，嗟三农其如何？”[1]其文应是乾隆二十四年（1759）行大雩祀前所备的功课。尽管此文一方面不免有做秀之嫌，但另一方面也有作君主的一番诚挚。考察乾隆朝的祈雨活动，这两种倾向都是不应被忽视的。

乾隆二十四年大雩《御制祝文》

乾隆二十四年（1759），全国再次遭遇了重大旱灾。为此乾隆帝从春二月癸亥开始，就不断下令发帑赈灾。不仅如此，这一年的夏四月丁巳孟夏“常雩”，乾隆帝亲诣行礼圜丘，以天时亢旱步行致祷。就在此前三天，他特下谕令：“日者恭逢雩祭，农民望泽正殷，朕宵旰靡宁，仰祈灵贶，宜从抑损，以懋寅承。前诣坛斋宿，所司应设卤簿法驾一切停止，视坛位拈香时服常服，至翼朝，由斋宫步行恭赴幄次行礼。”[2]祭祀所奉行的一套程序都称

乾隆帝印玺

玺文：高宗法天隆运，至诚先觉，体天立极，教文奋武，锐明孝慈，祀圣纯皇帝之宝。

得上尽善尽美，然而，雨还是没下。

五月辛丑日，乾隆帝又步祷社稷坛求雨，御制祝文，并增加了荐玉行礼，行前他曾几度降旨阐发敬天祈雨的思想。这一天内阁奉上谕，宣告天

1 《社稷坛祷雨祝文》，《清高宗御制文·初集》卷3。

2 《乾隆朝上谕档》第3册，第308页。

下："京师去年腊雨未能普遍，而自春徂夏，雨泽愆期，虽屡次设坛祈祷，或雷雨一过或小雨帘织入土不过一二寸，总未得邀霑沛。今芒种已逾，将届夏至，二麦既多失望，秋田尚有未耕，朕两月以来宵旰忧虑，寝食靡宁，深加修省，昨降旨亲祭社稷坛，虔诚步祷为民请命，不胜迫切……朕自即位二十四年至今，爱民之心有如一日，凡所以为百姓虑者无一事不极其周详，无一时或释诸怀抱。统计各省蠲赈之需，不啻数千万，而恩膏下逮常如不及，此亦天下臣民所共知者……。凡我臣民，宜共体朕返躬自责之苦衷，各自警省，力挽颓风，则彼苍天仁爱阴骘下民，庶雨暘时若可冀，转啬为丰，以共享乐利之泽矣。"[1]

进入六月，依然未下上一场称得上"霑沛"的透雨，京畿的旱情进一步加剧。情急之下，十一日，乾隆帝徒步行至圜丘敬举"大雩"之礼，祀昊天上帝于圜丘。他雨冠素服，步祷于坛。……行三献礼，御制祝文，曰[2]：

臣承命嗣服，今廿四年，无岁不忧旱，今岁甚焉。曩虽失麦，可望大田，兹尚未种，赤地千里。呜呼，其惠雨乎！常雩步祷，未蒙灵佑，方社方泽，均漠弗佑，为期益迫，嗟万民谁救！敢辞再渎之罪，用举大雩，以申前奏。呜呼其惠雨乎！上天仁爱，生物为心。下民有罪，定宥林林，百辟卿士，供职惟钦。此罪不在官，不在民，实臣罪日深。然上天岂以臣一身之故，而令万民受灾害之侵？呜呼其惠雨乎！谨以臣躬代民请命。昭昭在上，言敢虚佞？计穷力竭，词戆诚罄。油云沛雨，居歆赐应。呜呼其惠雨乎！

乾隆帝祝文的"深切"自责是否具有了宗教的忏悔意识呢？所要指出的是，真正的宗教精神，乃一种充分肯定人生苦难之存在，并自觉去除苦难之能力有限而发生忏悔心，化出悲悯心，以接受一种超体验的精神力量，并就此愿无条件地去从事道德文化实践的精神。而这篇感人的、有着些许"文学"意义的祷神文字，却少有上面提到的真正的宗教精神。虽然乾隆帝将

1 《乾隆朝上谕档》第3册，第324页。

2 《清高宗实录》卷588。

天下的罪恶揽于一身，吁嗟因天旱带来的民生灾难，确是一副悲天悯人的心肠，但是这样的自责与吁嗟实则是以国家公务为形式，以求天惠雨为目的的宗教仪典，其中的个人不是真实的，因此其中的“忏悔”不能不认为是虚伪的。而且，祝文中的皇帝只有求佑，并未接受一种超越旱灾苦难的精神力量，也没有表现出那种去除旱灾苦难之能力有限的自觉。然而，谁又能说“心乎爱矣遐不谓，不谓求仙敬吁天”[1]不是一种敬畏情怀呢？

人们或许还要说，这只是一场空乏的宗教仪式。祭礼上的那舞童十又六人，衣元衣，执羽翳，舞皇舞，按节而高歌圣制《云汉》之诗八章，这些仪节是常雩礼所没有的，其目的无非是彰显昊天上帝至尊至贵的神权，进而突出祈天惠雨的主题。《诗·大雅·云汉》说的是，周宣王时大旱五年，人们行雩祭祈祷呼求甘霖，云：“旱既太甚，涤涤山川。旱魃为虐，如惔如焚。我心惮暑，忧心如熏。”乾隆帝在《御制祝文》中也是深切自责，并哀鸣怨天，俨然就是再一篇《云汉》，吁嗟之声依稀可闻，兢兢焉，栗栗焉，焦心盼泽，迫切恳挚以哀吁天，庶几动天鉴而迓天和乎！还好，幸哉！未几竟是澍雨大洽，京畿一带田畴终得霑足。反正官书上就是这么写的。

天高听卑

乾隆帝之所以屈尊祈雨本源于一种千年共识，在传统的意识中，“盖天高听卑，诚使精诚不懈，自然天意当孚，不然，天体尊而神理赫，曾可以虚文故事动之耶？故将欲行祷，必存救民如救入井孺子、保民如保自己赤子之心，吃斋素，断嗜欲，首宿罪，悔己愆，内辨精诚，外励勤劳，必期天意感格而后可也。”[2]甚至有人说：“盖天之水旱，犹父母之谴责也。人子见其亲声色异常，戒儆畏惕，当何如耶？幸而得雨，则喜而不敢忘，敬而不敢驰，

1 《清高宗御制诗文全集》第6册，第802页。

2 [清]王心敬：《荒政考》，引自《关中丛书》第2辑，第2卷，北京古籍出版社，2003年，第200页。

惴惴焉，恐亲之复我怒也。”[1]由此可见我等先人畏天、敬天的心理是多么的沉重。

乾隆三十二年（1767）夏，北方缺雨，乾隆帝在一首诗中写道[2]：

低麦已吐穗，高麦才三寸，
高低胥待泽，望雨中心闷，
闷望亦我常，今年益彷徨。
潦余民洊饥，亟资接青黄，
青黄惟此赖，迩日风转大，
蓬蓬镇扬尘，披襟怼无奈，
无奈惟自尤，较量忆从头。
盼风而惧雨，春暮犹然愁，
春暮忽立夏，曾未十日暇；
盼雨而惧风，秦越情殊乍，
情殊殊实同，无非嗟我农。
行当举常雩，沛恩希鸿蒙。

在这首诗中，乾隆帝殷切盼望天降雨泽，而雨期却迟迟未至，日复一日的旱情令人心情郁闷，加上正处青黄不接，等待雨泽的庶民饥肠辘辘，而皇帝对此也彷徨不知所措。一阵阵肆虐的风将黄沙刮起，搅得周天如惔如焚，一时间草木凋零，鱼龙寂寞，为此乾隆帝只有奉上“自尤”的无奈，而在如此呻吟无奈之中，又何尝不隐匿着天子尊天宗天的精神？

“夫天高听卑，英灵肸蛮，靡敢不孚？但天体尊而神理赫，其非凡夫假意虚文可以一呼而应，亦明矣。”[3]欲回天谴，召天和，可不是那么轻易

1 [宋]真文忠德秀语，引自[清]李侪农编：《荒政摘要》，道光十三年刻本，《竭诚祷》。

2《西直门外即事书怀》，《清高宗御制诗集·三集》卷30。

3 [明]屠隆：《荒政考》，引自《中国荒政全书》第一辑，北京古籍出版社，2003年，第192页。

能得到的。天高听卑，人心向背；以民为本，勤修内政；民心顺畅，才可能政通人和，使国家安宁。官书记载乾隆帝曾多次因天旱下罪己诏书。五年（1740）夏四月甲午，以旱召九卿面谕，直陈政事阙失。九年（1744）四月己卯，谕曰："一春以来，雨泽稀少。皇太后以天时久旱，忧形于色，今日从寝宫步行至园内龙神庙虔祷。朕惶恐战栗，即刻前往请安，谆恳谢罪，特谕内外臣工知之。"[1]当朝大学士陈宏谋进奏说："时当亢阳，惟有祗率仪章，肃坛虔祷，仰吁于天，为民请命。"[2]在他看来，"仰惟皇上春秋躬省耕敛，凡小民稼穑之依，周知熟睹，渊然雷声时至，取怀而予，适如人之所待命而不不敢言者，所谓天高听卑"[3]。他认为："天高听卑，一念之克，罔圣狂分焉。而天之眷顾与否？亦捷于响应，故求天于天，不若求天于己。人事尽而天理见。几者，事之微，天理存而人事修；时者，理之运，无时无事而不戒，勅则不睹不闻之。戒慎恐惧，励朝乾夕惕而无间，以是而对越顾　庶几乎？私欲潜消，克已复礼，以是修身，则履中而蹈和；以之施政，则形端而表正。"[4]天意的延伸或具体化，就是君父之意。"在上曰天，在下曰地。君君臣臣，父父子子。在下曰地，在上曰天。父父子子，君君臣臣。"[5]孔子实在是为苁驱雀。世界上任何一个好牧人都必须保护他的羊群，想好办法去限制狼性，以期羊的损失能降到最低限度。而这，也就像是乾隆帝的那份真诚。

中国人的自然宇宙观

古代的中国并不乏对天的自然属性的认识，诸如荀况的《天论》等。到了明代，王夫之开始从两个方面分析人与自然的关系，一方面，在他看来

1 《清史稿 · 本纪十 · 高宗本纪》。

2 《荒政辑要》，引自《中国荒政全书》第2辑，第4卷，北京古籍出版社，2003年，第280页。

3 [清]方观承：《赈纪》，乾隆十九年刻本，卷6。

4 《经筵御论 · 敕天之命惟时惟几》，《清高宗御制文 · 初集》卷2。

5 《高宗纯皇帝御制乡饮酒礼乐章补笙诗 · 六篇》乾隆十年。

"天之道，人不可以为道"[1]，人不可能替代宇宙的生化过程，"天之化裁人，终古而不测其穷，人之化裁成天，终古而不代其之"[2]。另一方面他认为，人道是天道的基础，人依据在自然历史和社会历史中获得的情感认知结构，能动地改造自然与社会，从而使天道的秩序显示出来，因此，就人道的终极发展而言，人道即天道。他还说："天者道，人者器，人之所共知也。天者器，人者道，非知德者孰能知之……，人道之流行以官天府地，裁成万物而不见其迹，故曰天者器，人者道。"[3]很显然，在中国人传统的自然宇宙观中缺乏必然规律的概念，这样一来，中国人就失去了像西方人的自然宇宙观中所具有的那种系统的科学理论及实验为之说明作证的思维基础。正如乾隆帝所云："予小子法祖敬天虽切于衷，而推测协纪之方实未夙习。"[4]

自然科学本非古代中国之所长。然而，中国人的自然宇宙观，自有其所代表的文化精神，与所表现出来的对自然认知的智慧。中国自然宇宙观的文化背境，唯是中国古代传统文化精神，即儒家精神与道家精神，此与西方近代科学的文化背境大相径庭。

在中国古代的宗教思想中，素有天命靡常、天命不已的说法，因此，中国古人所信奉的自然，也就没有绝对的必然规律可言。中国人发现一规律或条理等之意义后，常蔓延出这一特殊事物之外，诸如对天灾的认识。谷梁赤曰：五谷不升为大饥，一谷不升谓之歉，二谷不升谓之饥，三谷不升谓之馑，四谷不升谓之康，五谷不升谓之大侵。大侵之礼，君食不兼味，台榭不涂，驰候廷道不除，百官布而不制，鬼神祷而不祀。此大侵之礼也[5]。由天气的干旱而想到了降雨的世间障碍；由特殊的颜色，想到了特定的方位、专门的神祇（包括祖先神）以及与自然现象毫无关系的帝王政务……于是乎，皇家不得不"避殿减膳"、"下召求言"，以至"下诏罪己"变成灾荒年的国家公务程序，每遇"无岁不忧旱，今岁甚焉"的年景，皇帝必将大呼："上

1 《续春秋左氏传博议》卷下，参阅《船山全书》第五册，岳麓书社，第617页。
2 《尚书引义·皋陶谟》，参阅《船山全书》第二册，岳麓书社，第270页。
3 《思问录·内篇》，参阅《船山全书》第12册，岳麓书社，第405页。
4 《仪象考成序》，《清高宗御制文·初集》卷12。
5 [明]潘游龙辑著，[清]张鹏飞重刊《救荒》，引自《康济谱》，道光十六年重刻本。

天仁爱，生物为心，下民有罪，定宥林林，百辟卿士供职惟钦，此罪不在官不在民，实臣（乾隆帝自称）罪日深。”[1]吁嗟感天求雨也就成了皇帝在无雨天里必做的功课。

认识一种事物的普遍关系，尽可在一特殊事物发展历程的经验中探索。科学主义思潮真正被引入中国，一直要等到19世纪末的戊戌维新。作为向西方寻找救国救民真理的先进中国人——康有为、谭嗣同都十分重视科学，但他们主张把西方近世科学知识与中国传统哲学元素结合起来，建构新的哲学体系。而实际上，他们是把西方近世科学知识纳入到中国哲学传统框架中，从而把中国传统哲学的宇宙论与本体论相结合的特点推向了极端，如康有为认为“不忍人之心，仁也，电也，以太也，人人皆有之”[2]；又如谭嗣同主张“仁以通为第一义。以太也，电也，心力也，皆指出所以通之具”[3]。他们的哲学体系，被梁启超称之为“不中不西即中即西”之学[4]。

同时代的严复则打破了这种哲学范式。他继承了西方近代经验主义传统和现代实证主义原则，认为“可知者，止于感觉”[5]，只有在经验范围内的东西才是可知的，摆脱了先验的“天地元始、造化真宰、万物本体”[6]之类的不可认识、不可思议的思维模式。由此，他主张分解中国传统哲学中的宇宙论与本体论的结合，把能够作经验证实的宇宙论与不能够作经验证实的本体论分离开来。严复的这一主张，唤起了中国人探索自然宇宙，建构科学自然宇宙观的意识。

呜呼，乾隆帝之呻吟求佑距离严复“科学宇宙论”之主张，其遥遥乎岂止百年！

1 《大雩祝文》，《清高宗御制文·初集》卷3。

2 《孟子微》。

3 《仁学》。

4 《清代学术概论》。

5 《穆勒名学》按语。

6 《天演论》按语。

4 雩帝神祇

诚如乾隆帝所言，“惟百神各有攸职，功在苍生，乃庙而食用”[1]。在东方人的意识中，凡灵魂之属，必有神性，凡有神性者必有其像。“雨神”观念产生之后，人们便开始塑造雨神形象。一旦遭遇天旱，上至最高统治者皇帝，下至公卿官长，便会充当起祭司来，依次行雩礼求雨。宗教所追究的对象是无限和绝对，造就那些充斥了神灵的经文的原材料不仅是出于作者们的宗教观察与践行，而且还有宗教原创者们强烈的愿望、梦想、智慧与愚蠢。“旱干水溢，交修乎人而祟祷于天，荒政之大者。”[2]《礼记·祭法》上说：“雩宗，祭水旱也。”郑玄注说：“宗，皆当为禜，字之误也……雩禜，亦谓水旱坛也……《春秋传》曰：‘日月星辰之神，则雪霜风雨之不时，于是乎禜之；山川之神，则水旱疠疫之不时，于是乎禜之。’”“禜”专指古人为消除自然灾害或瘟疫而对日月星辰和山川举行的一种祭礼。一种说法是，“山川之神，则水旱之菑禜之；日月星辰之神，则雪霜风雨不时禜之”[3]。由

1《告风神文》，《清高宗御制文·初集》卷3。

2 引自[明]俞汝为辑《荒政要览》，万历三十五年刻本，卷2。

3《史记·郑世家》。文中“菑”通“灾”，见《诗经·大雅·生民》：“不坼不副，无菑无害。”

于祈雨关乎天下人的生计，为此行祭者无不“祭如在，祭神如神在”[1]，极尽精神力量，虔诚祈祷，即使是真龙天子也必以诚感召天和。又，说雩宗，是既祭水又祭旱的神祇，实际上在中国北方历来是祈晴少，祈雨多，因而雩的神性归根结底是祈雨之神，由此也就构成了特定的以农耕社会为背景特征的文化现象。

雩帝

雩帝的出现是人心灵活动积淀的结果，古书上说它是至大至尚的“五精之帝，配以先帝”的大神[2]。《礼记·月令》仲夏之月载：“命有司为民祈山川百源，大雩帝，用盛乐。”郑玄注说：“阳气盛而常旱，山川百源，能兴云雨者也。众水始所出为百源……雩帝，谓为坛南郊之旁。”雩帝是山川百源的主宰，那里是兴作云雨的根基。五精也就是五方星座，是天上神灵的统帅，它的神位就在南郊圜丘一侧的祭坛之上。《左传》桓公五年有记，曰“凡祀，启蛰而郊，龙见而雩，始杀而尝，闭蛰而烝”。就是说，夏历的寅月、巳月、酉月、亥月有四种大祭，如果不按时奉祭，就会受到时论的责难。说明这时已有专门观察天象、记录云气，管理历法和岁时之祭的人。《左传》僖公五年记冬至日视朔时就说：“凡分（春分、秋分）、至（夏至、冬至）、启（立春、立夏）、闭（立秋、立冬），必书云物，为备故也。”此做法的目的或是验证祥瑞和灾异。

自古以来，帝王郊祀中就有请雨雩祭。《左传》说的龙见而雩，那“龙”有说是指角亢星。“龙现建巳之月，苍龙宿之体，昏见东方万物始盛，待雨而大，故祭天远为百谷祈膏书”[3]。殷商以后各朝均有雩祭，礼制

1 《论语·八佾》。

2 《礼记·月令》郑玄注。

3 《左传》桓公五年原文为：“龙见而雩”。杜《注》：“龙见建巳之月”，“故祭天远为百谷祈膏雨也。”《十三经注疏》，第1749页，中华书局1982年影印本。《礼记·月令》上文杜注：“凡周之秋，三月之中而旱，亦修雩礼，以求雨……天子雩上帝，诸侯以下雩上公。”中华书局影印本，1982年，第1369页。

仪乐，大约相同。《春秋》书大雩二十有一次，均在七月以后。雩以四月为主，故不书。凡周之秋，五月之中而旱，亦修雩礼，以求雨。天子雩上帝，诸侯以下雩上公[1]；又，“山川百源能兴云致雨，众水始共出为百源，必先祭其本”[2]，说的是请雨的时间与祭祀的对象。

《礼记·祭法》上说：“雩宗，祭水旱也。”郑玄注：“雩宗，亦谓水旱坛也。”唐人孔颖达疏：“雩宗，祭水旱也者，亦坛名也……宗，亦营域也，为营域而祭之，故曰雩宗也。”也可以说，雩祀的祭坛即“雩宗”，就是这么一个坛——一座人工隆起的土坡是也。

掌管雨的祖先神

在上古传说中，与旱、雨相关的祖先神的故事很丰富，羿是其中之一。楚辞《天问》：“羿焉弹日？乌焉解羽？”王《注》引《淮南》云：“尧时，十日并出，草木焦枯。尧命羿仰射十日，中其九日。日中九乌皆死，堕其羽翼，故留其一日也。”“焦禾稼，杀草木，而民无所食。”后羿射日的故事，也是演绎自《淮南子》，云：“羿除天下之害，死而为宗布。”注云：“羿，古之诸侯，此尧时羿，非有穷后羿。”

古时候的祭祀，相传有共工氏，称霸九州，其子名句龙，能平水土，死为社祠。有烈氏王天下，其子名柱，能殖百谷，死为社稷。舜禋于六宗，禹遵之。至帝孔甲，淫德好神，神黩，二龙去之。应劭曰：“夏帝孔甲，天赐之乘龙，河汉各二，其后世黩嫚神，故龙去之”。

有学者考证，禹为雨神，原因是应龙即句龙，句龙即九龙，九龙即九首之虺，九虺即禹。禹为姒姓，而姒字则象蛇身自环形。《国语·鲁语上》载展禽曰：“鲧障洪水而殛死，禹能以德修鲧之功，故夏后氏郊鲧而宗禹。”

1 《左传》昭公十七年：“郑大水，龙斗于时门之外洧渊，国人请为禜焉，子产弗许，曰：‘我斗，龙不我觌也，龙斗，我何觌焉。禳之则彼其室也。吾无求龙，龙亦无求于我。’乃止也。”《十三经注疏》，中华书局影印本，1982年，第2088页。

2 《礼记·月令》上文杜注：“山川百源能兴云雨者也，众水始所出为百源，必先祭其本。”《十三经注疏》，中华书局影印本，1982年，第1369页。

宗禹就是以大禹作为民族的宗神。“禹之为禹，得名于霝，雨神为其最初神格；继因祷雨山川而演为山川之神；因农业发达，社稷之祀尊于一切，禹之神格，再变而为后土，为稷神。”并且，“因祷雨不如通沟渎神话，乃有禹尽力乎沟洫传说因古者祷雨或在山川，乃有禹主山川传说；因禹为山川之神，于是焉有平水土、奠高山大川传说”[1]。

顾颉刚还说过禹是一条虫[2]。禹作为雨神，是应龙的化身，古人称其为黄龙或神龙。传说“禹治洪水时，有神龙以尾画地，导水所注，当决者，因而治之也。”神农时亦祭龙求雨。《神农求雨书》就有关于人们如何求雨的具体描述。该书当是后人所作，但塑造龙的形象作为求雨之用，也许会早在神农时代便存在。传说中的神农时代与考古出土的玉龙形象的时代可能不会相隔太远，这说明神农时代龙的形象或在事实上已经存在了，喜欢推测的人或许就此断定龙也是神农时代的雨神。

自商至周，“周公制礼，郊祭后稷，天子祭天下名川大山，诸侯祭其畺内名山大川，大夫祭门、户、井、灶、中五祀，士庶人祖考。淫祠有禁”[3]。

自周平王后，秦襄公始祀白帝，自后所祠者渐众，到始皇帝时，除那些名山大川外，还祀陈宝（雉神）、天神、寿星、日月参辰、南北斗、四海、九臣……更有祠风伯雨师者。师古曰：“雨师，屏翳也。一名屏号。”秦并

1 丁山：《古代神话与民族》，商务印书馆，2005年，第214、215页。

2 鲁迅的历史小说《故事新编·理水》中说，有一座文化山，山上有一位鸟头先生，他鼻子红得发紫，说话结结巴巴。当人们议论到大禹治水时，他立刻把鼻尖涨得通红，吃吃地说：“这这些些都是废话，你们是受了谣言的骗的。其实并没有所谓的禹，‘禹’是一条虫，虫虫会治水的吗？”这位鸟头先生是影射顾颉刚的。据《说文解字》，顾字从页雇声，雇是鸟名，页本义是头，这样一来，“鸟头”这一绰号就从“顾”字而生。不由得使人联想到《水浒》中的骂人话“鸟人”，应当说这是鲁迅借小说进行人身攻击的一例。其中鲁迅还借乡下人的口说：“人里面是有叫阿禹的。况且‘禹’也不是虫，这是我们乡下人的简笔字，老爷们都写作‘禺’，是大猴子……”接着鲁迅又用许多笔墨正面描写了这个很有些墨家风度的伟大政治家的风貌。在鲁迅看来，不管在这一人物身上披过多少神话色彩，也不论人们叫他禹还是禺，反正他不是一条虫。

3《晋书·僧涉传》原文为：“僧涉者，西域人，不知何姓。少为沙门，苻坚时入长安……能以秘咒祝下神龙，每旱，坚常使之咒龙请雨。俄而龙下钵中，天辄大雨。”中华书局校点本，1974年，第2497页。

天下，令祠官常奉天地、名山、大川、鬼神可得而序也[1]。

小神——雷神、雨神、虹神、风神

当一种神祇最初被创造出来时，它的创造者或会把过多愿望寄予给它，就像是一个被幼稚的理想主义充斥的少年，想要兑现一切祈愿。随着时间的推移，求佑者的热情和对神力的痴迷开始慢慢地消退，并就此放低了目光。曾想令这一神祇去护佑整个生灵的祈佑者，开始将它降格，只令其去护佑某一自然现象下的生灵，最后，也就只想让它去护佑奉献了祭品的生灵了。然而人们面对其所创造出的众多神祇，却是哪个也不敢得罪，再小的神也得为之做庙。

事实往往与想象之间有着相当的距离，那些本事不大的神祇们可能会表现得令人欣喜，而那些有着绝大本事的神则常常会表现得令人遗憾。这就是人们为什么在创造了主宰世界的至上神之后，还要创造出那么多琐碎的神祇的原因吧。历朝历代的雨师形象有多种，但最早的是龙的形象。龙本是由图腾演化而来的雷神的象征，但当雨神独立之后，不仅从雷神手中夺走了主宰雨水的大权，而且把雷神最初的形象——龙也窃为已有，这说明人们已普遍把龙视为雨水神的形象。神话传说中的应龙，具有呼风唤雨的神性，当是较早的雨神。而有时，它们的神格却又微卑到不能进入人们祭拜神灵的殿堂，而是被放置在神宇的外装修上，作为守护之用或作陪角。

古人以为雷神主宰雨水，雨水是由闪电带来的，但人们后来又观察到雷电与雨水没有必然的联系，没有雷电时也会下雨。于是人们开始相信有一个单独的雨水神主宰雨水，这样便产生了雨神的观念。

在南阳市出土的汉画像石中就有雷神的画像，其形象是羽人（肩生两翼），乘坐一驾云神车，车上生有树枝，雷神持槌击鼓[2]。雷神最早的形象当是

1 苏林曰：“湫渊在安定朝那县，方四十里，停水不流，冬夏不曾不减，不生草木。”师古曰：“此水今在泾州界，清澈可爱，不容秽浊，或喧污，辄兴云雨。土俗亢旱，每于此求之。相传云龙之所居也。”

2 南阳市博物馆：《河南南阳英庄画像石墓》，《中原文物》1983年第3期。

龙蛇或龙身人头。如《山海经·海内东经》说："雷泽中有雷神，龙身而人头，鼓其腹则雷。"龙最初应是雷神的形象，王充《论衡·雷虎篇》又云："又图一人，若力士之容，谓之雷公，使之左身引连鼓，右手推椎，若击之状。"古人常认为雨与雷相连，雷电是司雨之神，祭祀雷神，可求风调雨顺。汉画像石中的雷神也常与雨水之神相伴为伍，南阳汉画像石中的雷神当与此地汉代祭祀雷神求雨的风俗有关。

《诗》云："朝隮于西，崇朝其雨。""朝隮其雨"是说早上出虹，预示有雨。雩，在字义上还是虹。虹是云雨之气。考古学资料可进一步说明龙在古代曾被奉为虹神。在甲骨文中，"虹"字多处出现，字形像是龙蛇一类的动物，身形如弓，如虹状，两端有两个龙头，虹似龙蛇弯曲状。《初学记》卷二载："五月二十九日有黑气坠温殿东庭中，黑如车盖，腾起奋迅，五色有头，体长十余丈，形宛似龙。"虹神观念的产生与雷神和雨神观念有密切的关系。直观的原因是，虹出现是龙下江河吸水或饮水。雨过后，云消雾散，往往出现彩虹，古代人们会感到奇怪，为什么有雷电时没有彩虹，而彩虹出现时没有雷电？人们或许会猜测，以为雷电与虹有内在的联系，以为虹是由天上的龙变化而来的，是龙从天上下来。

风对于华夏民族的生存状况而言，是一种复杂而多变的自然现象。《说文》上说"八象气之分散"，"气散而为风"，也就是说"八"即"风"，"八"与"风"密切相关。《淮南子·地形训》有"八主风"，即古人将风分为八方之风，故风之数为八。"八，别也"，"别为阴阳……万物乃形"，也就说不同方向的风会带来截然不同的现象。《山海经·大荒经》说，有神"名曰折丹，东方曰折；来风曰俊，处东极以出入风……"。

据朱天顺《中国古代宗教初探》，由于对产生风的原因认识不同，各地风神信仰也各具特色。春秋战国时期，风神信仰逐渐集中起来。中原地区的信仰体现在《尚书》、《周礼》等记载中，以星宿为风神（箕星）；南方地区的风神信仰体现在《楚辞》、《淮南子》等书中，以鸟形或有翼的怪兽形的飞廉为风神。秦汉以来，合而为一，纳入国家祀典，有了固定的祭祀时间、地点和仪式。曰：一岁一祭，东门外，祭风者明。相比较而言，南方的

“飞廉”信仰更形象，保存了许多原始宗教的残遗，《搜神大全》中说飞廉“能致风气，身似鹿，头似爵，有角，尾似蛇，大如豹”，神乎其神，民间信仰中南方的风神可能更普及一些。

乾隆帝曾为祈雨而告祭风神。祝文上说：“维神大元中精，辅翊生成，以吹以嘘，百昌勾萌。”这是对风神的赞美。雍正帝始将风神的灵宇供奉在紫禁城的巽方[1]，起因是当时“旱魃为灾，彭怒张天，继日以霾”，为此雍正帝命皇族成员，以玉帛、牺牲奉祭风神，并用祝史颂之，由此而厚蒙神庥，使“飚飕为收”，使“禾黍沐泽”。后来的乾隆帝也照此办理，告祭风神，“愿勑飞廉速收其暴，油云以作雨师前导”[2]。这真是“风乎舞雩”[3]怪现象！明明是风伯带来了旱魃，两位父子皇帝却都是为愿风飚收敛，然后才可能云腾即雨，不曾将为虎作伥的“风”视为魔鬼，而将之供若神明，“屏息以待，惟神之思”，期待风神的开恩。

龙神

为什么古人把雷、雷电审视为龙蛇？这是基于原始时代人们的二元的对立转换的思维结构。世界上许多民族往往都把天上的自然现象与地上的万事万物联系起来，认为两者具有密不可分的关系，是相互转换的关系。

人们奉龙为雨神的化身，其中最重要的原因是相信天降的雨水与地上的水有关。天空为什么会降雨，雨水是从哪里来的？在古人看来，天空为弧形，是倒挂的，不可能盛有水，只有湖、海和江河才有大量的水，天下雨当是某种动物把地上的水输送到天上，再从天上洒落下来，而输送雨水的动物便是龙。《山海经·大荒北经》记载有“应龙蓄水”，帮助黄帝打败蚩尤。“应龙已杀蚩尤，又杀夸父，乃去南方处之，故南方多雨”。应龙有呼风唤雨的神性，是雨水神的形象。传说黄帝是雷神的化身，《重修纬书集成》卷

1 巽，指东南方，亦为风神名，语出《易经·说卦》：“巽为木，为风。”

2《告风神文》，《清高宗御制文·初集》卷3。

3 《论语·先进》。

四《春秋合诚图》云“轩辕星，主雷雨之神”，而黄帝出行，常以应龙、风伯、雨师为其随从。人们期望着“雷师阗阗，飞廉衙衙。曰时雨，利我新畬”。汉代也有作土龙求雨之俗，《后汉书·礼仪志》说：“……其旱也，公卿长官以次行雩礼求雨。闭诸阳，衣皂，兴土龙……”注引《新论》说，之所以做土龙、吹律及诸方术，是因为龙一出现就要有风雨兴起，以迎送之，“故缘其象类而为之”。

鄂伦春族仍残留这种观念，他们认为，雨是由于龙神下到池子里用龙鳞沾水上天后方形成的。他们还说，看到龙时不能说它上不了天，否则就要真的上不去，只能说快上去吧，并要手持木棍做出往上抬起的姿势，还要喊出“嘿哟嘿”的调子，意思是赶快让它上天去。为什么龙从天上下来？那是因为龙鳞上的水洒完了，需要到江河湖海中去吸水，让鳞甲装满水，准备下次降雨时用。在《论衡·道虚篇》中就有此记载：“龙起云雨，因乘而行。云散雨止，降复入渊。”也就是说，龙居住在深潭里，天下雨是龙飞到天上去洒雨，雨停云散之后，龙便从天上下来回到深潭中去蓄水。

古代中国人除了把龙与雷神、雨神、水神和虹神联系在一起之外，还把龙与星神联系起来，其中有两座星宿被古人认为与龙有关。其一为轩辕星，《史记·天官书》：“轩辕，黄龙体。”众所周知，史载黄帝别号轩辕。《太平御览》卷一引《春秋合诚图》：“轩辕，主雷雨之神。”《艺文类聚》卷二引《河图帝纪通》：“黄帝以雷精起。”可知黄帝以雷神自居。如前所述，古人以龙作为雷神的象征，而“轩辕”一名很可能是龙的别称，因此，轩辕星也就是龙星。

再就是苍龙七宿，又称龙星，亦即二十八宿中东方七宿。苍龙七宿的名称分别是：角宿、亢宿、氐宿、房宿、心宿、尾宿、箕宿。河南南阳市蒲山阮店堂出土有东汉“苍龙星座”画像石，画面下刻苍龙星座及龙形，上方为一圆月，月中有玉兔、蟾蜍。

东方七宿统称之为苍龙，可能是较晚时候的说法。龙星出现之时，必须祭天，古籍有不少关于祭龙星的记载。例如，《左传》桓公五年：“龙见而雩。”解释为“龙见，建巳三月，苍龙宿之体昏见东方，万物始盛，待时而大，故祭天，远为百谷祈膏雨”。等等。

为什么古代的人们把星与龙联系起来呢？天上的众星如同人类居住的地球一样，本是自然实体，但古人由于对神秘的星空茫然无知，便产生许多猜测和幻想，以为星辰是地上的万物之精华上升天空而形成的。《说文》有记：“万物之精，上为列星。”古代的人们还把龙奉为星神之像，这与奉龙为雷神、雨神、虹神之像一样，是古人把天上的自然现象与地上万物相联系，把天上的龙星与地上的龙蛇相联系的结果。

皇家祈雨用器

清初沿用前朝旧制，坛庙祭品遵古制，惟器用瓷。雍正时，改范铜。乾隆十三年（1748），诏祭品宜法上古，并命廷臣集议，始定制笾编竹，丝绢里，髹漆。郊坛纯漆，太庙彩画。其豆、登、簠、簋，郊坛纯漆，太庙彩画[1]。祭器的大致情形如下表：

坛庙名称	用器名称及相关定制
坛（圜丘、祈谷、常雩，方泽、社稷、日、月、先农、先蚕） 庙（太庙、帝王、先师、关帝、文昌）	盛牲牢器（铏、俎、毛血盘） 盛粢盛器（簠、簋） 盛酒器（尊、爵、庑、匏） 盛菹醢器（豆、登）
郊坛	豆、登、簠、簋，用陶，纯漆。尊则郊坛用陶。祀天地爵用匏。凡陶必辨色，圜丘、祈谷、常雩，方泽陶登，黄质采（彩）饰。
太庙	陶登，采（彩）画，其它用木，髹漆，饰金玉。铏笵铜饰金。玉爵。春牺尊、夏象尊、秋着尊、冬壶尊、祫祭山尊，均笵铜。两庑陶。太庙陶登，黄质采（彩）饰。
社稷	社稷正位，玉一陶二。配位纯陶。又豆、登、簠、簋、铏、尊皆陶。社稷陶登，黄质采（彩）饰，
日、月、先农、先蚕诸坛	陶登先农黄，日坛赤，月坛白。
帝王、先师、关帝、文昌及诸祠	皆用铜。陶登俱白。

皇家祈雨用器当归在郊坛之制，用陶髹纯漆的盛粢盛器——簠、簋与盛菹醢器——豆、登及盛酒器——尊，并特别规定其中的陶登为黄质彩饰。诏

1 《清史稿·礼志·吉礼》，“神位祭器祭品玉帛牲牢之数”条。

文的用意无非是对神明表达一种“慎终追远，民德归厚矣”[1]的情怀。

上面所列器物的制式多为三足与圈足，即将所盛的食物架高，其中有一种对神祇隆敬的意识，这与“以禋祀昊天上帝”之“歆”的原始影像相合。当时，“万物有灵观包含着一定如此一贯地导致拟人化的观点……只要借助有意识的隐喻就能拟构”[2]，“歆”的影像正是这样被拟构并折射到器物造型中的。特别是非炊具类的高三足与高圈足类器物，很可能最早用于氏族首领的祭祀仪礼。在一位西方学者的研究中，作为“东部陶器传统的主要特征”之一是，“陶器之器身常因某种方法加高而不着地”[3]。虽然他并没有进一步说明这样的作法的背后是怎样的一个思维世界，但是，可以断定这里并非仅出于美观上的考虑，而是用于祭神，其中必然包括着一个类似原始宗教的思维世界，起码在后来的文献中，这种“加高而不着地”的意识已经表达得很明确了。“馨香祀登闻于天”[4]，“以天之高，故燔柴于坛……天神在上，非燔柴不足以达之”[5]，似乎高三足与高圈足类器皿蕴含着相近的意识，即在加高的陶器造型中已具有了“上帝居歆”的影像。

而且，社会的农业化程度似乎直接影响着祭神的供品，由于礼用容器是以盛供品的种类作区分的，因此与盛供品的器皿有着相当关系。“粢盛”指粮食五谷，“粢”或写作“齍”，泛指五谷，“盛”表示盛于簠、簋等容器，合称“粢盛”，专指祭祀用的五谷供品。《左传》桓公六年云“吾牲牷肥腯，粢盛丰备”，又云“奉盛以告曰：絜（洁）粢丰盛”。后一句拆开说，则“粢”指粮食，“盛”指簠、簋。

《国语·楚语下》载观射父曰：“颛顼受之，及命南正重司天以属神，命火正黎司地以属民，使复旧常，无相浸渎，是谓重、黎绝地天通。”所谓重、黎“绝地天通”，是说从此平民不再具有直接和天地之神沟通的权力，

1《论语·学而》。

2 [英]爱德华·泰勒：《原始文化》，广西师范大学出版社，2005年，288页。

3 [美]基德炜：《从考古器物看中国思维世界的形成》，《中国文化与中国哲学》第三辑，深圳大学出版社，1988年，第474页。

4 《尚书·酒诰》。

5 《礼记·郊特牲》孔疏。

巫史有了专职，这使得过去“夫人作享，家为巫史”的社会状态为之一变。由此，祭神的礼器也为国家所垄断，并获得了格外神圣的属性。

5 天人合一

就算是皇帝，凭什么合得了天呢?简单地说，就是要做到所谓“明明德”，就是要君主把善心打开，亲民，与民亲善。同时要做到毋意（不要有为已的意念），毋必（凡事不要坚持），毋固（不可固执自已的立场），毋我（牺牲自我）。总之，就是克已，就是要甘心情愿，为民牺牲。或者有人争辩说，孔子的主张或是真意的，也是全面的，只是君王都可以为民牺牲的话，岂不是就没有了专制强权吗？孔子无从作答。

乾隆帝所践行的“常雩”，完整地表达了“天人合一”的理念，反映了天与君主的关系，这种关系又集中体现为敬天、天人感应诸意识。旱涝无常，“非神莫佑。惟修政勤政，以冀雨旸时若。天人感应，捷于桴鼓，自然之理”。在乾隆帝心中，“我朝凝承景命，屡庆降康，敬天勤民，孜孜弗懈，肇称殷礼，尤为明备焉”。更令他念兹在兹的是，“况当万民窘迫之际，使弗夙夜祗肃，以上格天心，不但不能救将来之饥馑，且不能慰怅望之民情矣！为人君者，因祈祷而念民艰，释冤狱，广平粜，或格神于梦寐，或得雨于躬祈，怀保之仁，不于此而见欤？有牧民之责者，无时不当积诚以致感通，将荒之际，要务尚有过于祈祷者哉”[1]？这里，行政权力被演绎成为中

1《康济录》，引自《中国荒政全书》第2辑，第4卷，第280页。

正仁和的愿景，政治现实与政治理想被混为一谈。

似乎这也是政治意识形态的根本目标。一个理性的政治实体需要在赋予权力的同时也赋予魅力。在权力的形成过程中，宗教与神话向来是重要的思维方式。尤其是在政治家的形象塑造中，把政治人物神圣化或神话化，就像是中国古代“天”与“天子”的合一。就在1748年，乾隆十三年，孟德斯鸠出版了他的著作《论法的精神》，书中就已经指出：“中国的立法者……把宗教、法律、风俗、礼仪都混在一起；所有这些东西都是道德，所有这些都是美德。与这四者相关的箴规，即人们所说的礼教。中国统治者就是因为严格遵守这种礼教而获得了成功。”在他看来，“礼教里没有什么精神性的东西，而只是一些通常实行的规则而已”[1]。

天是什么？在中国人那里，天，不仅代表了人们赖以生存的自然，而且代表了一个精神的世界，“天”以“上帝”的神明而作为至上神。人又是什么？人是万物之灵。在这个统一体中，天与人的关系是附和？还是可以溶合？人们无数次地问自己，也无数次地解答这个像是永远找不到一个好的答案的问题。这是灵魂之间的对话，灵魂，最为本质的表现就是提出问题和寻求答案的能力。问了就会知道，乾隆帝命养心殿“三希堂”之名，其中的蕴意不只是在藏帖，而在于取今复古，重温“士希贤，贤希圣，圣希天”的古训。此处之“希”当作希冀之意理解。

“雩祭”不同于君臣、官民、神祇不分的单纯的“祈雨”祭祀，它是以王（后来是皇帝）为中心的农业社会沟通天神使之降临甘霖的国家祭典。应特别指出的是，这一祭典对建都于北方半干旱区的清朝统治者来说意义重大。正如乾隆帝所说“夫敬天所以勤民，龙见而雩典礼尤重。”[2]

天与天子的关系

很早以来，中国人就已经开始有了这样的看法，宇宙是相互关联的一个

1 孟德斯鸠著，张雁深译：《论法的精神》，上册，商务印书馆，1987年，第313页。

2《乾隆朝上谕档》，第11册，第110页。

整体，“天”、“地”与“人”之间有着深刻而神秘的互动关系，天文学意义上的“天”，与地理学意义上的“地”及生物学意义上的“人”，乃至政治学意义上的“国”，在精神上互相贯通，在现象上互相彰显，在现实上则是彼此相互感应的。

孔子曾一再地提出“天”这个具有神性的概念。在古籍《诗经》和《书经》里，“天”、“昊天”、“上帝”、“皇天”、“皇天上帝”，称呼虽有时不同，所指的对象都是一个，亦即“维民有天，匪食则那？”这是儒家哲学的一个基本部分。孔子说过，“惟天为大”[1]，“天何言哉，四时行焉，百物生焉”[2]同时，“天”具有可信赖性，常过问人的祸福。乾隆帝也说过，“惟天可感，曰惟诚恪。惟农可稔，曰惟力作”[3]。当年，孔子路过宋国，司马桓推要杀他，情况非常紧张，他说：“天生德于予，司马其如予何？”在匡遇险时，他也说：“天未丧斯文也，匡人其如予何？”[4]“天既祸之，而自福之，

山西右玉宝宁寺水陆画《往古帝王图》

1《论语·泰伯》。

2《论语·阳货》。

3 参阅乾隆帝：《大雩乐章云汉诗·八章》，乾隆七年。

4《史记》世家。

不亦难乎?”[1]他认为天具有不可抗拒的能力，天是威严的，因此他说：“畏天命。”天是全知的，如他所说：“知我者，天乎。”[2]天是能审判人的，他说过：“天厌之。”天是具可知性的，所谓，性情之际，亦天人之际的学与教。他认为：“夫知人不可以不知天。”“五十而知天命。”[3] 孔子的“天”和犹太人《旧约》里的耶和华完全没有不同，只是耶和华很好说话，整天说东说西的。孔子的“天”并不好说话，所以他说“天何言哉”。

孔子为什么非要如此强调天呢?至少有两个基本的理由：其一，从慎终追远的角度来看，祖宗的祖宗，必定要源于一个始祖。追至穷极，便是宇宙“第一因”的天。如果不立一个“自在天”，逻辑上必陷入一切皆空（没有）的虚无。其二，如果承认天的创造性，人就成了天手里的造物，人对天就不可能产生抗拒力。因此，古之圣人穷理尽性以至于命，申言，人能尽心知性以知天，存心养性以事天。所谓：雷霆雨露皆是天恩，只好逆来顺受。人与天地万物实为一体，这样才能顺理成章的建立他的“复礼主义”。

天人感应的观念自古有之，并由此产生了“天人合一”的信奉原则。雩祭是一种典型的运用天人感应观于宗教祭典的事例。“天即广义的自然及本然，人则受限制主体的创造活动（自然的人化过程）及其成果（表现为各种形态的文明）”[4]。这种观念使人们放弃了对神的心灵奉献式的宗教追求，而是采用了祈佑的方式，去拜谒那个作为主宰的“天”，以祈求有益于农事的甘霖。康熙帝表述过：“朕惟天人感召，理有回然，人事失于下，则天变应于上。”[5]这，应当说是一种古代农业社会的思维方式。

自然灾害的多发，使中国人逐渐形成了崇尚自然、顺应自然的思维倾向，同时，在治理国家的农业经济思想中，又抱定有以人事应天变，克服天灾的意识与理想。孔子说：“道之将行也欤？命也；道之将废也欤？命

1《左传》昭公二七年。

2《史记》世家。

3《论语 · 为政》。

4 杨国荣：《善的历程》，上海人民出版社，1994年，第13页。

5 康熙十七年六月上谕，载《钦定大清会典事例 · 礼部》第420卷。

也。”[1]道，本身是人们认知自然的理想之我，而天命则构成了人的主体活动的限制，道的抉择始终不能超越出天命的范围。从孔子的话中可以看到，自由理想与宿命论趋向，并存于中国人的传统观念体系。“天人合一”将天道与人道统一起来，由天的人化，推演出天帝的人格化。天帝把统治权委托给天子，有时还可监视着他，要求天子模范、忠实地执行天帝的命令，以造福于人民。

皇帝相信采用“敬天”的方式就会达到希冀的福祉。康熙帝上谕说：“昔年曾因暵旱，朕于宫中设坛祈祷，长跪三昼夜，日惟淡食，不御盐酱，至第四日步诣天坛虔祷。油云忽作，大雨如注，步行回宫，水满两鞾，衣尽沾湿。后各省人至，始知是日雨遍天下。”[2]很显然，康熙帝是将他种种“敬天”的心像与天惠雨泽的天象联系在一起了。乾隆帝也不例外，一旦遇到旱情，他总会表现出对天的特殊的隆敬。乾隆七年（1742）制定的常雩之制，其目的就是不分常年或灾年，像奉祭圜丘一样，皇帝都要亲诣坛址祭祀，对天躬亲行礼，精意祈求，以昭诚敬。

在祭天神的践行过程中，乾隆帝的敬天方式则主张质素。乾隆十三年（1748）上谕曰：“考之前古，笾豆簠簋诸祭器，或用金玉以示贵重；或用陶匏以崇质素。各有精义存乎其间，历代相承，去古寖远。”[3]表现了传统的宗天宗祖的思维方式。

天命靡常，惟感召天诚

歌德的伟大作品《浮士德 · 天上序曲》中的恶魔梅菲斯特，是否定一切、破坏一切的恶灵，同时也是天主的仆人，天主允许他对人类进行干扰活动，为的是使人类脱离惰性，永远不断地进行更高等的活动，而最终“进入

1《论语 · 宪问》。

2 载《钦定大清会典事例 · 礼部》卷420。

3《大清会典事例》卷415，中华书局，1991年。

澄明的境域"[1]。但是，在中国的传统文化中，自然灾害对于人类并没有产生这种相反相成的作用，而更多地被认为是对于人世的"天谴"，即由于下界存在有某种不澄明，上天降临惩罚。长此以往，又加之"天命靡常"[2]的古训，进而产生了与在世君主不利的说法。然而，"盖天之水旱，犹父母之谴责也。人子见其亲声色异常，戒儆畏惧，当何如耶？幸而得雨，则喜而不敢忘，敬而不敢驰，惴惴焉，恐亲之复我怒也。"[3]如此一想，乾隆帝或也释然。

乾隆帝每遇雨泽稍愆，便有祷辄应。在常雩之际，他会反复表白自己已经做到了宵衣旰食，寝食靡宁，深加修省，并以为民请命姿态来与上天"感应"。此时"君心为万化之源，普天率土，百司万姓，皆于此讬命焉。"[4]说是感召天诚，实际上也是做给天下人看的。儒家认为，人对天与地的认识，最重要的是能"参"。《荀子·天论》："天有其时，地有其财，人有其治，夫是之谓能参。"《礼记·月令》："毋变天之道，毋绝地之理，毋乱人之纪。"《孟子·离娄下》："人有不为也，而后可以有为。"乾隆帝的"参"做得是如此的彻底，九年（1744）春，山东、直隶报灾，他焦急自责："朕躬不德，以致旱灾示警，侧身思省，寝食靡宁，忧怀曷由宽释耶！"[5]如遭天谴的乾隆帝于二十四年（1759）所行的大雩礼的祝文中，更是充满了自省自责。御制祝文曰："此罪不在官，不在民，实臣罪日深。然上天岂以臣一身之故，而令万民受灾害之侵？呜呼其惠雨乎！谨以臣躬代民请命。昭昭在上，言敢虚佞？计穷力竭，词亹诚罄。油云沛雨，居歆赐应。呜呼其惠雨乎！"[6]

生存恐惧就这样牢牢控制了人们，由于灾变反复出现，中国人似乎从未

1 参阅[德]歌德著，钱春绮译：《浮士德·天上序曲》，上海译文出版社，1989年，第16—23页。

2《诗经·大雅·文王》。

3 [清]李傧民：《荒政摘要》，引自《中国荒政全书》第2辑，第4卷，第513页。

4 山西道监察御史柴潮生言，《清史稿》卷306，《柴潮生传》。

5《清实录》乾隆九年三月，卷213。

6"是日，大雨竟日。"《清高宗实录》第588卷，第17页。

超越生存恐惧。生存恐惧导致对强制力量的崇拜，进而对“神圣秩序”不遗余力地加以强化。“必须生存”和“不得不为了生存”成为“人文精神”的核心命题，同时，生存危机束缚了精神的自由。由于资源短缺，获得物质利益的主要手段便只有依赖强力和机会主义，而国家则就此成为了最大的强权实体。

皇帝躬亲祈雨，在乾隆帝看来当然是为了天下的苍生，三十八年(1773)的一首御制诗中说：“岁举常雩总为民，由来无事合躬亲。”[1]为了表示诚心，皇上每次祈雨前都要进行三天的斋戒，同年的乾隆帝在另一首诗中写道：“明始御斋宫，兹仍居内殿。”他自注道：凡大斋前二日宿宫内斋宫，前一日诣坛内斋宫驻[2]。祈雨一旦应验，乾隆帝便会认定雨泽是他从天神那儿祈求来的，他在心中深信自己在祈雨中的决定作用，四十三年（1778）的《雩祭礼成述事》诗就明确无误地表明了这样的意思[3]：

两年大祀未躬承，斋摄升坛意倍兢，
况是东郊待雨亟，颙因夏祭吁云兴。
更思齐豫望膏甚，敢曰晋秦沐泽曾。
调幕无能滋愧怍，面颜祈澍愿垂矜。

似乎就在御制诗写就的当儿，山东巡抚国泰奏报属地降雨的奏折呈到了御前，为此乾隆帝亦喜亦忧，他做诗曰：“常雩已是望霖期，并为豫齐切祷徽。”并特意加注道：“山东、河南春雪不及京畿之渥。迩日盼雨尤切。是以《雩祭礼成》诗有‘更思齐豫望膏甚’之句。兹国泰奏至，稍慰轸念。惟因初八得雨，云正值雩祭之期，至诚感召云云。予祭时虽竭诚祈祷，然近地未霑，岂能转应于远？如是而谓之感格并增忸怩，故于第六句并未联及之。”接下来他还是割舍不下山东优渥而京畿未霑的心结，云：“雩祭而归

1《西直门外作》，《清高宗御制诗集·四集》卷13。
2《养心殿对雨》，《清高宗御制诗集·四集》卷13。
3《清高宗御制诗集·四集》卷50。

将浃旬，徒闻山左被恩均，未霑优澍心难已，靡不宗仍叩泽神，夹途春麦甫抽苗，废止二三寸嫩翘，谩说依然颜色好，越因亟待泽心焦。"[1]这“天命”与“人性”之间究竟存在着怎样的关系？超越的“天命”有如一个活的上帝从外界呼召生命的灵觉。而内在的“性命”，则以人之顺承天命，奉承天命之呼召，受到自己的仁心本性的呼召。儒家的宗教与道德本来就是可以密切地相结合为一体的。作为天人合一思想的践行者，乾隆帝奉献给上天的诚意，其积极意义在于自立己命、凝己命、正己命。

1《山东巡抚国泰奏报得雨诗以志慰》，《清高宗御制诗集·四集》卷50。

6 满族人的关帝崇拜与“关帝磨刀雨”

关羽的神灵，在清代受到了极高隆敬。清廷规定每岁春秋仲月诹吉及五月十三日致祭，以丞史将事。除了国家祭典外，宫廷里尚有自己的祭典。朝廷还采取一系列步骤，力图将对关羽的信仰置于官府的控制之下，一些非官方的解释和传说被加以禁止，凡有一定规模的关帝庙皆由清朝皇帝御书匾额，这在官修史书中即有记载。而在民间，村庄里的关帝庙，其神威与职权也早已没有了地域的限制，成为了乡村宗教与外界宗教之间联系的一种象征神，成为了特殊的、被设想为一种超自然的身体和精神天赋的体现。从关羽的故事一再被夸张，以致变为神话的过程可以看出，社会各阶层都在从他的事迹中不断引申出符合自己愿望的神力——其中之一就是御旱。

武圣人——关羽

据陈寿《三国志》载，关羽，字云长，东汉末年亡命到河北涿郡，后为刘备属下的武将。在进攻曹魏时，对东吴缺少必要的警惕，结果孙权用了吕蒙的计策，袭破荆州，关羽遂败走麦城，被擒身亡。关羽被杀后，蜀后主刘禅谥他为“壮缪”侯。虽然其故事令人荡气回肠，但是，关羽在史书上的记载却不超过千字。关羽不过是西蜀政权中镇守一方的将军，他虽对西蜀政权立下过汗马功劳，但西蜀政权由盛转衰直至灭亡，恰恰是从他失守荆州开始的。然而，这一切都没有成为关羽受世人崇拜的障碍，相反却使人们崇拜关公的情感更加炽烈。

在宗教信仰领域，佛教把关羽列为伽蓝神之一。《佛祖统记》上说：僧人智颛是佛教天台宗的宗师、创始人，隋开皇十二年（592）他在玉泉山上建造庙宇。这在此时，智颛看见两个威严有王者风范的人，长者美髯丰须，少者冠帽秀发，原来是关羽、关平父子。他们请求智颛为他们在山上建寺，智颛依其所请，于是乎有了最早的关帝庙，而后佛教根据这些传说，把关羽列为伽蓝神之一。

关羽同时也是道教的祀神，道教将其奉为“降神助威武圣人”，尊称“关圣帝君”，明万历年间关羽被尊为“三界伏魔大帝神威远震天尊关圣帝君”。“凡国有大灾，则祭告之”[1]。这样，关帝由最初的祠庙祀神演绎成佛道两家共同信奉的神祇。沈阳道观“太清宫”前院的灵官殿正中北面，就建有“关帝殿”，殿中木雕暖阁中安放有关帝像。此外，一些商贾还将关羽比为财神，祭祀甚恭，所谓“其所敬财神多关羽像，供卓香火，晨夕叩拜，有过家庙”[2]。

登上萨满教祭坛的关圣帝君

关羽的传说，在东北地区各民族中也流传较广，早在辽金便随着汉文化输入到东夷，关羽也成为东北地区诸民族的理想人物和神化中的人物。金代开始，女真人中盛行道教，对关羽的崇拜也遂即兴起。

故事还远不止如此。信奉萨满教的努尔哈赤在建赫图阿拉城时即已建了家族祠堂，俗称“堂子”。在祭“堂子”时，即已将关羽和佛陀本尊、观音

1 [朝鲜]朴趾源：《热河日记》卷5“关帝庙”，上海书店出版社，1997年。

2 [朝鲜]朴趾源：《热河日记》卷2“市肆”，上海书店出版社，1997年。

菩萨等作为朝祭的对象。新宾[1]的满族大户爱新觉罗氏家族供奉的神板上共有九个香碟（即木制香碗），除了供奉他们的清肇祖原皇帝猛哥贴木儿、兴祖直皇帝福满、景祖翼皇帝觉昌安、显祖宣皇帝塔克世和太祖高皇帝努尔哈赤外，还供有圣宗佛、观音菩萨、关圣帝君和佛多妈妈。据《道咸以来朝野杂记》记载：“满州人家所供神板（在正室西墙高悬），相传所供之神为关帝、马神、观音大士三神。”甚至清宫的皇家祭祀之中都有供奉“关老爷”的位置，他受到了满族最高的礼遇。

明万历三十三年（1605），建州女真首领清太祖努尔哈赤建筑赫图阿拉城时，于城内高阜建筑了七大庙，引进了土地、观音、关帝、如来等道教、佛教神灵供人祭拜。由于关公的勇武和满族的尚武精神契合，因此他最受满族贵族与广大满洲百姓的推崇，他不仅进入满族的信仰体系，而且出现在满族人口头长篇传说故事，如《关玛法传说》中。“关”便是关公的姓，不用满语“瓜尔佳”音译，表明其是来源于汉族。满洲称“爷爷”为“mafa”，汉字音译作“玛法”。《三国志通俗演义》满文译本中，关羽作“guwan mafa”。长篇叙事传说《关玛法传奇》，用满语讲述，边唱边讲，唱念结合，讲唱完毕需要十多个晚上，深受满族老百姓欢迎。满洲版的关羽故事讲，一个小

清太祖努尔哈赤朝服像

1 县名。在辽宁抚顺东部，浑河支流苏子河上游，邻接吉林。努尔哈赤的发祥地。清入关后在此设兴京厅，后升为府。

孩，是草龙出世，被神母所救，追兵赶杀，神母叫他在河边洗洗脸，于是变成了红脸小孩。长大后，与耶鲁里恶魔撕斗，拯救北方苦难的女真人。故事中的主要人物描述已经北方民族化，如关玛法出世于东海、盗耶鲁里神马、与超哈占爷比武等，唯吃穿用具及礼节均女真化。关玛法成了满汉混杂的、民族融合型的传说人物[1]。

商喜绘关帝像　故宫博物院藏

民间流传的努尔哈赤修关帝庙的故事更可谓是惟妙惟肖，说：老罕王努尔哈赤建都盛京以后，下令在地载门（大北门）外教场附近建一座关帝庙。为什么选择这个地方呢？因为教场创建于唐代，在此练兵、建关帝庙，可表明他有仿效唐朝统一中国的志向。关帝庙修好，要着手塑造关羽神像了，两位最高明的画师把个红脸关公塑造得活龙活现，但都不合老罕王的意。来了第三个画师，把个红脸关公塑造成了白脸罕王。老罕王一看，“关公”那么像自己，高兴极了，下令马上为“关公”塑金身，并在“关公”像两侧摆上了老罕王的靰鞡靴子和木头的马背夹子。这样一来，说是关帝庙，还不如说是老罕王庙呢！关羽成为了富有北方民族性格和气息的少数民族的重要英雄神祇，满族人信仰体系中的关公早就不是原来意义上的关羽了。

由于《三国志通俗演义》满文译本的刊印，以及清朝皇帝对忠君思想的提倡，关帝的地位遂不断提高，成为了与孔子并列的圣人。从辽东地区关帝

1 富育光：《萨满教与神话》，辽宁大学出版社，1990年。

庙到处林立、庙祀遍及东北的事实，可以看出北方少数民族对关帝的顶礼膜拜。关帝进入北方民族的精神生活，其过程超越了民族情感，打破了种族界限。

顺治时，敕封关羽为忠义神武关圣大帝。雍正三年（1725）追封关羽的曾祖为光昭公，祖裕昌公、考诚忠公，造神碑供奉后殿，并定每年春二仲月上戊日致祭。乾隆帝在提倡关帝崇拜方面，更是不遗余力。乾隆二十二年（1757），敕封关羽为忠义神武灵佑关圣大帝，不断地神化关羽。乾隆四十一年（1776），诏改关羽本传说号"壮缪"为"忠义"。乾隆四十三年（1778），奉旨重修承德府丽正门右关帝庙，改用黄瓦。汉大臣之中曾以"关帝"字样隐喻把皇帝关起来，或拘禁皇帝之意，语涉违碍，奏请改名。乾隆帝则以关帝崇拜由来已久，释然听之。

"上有好者，下必有甚焉者矣"[1]。在民间，人们对关羽更是顶礼膜拜，每年五月十三日大祭，已于顺治元年即载于会典。四月初八、十八、二十八有庙会、祭祀活动，热闹非常。在五月十三日还办有庙会，这是民间自发所搞的祭祀关公的活动。《燕京岁时记》载："十里河关帝庙，在广渠门外，每至五月，自十一日起，开庙三日，梨园献戏，习以为常。"民间把关公称为武玉皇，与天上的玉皇大帝并列，真可谓至尊至圣了。不断地神化关羽与满清政府大力宣扬关圣的功德相符合，在华北地区的村庄里，关帝庙接受捐纳或购置地产的情况竟大大超出了其他庙宇的庙田[2]。

然而，奇怪的是，受到全社会认同的关羽崇拜始终没有摆脱民间的性质，不能完全进入文人士大夫的"正统"话语系统。如果在科举考试中不小心误用了《三国志演义》的典故，其试卷必然会被打入另册，从而失去考取功名的机会。又如，写给朝廷的公文如果掺入了关公传说也会受到皇帝的申斥。网罗经典文化的《四库全书》，也不收录与关羽崇拜有关的书籍。因

1《孟子·滕文公上》。

2 [美]杜赞奇著、王福明译：《文化、权力与国家》，江苏人民出版社，2004年，第90页。载山东省历城县冷水沟村民国之前的庙田情况，"该村有25块庙碑，记载着自清初以来接受捐纳或购置地产的情况，大部分地产为关帝庙所有，这与满清政府大力宣扬关圣功德相符合"。

此，一些人类学家认为孔夫子代表了大传统，关羽代表了小传统。道理在于，在人的感性生存经验中，一方面为某种客体所吸引，产生丰富而复杂的感受与情感，并在群体中形成一种莫名的亲合力与认同感，而另一方面又难以堂而皇之地说明这种被吸引的原因。关羽崇拜抑或就是如此。

“五月十三雨，关公磨刀水”

有关关羽身世的民间传说很纷杂。说他前身是神龙的故事就有数种之多，有说关公是露水龙的，更有说他是南海龙王、黄龙、襄河老龙、草龙、雨仙、成仙的蚯蚓以及黄河的鲤雨精、蚂鳖精转世的等等，因而民间多把关公奉为雨神和水神。

在民间传说中，农历五月十三日这天，是制造旱灾的怪物旱魃经过的日子，所以在这一天要祈关帝，求他显灵，驱邪避灾，普降雨水，保护农田。又说五月十三日是关公的生日[1]，也是关公“单刀赴会”，会下“磨刀雨”的日子。关公既是神龙转世，当然就和“上天施雨”发生了关系，所以在这天的祭典上有时还会加上祈雨的仪式。如果有雨，就叫关帝磨刀雨。人们相约那天不动菜刀。

每年农历五月十三日，通常处于夏至或小暑季节的前后，正常的气候都有降雨的过程，气候不正常的年份亦有不下雨的。而民间称此日若下雨，便是“关公”在磨刀，其磨刀用的水从南门处降下凡间，下雨便是吉兆，雨越大越好，预示当年的光景必将是“风调雨顺，国泰民安”。倘若此日不下雨，则属不吉之兆，预示当年或许有“灾害肆虐”，或许会遇上社会动荡不安。长期以来，民间以此作为观察天气迹象和社会动态的参照物，并广泛流传为口头谚语。

传说关云长的英灵升天，玉帝赐命为“三星都督总管雷火瘟部宜府酆

1 引自[台北]国立故宫博物院编《辽阳县志》卷25，第710页。也有传说农历五月十三日是龙的生日、关平的生日或是“桃园三结义”的纪念日，农历六月二十四日才是关公的生日。

都御史"。关云长受命之后，在南天廷就任，时常下凡间察访，关心农夫疾苦，呼风唤雨，使世上风调雨顺，国泰民安。

话说，"关帝"庙前，香火旺盛，人来人往，络绎不绝，此消息传到南海恶龙那里却惹起他的嫉妒。有一年，正值水稻扬花吐穗之时，关公因事外出不在南天廷，恶龙哪里把受托代管的关平与周仓二将放在眼里，便翻起逆浪，张开血盆大口，吸尽江河溪流之水，致使闽南一带千百万亩稻田，即时枯萎。眼看将颗粒无收，农夫们焦急如锅上蚂蚁，纷纷到各处关帝庙祈祷降雨，哭号之声连天动地。关平、周仓敌不过恶龙，见形势不妙，遂骑上千里驹，追寻关公回来征伐恶龙。当关公返回南天廷时，俯瞰下界闽南一带山川，白地千里，旱情严重，非常愤怒，连夜具奏本，翌日早朝启奏玉皇大帝，请旨擒服恶龙，为民除害。玉皇准奏，并赐"先斩后奉"的令牌。关公回到南天廷后，立即调遣周仓、关平二将率领天兵，定于农历五月十三日吉时在南天门外磨砺青龙偃月大刀，而后出征。是时，其磨刀的水洒落人间，形成微雨，而后天兵一齐涌到南海与恶龙展开撕杀恶战，最终擒住恶龙，拔了龙须，抽了龙筋，逼使它吐出满腹之水，旱情消除，恢复了风调雨顺的景象。

关公为了记取此次教训，遂于每年五月十三日亲自在南天门外磨刀示威并降雨霖。因此，民间百姓为纪念关公磨刀降恶龙，解除灾难疾苦的恩德，把此日作为"关帝救生之日"，并于此日到关帝庙隆重集会，焚香膜拜，敬献供品，祈祷平安。久而久之，此日却被讹作关帝的"诞辰日"来祭庆，正如民谚所传"大旱不过五月十三"。

另一版的关公故事说，关公死后，玉帝见他忠心赤胆，加上红脸赤肤，像一团火，很喜欢，便把他调到天宫做了太阳神。海龙王听了很不服气，因此，当关云长请他在五月十三日赐予磨刀雨时，爱理不理的，很是傲慢。关云长知道龙王每年六月六要晒龙衣，因此毫不客气地说："你不赐我磨刀雨，我就不让你晒龙衣。"相传六月六日龙王爷晒鳞（龙衣），多是晴天，种田的农民把主宰阴晴的太阳神桂冠戴在关公头上，流露出对关老爷的崇敬之情。

各地的求雨形式多种多样，其中关老爷出巡的故事甚是有趣。旧时山东一些乡村求雨时，人们抬着龙王、观音、关公的像出巡，祈雨者头戴柳枝帽，手持柳枝，口念佛号，随后而行。抬着关老爷转上几圈，如不下雨，便把关老爷的像放到太阳地里晒几天[1]。

明刘侗、于奕正《帝京景物略》："十三日，进刀马于关帝庙，刀以铁，其重以八十斤，纸马高三丈，鞍鞯绣文，辔衔金色，旗鼓头踏导之。"关帝庙里的这把用生铁铸成的关公大刀，成为庙内的一件宝物，前来逛庙会的人一般都要来看看这口大刀。关羽的神力，也集中体现在那把青龙偃月刀上了。

北京香山地区流传着《关公掘泉》的传说，说的是清中期，北京大旱，关老爷拿着他的青龙偃月刀劈开一块顽石，一股青泉随着他的刀印流了出来。他又连劈三刀，出现了三个泉眼。老百姓高兴，盖起了一座关帝庙，这山沟就叫了老爷沟，这个传说里的关公是被当作雨神和水神来描绘的。

就在乾隆年间黄河转了道的地方，没有神仙的寺庙，但还留着不少求雨的庙。农历五月十三，河边上一个乡会有大集会，老人们叫"磨刀雨庙会"，说是关公的青龙偃月刀刀越大，磨起刀来用的水也越多，即以此希望雨水多些。而农历五月二十五庙会以前，是求雨给各个地方都下些，不要旱涝不均。民间谚语说："云往东，刮场风；云往西，关公骑马披蓑衣。"庙里的关公成了民间名符其实的雨神。

论北京的庙宇，林林总总大概有着上千座，这其中，尤以关帝庙为多，据统计，专门供奉关公和兼供关公的加在一起就有一百一十六座，自然，哪一座也难与正阳门的这一座攀比，历朝历代的皇上去天坛或先农坛祭祀回来，必定要到这一座关老爷庙拈香祈祷一番。

人们何以将干旱的恐惧转移为关羽崇拜，其实并不难理解。持续的干旱使人们强烈地感受到生存威胁的压抑，于是，人们在寻求克服压抑的同时，必然会寻求在意识上补偿或追求自身所缺少的力量，并把这些附加在自己所

1 参阅山曼等：《山东民俗》，山东友谊书社，1988年，第357、379页。

崇拜的英雄身上，形成自己的英雄崇拜，然后再以通俗的文艺形式表现出来，形成广泛的影响。

关公战蚩尤

无限夸张关公的神力终于演绎成一出关羽显圣的荒唐故事。在古典戏曲作品中，弭患的重要因素最早出现在明初佚名杂剧《关云长大破蚩尤》[1]中。该剧情大概是，北宋年间出现了一场大旱，时范仲淹当政，山西解州的盐池突然干枯。经寇准的一番调查，得知此灾难由上古的蚩尤作祟造成。事情的起因是，当年蚩尤与轩辕帝交战涿鹿，蚩尤战败，尸骨撇在盐池，千百年阴魂不散，在盐池聚集山精海怪，变化多端，神通广大，成为神灵。蚩尤与轩辕帝的深仇未解，又见普天下大修三皇之庙，心中忿忿不平，认为“盐池之中日产万贯，黎民百姓皆餐此池中之盐，此吾之功也，到不与吾立庙”，故而怀恨在心，决意要让盐池干枯，使百姓吃不到盐，并扬言如果不为他立庙，此难难解。吕夷简奉命请来信州龙虎山张真人，设法破解此难，张真人认为蚩尤的神力非常人所能解除，惟有神将关公有此威力。关公此时为玉泉山土地神，听说此事后义愤填膺，当即应允带神兵“去救解州一郡黎民之难”。最终，关羽兵到害除，大难破解。于是，宋朝天子在解州为关羽立庙。关羽最终走向神坛，看来是道教因素渗入关羽故事的结果。

这个戏取材于一个流传广泛而久远的传说。据记载，唐人小说中就有关公战蚩尤的故事，说“李晟镇河东日，夜梦伟人来谒，自言：‘汉前将军关某也。蚩尤为乱，上帝使某征之……’”。

到了明末清初，钱谦益编《重编义勇武安王集·神跡考》中的“解池平妖本末”条注，申明故事本于《三教源流搜神大全》，记北宋真宗大中祥符七年（1014），解州盐池干涸，解州城隍神告知是蚩尤为患，张天师荐关公神除妖云云。

随后演绎出的故事情节还远远不止这些。在晋南地区流传有一段民间

1 《脉望馆钞校本古今杂剧》。

传说，说蚩尤当年被黄帝杀死，变成了牛怪，依然兴风作浪，为害一方。每遇天旱狂风，群众就认为是牛怪又来作乱，制造了旱情。尤其是运城盐池一带，是著名产盐区，淡水宝贵，最怕天旱。于是，他们寄希望于神明。晋南人最崇拜的神是关羽，因为关羽是本地人，肯为他们解除灾难。因此，锣鼓杂戏有一个神话剧目，叫做《关公战蚩尤》，同样寄托了晋南百姓抗争干旱的诉求。

谁都会从《关云长大破蚩尤》之中发现，真实的历史一步一步地从情节之中游离了。关羽战蚩尤，一种凛然的义举，一场超越时空的胜利，隐含着欺世盗名的危险。在民间故事中，关羽的传说似乎早已同经世致用之念彻底断绝了关系。但是，这些故事满足了人们对于关公英雄形象的期待，找到了重新驾驭在干旱的现实中弭患禳灾的根据，因而构思一些夸张离奇的神话成为某种无奈的补偿——关羽终于从一个半人半神的形象提升为无所不能的大神。

《山海经》有云："大荒东北隅，中有山，名凶犁土丘，应龙处南极，杀蚩尤与夸父，不得复上，故夏数旱，旱而为应龙之状，乃得大雨。"可见那时的祈雨是祈共工、蚩尤、后稷、太皋、无冥等神。怎么又跑出个关云长战蚩尤呀?

三教合一本来就是实用主义的产物，而蒙上了三教源流因素的关公形象更多了一层文化尴尬。某些时候，儒家文化可能演示出现实主义情节，关公的德行烙印在了许许多多日常细节之中；另一些时候，在释、道精神的光环照耀下，关公的故事却已经退化为遥远的传说，成为一种脱离现实的幻想性虚构。在这样的文化背景下，关羽早已脱离了真实，像是一个引导世俗生灵在绝望中抗争命运的神祇，虚拟的他显得勇猛而悲壮。一段未经启蒙和"祛魅"的历史，诸多神秘因素本身就是社会文化的组成部分。这些因素与血缘、家族、宗祠等概念共同在一个巨大的意识形态结构之中杂糅，变得神鬼不分，混杂交错。面对干旱，利用编造这样的神话故事表达诉求，也许只能说是一种低能的运命抗争。

7 七年常雩设坛案

徐以升的常雩案

乾隆七年（1742），一份例行的奏折中写道："案《春秋》传曰：龙见而雩。古者雩祭之典，为百谷祈膏雨也。祭法曰：雩宗祭水旱也，月令仲夏之月，命有司祈祀山川百源。大雩帝，用盛乐，命百县雩祭百辟卿士有益于民者，以祈谷实，是为常雩。乃若偶逢亢旱，则又有雩。"写折子的山东道监察御史徐以升认定："要之雩祭之典，自古有之。考'雩'字为吁嗟求雨之义。其制则为去于南郊之旁，故鲁南门为雩门，是雩坛实有其地矣。"

文案进一步指出："我朝礼制具备，会典载有躬祷之仪，独于雩尚未设有坛，似属缺典。虽郊祀之祭，亦有云雨风雷之神，与岳镇海渎之位，而礼必有所专设，请于京城之内，择地建立雩坛，仿古'龙见而雩'之礼，每年及期择日致祭，偶遇亢旱愆阳，雨泽稀少，即于此望告岳镇海渎及诸山川能云雨者，以祈求雨泽。毋庸于各宫观处祈祷，再者祈雨祈晴，事同一体，倘有雨水过多祈求开霁之处，请照祭法雩宗祭水旱之例，亦于雩坛致祷。"徐的折子里还提到，隋代专有祈雨的祭坛。为此他提出："至于直省州县，亦应并设雩坛。"

雩祭作为中原农业文化的重要标志，所奉行的规制自古以来乃是治理如此一个拥有庞大农业人口国家之唯一适用的模式。因此，凡在现存古籍中考证出的与之相关的内容，无论是儒家之术还是道家之术都将受到最高统治者的重视。甚至为表明非汉族的他们是热心的儒教与道教信徒，意在赢得“天下人”的心，他们会全面采纳中原农业文化的思想学说及其行为方式，即使某些与现行规制相左的说法都会呈送御前进行甄别。

在徐以升看来，乾隆朝早期仍在奉行的“至僧道建坛讽经，殊非古制。”他或许真的是一位原始儒家精神的继承人，只因此人的官位太低，更多的评价未见于史书。而从这份文案的主张中可以认定，其合理主义的诉求源于徐以升过人的才智，他本能地去反对那些缺乏生气、强压在人们身上的毫无意义、陈腐琐碎的成制。在提出常雩设坛案的同时，他批驳道：“又唐开元有禁屠之例，然稽之雩礼，亦用牲牢……祀神祈雨，未尝禁屠。至不理刑名，则各衙门事件，反多淹滞。”提出“以上三者，并请停罢”[1]。这份奏文主旨在于依古礼设雩坛，行常雩祭礼，同时也提出了停罢迷信色彩极浓的三项祭典仪轨。

徐以升的奏折得到了乾隆帝的重视，根据谕旨，最终还要通过礼部议定，即可设定常雩礼为国家大祀之典。这不能不说是儒家精神与中原农业文化的一次胜利，此事不当以一般的礼仪修改来看待。常雩，说到底是一种与古典农业生产方式相契合的文化现象。乾隆七年（1742）制定改常雩为大祀的史实说明，原本是骑射民族的满族统治者在入主中原之后，不仅全面接受了中原的农业生产方式，而且同时也接受并进而强化了中原的农业文化。如果说，入关前，清人已有自己的国典祭祀，如“太祖御极，焚香告天，建元天命”[2]，天聪十年，设圜丘于盛京德胜门外，建方泽坛于盛京内治门外，祭告天地，改元崇德，坛壝之制由此完备，那么，还应当看到的是，这时祭天的主要目的在于战事，仪式上也相当的原始：初始，祭飨用生牢，颁百官胙肉。可以说，清人定鼎中原前只是初步建立了以祭天为中心的祀神祭典。

1《钦定大清会典事例 · 礼部》卷415。

2《清史稿》卷82，志五七。

清人入关后，参照明朝祭告天地的规制，宅帝位定制，于是有了冬至祀圜丘，奉日、月、星辰、云、雨、风、雷配；夏至祀方泽，奉岳、镇、渎配。顺治四年（1647），裁定郊祀荐生牢如初，后来才改为神前分享用熟荐。清初确定下来的国家祭祀分为三等，大多与农业文化发生关系。第一等为大祀：圜丘、方泽、祈谷、太庙、社稷等；次等为中祀，凡天神、地祇、太岁、朝日、夕月、历代帝王、先师、先农等；第三等为群祀：先医等庙，贤良、昭忠等祠。根据《大清会典》的记载，大祀，皇帝会亲往躬祷奉祭天地、宗庙、社稷。有特殊事故方可派遣皇家成员或重要官员代为祭祀；中祀，皇帝或亲往躬祷奉祭，或派遣官员代为祭祀，皇帝是否亲往躬祷奉祭则没有硬性规定。凡遇群祀，大凡派遣官员代为祭祀。皇帝是否亲往躬祷奉祭或是祭祀等级的重要标志，仅此就可以大致明瞭大祀、中祀及群祀之间的显著区别。

乾隆七年改设常雩为大祀的史实散见于各种历史文献中。假如在记述清朝祭典的《钦定大清会典》与《钦定大清会典事例》中考订乾隆朝“常雩”的史实，就会发现其作为史料的局限性，即在繁缛的礼仪程序后面缺少基本的历史背景，尤其是与农业形势相关联之事件及参与其间的政治与文化因素；而在《清史稿》的记载中，又会发现，《礼志》虽然记述了“乾隆时，设常雩为大祀”事，但究竟是如何一个过程？未能详尽。《高宗本纪》则支脉纷繁，具体事件的论述又过于简约；同样，诸如《高宗实录》等，有关常雩的记述相当分散，缺乏综合。由于这样一种原因，乾隆朝改常雩为大祀的史实至今未有综论。所谓“七年议准：嗣后每年孟夏，择日行常雩礼于圜丘，”[1]并不能详尽说明乾隆时设常雩为大祀的史实。如果将以上文献与乾隆朝《上谕档》、《宫中奏折档》、《御制诗》等档案资料结合在一起予以裁定，即可以初步认为，设常雩为大祀是继顺治、康熙朝的“祈雨”相关规制，在乾隆一朝渐变演绎而臻于完善的重要礼典改制。这一演绎过程，遵循了“自古在昔，春郊夏雩。曰维龙见，田烛朝趋。盛礼既陈，神留以愉……

1 中国第一历史档案馆馆藏《清朝工部档案》。

曰时雨旸，利我新畲”[1]的原则，满族统治者为了维护政治统治的第一需要，不断地强化中原农业文化，而置本原文化以不顾，其结果，既符合了多数人寻求精神慰籍的需求，又符合了少数统治者的实际政治利益。有理由认为，这一政策的出发点仅仅在于它是一种手段，以清朝皇帝为代表的满族统治者利用雩祀使汉人在旱灾来临之际，感铭满族统治者保留了其传统文化，以致将心思更多地用在祈祝可能惠雨的神明上面。

1《大雩乐章云汉诗 · 八章》，乾隆七年。

8 礼部的回复

礼部之礼

朝廷有个礼部，究竟有如何的职守呢？

今天还能见到的春秋战国的文献中出现的“礼”字很多，其条目不下千百之数，“礼”的字意也到了临事取义，旨趣各异的地步。待汉儒诂经之时曾试图予以规范，《周易·序封传》、《说文解字》、《尔雅·释言》、《诗毛传》都说：“礼，履也。”何以“礼”训“履”呢？这似乎与《礼记》中的两处将礼与履相连的说法有关。《祭义》载曾子论孝道时说：“礼者，履此者也。”《仲尼燕居》曰：“言而履之，礼也。”此说自有其道理。所谓“履”就是“践履”，大概是认定礼是一种具有很强的实践性的社会行为，且有一定的规范。如《礼记·乐记》曰：“礼自外作。”“礼者，天地之序也。”“序，故群物皆别。”也就是说，礼不仅代表天地之异，而且体现了天地之序，进而表征社会的差异、等级和秩序。进一步演绎，可以认为，礼是要人们按照一定的规则展开的实践活动。这可以说是礼的一种特征。同时，似乎也可以认为，礼的实践性也体现了礼在人们社会生活中所具有的普遍意义。《礼记·礼器》曰：“礼也者，合于天时，设于地财，顺于鬼神，合于人心，理万物者也。”礼，在社会意识中的扩张，最终涉及了自然万物，社会、人生，均与之有莫大关系。

礼的主要政治功用核心是用以维护统治集团内部的秩序，即“唯礼可以已之。……士不滥，官不滔，大夫不收公利”。然而，礼制又不同于法律，它往往以华夏民族历史上长期形成的特有的文化载体形式出现，“礼之可以为国也久矣，与天地并。君令、臣共、父慈、子孝、兄弟、弟敬、夫和、妻柔、姑慈、妇听，礼也。君令而不违，臣共而不贰；父慈而教，子孝而箴，兄爱而友，弟敬而顺；夫和而义，妻柔而正；姑慈而从，妇听而婉；礼之善物也”[1]。礼，强调人际间的亲缘关系，并将建筑于氏族内部的尊卑长幼之间的秩序施行于政治。如郭沫若说：“礼，大言之，便是一朝一代的典章制度；小言之，是一族一姓的良风美俗。”[2]这话说的简约，却很有道理。古人就是将国事与家事的道理放在一起讲的。

从另一种角度来看，礼的外在形式在政治领域所起的作用是一种确定因素，这种确定因素的外在形式起码包括“名”（名份）与“器”（礼器）两个方面。《左传》成公二年曰：“唯器与名，不可以假人。”“若以假人，与人政也。”是说带有政治权利的确定因素的器与名不能转让给其他任何人。

礼的政治作用，在于维护最高的政治统治权，在于维护统治集团内部的政治秩序。“礼，以国家，定社稷，序民人，利后嗣者也。”[3]“夫名以制义，义以出礼，礼以体政，政以正民。是以政成而民听，易则生乱。”[4]也是说礼以政治为之本体。《荀子 · 大略》曰：“礼者政之挽也。为政不以礼，政不行矣。”显然，儒学将礼的作用推到了极至。

在商代祭祖礼的基础上，西周以政治的形式将礼凝固于制度之中，在东周时期又出现了礼的伦理化、理念化。对先秦文献中所见“礼”之记载的追

1《左传》昭公二十六年。

2《十批判书 · 孔墨批判》。

3《左传》隐公十一年。

4《左传》隐公二年。

述拟或有助于对清朝礼部的认识。

清人于天聪五年（1631）设礼部，顺治元年（1644）停贝勒总理部务，设满、汉尚书。据《光绪会典事例》卷19及《历代职官表》卷9规定，礼部职官中有满、汉尚书各1人，左、右侍郎满、汉各1人，此外尚有额外郎中、员外郎、主事、七品小京官等，均无定员。除额外官员外，礼部总人数为145人。

礼部总的职掌是管理国家祀典、庆典、军礼、丧礼、接待外宾以及管理学校和主持科举等相关事宜。其内部组织机构有仪制、祠祭、主客、精膳4个清吏司，祠祭清吏司，掌吉礼、凶礼事务，其职官有郎中2人（满、汉各1人），员外郎5人（满3人，蒙、汉各1人），主事2人（满、汉各1人），笔帖式若干人，经承6人。司下分设祭祀科、僧道科、时宪科以及火房等单位，分办本司事务。相关的机构还有：（一）乐部。设于乾隆七年（1742），管理祭祀、朝会、燕飨的演乐及审定乐器音律事务，设有管理大臣，也称“典乐大臣”，由礼部满人尚书1人兼任，后改各部侍郎或内务府大臣兼任，无定员。（二）太常寺。顺治元年（1644）置，属礼部，掌管坛庙祭祀礼仪。其职官有卿、少卿等。乾隆十四年（1749），定由礼部满人尚书兼领。（三）光禄寺。顺治元年（1644）设立，掌管关于典礼预备筵席及供应官员“廪饩”，其一应事宜，由礼部具题，劄寺遵行，自乾隆十三年（1748）以后，特简满族大臣1人总理寺事，职官有卿、少卿、典簿、署正、署丞、笔帖式、司库、库使等，官员总数70人。

直至光绪三十二年(1906)七月十三日(9月1日)，清廷才颁布上谕，宣布“预备仿行宪政”。次日清廷颁布了按“廓清积弊，明定责成，必从官制入手”的预定计划，下诏进行官制改革，礼部以太常寺、光禄寺、鸿胪寺并入，按清朝旧例，各部均设满、汉尚书各1人，以示名义上的对等，而这次京官改革在“择贤简用，不分满汉”的幌子下，礼部尚书则仍由满人担任。可见清廷将管“礼”的权力看管得多么严密。

奉旨议决

遵“求言”圣旨而上书奏文的命运究竟如何呢？从接下来奉旨拟定的礼部与大学士的议决来看，可以观察到文官集团上层对徐以升“设坛”案的态度。“遵旨谨议”的结论是：“唐制斟酌较善，先祈岳镇海渎及诸山川能与云雨者，又祈社稷宗庙，皆七日一祈，有雨还祈岳渎如初。旱甚乃大雩帝于南郊。雨足则报祀。……请于孟夏龙见，择日行常礼，祀皇天上帝于圜丘，以列祖配飨。四从坛祀于下。前期，礼部奏请皇帝亲诣行礼，或遣亲王行礼，孟夏后旱，则祈天神、地祇、太岁坛，次祈于社稷坛，次祈于太庙，皆七日一祈，不雨或小雨不足，还从各寺祈祷如初。甚，乃大雩，祀皇天天帝于圜丘。先经祈祷太庙，既已虔告列祖，此次不设配位，仍设四从坛于下，雨足则报祀。”又，拟定仿照“古大雩用舞童二佾”，“今用用舞童十六人”。

在采用徐以升提案中设定“常雩”、“大雩”祭礼的同时，针对徐案提出的“以上三者（僧道建坛、禁屠牲牢、不理刑名），并请停罢”，礼部与大学士的议决几乎是逐一予以否定的，云：“伐鼓用牲祭于社，毋庸于各坛祈祷。再僧录司僧官，道录司道官，每逢斋戒致祭之日，令督率僧道，分派在显佑宫等五庙，虔诚诵经祈祷，礼部分派司官查看。仍照列禁止屠宰，各衙门于斋戒日。照例停理刑名，至直省府州县。”

针对设雩坛的说法，也做出了相左的决议：“雍正四年，皆置有耕耤田，其中俱设有坛祀，嗣后令孟夏择日行常雩礼，或有亢旱，亦每七日先偿界内山川，次祭社稷坛，致斋虔诚祈祷雨泽，如仍不雨，复行祈祷如初。但不得用大雩之礼。亦不必另设雩坛祈祷。其社稷及耤田等处，自有旧设坛壝，因地制宜，可以恪恭将事，其或霪潦为灾，则伐鼓用牲荣祭城门，以祈晴霁。”[1]

礼部最为重要的职守是维护皇帝的权威，原则是扬君抑臣。因此，礼部与大学士遵旨的议决基本上否定了来自臣下的设雩坛的提法，仅制订了行常

1《钦定大清会典事例·礼部》卷415。

雩祭礼，旱甚乃行大雩祭礼的规制。乾隆帝似乎从徐以升的奏文中受到了启发，他指示礼部与大学士遍究古礼，集历代相关礼典之大成，阐发当今皇帝敬天之心得，制定一套“常雩”礼程。七年（1742）五月癸酉，一整套繁缛的常雩典礼仪轨并御制乐章制定完成，这表明乾隆朝在“雩祀”仪礼方面的建设大大超逾了前代，达到了极致。

乾隆朝的圜丘工程

如前所述，礼部与大学士们否决了徐以升常雩设坛的提案，决议利用“旧设坛壝，因地制宜，可以恪恭将事”，因之将常雩、大雩的祭典设在了“祀皇天上帝”的圜丘。

圜丘，圜是圆的意思，丘是高的土台。由于古代对天体形象的认识是以天为圆的，故祭坛的平面为圆形，表示“天圆地方”之圆天，所以祭天的场所要采用圆形高敞的台。又由于祭天是向天空设祭，所以在坛上不建屋宇，而是露天奉祭。

由于新的“大祀”之礼的设置，修建圜丘的工程随之启动。先是乾隆八年(1743)，因斋宫破旧决定修理，“建正殿五间，左右配殿六间，内宫门一座，回廊六间”。斋宫地点就位于祈谷坛的西天门内南侧，殿宇东向。它的地形方正，有两道护城河围着，防范异常严密。为此，乾隆帝有诗云：“守德由来胜守险，当年何事堑房门。”意为奉行德政远比建筑险要工事高明得多，表现了盛世君主的自信。封建皇帝为了表达对天神的虔诚崇敬，在致祭的前一日，由居住的皇宫出来到郊区圜丘斋宫住宿，不饮酒，不玩乐，清心静养，行斋戒礼以静候祭天典礼举行。

斋宫的后殿五间，左右配殿各三间，是寝宫，有熏炕地道，是取暖设备。右边设一时辰牌石亭，目的是随时虔心养性。乾隆帝在斋宫斋戒时写下了“篆烟微袅心如水，寂静阶墀尽太清”的诗句，这正是斋宫如太虚仙境的写照，在这静谧祥和的气氛中，皇帝心静似水，虔诚地等待祭天时刻的来临。

十二年(1747)，因圜丘内外坛墙年久损坏严重，为整齐划一，将原土墙拆修。同年奏准拆除雩坛，祈雨礼改在圜丘进行。修建后的坛墙更加坚固，大多保留至今。这些工程同后来的扩建圜丘，改建皇穹宇、祈年殿相比还是显得微不足道，但是它奏响了乾隆年在圜丘大兴土木、改建扩建的序曲。

十四年(1749)，又因圜丘坛上张设幄次陈祭品处过窄，于是决定扩建圜丘。为表示“天圆地方”的观念，祭天的圆形高敞的坛体高三层，则是取阳数(奇数)，这样已经可以象征天了，但是还是感觉有未足之处，设计者于是又将中国许多其他传统的阴阳数术的说法尽力地用在圜丘的设计上。如所有尺寸数目字均极力凑成五、七、九等阳数，圜丘坛就是用这样的有意义的数字组合方式拼凑起来的。这一切费尽心机地凑成的以9作基数的数字体系，适足以所谓的九五之尊来表明帝王唯我独尊的君权思想，再用九的倍数来表达皇帝与天的关系。诸如：第一成（即层）的4倍拟或为四季，第二成的8倍拟或为国之大事，作龟占卜之“八命”[1]，第三成的12倍拟为十二个月，总数的24倍拟为二十四节气。

这样一改，整个圜丘的建筑形式的确显得更加宏丽了。本来明代嘉靖时用青色琉璃坛面及栏杆是象征天的，乾隆朝重建则用艾叶青石铺墁，仍旧以青象天，不过色调略淡了一些。三层坛体，全是在须弥座上装饰巡杖栏杆，望柱头雕刻云龙纹，各种线条互相配合，透着那份皇家的富丽。在坛体的每一望柱头下又向外伸出一突出的石螭头，本是坛面排水用的，但是它却将圜丘坛点缀得更为生动。螭头的雕刻生动有力，有一种羚羊挂角的奇妙之感。

十六(1751)年七月初一日，改祈谷坛旧有题额“大享殿”为“祈年殿”，祈年殿由乾隆帝钦定，“祈年”意为祈求农业上五谷丰登，有好的收成。重修祈年殿，琉璃瓦色由原来象征上天、皇帝、万庶的“青、黄、绿”三色改为“纯青”，标志着由明朝的合祀天神地祇向清朝单纯祈谷于上帝的转化。十七年(1752)，改建皇穹宇。殿内正中石台上供奉着皇天上帝牌位，其左右供奉着配享的列祖列宗的牌位。日月星辰的神牌，东庑供奉日月、

1《周礼·春官·大卜》：“以邦事作龟之八命：一曰征，二曰象，三曰与，四曰谋，五曰果，六曰至，七曰雨，八曰瘳。”

二十八宿、周天星辰等神；西庑供奉夜明、风云雷雨诸神。在祭祀圜丘的前一日，皇帝先到此殿上香一次，举行祭祀的当日，将神牌由此殿用轿抬至圜丘坛上，按位次供奉在幄帐中，祭祀完了，再归位此殿。

十九年(1754)，在圜丘西门外垣的南门，称“圜丘坛门”，原来的西门称之为“祈谷坛门”，形成了圜丘南北两坛的格局。至此，圜丘的规制最终形成，并保留至今。二十一年(1757)，乾隆帝在圜丘行常雩礼，祭典告毕他做诗一首，云[1]：

崇隆玉陛泰坛圆，咫尺明威对昊乾，
祭举常雩占角后，泽霑三日洁斋前。
情知夏长秋成远，颙吁五风十雨骈，
敢幸时和弛乾惕，躬亲昭事愿年年。

诗中得意的神情溢于言表，似乎持盈保泰的盛世之策就会在眼前实现。看看，圜丘内的一切祭坛、殿宇均得到了修缮，或拓展坛制，或修筑墙垣，或更新瓦色，或髹漆绘彩，并补植树木，真是焕然一新，气象万千，昭示着天朝宏大的前程。

祭祀仪式

常雩典礼的时间设定在“龙见”日，实际时间约在初夏的上旬。三十二年（1767）常雩的这一天确定为四月初四日。乾隆帝的诗咏道：“协纪见龙星，将为请雨祭。”[2]五十一年（1786）的御制诗注也明确记录：“……祭天为百谷祈膏雨，兹四月四日恭祀雩坛，正值龙见之期。今春荷蒙昊贶，膏泽似胜常年，然日来二麦正当长发，大田尚未一律播种，斋心祈祀，惟望仍沛

1《常雩礼成述事》，《清高宗御制诗集·二集》卷63。
2《雩祭斋居时雨》，《清高宗御制诗集·三集》卷65。

甘膏也。”[1]五十一年，一个风调雨顺的好年景。

皇穹宇北面过了成贞门即是祈谷坛祈年殿部分。成贞门北面有一宽大高直的神路直达祈谷坛祈年殿的砖门，路是用城砖及条石砌的，较地面高出十余尺。神路的中部向东凸出一长方形的台，叫具服台，三面有雕石栏杆，是行礼时皇帝更换礼服之处。每年在祈年殿举行祈谷礼时，先在此台上支搭圆形的幅帐，称为幄次，通称“小金殿”，也就是活动房屋。皇帝由斋宫到祈年殿行礼，先到这“小金殿”中更换礼服。百年前的明朝皇帝到这里，要脱掉舄(即鞋)再到祈年殿上行礼[2]。这是表示洁净，不将微尘带到神坛上。脱舄以后，所经过的神路，便是铺满棕毯的走道。

关于祭拜仪式，据《清光绪会典事例》记载，祭祀的时候，先将皇天上帝神牌由皇穹宇移至圜丘第一成坛上，坛上正中张设天青色丝织品缎料圆形幅帐，内设雕刻金龙的宝座及炉、鼎等器物，天帝神牌安放在宝座正中，配位（皇帝的祖先）神牌，在坛上东、西两侧供奉。幅帐前摆列祭品，于祭祀前陈设整齐。

祭祀时间是在天尚未明时(约在日出前二小时)，由管理祭祀的官员从斋宫导引皇帝往祭，拜位设在第二成坛上。祭祀开始后，在进行献酒、奠玉帛的礼节时，则升至第一成坛上幅帐前。全部仪式计分九个过程：一，迎神；二，奠玉帛(将一块苍色玉璧用匣盛装供到神案上)；三，进俎(供肉)；四，初献；五，亚献；六，终献(三献即三次进酒)；七，撤馔(祭毕)；八，送神；九，望燎(焚帛焚祝文)。每次仪式均奏乐并由乐工歌舞。

祝文是在祭祀时向神宣读的文字，有专职读祝文的官员代皇帝朗读，目的是给天神听。祭毕，将祝文焚烧使烟上升到天空，目的是使天神看。祝文内容，历朝皇帝的祝词都是一样的，只是前面的年月和参祭的皇帝称号不同。祝文大意：

某年月日，嗣皇帝某恭敬的向上帝奏报……我遵照典礼率领百官用苍璧、丝帛、犊牛、俎肉、粟、枣、稻米、菜蔬等物品，在这里用烟燎的礼必

1《常雩礼成述事》，《清高宗御制诗集·五集》卷23。

2《春明梦余录》。

恭必敬的祭祀上帝，并请我的祖先来奉陪，请上帝接受诚意。

祭祀结束时，将表示祭祀意图的文字焚烧，再度使皇天上帝知道，好请天神降福。乾隆朝历次雩祭礼典见附录《一览表》 。

乾隆六十年（1795），85岁的乾隆帝对雩祀仍然是念兹在兹，在他最后一次亲诣圜丘祈雨之前写下诗一首，谆谆告诫即将继承大统的儿子嘉庆帝，要敬举常雩之礼[1]。

壬戌之年肇举雩，至今五十更三逾。
斋宫豫宿原如昔，熙绩修身何有吾。
或躬或代值时巡，长至略殊每岁亲。
兹以明年归大政，祭将付子敬攄谆。

黑格尔说过，中国的宗教实质上是一种国家宗教，因为宗教的职责主要属于皇帝。读了这些御制诗文，就会知道，譬如常雩这样的仪典，其宗教存在与皇帝的行政事务之间有着怎样的密切联系。

1《雩祭前一日诣斋宫斋宿即事得句》，《清高宗御制诗集·五集》卷96。

9 求言

求言御旱

七年（1742）三月庚申朔，乾隆帝忧心于旱情，便依照汉儒董仲舒的主意，申命“求言”。而本朝行宽和惠爱之政，前朝人所说的“权奸窃弄国威”、“风俗败坏，豪右攘夺”等等现象，这些在“人文郁茂”的乾隆朝压根就不存在。“求言”只不过是旱灾之年的修德之举，不曾想“求言”的谕诏一经发出，臣工“进言”还是纷至沓来。山东道监察御史徐以升奏文写道：“我朝礼制具备，会典载有躬祷之仪，独于雩尚未设有坛，似属缺典。”并针对“至僧道建坛讽经，殊非古制，又唐开元有禁屠之例，然稽之雩礼，亦用牲牢……祀神祈雨，未尝禁屠。至不理刑名，则各衙门事件，反多淹滞”提出“以上三者，并请停罢”。

遭遇大旱，鉴于古训所云：“王者听不聪，则水不润下”。真是解决一个问题又带来新问题的永无休止的过程。《洪范》推五行，灾咎由于失德，水旱之来，岂非政事厥失所致？其或小人壅蔽主听，专恣害人，权奸窃弄国威，黩货乱政。聚敛之臣，敲扑浚民而不知恤；惨刻之臣，严刑绳下而日难堪。往往仇怨之气、哀号之声，足以上干天怒，而拂戾阴阳之和。又或教化陵夷，风俗败坏，豪右攘夺，淫奢无度，小民困苦，盗贼不休，因而致咎，理亦有之。人主念上天之示儆，一旦沛发德音，广开言路，使天下贤良正直之士，得一叶其胸中之感愤，而亟赐之施行，将弊政改革而人心悦、天意回矣[1]。因此“求言”一向被认为是捍御干旱，修德禳灾之大要。这似乎是要人们在现实中去追求一个遥不可及的精神的终极目标。所谓“言曰从，从者，可从；视曰明，明者，织贤不肖，分明黑白也；听曰聪，聪者，能闻事而审其义也”。“王者能知，则知善恶，知善恶，则夏气得，故哲者主夏。夏，阳气始盛，万物兆生，王者不揜明，则道不退塞。而夏至之后，大暑隆，万物茂育怀任，王者恐明不知贤不肖，分明白黑，于时，寒为贼，故王者辅以赏赐之事，然后夏草不霜，火炎上也。”[2]仿佛，人情悦，则天乃雨。

历代皇帝大凡遇旱即下求直言之诏，所求之言或可概述为：听纳有不得于理欤？狱讼非其情欤？赋敛失其节欤？忠谋谠言郁于上闻，而阿谀壅蔽以成其私者众欤？云云。但当益修人事，以应旱暵。由此形成了与古代农业生产方式相契合的农业文化中的一种独特现象：表面上皇帝亲诣行礼，凡在坛执事诸臣，胥应共矢恪恭。实际上其中也蕴藏着种种君臣关系的制衡机关。

据《清史稿·高宗本纪》所载，乾隆帝“以旱申命求言”事大致有六次，前五次分别发生在：(1) 三年（1738）夏四月甲申，以旱申命求言。这一年的八月丙子，御史张湄上书，劾诸大臣阻塞言路。乾隆帝斥责此行径为渐染方苞恶习，召满、汉奏事大臣谕之。(2) 四年（1739），以旱申命求言。(3) 七年（1742）三月庚申朔，上忧旱，申命求言，并饬九卿大臣体国尽职。(4) 八年（1743）六月丙辰日，以旱求言。(5) 二十四年（1759），五月己亥日下诏，要臣下直言得失。说起来，乾隆帝在位六十年间，六次因旱求言，实在有几分萧疏之感，且时间主要集中在还需要摆点样子的乾隆朝前期，随意性很强，求言的机制尚羸弱，好像皇帝本人并不情愿，只是用来哄哄老天爷的。

1 引自[明]俞汝为辑《荒政要览》，万历三十五年刻本，卷5。

2 董仲舒：《春秋繁露·五行五事》卷64。

爱听与不爱听的进言

徐以升何许人也？乃区区一从五品官员。像这样的官员在朝中多如牛毛，清朝将行省的监察机构分为十五道，每道多者置监察御史满、汉各三人，少者各一人，官位秩次为从五品。其职守除分理本道刑名之事外，又分掌稽察在京的各机构。不用说到了京城才知道官小，如果不是岁旱求言的特例，绝对轮不上从五品官员参与朝廷的礼典规制的议定，然而，由于监察御史的选用大体上由各部保送正途出身的官员考补充任，或由翰林院编修、检讨等官员中升授，因此，此类官员多通古礼，且熟悉儒学经典。

雨既是云，云又是气，气又分阴阳，阴阳是否相和，天地是否施舍，又与人事有关，这就涉及到所谓“天人”关系的命题。而阴阳又是由人事来调燮，调燮得宜，自然雨旸时若，使民物无饥寒之患。如果调燮倒置，阴阳失和，必然会引起水旱灾害。于是乎，皇帝申命“求言”。在这样的背景下，与徐以升身份相同的山西道监察御史柴潮生也有进言，他的奏折一上来就是颂扬当今皇上“今岁入春以来，近京雨泽未经霑足，宵旰焦劳，无时或释……修省于事为者，一动一言，纯杂易见；修省于隐微者，不闻不见，朕兆难窥。君心为万化之源，普天率土，百司万姓，皆于此讬命焉。皇上万机余暇，岂无陶情适兴之时？但恐一念偶动，其端甚微，而自便自恕之机，或乘于不及觉，遂致潜滋暗长而莫可遏。则俄顷间之出入，即为皇功疏密所关”[1]。与徐案不同的是，柴案满篇都是无关紧要的“马屁”文章，不过是想以此为日后的前程埋下伏笔[2]。

臣工的进言也是承袭了古人经验并结合了他们自己所处环境而阐发的个人“管见”，对于皇上来讲，当然没有无条件采纳之必要，况且“进言”会在乾隆帝的心中进行筛选，或听之或弃之，都在于“天下一人”的瞬息定夺。而那些沉溺于稽古忧民的官场上的“懵懂少年”，一听到皇上申令求

1 《清史稿》卷306，《柴潮生传》。

2 《清史稿》有传，见列传九十三。柴潮生，字禹门，浙江仁和人，雍正二年举人，授内阁中书，充军机处章京，累迁工部主事，乾隆七年，考选山西道监察御史，后官至兵科给事中。

言，就急着跳出来，抛露他们的治国方略，结果，几乎没有不受挫败的。所谓“国之大事，在祀在戎”[1]，本来祀典之事，岂容他人妄言，而此时皇帝碍于大旱之灾，无意就此发生争议，这是“天赐”的君臣之间的一个特殊的“民主”对话机会。但是，随着旱情的解除，“求言”的机会迅速消逝。七年岁旱，乾隆帝降诏求言之意是遵从汉地旧俗，做个样子演给老天爷看，并非真心纳言。而一群中级汉族官吏纷纷借机上言，用古制发难，尽管诸如山西道监察御史柴潮生等人也会说一些无关疼痒的话，“以旱申命求言”的表面文章或也许有碍皇帝的面子，乾隆帝并未因事情过去了多年而释然。时隔十七年，二十四年（1759）五月二十日，乾隆帝上谕：“尔诸大臣，皆国家共襄治理之人，休戚本属相关，当此望泽孔亟之际，又宁不各自刻责儆惕，以冀感召休和耶？夫灾沴之征，必有人事以应之，或者政事尚有缺失有湏（须）因时斟酌者，宜各抒所见以备采纳，但不得毛举细故，摭拾浮言，如昔所称天旱求言故事耳。”[2]想就此彻底否定所谓天旱求言的旧俗，连假“民主”的招牌也弃之不用了。

恰在这期间，乾隆帝的思想发生了一个很不小的变化。早在乾隆五年（1740）的上谕还说，程朱之学，“得孔孟之心传……循之则为君子，悖之则为小人；为国家者由之则治，失之则乱，实有裨于化民成俗，修己治人之要”[3]。从这篇上谕中，可以看出乾隆朝对理学采取了完全肯定的态度。可是到了乾隆十九年（1754），他对理学的态度却发生了一些明显的转变，他公开认为自宋儒以后，出现了“标榜名目，随声附和……大道愈晦”[4]的现象。随着乾隆帝对宋儒了解的日益深入，他发现程朱理学对儒家经典的阐释并不完全有利于清王朝的统治，有的甚至对他的统治间接地构成了潜在的威胁，特别是乾隆二十年（1755）以后，随着乾隆时期专制统治的不断加强，与康熙时期因批判程朱而获罪不同，批判程朱理学已不再是一件了不起的大事，

1 《左传》成公十三年。

2 《乾隆朝上谕档》，第3册，页992。

3 《大清高宗纯皇帝实录》卷128。

4 《大清高宗纯皇帝实录》卷461。

当时一些敏感的学者察觉到了清统治者对理学之态度的微妙变化，对程朱理学也开始由尊崇转为怀疑甚至是批判。以上推论，或许有几分迂阔，但事实上，在随后的日子里因旱而求言的事也不常举了。

有这样一件事就发生在步入老年的乾隆帝身上。三十九年（1774）八月，山东临清发生了王伦为首的清水教民反清起义，给事中李漱芳上疏称："奸民聚众滋事，为饥寒所迫"，"请增设粥厂"。事实上山东连年遭灾已是朝野尽知，而唯乾隆帝拒不承认，将李漱芳此奏指斥为"转代奸民饰词诿罪，止图为一己沽名"。他还令侍郎高朴、袁守侗带李漱芳、范宜宾前往良乡及黄村、东坝各处查看，因事先做了掩饰，李、范二人"未见成群乞食流民"，结果，李漱芳降为礼部主事，范宜宾被充军新疆。一次本来并非偏颇的进言，就这样被压制了，由此言路再一次受到了严重阻塞。

然而，距前次因旱求言时隔三十余年后，因旱而下诏求言的事又出现了。乾隆朝最后一次求言竟在五十七年（1792），闰四月丙申，乾隆帝以久旱，再度下诏恢复求言。这时的乾隆帝大概是终于耐不住亢旱的煎熬，又一次将求言这类政治招数抬出来，作为御旱的救命稻草。

接下来的官书记载，第二天，"丁酉，雨"。意思是将这场降雨归于了皇上的下旨求言感召了天和。真的下雨了……

10 皇帝的“小疖”

尽管乾隆七年（1742）礼部复议已将常雩拟定依圜丘之制，视同为大祀礼，然而，次年初恰遇天候中平，农历四月前的雨泽，还算得上是霑足，年轻的君主由此心生侥幸心理，竟在常雩礼典初举之年，以身患“小疖”为由未亲诣圜丘行常雩礼。

思想上的小疖

八年（1743）入春以来，乾隆帝的患处出现了红肿，伴有龙体发热发烧，渐显化脓的迹象。在御医们看来，首要的是先要了解皇帝的疾症究竟属于寒症，或属于热症，然后才能断定要吃何种药物、食物，以便“以寒胜热，以热胜寒”。鉴于京城近日天气奇热，常见的皮肤病大多出于热，经御医们的反复切磋商议，皇上的症状终被诊断为热症。在现代医学那里，属细菌感染的脓疖疖。

中药的应用总是停留在经验层次，这些经验还来不及经受医药学理论的验证。而且这种验证，属于植物化学和药理学的研究范畴，与发明青霉素没有本质区别，和中医理论却没有必然联系。譬如：古代就有“神农尝百草，一日而遇七十毒”，被折磨得死去活来的传说。中药金银花有清热解毒功效，用于疮、疖、痈等感染或有疗效，但在御医的中医“理论”那里，并不能指出它对哪种细菌引起的感染最有效，对哪种细菌感染则是微效或无效。由于天然药物的作用必然受到其化学结构的限制，必然有许多植物药不能满足人体的需要甚至还会有害。但是，因此而贬低御医们的医术也是毫无道理的。从常理上讲，御医们的诊断与治疗会使乾隆帝的“小疖”在一段时间内痊愈。

怎么也是一月有余了，皇上的小疖还是未见痊愈。据这一年四月十一日上谕：“今年初举雩祭之典，朕已降旨亲诣行礼。因今春偶患小疖，朕以典礼初行，必欲亲祭以昭诚敬，特命太医上紧医治，日来渐次平复，朕约计届期已可躬亲行礼，纵使尚不能行礼，仍拟亲诣坛所，以展肃将祀事之意。而太医等奏称患处初愈，皮肤未苍，正宜静养，不宜行走劳动，左右大臣等又

《春郊阅骏图》卷（局部）

绘于乾隆九年。郎世宁、唐岱合作，郎世宁用西洋画法画人物与马；唐岱用中国画法画周围的风景。可谓是珠联璧合。日本京都藤井有邻馆藏。

奏称，四月雩祭系每年常行之典，不必今岁一定亲行，且皇上诚敬之心至纯至切，实足以昭格穹苍，与亲行无异。”最终还是“朕勉从所请，著遣弘晊恭代行礼”[1]了事。依此上谕文字“四月雩祭系每年常行之典”，可知所奉行的礼典即“常雩”礼。同文所载，皇帝因患“小疖”不能亲诣行礼，亦有礼典则例可依，既可从“大祀”之“有故派遣官员代为祭祀”，亦可从“中祀”之“或亲往祭祀，或派遣官员代为祭祀”。规则是谁定的？最终的解释权还在皇上。然而从另一方面讲，这时的乾隆帝，是不是对行常雩礼的“必要性”并未深切领悟呢？

乾隆帝因患“小疖”而不能亲诣祭祀，而这次却是初举的大祀之典，已经降旨说是将亲诣行礼，最终又不能亲诣，看来他一定病得不轻。但是，上谕又说龙体“日来渐次平复”了，皇帝自己都约计届期可躬亲行礼了，只是太医们却奏称患处初愈，皮肤未苍，正宜静养，不宜行走劳动。还有左右的大臣人等也是多方劝阻。这些都不过是借口，最终做出决定的还是皇帝自个儿，而这件事的后果可只能君主一个人担着。

上天的谴告

说是“四月雩祭，系每年常行之典，不必今岁一定亲行，且皇上诚敬之心至纯至切，实足以昭格穹苍，与亲行无异”，话是好说，就怕老天爷不买账。头一次的常雩就敢不来，还是没有将常雩当回事。少雨酿成干旱，干旱是农业第一大害，“水旱，天时也”，为此，老天爷必定先要叫乾隆帝受上许多的苦头不可，目的是要他动心忍性，增益其所不能。这么说，“天”就不仅是乾隆帝的天父，而且变成了天师。这是一种特殊而必要的体验和教导。

其实，不管人在宗教活动中有怎样不同的崇拜对象，诸如人格神、自然神、至上神等等，如果骨子里关心的只是自己的个人欲望，不管是物质的还是精神的，例如个人的得救或解脱，这一切都封闭在一己之私的欲望或愿望

1《乾隆朝上谕档》，第1册，档案出版社，1991年，第842页。

里面，那么，无论你是庶民还是皇帝，这样的祈求都不会得到神明的佑护，“诚者，天之道也；思诚者，人之道也。”[1]而对于人君而言，其得失之间将是天下。

当年，孟子周游列国，当着齐宣王的面直言不讳地说：“君有大过则谏，反复之而不听，则易位。”“易位”是什么?就是换了人，请他走人。齐宣王问孟子：武王伐纣，那不是臣弑君吗?孟子当即予以驳回，说：那才不是臣弑什么君呢，那只不过是杀个坏人，杀个独夫而已[2]。这之后他到处去讲，民为重，君为轻。天让君主做君主，是叫他好好地养人民，做人民的好父母。他要是做不好，天并不对他特别维护，就要废掉他。天听自我民听，天视自我民视[3]。天听从老百姓的意愿，而作为对君王的取舍。同时，孟子似乎在鼓励人起来推翻那些败德的君主，叫作革命。革命的行为，虽然是杀君犯上的，却也是正义的。

乾隆八年（1743）夏至九年（1744）夏，直隶经历了整整五个季节的因干旱而引发的粮食短缺，严重饥荒首先影响的是出入于社会边缘的最贫困人口，这些人没有财产，在他们中已经普遍产生了营养不良，时时处于即将饿死的危险之中。然而，这次旱灾最终没有发展成为全面性的灾难，也肯定不应列入那些在文献中留下详细记录的大灾难之中。但是这足以令年轻的皇帝有所警觉，并将如此的天象与自己忽视祈雨的言行联系起来，看作是上天对自己的谴告。

从下面一首原本冗长的御制诗中摘上前几句就足以看出，乾隆帝为不能亲诣雩祭之典而表现出的一种强烈的自责，他以诗咏申诉了其悠悠的悃忱，诗云[4]：

龙见夏维孟，年祈礼用雩。

1《孟子·离娄上》。

2《孟子·梁惠王下》。

3《孟子·万章上》，此两语自引伪古文《太誓》。

4《癸亥孟夏肇举常雩礼，适以患疖不能亲诣，谨就园中斋居，涤志以邀天贶，瞻望南郊，敬成长律用申悃忱》，《清高宗御制诗集·初集》卷14。

肇兴谘众议，肸蚃仰元符，
与祭训恒凛，致斋心匪渝。
省愆钦旭升，沛泽愿昭苏。
况复秋临麦，尤殷云上需。
江风翻石燕，海日镇金乌，
天绎应垂鉴，臣忱信未孚，
徘徊瞻碧汉，惠泽曷宁吾……

乾隆九年（1744），大陆性季风气候再一次将干旱降临在以乾隆帝为首的农业社会。山东、直隶首先报灾，接下来的情况正如二月十八日上谕所载：“京师及附近府属如天津、河间等处，自冬徂春，雨雪稀少，今清明已届，农事方殷，朕心深为忧惕，宫中默祷，已非一日矣，此时虽未至雩祭之期，亦当敬谨祈求，以期膏泽早降。著礼部、顺天府虔诚祈祷，速议举行。”[1]乾隆帝又一次如遭天谴，焦急自责：“朕躬不德，以致旱灾示警，侧身思省，寝食靡宁，忧怀曷由宽释耶！”又谕：“雩祭之典，所以为百谷祈膏雨也，从前大臣等定议一应礼仪，悉照恭祀圜丘之制行，朕思目下畿辅雨泽愆期，此次举行雩祭，正望恩迫切之时，非每夏常雩可比。”并确定“其先期前诣斋宫及祭毕回銮，朕皆御常服，不乘辇，不设卤薄，不作乐，以示虔诚祈祷，为民请命之意”[2]。在这一年的四月乙卯，乾隆帝第一次亲诣圜丘践行了常雩之典。《清史稿》载：九年四月乙卯，上诣圜丘行（大）雩礼，特诏贬损仪节，以示虔祷。戊子，祭地于方泽，不乘辇，不设卤簿。

这次常雩的祭典之上的情形见诸于他的御制诗《四月八日雩祭圜丘敬成六韵》，云[3]：

泰田修殷荐，雩宗享昊乾。

1《乾隆朝上谕档》，第1册，第902页。
2《乾隆朝上谕档》，第1册，第912页。
3《清高宗御制诗集·初集》卷21。

豆登初饤馔，燔燎已升烟。
龙见犹稽雨，秧萌欲萎田，
屏营邀帝眷，切己虑民天。
庶政修三事，群工秉一处，
夔夔亲步祷，藉以谢尤愆。

诗中“夔夔”应是乾隆帝祈雨时悚惧谨慎的样子，看来乾隆帝在旱情频仍的形势下不得不恭祭雩宗。而“夔”又是传说中的一足怪兽，《山海经》上说：“东海中有流坡山，入海七千里。其上有兽，状如牛，苍身而无角，一足，出入水则必风雨，其光如日月，其声如雷，其名曰夔。”这诗中的“夔”莫不是跛着一只足的皇上吧？或是他私下里对去年常雩之际患“小疖”的一种自嘲？以夔自况，似也正合意念中的“出入水则必风雨”的风角[1]之术，用心之良苦尤可知矣。待到将帝王心术运用得如火纯青，他对天神的畏惧便开始日甚一日。老年的乾隆帝终于体味到：“明知慰我作转语，可识为君总是难。”[2]这真是一种须臾不能忘怀的深切体验。

1 古时用观察风向判断凶吉的占卜术。

2《西直门外作》，五十年，《清高宗御制诗集·五集》卷23。

11 赈灾与仁政

乾隆七年（1742），是自乾隆帝登基以来遭遇的第一个大灾之年，北旱南涝的形势十分急迫，气候既不划一，全国土性亦各有不同。即使是常年雨泽充沛的闽浙地区也来报："漳、泉一带因上年秋收稍薄，今春雨泽稀少，米粮尚在昂贵。"[1]这为年仅32岁的年轻皇帝提出了前所未有的挑战。为此他以苦于雨少日夜蔬食，夙夜祷于天神。同时，乾隆帝认定，调燮阴阳，必须克尽人事[2]。赈济灾荒是一件具有相当难度的政务，"当政府介入救助自然（或人为）灾害和饥荒的受害者时，它并非在一个真空中活动。它必须调整自己的行动，使之不仅适应于事件的严重程度以及它自身财力和人力的可能性，而且适应于社会本身应对灾害的方式"[3]。对于乾隆帝，既定的应对，即人主救荒所当行的方式主要是：一曰恐惧修省，二曰减膳撤乐，三曰降诏求言，四曰遣使发廪，五曰省奏章而从谏诤，六曰散积藏以厚黎元[4]。乾隆帝当然明白，"民为邦本，食乃民天，菽粟如水火，斯民敦礼让之习，有盈宁之

1 乾隆七年八月二十七日《闽浙总督那苏图周折》。

2《临川先生文集》卷65，《洪范传》（四部丛刊初编）。

3 [法]魏丕信著，徐建青译：《18世纪中国的官僚制度与荒政》，江苏人民出版社，2003年，第3页。

4 引自[明]俞汝为辑《荒政要览》，万历三十五年刻本，卷3。

象，仁风于是乎兴矣。然菽粟全赖天时，而天时则不可保其必然，圣人之使有菽粟如水火，亦惟尽人事以赞天功耳”[1]。为此，他采取了一系列“荒政”措施，这是一些在灾荒时朝廷可以随时动用的相关程序，即对灾民实施赈济，其中实惠的，一半是实物（以粮食为主），一半是货币。

赈济钱粮并停征额赋

首先，他下令向灾情严重的地区发放国帑，赈济灾民。乾隆帝深谙此道，早有人说了，“蓄积藏于民为上，藏于官次之，积而不发者又为其最次”。当年隋开皇十四年（594）大旱，隋文帝不许赈济，而令百姓就食山东。比至末年，天下储积粮食可供50年之用。隋炀帝恃其富饶，侈心无厌，卒亡天下。这一沉痛的历史教训告诫世人，但使仓庾之积足以备凶年，其余何用哉[2]！现代地球物理学家翁文波说过：水灾一条线，旱灾一大片，旱灾对人造成的无形损失往往会超过水灾[3]。乾隆七年的旱情超乎寻常。旷日持久的旱情最终将乾隆帝拖入一场关乎政治命运而非竭尽全力不可决绝的角逐之中。

天灾所引发的直接后果，即在一定范围内出现严重的食物短缺。根据乾隆帝的判断，在当地无法解决足够供给来补偿这种食物短缺时，他会考虑从其他地区调入，而同时又不影响周边地区人口与食物之间的平衡，并考虑从更远的地区调入粮食。这一年里，由乾隆帝下令赈济各地灾荒的情况如下：

夏四月间，赈安徽宿州等州县卫水灾，拨安徽赈银三十万两有奇。五月间，赈江苏江浦等十八州县卫、安徽临淮等州县卫，抚恤江西兴国等州县、浙江淳安等州县、湖南醴陵等八州县、山东峄县等十州县卫、甘肃狄道等四州县灾民，赈江苏山阳等州县水灾，抚恤江苏阜宁等州县水灾，赈湖北汉川、襄阳等州县卫水雹灾，并停征额赋。八月，拨江苏、安徽赈银250万两有

1 《经筵御论·圣人治天下，使有菽粟如水火，菽粟如水火，而民焉有不仁者乎》，《清高宗御制文初集》，卷1。

2 引自[明]俞汝为辑《荒政要览》，万历三十五年刻本，卷8。

3 参阅翁文波：《预测论基础》，石油工业出版社，1984年。

奇。九月，赈湖北潜江等十州县水灾，赈湖南湘阴等九县水灾，赈恤江苏、安徽灾银290万两、米谷220万石各有奇，命再拨邻省银100万两备明春接济。冬十月，拨山东、河南明年运漕米各5万石备江南赈，仍由直隶赴古北口外如数采买补运，命江南截留癸亥年漕粮20万石，拨山东漕粮20万石，河南仓米20万石，运江南备赈。十月，赈江苏山阳等二十八州县卫饥荒，拨山东沿河仓谷10万石运江南备赈，赈安徽凤阳二十四州县卫水灾，赈河南永城等十三州县饥荒，赈江苏山阳等七州县卫水灾，赈江西兴国水灾。十一月，赈湖北汉川等十二州县水灾饥荒，赈浙江瑞安等县场、湖南湘阴等九县水灾，赈山东胶州十州县卫水灾，赈甘肃狄道等州县水雹灾。十二月，赈山东济宁等七州县卫饥，拨运吉林乌拉仓粮接济齐齐哈尔等处旱灾，同时，赈奉天承德等五州县饥荒，等等。

在这一年里，为了减轻灾荒给当地人民带来的痛苦，乾隆帝还采取了免征灾区钱粮的措施。从夏四月开始，他相继下达谕旨，免征多处灾区应缴纳钱粮，包括：免河南永城等三县上年因水灾未交的额赋，免河南洧川等十一县由于洪灾未交的地赋，免福建福清等七县因飓风灾未完额赋。五月，顺天、保定等八府，易州等五州缺雨干旱，乾隆帝停征其新旧钱粮。免江苏沛县昭阳湖水沈田亩额赋。八月，免江苏、安徽遭水灾地方的本年额赋，免直隶、江苏、安徽、福建、甘肃、广东等省雍正十三年的逋赋，免江南、浙江未完的雍正十三年漕项。九月，免广东崖州等二州县因风灾的未完额赋，免安徽凤、颍、泗三府州本年水灾地方的漕赋，不成灾者亦按折扣征之。九月，免江苏山阳等二十一州县本年因水灾的漕赋。十月，免山东历城等十九州岛县因旱灾的额赋。十二月，免福建尤溪等四县的荒田溢额银，免直隶蓟州等三州县因水灾的额赋，免遭水灾的山东胶州等十州县卫的未完额赋。

其他应急救灾措施还有，八月，江南黄、淮交涨，命疆吏拯救灾黎，毋拘于常例。训饬慎重军政。加强水利工程的建设：十一月，命陈世倌会同高斌查勘江南水利。同时，朝廷用平粜的方法调剂市场的谷价，三月准采买湖广米备粜。同月辛巳（二十二日）谕："各省常平仓谷，每年存七粜三，原为出陈易新，亦使青黄不接之时，民间得以接济。若遭值荒歉，谷价昂贵，小民难于谋食，而仍复存七粜三，则闾阎得谷几何？”[1]五月，再次训饬地方官实心经理平粜。九月，拨江苏运山东截留漕米十万石，备淮、徐、凤、颍各属赈粜。灾后安排：庚子，谕河南等省抚恤江南流民。谕曰：“江南水灾地亩涸出，耕种刻不容缓。疆吏其劝灾民爱护田牛，或给赀饲养，毋得以细事置之。”并及时借施行荒政之际整治吏治：三月，以两江总督那苏图办赈遗漏，严厉斥责之。五月，为加大灾情间的督查，命高斌、周学健往江南查办灾赈、水利。十月，浙江提督裴鉽等以侵欺褫职鞫治。

诚如乾隆帝所说：“帝王之政，莫要于爱民，而爱民之道，莫要于重农桑，此千古不易之常经也。”[2]真可以说，这一年之中，他“春忧雨之不足，夏忧雨之或过，秋忧岁之不登，冬忧雪之未降”[3]。乾隆帝所体认的“仁”或那种终极神性的“天”，显然不仅仅是那种具有符号规定性的或某种生硬外在形式的宗教表现。然而，这一年里持续不断的灾荒，对于朝廷奉行的“仁政”而言，可谓是一种煎熬般的考验，为此乾隆帝宵衣旰食，罔敢暇逸。所有赈济与免征的钱粮，都要予以全方位的亲自考量，他必须从速决断。

如此多的赈济当然要勘灾并分别轻重。就在这一年，大学士议覆御史李清芳条奏赈务各款：“定例民田收成六分以上为不成灾，其被灾五分，尚有五分收成，本年钱粮恩蠲一分，仍缓征，来春酌借口粮，无庸再议加赈。至被灾六分者，除先赈一月外，将极贫加赈一个月。被灾七八分者，极贫加赈两个月，次贫加赈一个月。被灾九分者，极贫加赈三个月，次贫加赈两个月。被灾十分者，极贫加赈四个月，次贫加赈三个月。至若地方连歉，抑或灾出非常，一切赈恤宜有难拘常例办理者，督抚遵奉谕旨，因时就事，熟筹妥办。或将极贫加赈自五六个月至七八个月，次贫加赈自三四个月至五六个月。通行在案”[4]。

八年六月间，因直隶天津、河间等属夏间被旱，米价腾贵，乾隆帝特

1《清通鉴》，乾隆七年。

2《题宋人蚕织图》，《清高宗御制诗·三集》卷68，乾隆三十三年。

3《晓凉》，《清高宗御制诗·五集》卷42，乾隆五十三年。

4 [清]方观承：《赈纪》，《勘灾分别轻重并轻灾抽赈谕》，乾隆十九年刻本，卷4。

降谕旨，令仓场总督拨运仓米十万石分贮被旱各州县，以备平粜抚恤之用。七月间，直隶总督高斌奏称，被旱之地已经成灾，为此，上谕："除先行酌量抚绥外，见在查明分别赈恤，照例于冬月开赈等语。朕思开赈之后，需米必多，著仓场总督于通仓梭米各色米内再拨四十万石，与先拨十万石运完之后，即行接运，务于八月内全数运津，令总督高斌分发各处水次，就近挽运，接济冬间赈恤。该部速遵谕行。钦此。"[1]接下来的九年正月，乾隆帝有感冬月雨雪又少，麦苗待泽甚殷，冬作方兴之时，麦秋收成未卜，穷民尤堪轸念，为此又格外加赈一个月。这真是皇恩浩大。谁知旱情竟是如此的漫长，"盖是年（乾隆八年，作者注）六月越十年二三月，前后六十有六旬（660天，作者注），皇衷缱绻，于民始终，使被灾轻重四十二州县无一夫不获其所，而于甚瘠之区所画而拊循之者尤三致意焉"。"深宫神运，虑远思深，谓食不足，难有仁术，将安所施？"[2]此言虽为臣工文章，但出自一方父母官之口，其对朝廷赈救和皇帝恩情的感铭，又岂非真情！

十年（1745）六月，乾隆帝又下令普免全国钱粮。谕曰："朕临御天下，十年于兹。抚育蒸黎，躬行俭约，薄赋轻徭，孜孜保治，不敢稍有暇逸。今寰宇敉宁，左藏有余，持盈保泰，莫先足民。天下之财，止有此数，不聚于上，即散于下。我皇祖在位六十一年，蠲租赐复之诏，史不绝书，普免天下钱粮一次。我皇考无日不下减赋宽徵之令，如甘肃一省，正赋全行豁免者十有余年。朕以继志述事之心，际重熙累洽之后，欲使海澨山陬，俱沾大泽，为是特颁谕旨，丙寅年直省应征钱粮，其通蠲之。"

解决灾荒年农民的基本生计，是清政府稳定社会秩序和统治的需要。每当灾荒年，清政府一般要酌情减免田赋，必要时还要发赈救灾。灾荒之年向年轻的国君提出了挑战，同时也提供了一个彰显其为"善生养人者"、"善班治人者"、"善显设人者"、"善藩饰人者"[3]的机会，进而成为他

---

1 乾隆八年七月十三日上谕，引自方观承辑《赈纪》，乾隆十九年刻本，卷1。

2 方观承辑《赈纪》卷1，《方氏后跋》，乾隆十九年刻本。

3 《荀子·君道》上说："君者何也？曰：能群也者，何也？曰：善生养人者也，善班治人者也，善显设人者也，善藩饰人者也。善生养人者，人亲之；善班治人者，人安之；善显设人者，人乐之；善藩饰人者，人荣之。四统者俱而天下归之，夫是之谓能群。"

实现“天下归之”理想的最佳契机，为此乾隆帝焕发出了巨大的政治热诚。当然，首要的是，做“善生养人者”，孔子的道德心性就是建立在对于“天道”之超越性的体会上的，因而，灾年仁政的实施更应被看作是儒家“仁”的思想的深切体现。

清代水旱灾害给民生造成的巨大损失以及由此引发的一系列社会问题，直接威胁了清王朝统治根基的稳固。为扭转被动局面，清政府相继采取许多措施，调动全国力量，以期有所补救，此即为古史所称之“荒政”。针对灾荒，清政府制定了一套非常严密的制度，其简约程序是“一曰备祲；二曰除孽；三曰救荒；四曰发赈；五曰减粜；六曰出贷；七曰蠲赋；八曰缓征；九曰通常；十曰劝输；十有一曰兴工筑；十有二曰集流亡”。

救灾的基本程序

报灾。“凡地方有灾者，必速以闻”[1]，报灾是政府统筹规划的原始依据，也是政府救灾的第一步。朝廷的赈灾“仁政”大多是建立在事实依据的基础上的，这是由于朝廷有着严格的报灾与核赈制度，皇帝尽管深居宫禁也能洞察天下灾情。臣下称颂乾隆帝“日悬九重宵旰中，而东西方数千里登耗盈虚之数烛照眉列”，甚至“往往臣工未及奏请，膏泽先已下逮”[2]。这样的颂词大概也不是空穴来风。在当时的交通条件下，信息传递的速度无疑最重要。“救荒之道，以速为贵，倘赈济稍缓，迟误时日，则流离死伤者必多，虽有赈贷，亦无济矣”[3]，速度是救荒的关键，但也不能因此而放弃实效。有鉴于此，顺治十年（1653），政府规定，报灾“夏灾不出六月，秋灾不出九月”。在报灾情的同时，地方官还要“差官履亩踏勘，将被灾分数详造册结题，照分数蠲免”。这些工作须在一个月内完成，否则各级官员都要分别遭罚俸、降级及至革职的处分。

1 嘉庆《大清会典事例》卷270，《户部》119，《蠲恤》，《救灾》。
2 [清]方观承：《赈纪》，乾隆十九年刻本，卷6。
3《清圣祖实录》卷121，康熙二十四年七月癸酉。

勘灾。勘灾指确定灾情等级，它的确立也有一个发展过程。清初定制，歉收地方“五分以下不成灾”，但随着社会财富的增加，政府能够拿出更多的资金进行救济，于是便扩大报灾范围。乾隆三年(1738)五月，乾隆帝下谕，“嗣后著将被灾五分之处，亦准报灾”[1]。对于遭遇水旱偏灾，地方官或恐干谪谴，竟至讳匿不报的倾向，乾隆帝对此绝不宽恕，称此于政体民生大有关系。

勘灾之前，州县官员先让百姓自报姓名、受灾田亩、受灾情况及所处位置，经核对后作为勘灾底册，交勘灾人员核查。起初，勘灾以州县为单位，但易发生遗漏或扩大化，“有一县俱不成灾而某村某庄成灾十分者，有一县俱成灾而某村某庄全不成灾者”，有鉴于此，到乾隆二十二年（1757），侍郎裘曰修奏请赈灾“唯通行以村庄为率”[2]，得到批准。不过由于勘灾点变小，一旦灾害波及面扩大，在短期内难以勘完时，就要由皇帝特批延长勘灾期限。

勘灾之后，州县官员将勘灾所得的结果汇总造册，按水灾用青色、旱灾用红色的格式，注明受灾的村庄及灾情。勘灾人员有委派的，也有亲自前往的。乾隆二十五年（1760），湖南巡抚冯钤汇报了他的勘灾过程：他于十一月初四日自省起程，前往各地查察赈务，“一路挨顺查看，先由衡州府属之耒阳，次常宁，又次由永州府属之新田、宁远、零陵、东安、祁阳应赈七处，谨逐一亲历查察体访”。他担心地方官有“粉饰太平”的情况，又临时派清泉知县江恂、衡阳县丞石文成各分一路，“自将耒阳县界起，挨乡抽查，切询民情，直至穿过祁阳县界而止”[3]。勘灾时各级官员都要随时报告灾情，而户部在收到灾情报告后，也要派员复勘，彼此监督，因而大体上，官员们的奏报，是比较符合实际情况的。为防止舞弊，每次放赈之前，官员都要亲临现场，对灾民进行随机抽查，而灾民每领一次赈济，赈票上都要加盖戳记。全部赈济结束后，赈票就由官府收回销毁。

1《清高宗实录》卷68，乾隆三年五月丙寅。

2 朱批奏折》，乾隆二十二年七月初二日，侍郎裘曰修折。

3《朱批奏折》，乾隆二十五年十二月初四日，湖南巡抚冯钤折。

乾隆帝要求臣下报灾必须实事求是，有时甚至宁肯报得严重一些，方觉得能反映民情。他经常说，办理赈济“宁滥无遗”，凡是查勘成灾者，均迅速照例抚恤，如属“偏灾不成分数，亦当酌量分别借赈，毋使一夫不得其所”，认为“多费钱粮之害尚小，而讳灾病民之害甚大”。十七年（1752），山西晋南旱灾，巡抚阿思哈不肯动用库帑而请令富绅捐银备赈，皇帝降旨：“此奏殊为卑鄙错谬之至，朕实骇闻……国家赈济蠲缓……悉动帑库正项，从无顾惜……抚恤灾黎，何忍出此！”遂将阿思哈撤职。清初严格的报灾制度和乾隆帝对报灾的高度重视，使得大多数官员不敢存讳饰之心，基本上能做到有灾必报。这样，不仅增加了赈灾工作的透明度，使皇帝能随时了解基层的灾害，而且在客观上对灾民的生活和农业生产的恢复都有积极意义。

赈济。即是将银、米直接发给灾民，以帮助他们维持生命，度过难关。清朝前期，大规模的灾民赈济，所给赈米、赈银及赈期长短，没有统一规定，均视灾情轻重而定。直到乾隆四年（1739），清政府才正式规定，除盛京等地可稍微多给外，所有直省灾民，凡大口(16岁以上者)，日给米5合，小口(以能走路者为限)半之；如米不足则银、米兼给。赈期则在乾隆七年（1742）得到规定，包括“正赈”(所有受灾人等，概赈一个月)、“大赈”(按灾等各自延长若干月)、“展赈”(大赈结束后临时加赈)和“抽赈”(择应赈者赈之)。至于其他临时性的延期或变通，也时有发生，如乾隆四十七年（1782），江苏的丰、沛等县及山东济南等府受重灾，乾隆帝下令，“常予赈恤，不必论月，灾退后始行停止”[1]。

灾后的重建。这里所说的“重建”，是指由政府出面出资，组织灾民抢种抢收，或提供有利保证，为下一轮农作物的生长创造条件，以便将灾害造成的损失降到最低限度。重建是清政府救灾工作的重要任务。通常，政府会向百姓提供口粮、种籽和耕牛，其来源主要是常平、社仓以及截漕或拨库银。起初灾年贷米还需加息，到乾隆二年（1736）时已规定，“若值歉收之

1 阮元：《硖川煮赈图后跋》，《清经世文编》卷42，《户政一七》。

年，国家方赈恤之不遑，非平时贷谷者定制可比，若还仓时止应完纳正谷，不应令其加息，特此永著为例”[1]，以后又规定夏贷秋后归仓，秋贷麦熟后归仓，使借贷得以发挥更大作用。

乾隆帝的赈济之举，的确做到了“（某地）连岁旱，日夜我心恻，赈救求其宁，已不遗余力，蠲旧免新征……”[2]。这使灾民“泥首感泪，咸庆更生”，汉臣们也由衷地颂扬“圣天子心尧舜之心”，当今皇上“敬天勤民，恫瘝在抱”，万民由此无不“感戴皇恩”。

处理灾荒年间农民与地主的关系，是当时国家政务的主要内容之一。水旱灾害期间，如果地主乘机勒索，往往会造成百姓的流离失所；而如果地主能协助政府对灾民抚恤，政府的救灾压力也会减轻很多，因此清政府很注意处理这两者的关系。为维护封建土地所有制国家的统治基础，清政府不可能严重损害地主利益，强迫他们分田分地给佃户，但又不能不顾及贫民的死活，于是他们就在地租和蠲免上做文章，在尽可能的范围内，让地主自愿分一点实惠给佃户。而一旦出现地主对佃户减租免租之类的事，皇帝也通常会表示积极的肯定，嘉与“闾阎仁让之风，朕实嘉悦”。在大多数情况下，地主往往照旧收租，有时还会乘人之危，放高利贷，谋取暴利。乾隆五十一年（1786），河南水旱相侵，民不聊生，山西地主“闻风赴豫，举放得利债”，以低廉的价格来抵押和收购百姓的土地。由于牵涉面太大，为维护社会安定，乾隆帝只得下令，规定抵押品“勒限听原主收赎”。而从五月份发布上谕，到八月份为止，河南已赎回的土地即有30.05万亩。

通常情况下，在天灾人祸、百姓难以承受之际，一旦政府处理不及时，灾民就只能流离失所，飘落异乡。乾隆帝也承认，“今朕省方问俗，亲见民情风土，岁偶不登，闾阎即无所恃，南直江淮，北出口外”[3]。流民聚集，便易滋生事端，有鉴于此，为安定社会、保持政权稳定，清政府把对流民的安

1 嘉庆朝《大清会典事例》卷275，《户部》124，《蠲恤》之《平粜》。

2《降旨全蠲卫、辉等属本年地丁钱粮，并邻近之开封各属分别蠲缓加赈，诗以志事》，《清高宗御制诗集·五集》卷15，乾隆五十年。

3《清高宗实录》卷309，乾隆十三年二月甲戌。

辑视为荒政的一个重要方面。

任何行为一旦实施，就必然会在当时的社会生活中，留下它自己或好或坏的印迹。清政府对荒政用力极深，显然是出于维护自身统治的需要。但如果撇开这一因素，而从更大的范围内，考虑这一行为对当时社会造成的影响以及社会对它的反作用，就不难发现，清政府通过一系列努力，制定的一套极其完备的赈灾体系，对加速经济恢复，促进社会再生产，事行有益。有清一代，与荒政相关的各项开支之浩繁巨大，机构之细密周详，规章之有条不紊，都是前代所无法比拟的。

清政府蠲免和赈济的州县，不论是从总量上看，还是从年均数上看，都相当可观。清代的救灾能力与国力紧密相关，而不论是灾蠲州县，还是灾赈州县，均以乾隆朝为最充备，可见其财政状况不错。对于灾蠲和灾赈的具体银两数目，有人做过估计，“灾蠲一州县，约免银8千两，年平均灾免银约60余万两”，“清代196年救荒用银约为4.5亿两左右”[1]；对于赈济用银，则推测为“每州县的赈济用银约近4万两，年平均支出二百二三十万两”，而乾隆一朝因灾蠲免、停征的田赋、税额及赈济所耗费的国帑数额，是清代历朝中最多的。

为了减轻灾害对人民的打击，迅速恢复生产，乾隆帝还经常下令免息借给农民种子，允许灾民到地广人稀、条件较好的地区去谋生，去开荒生产。四十九年（1784）乾隆帝批示被旱州县，均令“借给籽种”，以迅速补种。像这种酌借籽种的上谕几乎每年每省都有，有无偿借给者，有收获之后免息还仓者。乾隆帝对赈灾的重视，使各种严重的自然灾害对农业的不良影响大幅度降低，在灾荒频仍的情况下，农业生产仍得以发展，清政府的国力达到了前所未有的程度。

总之，乾隆朝的荒政制度具有集历代成果之大成的特点，这与乾隆帝本人的修养与胸襟有关。他所奉行的缜密的赈灾措施，表达出的是一体之仁的涵养，民胞物与的胸襟以及仁民爱物的情怀。

---

1 李向军：《清代荒政研究》，中国农业出版社，1995年，第58页，第63页。

设厂煮粥

乾隆朝，大量粮米被用于赈济灾民，其主要流向之一是设厂煮粥。此法一般是为救济那些极贫灾民，使干旱、水灾之后无家可归、无以为生的老弱病残勉强维持生命。当时，在各省省会和重要的府州均设有粥厂，丰年或平常年景只开省城粥厂，遇有灾歉，则不但原有省城、府州粥厂要开，而且规模也要加大，有时还要增加一些新的粥厂。清制，每年自十月初一日至次年三月二十日为粥厂煮赈时间。乾隆年间，京师五城设粥厂10处，每处日煮米一石，由官坊煮放，外地来京流户亦可领粥。乾隆二十一年（1756），江苏由于连年灾荒，食粥贫民较上年"竟不止数倍"，"淮扬二属，每处设三、四厂，每厂至一万余人不等"，苏州由三厂增加为六厂，"每厂每日犹几及万人上下"，枫桥以西由"布商捐设一厂，每日众亦二万"。五十七年（1785）直隶旱灾，灾民拥挤，京城各粥厂不但于每日煮米一石之外多加二石，且"于五城例设各厂外，在离城三四十里镇集处所添设五厂，照旧定章程一体妥办"，随后又于通州、良乡设置二家粥厂，这样京畿地区即设粥厂17家。这些粥厂的设置，对于稳定京畿地区的社会秩序和延活灾民生命，帮助灾民度过饥寒交迫的长冬，挺过荒年，都是十分有益的。

朝廷的仁政之策还有"劝捐"，在一份《劝捐棉衣谕》中，当地官员劝谕绅衿富户捐助灾民，"今时当秋尽，转瞬冬寒，灾地穷民仰赖圣恩赈给，咸幸更生，而其中尤困苦者衣不蔽体，寒已切肤，不死于饿而复死于冻，宜亦父母斯民者之深为悯恻而亟思筹措者也。兹蒙督院捐制棉衣千件，盐政两司、本道等亦各有施助，但力难遍及，心则无穷，有不能不望于绅士之好行其德者"[1]。

在某种情况下，灾民的意志首先是一种关于"物力崇拜"的宗教。"政治"在灾民社会在本质上是以暴力垄断生存资源的最有"效率"的生存手段。救灾者因"道德"理由成为灾民的监护者和专政者，但这种"道德"基本是非理性的。乾隆帝说："朕可与他人比耶，先人而忧，后人而乐，理固

1 引自[清]方观承：《赈纪》，乾隆十九年刻本。

宜然。近因久旱无雨忧劳过甚，以至癯弱……此后雨泽霑足，朕庶解焦劳也。”他在暗示一种政治体制的合理性。旱灾将一切中国文化还原为生存需要和生存斗争需要。

看上去总有几分滑稽，令人哭笑不得。为了切实有效地划分赈济对象的等级，官府采用了通过观察接受赈济者的“容貌”来确定极贫标准的方法，《荒政辑要》中所使用的既模糊而又详实的界定称：“如产微力薄，无担石，或屋倾业废，孤寡老弱，鹄面鸠形，朝不谋夕者，视为极贫。”这个定义在18世纪可能多少带有些权威性，其中使用的标准基于人们的直观状态（体力状态，粮食储藏）、生产能力（劳动力，土地规模）以及财产状况。通过对这些不同因素的估量，调查者用经验性观察来决定一个农民是否应被划为“极贫”[1]。

孔子画像　孔府旧藏

乾隆帝的仁政从根本上来说，是要政治权力不仅在“表面”上使老百姓屈从与服从，而且还要他们“心悦诚服”，在心灵的、情感的层面能够愉快而诚挚地接受既定的统治。“盖天命之谓性，率性之谓道，率性即安仁也，不受命即未能安仁也。”[2]“故圣人修义之柄、礼之序，以治人情。故人情者，圣王之田也。”[3]只有把统治深入到情感层面，才能够真正达到统治的最终目标，为此，乾隆帝的奉行又是何等诚挚呀！然而，这时的西方学者孟德斯鸠却对中国皇帝专制制度的“仁慈”提出了疑义。他在那本著名的《论法的精神》中写道，那个时代的中国人将“尊敬父母必不可少地要与对一切可视同父母的人物（比如

1 [法]魏丕信著，徐建青译：《18世纪中国的官僚制度与荒政》，江苏人民出版社，2003年，第81页。

2《仁者安仁，知者利仁·经筵御论》，《清高宗御制文·三集》，卷1。

3《礼记·礼运》。

老者、先生、行政官员）以适当的尊敬联系在一起。这种对父母的爱反过来要求以爱回报子女。由此推论，老人要爱年轻人，行政官员要爱他治下的百姓，皇帝要爱护臣民。所有这些构成了礼，这些礼构成了国家的普遍精神”[1]。他认为，中国礼教里没有什么精神性的东西，诸如乾隆帝这样的中国立法者，其心目中的主要目标是帝国的康泰平安，而让他的臣民去服从才是达到这种目的的最适宜的方法。这里，立法者心目中的目标与臣民情愿服从的目标是极易混淆的，人间政治在神圣世界、形而上的领域被无限地延伸。

木工鼎，乾隆三十六年（1771），乾隆帝特将内府所藏十件商周青铜器颁赐孔庙，作祭祀孔子之用。

中国人非常清楚他们的皇帝与天神之间的区别。皇帝虽自称是天的儿子，号称天子，但实际上并不等于皇帝与天神之间有着宗教上的关系，因而老百姓也就不会用崇拜天神的方式去看待皇帝。但是，人世间的权力有时也似乎具有某些宗教崇拜的特征，虽然难以让人们做到像宗教崇拜那样的虔诚，但结合了“雩”的宗教意识、凝聚着具体人格特征的仁政与赈灾实践，也许让乾隆帝的政治权力获得了宗教式的狂热拥戴。

1 孟德斯鸠著，张雁深译：《论法的精神》，上册，商务印书馆1987年，第314页。

12 救灾与吏政

《大清会典事例》《蠲恤》中"奏报之限"的"例"[1]表明，早在清初即已制定了严禁使勘灾之职单独落到低级地方官吏（教谕和佐杂）之手的制度——更不必说地方下层代理人了，这份责任必须由正式官员（厅官、印官）承担。到康熙五十七年（1718），官方更明确规定，一定要派遣具有知府或同知、通判头衔的官员前往被灾地方勘灾。此外，许多有关荒政的奏文都建议，在灾荒的情况下，应该利用那些正式的或"候补"的人员，就像下文将要例举的乾隆八年（1743）直隶畿南28州县衙门所做的那样。政府在荒政制度方面下了很大力气，力图克服基层官僚机构人员的不足与下层办事人员的低效率，及其不利于朝廷赈灾的各种官场弊病。

政治实践，首先要以进入人们活生生的生存过程的经验结构中的权力关系为基础。灾荒之年当然有着特殊于平时的生存过程的经验，也就产生了特殊状态下的权力关系的整治。在那个年代，有一些应对灾荒的措施透着伪善，而且也并非是解决问题的理性选择，但它足以感动执政者自己，从而强化非理性的诉求。正是灾荒状态下的生存经验与权力关系的结合，激发了包括士大夫在内的所有人的政治热情，并使政治意识形态与官吏个体心灵达到

1 《大清会典事例》卷288。

了“神圣统一”。这已经是一个相当之高标准的政治诉求了。

宋代朱熹就曾总结过救灾中的吏政经验，他提出了“遴选贤能，责以荒政”[1]的主张。南宋淳熙八年（1181）八月，浙东地区发生饥荒，朱熹受命举两浙东路常平茶盐公事。到了浙东后，他不带随从人员，“所至人不及知，郡县官吏惮其风采”[2]。经过察访，他亲眼看到许多灾民因受权贵的残酷欺压而挣扎在死亡线上，同时也得知了一些地方官的贪赃枉法行为。为此，他向朝廷奏劾绍兴府一个官员偷盗赈救饥民官米4160石的犯罪事实，又弹劾衢州守臣李峰隐瞒灾情和谎报政绩的事实。更值得一提的是，当朱熹发现当朝宰相王准的亲戚、台州太守唐仲友“违法扰民，贪污淫虐”等诸多罪行之时，便不顾自身安危，连续六次上疏弹劾，终于迫使王准撤去了唐仲友的官职。此事曾为时论所称颂。

中国官僚集团的社会基础是为数众多的四书五经的“职业读者”，就如同最早来华传教的新教传教士之一麦都思[3]所感受的那样，“尚若每一册经籍在今天都毁灭了，那么明天有一百万人能让他们全部复原”。在他们中间，完全掌握了这种具有静止特性学问的分子将登上官位，我们或可以从专指清朝官差大员的Mandarinism一词中感受到那种令人窒息的凝固一般的官场特征。也许正是基于上述的或相类似的原因，西方早期思想家，诸如罗利和弗朗西斯·培根等人，都在其著作中征引从16世纪西方旅行家的游记中获得的有关中国的知识，进而强调这个国家公正的行政管理的形象。尽管这些游记资料并未提供所谓中国行政管理的“公正”的背后隐含着怎样的标准，资料的提供者也不清楚所谓正统的儒家学派的入世理念与精神，但是，使用这些资料的思想家们所要强调的是，中国的财富与繁荣是普遍富裕上的繁荣，也就是说，其行政管理的“公正”建立在普遍富裕的社会基础之上。这的确与儒家学说中的国家理想有几分相近之处。遗憾的是，这些言论的依据都不是

1《宋史·朱熹传》。

2《宋史·朱熹传》。

3 W.H.梅德赫斯特，汉名麦都思（1796—1857），1816年以传教士印刷商身份在远东开始事业。他撰写了《中国目前的状况和未来的前途，尤其是在此传播福音问题》（伦敦1840年版）。

由他们亲身体验所得出的[1]，因此对于考察当时中国的行政管理几乎不具有实证的意义。然而，若将这样的“过誉”之辞用在乾隆年前期的吏治上，或许还是说得过去的，尤其是当时因赈灾而实施的吏政——一种较有效益，也是较为公正的行政管理。

乾隆八年畿南28州县赈济旱灾政绩

一位西方学者在研究了乾隆七年（1742）前后的历史之后，惊奇地发现“一个相对规模不大的官僚机构，能够治理一个庞大的帝国，当然需要很高的技巧和有效的方法”。他在研究中还发现，这一“国家的结构性弱点很明显，例如（1）坚持低水平的财政征收，而不企图按人口与生产发展的比例增加赋入；（2）通过文化考试招收官员，而不致力于保证其行政才干；（3）维持人数非常少的品官，不给他们经济上的独立性（如不给他们世袭的俸禄）；（4）把大部分实际行政事务交给不能有效控制的吏役去办，等等”。他的研究还证明，地方行政机构“由于大量地向非官僚团体与代理机构实行委托与转契，以及只有靠各种法外榨取（如附加税、手续费以及各种勒索）才能运转，国家对其官僚机构和对社会的控制，也不可避免地走向削弱”[2]。

乾隆七年（1742），面临旷日持久的春旱，乾隆帝频繁地将政令指向国家的上层建筑，曾告诫九卿大臣体国尽职。这一年他频繁地任免了六部官员，包括春正月壬戌，任赵国麟为礼部尚书；三月丙辰，刑部尚书刘吴龙卒，任命张照为刑部尚书；五月乙丑，礼部尚书赵国麟乞休，乾隆帝责其矫饰，褫职，调兰枝任礼部尚书。等等。

他当然明白，时下应对旱灾的政务，在于精选府县之廉能者，使之主持赈济灾民。正印官如不堪用，可别择廉能的佐贰或无灾州县廉政正印官用之。同时，他也意识到灾情多变，令有缓急，难以常拘也。有言道，天下事

1 参阅[英]雷蒙·道森著，常绍民、明毅译：《中国变色龙——对于欧洲中国文明观的分析》，中华书局，2006年，第39页。

2 [法]魏丕信著，徐建青译：《18世纪中国的官僚制度与荒政》，江苏人民出版社，2003年，第6—7页。

未有不得人而能理者也，况歉岁哉？择人委任，乃荒政之第一要事也。灾荒就好比一支令箭，非常时期，根据急事急办的原则，可以将那些平日“吃菩萨，着菩萨，灶里无柴烧菩萨”的官吏毫不留情地予以撤换。同时，大凡灾荒之年，也是历练与考核官员的大好时机。由于官吏制度确定了赈灾过程中相互制约的规则与业已形成的清廉传统，乾隆前期的赈灾工作业绩斐然。见于乾隆十九年刻印的方观承的《赈纪》记述的京畿南部被旱各州县府衙门的赈灾款项账目清晰，赈济工作有效。赈灾期间，这28个州县的行政开支也十分简单，来自不同行政单位的报账也无甚区别，账面十分严整。可以说，监督的效果也很明显，整体上可以称得上是清廉执政。至乾隆八年，被灾州县是二十有八，皆在京畿的南部。统计赈户共六十六万四千八百九十有奇，大小口共计二百一十万六千六百九十人。有煮赈流民九十四万四千零二十口，赈过米谷共一百一十万零七百二十石有奇，银一百一十万五千四百七十六两。用于赈灾的钱粮，在帐目上几乎是笔笔都有出处，有交待，称得上是小葱拌豆腐，一清二白，不能不令人叹服。

官僚体系与品官

当时人讲：“郡县有一不肖吏，则郡县之民无宁居者矣；督抚有一黩货之人，则所属之郡县无一休息者矣；部院诸大臣不能奉公守法，则天下之督抚无一廉者矣”[1]。平时官吏不仁，民无宁居，更何况灾荒之年乎？依上言所说，要察吏安民，惩贪除弊，大致要特别关注：部院、督抚、州县、吏役四处关节，而这四者又彼此渗透，密切相关。

所谓部院，内阁为正一品衙门。位在六部之上。大学士“位尊望重”，其职务首先是议政事，宣布纶音（皇帝的诏令）[2]。阁臣常在皇上的左右，

1 [清]储方庆：《殿试策》，《清经世文编》卷7。

2 凡纶音之下达者，曰制、曰诏、曰诰、曰敕，皆拟其式而进焉。凡大典宣示百寮，则有制辞。大政事、布告臣民，垂示彝宪，则有诏，有诰。覃恩封赠五品以上官，及世爵承袭罔替者，曰诰命。敕封外藩、覃恩封赠六品以下官，及世爵有袭次者，曰敕命。谕告外藩及外任官坐名敕、传敕，曰敕谕。各种赈灾的上谕当然是通过内阁下达的。

充当顾问。他们不但对答政事中的疑难问题，而且为皇上办理公文，草拟谕旨。这里要说的是另一类小官，他们离皇上很远，官品很低，他们似乎注定就在京畿的外围去做小官，而且他们其中的大多数也许不会再升迁。

参与上述畿南地区一次赈灾的办员为245人，其中各类赈灾人员包括：本署品官、本署胥吏、外署品官、外署胥吏、有功名的乡绅、武官等等诸类。

一个县衙官署的品官，如县令，救旱所当行的县务有：一曰闻旱则诚心祈祷，二曰已旱则一面申州[1]，三曰告县不可邀阻，四曰检旱不可后时，五曰申上司乞常平以赈粜，六曰申上司觅义仓以赈济，七曰劝巨室之发廪，八曰诱富民之兴贩，九曰防渗漏之奸，十曰戢虚文之弊，十有一曰听客人之粜籴，十有二曰任米价之低昂，十有三曰请提督，十有四曰择监视，十有五曰参考是非，十有六曰激劝功劳，十有七曰旌赏孝弟以励俗（饥荒之年有骨肉不相保者，今妇能食于姑、孙养其祖父母者，当物色之），十有八曰散施药饵以救民（饥荒之际，必有疾疠），十有九曰宽催征，二十曰除盗贼[2]。大凡也有二十条之多。

对于在灾荒中处置不力的官吏还有一整套惩处机制。首先，凡遇灾荒之年，州县不能详报告灾情与上司者，将处以革职处分，并永不叙用。若州县已经详报，而上司并不准接题达者，将上司革职。对于报告灾情不准，或迟报逾限的官吏则处以题参革职，或罚俸、降职的处分。再就是，赈济被灾之民及蠲免他们的积欠钱粮，州县官有借民肥己，使民不沾实惠者，革职拿问。其督抚布政使道府等官不行稽查，令州县任意侵蚀者，俱革职。若督抚不将侵冒之员照例参请问拿，降三级调用。

值得注意的是，处分则例中有：倘有胥役里保舞弊蠹民，将州县革职。凡在查灾、办赈、平粜借谷、扑除蝗蝻、造报文册等方面，有不据实结报，贻害田稼，草率从事，于民生亦有未便的均相应予以罚俸、降级、直至革职

1 清朝则规定："夏灾不出六月下旬，秋灾不出九月下旬，先将被灾情形题报。"

2 [明]俞汝为辑《荒政要览》，万历三十五年刻本，卷3。

拿问的处分[1]。正如乾隆帝在十二年（1747）二月的一份上谕中提醒："近年州县官贪黩者屡见……恐不无乘此作弊者。"由于旱灾有着时间长的特点，赈济的本意在于推广有加之圣泽，溥及之恩膏。

官僚体系里的非品官

据《大清会典事例》统计，全国州县官员共计1448人，佐杂胥吏共3046人，平均每一州县的品官不过2.1人。但实际上由于地方官府的职责日趋加重，加之官员大多是科举出身，主攻的是书经诗赋，基本不通刑名、钱谷之类的实学，为此要处理公务，就不得不私自掏钱，延聘一批尊称为"幕友"、俗称为"师爷"的人来"佐治"了，乃至形成"无幕不成衙"的定局，朝廷也只好加以认准。

如州县衙门中的驿丞(掌邮传及迎送官员诸事)、闸官(掌河闸启动)、税课司大使(掌典商税之事)、县仓大使(掌守仓度)、河伯所所官(掌收鱼税)，仅视事之需要而设，全国仅少数县份设置，他们的品秩为未入流。

如中央部院设六部，州县衙门设六房，即吏、户、礼、兵、刑、工房。房，古代指正室两旁的房间。衙门长官正式办公的地方称"厅"或"堂"，房是对厅、堂而言。六房书吏一般为十余名，不超过20人，他们不是官员，没有品级，大都是举业无望之人，只好掏钱纳粟买来书吏差事，或通过招募考试而被选用。书吏的任期虽大体规定五年，但实际上，大多长期供职一个衙门。他们熟悉民情，精通律例，懂得公文格式和官场决窍，擅长处理衙门的内部事务，利用身在官府的特殊优势，甚至造成一种危害，故有"清朝与胥吏共天下"之说。

另有三班，即皂、壮、快三班衙役，是州县衙门一个庞大的阶层，最低级的组织。一般来说，皂班值堂役，快班司缉捕，壮班做力差，其实也没有截然分开。皂、壮二班共负内勤、站堂、行刑、警卫、喝道等责任，快班又

1 参阅《吏部则例》，引自[清]杨西明辑：《灾赈全书》，道光三年刻本，卷2，《处分》。

分步快和马快，专管缉捕。县官与百姓的联系必须依赖“吏”，吏是官民交接之枢纽，最基层的“执法人员”，人民正是从衙役的活动中感受到国家的存在和知县的威严。

由以上可以计算县衙门的职官、吏役各类人员大约都在150人以上，但实际上却往往超编，甚至达数百人之多。幕友，是中国封建社会另一项特殊的人事制度，是地方官自行聘请的顾问、参谋和秘书，他们有专门的修养和独特的技能，因而是地方官处理政事的得力助手。

对于官府衙门的胥吏制度、幕友制度，清人早有微辞，储方庆说过：“今天下之患，独在胥吏。”[1]清末，李慈铭仍在说：“盖国朝胥吏，偷窃权势，舞弄文法，高下在心，实以黑衣下贱之流，而操天下之大柄。……此最国家之一蠹也。”[2]原来奥妙就在于吏胥熟悉法、例，而官员并不熟悉，如果官员不考虑吏胥意见，一意孤行，违反法、例，就会受到惩罚。所以所谓“听命于书吏”，实际上是“听命于”一事设一例的法、例，清代各级官府中的官员很难像吏胥那样熟悉法、例，还因为官员在一个部门、一个地区任职时间短，远不如吏胥长久，用叶适的话说就是：“暂而居之，不若吏之久也。”《大清会典》卷十二称前者为“经制之吏”(有权考职、出职等)，后者为“非经制”之吏。后者数目大得多。

官员在科举制的引导下，从小学习《四书》、《五经》，入仕之初，“其通晓吏事者，十不一、二”[3]。而“吏胥之人，少而习法律，长而习狱讼”[4]，“吏胥所习，钱谷簿书，皆当世之务”[5]。

那么地方官员为什么能高薪延聘幕友，还养活自己和家人呢？奥妙就在于清代官员的收入主要来自于种种的“陋规”，其中“火耗”、“羡余”就属于此类。“火耗”指的是征税时须把百姓上缴的小量或零碎的银块铸成一

1《驭吏论》，见《清经世文编》卷24。

2 陈登原：《国史旧闻》，第3册647页。《清吏胥》引，中华书局，1980年。

3《日知录集释》卷8，《选补》。早在唐代，赵匡在《选举议》中已说：士人读经书，诵疏文，不习政务，“及临人决事，取办胥吏之口而已”。见《通典》卷17，《选举五》。

4《古今图书集成·选举典》卷127，[宋]苏洵《广士》。

5《清经世文编》卷3，《思辨录论学》。

个个以50两为标准的银锭，为此会有些损耗，遂向百姓加收一些银两，故称“火耗”；而“羡余”则指的是因征粮过程中也有仓储、运输等环节上的损耗，同理亦向百姓加收的那部分粮食。康熙帝就曾乖巧地承认：“清官并非一文不取民间，否则无法应付开支。州县官若只取一分火耗，便是好官。”雍正时实行所谓“火耗归公”，但实际上也允许州县官合法获得火耗，并作为“养廉银”，只是划定了法定比例而已，于是终于有了“三年清知府，十万雪花银”的说法——官吏的腐败已相当普遍。

赈恤与蠲免对象

各地遭受旱灾后，官员如何应对？乾隆年朝廷早已有了定例，也就是说有了较完整的相应制度，如：

> 二麦被旱，定例夏灾不出六月下旬。民地二麦被旱失收，将被旱失收村庄及现在收成分数通报，造具顷亩分数册结分送。一面查其有地乏食穷民，借给籽种口粮，事竣造具花名细册送转。若灶地被旱，并报盐道。庄头地亩被旱，非与民地归入秋获办理可比，应遵例详报附近大员委员查勘，令该庄头自行呈明内务府，一面造具册结申送上司核转。惟民地被旱，二麦失收，总归于秋灾案内查明分数总计办理。如民情拮据，即于被旱之时，详请将新旧钱粮暂缓催征，汇入二麦实收分数案内题报。若革退庄头地亩系交官征租之项，仍入官旗地内办理。其营田被灾，请缓征工本。秋禾被旱不出九月下旬，必于七月查明枯槁情形，将被旱村庄通报，听候委员查勘。其被灾顷亩分数，照例于报灾之日起，须四十五日内造册详题。如原被水村庄复经被灾较重者，距先报之期十五日以外，准其展限二十日查办。倘已过正限，均准另起限期[1]。

此系乾隆十一年定例。这份定例提供了州县官府通报被旱灾情与勘查的

1《灾蠲杂款》，引自《中国荒政全书》，第2辑，第4卷，第746页。

规制和程序，现归纳如下表：

地亩种类	通报上级官司	通报时间	处理方案	通报详题
民地	造具被旱顷亩分数册结分送各级官司，赈济事竣造具花名细册送转上级官司	夏灾不出六月下旬；秋旱不出九月下旬，七月查明	借给籽种口粮，二麦被旱总归于秋灾案内查明分数总计办理	被旱顷亩、收成分数
灶地	并报盐道	夏灾不出六月下旬；秋旱不出九月下旬，七月查明		被旱顷亩、收成分数
庄头地亩（官旗地）	附近大院委员勘查，庄头呈文内务府	夏灾不出六月下旬；秋旱不出九月下旬，七月查明		被旱顷亩、收成分数
营田		夏灾不出六月下旬；秋旱不出九月下旬，七月查明	请缓征工本	被旱顷亩、收成分数

由上表可知，详报被灾情形之后，一面查明被灾户口，若民情待哺孔亟，先请于八月内急赈一月。如普赈期在八月初旬逢小建，不妨详请免扣，再查极次贫民，分别加赈月份。如贫士并报学臣，贫灶并报盐道，旗地另造册报。至庄头地亩，仍佐委员勘明出具册结，着该庄头呈报内务府备查，一面照造送司道核转。其余蠲免停缓带征各事，宜第次举行。被灾情形题报，照交待之例扣算程途日期，倘未逾限者免议。若到省在限外，而查算应扣之程途亦已逾限者，查参州县。

赈恤与蠲免表

赈蠲对象	赈蠲措施	勘核	蠲免缓征	逾限与处分
民情待哺孔亟	八月内急赈一月（如普赈期在八月初旬逢小建，详请免扣）		第次举行	逾限半月以内，罚俸六个月。逾限一月以内，罚俸一年。一月以外，降一级调用。二月以外，降二级调用。三月以外者革职
贫民	查极次贫民，分别加赈月份		第次举行	逾限半月以内，罚俸六个月。逾限一月以内，罚俸一年。一月以外，降一级调用。二月以外，降二级调用。三月以外者革职
贫士	并报学臣			逾限半月以内，罚俸六个月。逾限一月以内，罚俸一年。一月以外，降一级调用。二月以外，降二级调用。三月以外者革职
贫灶	并报盐道			逾限半月以内，罚俸六个月。逾限一月以内，罚俸一年。一月以外，降一级调用。二月以外，降二级调用。三月以外者革职
旗地	另造册报		第次举行	逾限半月以内，罚俸六个月。逾限一月以内，罚俸一年。一月以外，降一级调用。二月以外，降二级调用。三月以外者革职

庄头地亩		委员勘明出具册结，该庄头呈报内务府备查，照造送司道核转	第次举行	逾限半月以内，罚俸六个月。逾限一月以内，罚俸一年。一月以外，降一级调用。二月以外，降二级调用。三月以外者革职

上表所说的贫士是指贫穷的读书人，是赈恤与蠲免中的特殊人群。天下读书人本来就是官吏集团的后备军，所谓“我皇上作养人才，本为他日之用”。但是，皇上之养士平日是不掏腰包的，而“秀才不工不作，非农非贾，青灯夜雨，常无越宿之储，破壁穷檐，止有枵雷之腹，一遇荒年，其苦万状”。因此有感叹道：“寒士濒死，得赈则生，不独一来学也。”[1]士职诵读，不兢刀锥。士惜廉隅，何堪饥馑？谁又能以诗书疗饿腹呢？惟至荒年，统治者通过以加惠赈济易情操的手段，换取了菁莪之硕彦去嵩呼圣主洪恩，惓惓为世告“效忠”。

乾隆三年（1738）四月也有一份有关赈济生员的上谕：“地方偶有歉年，贫生不能自给，往往不免饥馁，深可悯念。朕思伊等身列胶庠，自不便与贫民一体散赈。嗣后凡遇地方赈贷之时，著督抚学政饬令教官，将贫生等名籍开送官核实详报，视人数多寡，即于存公项内量拨银米，移交本学教官均匀散给，资其饘粥。如教官开报不实、散给不均及为吏胥中饱者，交督抚学政稽查，即以不职参治。”[2]谕文顾及了读书人在受赈济时的体面，同时，对于地方官可能冒赈的行为进行了严厉警示并予防范之。

甘肃折捐冒赈案

不知是怎么了，自乾隆帝过了古稀之年的生辰大寿，打四十六年（1781）至四十九年（1784）三四年间，一连暴出了浙江杭嘉湖道王燧贪纵营私案、甘肃通省官员折捐冒赈大案、乌鲁木齐等处官员冒销帑银案、山东

1 [明]钟化民：《赈豫纪略》，引自《中国荒政全书》，第1辑，北京古籍出版社，2003年，第277页。

2 引自[清]方观承：《赈纪》，载《中国荒政全书》，第2辑，第1卷，北京古籍出版社，2003年，第529页。

巡抚国泰贪纵营私案、闽浙总督陈辉祖抽换侵盗入官金银财案和江西巡抚郝硕勒派属员等6桩集团性贪污贿赂大案。

说起来，儒学是孔子发明的一套大道理，是冠冕堂皇的理论体系。儒术则是“仕”，包括怎样才能做到官，如何能保住官位，如何能升官，如何能发财等心照不宣的法术。同时期的西方学者卢梭就曾指出，“学问是获取高职的通行证”的制度空乏无用，因为事实证明它不能“保护国家，使之免遭不学无术的、粗鲁的蛮族的征服”。读了圣贤书，做上父母官的儒生们就常会堂而皇之地干出一些丧尽天良的勾当来。

其实，乾隆朝惩处冒赈的力度不可谓不严。然而，各级官吏因赈灾银米而贪污钱粮犯科还是时有发生。其中尤为著名的是从三十九年（1774）开始的甘肃捐监冒赈案，四十六年（1781）甘肃布政使王亶望等朝廷命官，以冒赈浮销终成大案。其贪污数量之大，牵涉官员之多，被惩处之严，被后人称为“清朝第一大贪污案”。

事件的原委是，乾隆三十九年（1774），陕甘总督勒尔谨奏乾隆帝，请在肃州、安西等地收捐监粮[1]，为多发的旱荒筹集粮食，当年农历四月十八日，乾隆帝下达谕旨，批准了陕甘总督勒尔谨在甘肃开办捐监的请求。所谓捐纳，就是让那些无法考取功名而财力有余的人，向政府提供一定数量的粮食换取监生名号，以备灾荒时赈济灾黎之用。由于捐纳之风从明清以来就一直盛行不衰，所以勒

中国官轿（19世纪欧洲铜版画插图）

1 因筹饷、赈灾、兴建大工程，或为贫困地区储粮而举行捐纳。

尔谨的奏报很快就得到了乾隆帝的批准。不经意间，七八年过去了，四十六年三月，甘肃河州苏四十三聚众起义，乾隆帝派阿桂等去督办平乱，阿桂等抵甘省后不断遇到雨天，延误了用兵，乾隆帝得到阿桂的奏报，顿生疑窦，“该省向来年年报旱，何以今岁得雨独多？其中必有捏饰情弊”。就此引来了钦差查案。

据查，甘省于三十九年未捐监时，旧存常干粮尚有三百二十七万，自开捐起至四十二年（1777）止，常平粮贮量理应增多。是年甘省各属应在常平、额征及社仓粮共三百九十七万五千余石，而经核查是年实存一百八十八万石，实存常干粮销去一百三十余万石。甘省监粮自开捐起至四十二年底止，通共收捐监生十七万六千七百余名，应收各色斗粮七百八十六万二千余石，除历年各项动用外，实存监粮一百十二万五千余石。捐监未及二年，开销监粮至六百余万之多，而旧存常平粮又销去一百三十余万石[1]，远远高出未开捐前每年动用粮数。经李侍尧查出的甘省正项仓库亏空银粮就有一百余万。

原来为保证捐监的正常进行，乾隆帝特意将“能事之藩司”王亶望调到甘肃任布政使，专门负责捐监事宜。可，就是这个王亶望，依靠兰州地方官，将全省各级地方的旱灾情况，胡乱编造，报灾冒领，贩粟分银。下面的地方官更是上行下效，串通一气，毫无忌惮，最终造成了一桩重大的贪污案件。那年代，官场有个顺口溜，讲“一年清，二年浊，过了三年死命捞”。仅一纸告示具文，实无颗粒入仓，乃以冒赈抵销账目亏空。上欺天子，下害百姓。按该省共有直隶州六，直隶厅一，州六、厅八、县四十七，共通上下作弊，狼狈为奸，侵盗银两一千两以上州县官计一百零二名，全省大小官员无不染指。

添建仓廒，这是甘省的贪官们想出的新花招，即以建仓廒、贮监粮为名恣其侵冒。粮折收作白银，这折收来的白银，大半在救赈的名义下，入了官员私囊。所谓监粮，有名无实。诚如乾隆帝所说：“甘肃监粮一项，既属纸

1 《己卯（乾隆四十六年八月九日）阿桂、李侍尧奏稿》。

上空文。”据各该员供称：俱系以银抵粮，并不买补还仓，其实贮粮数，仍较旧额短少。说乾隆帝认定那个王亶望娘胎里就是个贪官，那会没人信，可这“捐纳”，所收的不是粮食，是银子，让人不贪也难。

案件告破，功在皇上指示详明，实洞鉴万里，明若观火之纶旨！细按之下，乃王亶望卑鄙无耻邀功取宠作俑于前，而勒尔谨借机营利巧取豪夺于后，其情可恨而其事可畏。甘肃冒赈案中，道府直隶州的官员对县级官员的贪污行为，有的则直接参与其中以分赃，有的接受贿赂，有的向省上报告假情况以包庇州县官员的贪污行为。李侍尧对有这种“捏结”行为的道、府、直隶州的53名官员进行审问，并提出了处理意见。对各级地方官员审理结果表明，大部分官员都有贪污罪行或“捏结”罪行。乾隆帝称：“甘省此案，上下勾通，侵帑剥民，盈千累万，为从来未有之奇事。”[1]案内各犯按律问罪，大都得正法，但人数众多，又将会使统治阶级内部失去平衡，乾隆帝也不得不调整政策，他说：“特以人数众多，不忍一概骈诛，因照侵冒银数多寡，稍为区别。”[2]原本侵盗钱粮一千两以上应斩的正例，改为贪污二万两以上者，俱当问拟新决；二万两以下者，入于情实，其一万两以下各犯，亦应问拟斩候[3]；贪污四万两以上者，罪犯斩决，其子办革去官职，发往伊犁，充当苦差。对于当苏四十三起义率众攻打兰州时，曾有守城等事微劳者，格外贷其一死[4]。对于只捐监生，没有捏灾冒赈各员，只问违例拆收之罪，应以改归首府收捐后所定五十五两为准，粮数以四十石为准，除去公仓费等项银七两外。

案发时，原任甘肃布政使的王亶望已升任浙江巡抚，已查明，乾隆四十年（1775）贪污应发狄道散赈粮价二千四百余两，皋兰县六千六百余两；收受金县知县邱大英、西宁知县詹耀磷各馈送银二三千，武威知县朱家庆、固原知州郭昌泰各馈送银亦二千或三千，环县知县陈严祖馈送寿金五十

1《已卯（乾隆四十六年八月九日）阿桂、李侍尧奏稿》。

2《十月庚寅（乾隆四十七年十月二十七日）上谕内阁文》。

3《乾隆四十六年八月十八日上命军机大臣传谕阿桂、李侍尧文》。

4《十月庚寅（乾隆四十七年十月二十七日）上谕内阁文》。

两……不一而足。传王亶望每食肉必活驴肉，即从活驴身上一块块割取烹饪而食。豆腐必鸭汤煎煮。恶有恶报，他有十一个儿子，其中三人夺官，发配伊犁；余下八人俱年幼，全下了刑部狱，年至十二后，次第遣发。五十九年（1794），乾隆帝将归政，乃赦王亶望子还，幼者勿遣。

在这批贪官中免死发遣者有：谢桓[1]河州知州，侵赈银一万两以上。宗开煌，巩昌府知府，侵赈银一万两以下，任内又有侵欺建仓银两事。万邦英山丹知县，侵赈银八千五百九十七两，又查出将虚粮开销而侵冒折色银一万一千一百四十两。署肃州知州州同，侵赈银一万两以下，又查出亏空仓库正项银粮草束各项计银一万三千三百两。黄道炯安定县知县，侵赈银一万两以下。拿获马明心有功。舒玉龙[2]古浪知县，侵赈银一万两以上。李本楠知府，侵赈银一万两以上。彭永和侵赈银一万两以上。麻宸张掖知县，侵赈银一千三百一十两，又挪用监银一万余两。丁愈侵赈银一万两以下，又查出亏空仓库正项银粮草束各项计银二千九百八十两。张汝楠亏空仓库正项银粮草束各项计银三千二百两……，一群人等，尽是饱读圣贤书的“佼佼者”。

呜呼！一场空前的集团性贪污大案终于以虎头蛇尾的结局尘埃落定了。这场大官司不能不说是儒家文化的一次大失败，因为文化体验中之心性的“主体性”，特别是实现在人格之道德修养上的效果被视为判定文化的试金石。曾记否，孔子46岁时，还满腔的不服气，千里迢迢，跑到周，问难于老

1《上谕内阁文》：“昨阅《兰州纪略》于逆回苏四十三肆逆时，谢桓、宗开煌、万邦英、董熙、黄道炯五犯，或前往贼巢，擒获多犯；或于逆匪滋扰兰州时，昼夜在城，督率民夫防守；或在安定县拿获教首马明心。……谢桓、宗开煌、万邦英、董熙、黄道炯，俱著从宽免死，发往黑龙江，充当苦差。但伊等情罪重大，不加显戮，已属格外施仁。嗣后遇大赦，各该犯等不得接照省释。伊等所等亲子，亦不准应考出仕，以示惩儆。”

2《甲申（乾隆四十七年八月二十日）李侍尧奏稿》：“臣谨案各犯供词，确核彼时情事，均属约略相同，尚非虚捏。内有麻宸、尤永清、贾若琳、彭永和、张毓琳、李本楠、史堂、舒玉龙八犯，当贼匪初起之时，或协同守御省城，或派防本境要隘，或督办军粮，或盘获奸细，并于河州、循化、安定、伏羌等处，拿获逆党要犯，均有案可查。至如申宁吉、汪皋鹤、钱成均、善达、朱兰、王旭、蒲兰馨七犯，亦经在省协同防守，并派办收支粮草，查安东路军报台站，押送在山打仗兵了口食，奔走差委，均属实情。又如丁愈、承志、韦之媛、张金城、章汝楠、华廷扬、李弼、谢廷庸、宋树谷、侯作吴、叶观海、陈金宣十二犯，均在本境防守，并有办运粮草牛羊，协济骡马，照料征兵起程过境等事。”

子。老子对他说："子所言者，其人与骨皆已朽矣……去子之骄气与多欲，态色与淫志。是皆无益于子之身。"孔子离去时，对弟子感叹道："老子犹龙耶！"[1]而孔子的弟子们描写孔子的神情则"吠吠如丧家之犬"。想想那无欲则刚的老子，再看看那"骄气与多欲，态色与淫志"的"学而优则仕"的白面儒生们，真乃一群"吠吠"的"丧家之犬"也。

不过在封建专制国家，尽管是发生特别重大的官僚贪污事件，对于最高统治者而言也是毫发无损。一旦事发，在于朝廷仅仅是追讨赃款、抄家、杀几个贪官的人头或满门抄斩而已，对于国之大政产生不了什么负面作用。因此，在制度上无需做出根本的防范，如若不然，怎么会让皇帝不断地杀，官吏还是不断地贪呢？

1《史记·老子韩非列传》。

13 大祀与中祀并行

乾隆帝是那样地坚信“至诚之道可以前知”[1]。也就是说，在他看来只要投入足够的诚意祭天神，祀地祇，享人鬼，祈愿的天惠就一定会如期而至。仁心本性，即可贯通于天心天性。怎么说呢？这是先验的，也可以是后验的。因为，每一次祈雨，在冗长而隆重的奉祭之后，都会有像官书所说的“感召天和”，而雨泽大霈。其实，所谓的至诚之道与奉祭仪典的冗长与隆重程度几乎是没有办法去度量的，但它们却总会在运行中交会，因此，皇上说了“可以前知”，当然就没错儿了。另外的一个原因是，皇上有着一个庞大而多层次的祭神统系，在实行中可以依据其意愿交叉使用，这样就会用以空间换时间的把戏让“至诚”与“天和”在多种形式中相对接。皇上本人也不曾有须臾懈怠敬天之念，在旱情的紧要之际，他甚至要在宫中设坛求佑于天神，用虔诚的祈祷感召天和。即此以成其内心之信，再充为形外，以成盛德大业。

然而，求雨并不是都会“灵验”的，而且求雨而不得的次数肯定会大大超过“灵验”的次数。因此，皇帝会作密祷，是因为不想过分张扬，以免给人留下困蹇的印象。其实更深层的原因还可能是怕公开祈祷不应而有损自

1《梦辨》，《清高宗御制文·三集》卷10。

己的权威，为了显示祷雨的效果，也为了显示自己的权威，每次公开祈祷之前，皇帝往往要事先让钦天监之类的御用机构对雨水情况进行预报[1]，以便在适当的时机举行祷雨。可能前朝的遗训在先，史书上没有乾隆帝密祷的记载，但这并不表示密祷从未发生。实际情况是，直至"彻夜问云气，时厚时复薄，亦偶称细霏，时止时微作，晓起看庭除，土干原自若"[2]。那一年常雩过后好久了，就是不见雨泽的影子，乾隆帝为此真是有些心焦。

五十二年（1787）四月的御制诗也表露出相似的情绪，云[3]：

一夜皆晴五鼓阴，凭舆颙望不胜心，
行行云散升朱日，蹙頞惟余自咎吟。

简言之，大祀就是祭天地祖先；中祀、群祀就是去祭鬼神。祭祀就是祭祀。孔子说过，"祭如在，即神如神在"，儒学到此就已经不能再周延了。譬如，天（上帝）的对面一定有个魔鬼，当年，孔子叫它们鬼神或怪力乱神。他的公开主张是："子不语怪力乱神"，"敬鬼神而远之"。私下里，他生病了，子路请祷于上下神祇。子曰："丘之祷久矣。"当子路要奉祭那些鬼神时，他马上正色拒绝，说："不能事人，焉能事鬼？"[4]可是他心里又觉得不可小视鬼神的存在，曰："鬼神之为德，其盛矣夫！"[5]他既站在惟天是宗的立场，自然不能再去奉祭鬼神，但时不时地他也会感觉鬼神之势不可侮，却就是不敢申明，只是坚持惟天是祭的立场。于是他又偷偷的去祷告它们，一边去敬它们，一边又与它们保持一定距离，在信仰上也用中庸之道。这样，功利意识取代了虔诚。是神是鬼，谁也不能得罪，大概就是这么个意

1《续资治通鉴长编》卷141记载，仁宗庆历三年，京师夏旱，谏官王公素乞亲行祷雨。五月戊子，仁宗皇帝曰："太史言月二日当雨，一日欲出祷"。结果被谏官以心不诚为由劝阻。

2《彻夜》四十七年（1782）四月十一日，《清高宗御制诗集·四集》卷89。

3《常雩进宫斋戒之作》，《清高宗御制诗集·五集》卷31。

4《论语·先进》。

5《中庸》。

思。乾隆帝的思维当然也不会逃脱这个千年的轨迹。

祈雨祭祀的泛神主义

“山川出云，为霖泽滂。雨公及私，兴锄利甿。”[1]干旱当前，人们求雨若渴，祈雨成为人们当下的当务之急。念兹在兹，惟雨是祭。常雩的前身是清初的“祈祷三坛”，或称“祈雨”的祭典，在国家祭统中列在“中祀”。顺治初年，岁遇水旱，皇帝遣官于天神坛、地祇坛只告云雨风雷之神，岭镇海渎陵山、京畿、天下名山大川之祇。祈祷有应则报祭，均奉主于龛，同日致祭。顺治帝的祈雨还带有相当的萨满教的意味。十四年（1657）四月，顺治帝躬诣圜丘祈雨，遣官致祭方泽、社稷、天神、地祇。康熙二十九年（1690）祈雨，康熙帝遣官致祭天神、地祇、太岁之神，仍旧是“祈祷三坛”。雍正十年（1732），谕令：“天时亢旱，著礼部、太常寺虔诚祈祷，照例禁止屠宰，不理刑名。”并“遣官致祭天神坛、地祇坛、太岁殿，并望祭四海之神。”乾隆二年（1737）的祈雨祭典仍照雍正十年之例，皇帝遣官致祭天神、地祇、太岁，以至“雷师阗阗，飞廉衙衙”，无神不在乾隆帝躬祷祈雨的灵位之列。据一位19世纪70年代亲历中国的西方人士记载[2]：

> 北京西南几百里的地方有一所寺庙，数百年前，人们在它院子里的一口井中发现了一个铁块，据宣称那是从天上掉下来的。从那之后，铁块便被奉为神圣的灵物精心保存在寺庙里。皇帝屡次求雨未灵后，便派一名皇子率一班人马浩浩荡荡来到寺庙，从僧人那里接过那锈迹斑斑的铁块，然后带回京城。在京城的某所寺庙举行隆重的交接仪式后，铁块便被暂时存放在那里。接着皇帝事先确定并宣布一个日期，当那一天来临时，他便亲自来到寺庙，屈膝跪伏在那冷冰冰的铁块前，祈求它显灵

1《大雩乐章云汉诗 · 八章》，乾隆七年。

2［美］何天爵（Chester Holcombe）著，鞠方安译：《真正的中国佬》，中华书局2006年，第129—130页。

降雨。

虽然此类记载不见清朝典制，或也不是空穴来风。在中国儒生看来，德业成信，以使情理与信及德业相辅为用，就可以参赞天地的化育了，这又有何不能呢？

乾隆七年（1742）拟设常雩礼，随之在九年，乾隆帝亲诣圜丘践行常雩礼。尽管七年礼部复议已将常雩拟定为依圜丘之制，照说由“祈雨”礼蜕变而来“常雩”已改迁“大祀”祭统，然而“中祀”之“祈雨”并未因此被取替，而是与“常雩”的奉行并行不悖。复议并认为：“祈雨本无常期，而随时具举，则其事至重。”[1]以求雨为中心的祭祀活动，最终形成了自上至下分层进行的，一时间轰轰烈烈的纷繁场面，应当说，这与北方地区旱灾的普遍性和经常性以及季风性气候的多变性有直接的关系，这种多层性祈神活动似乎也给了皇帝以更多的选择。在历代君主及制礼文人的思想中，还是凡神即拜的好，礼多不怪，足见那时信仰的混杂，好像阴阳之气，星辰、后土、蚩尤、山林、海渎甚至古代名达医士、圣贤、城隍、祖先……都成了旱潦的主宰。

与此同时，礼部遵旨议定：“于关帝庙、城隍庙、黑龙潭、龙神庙、凝和庙、时应宫、宣仁庙、昭显庙虔诚祈祷，得雨则用牲报谢。如不得雨或得雨未能霑足，遇行常雩礼，停祈关帝庙、城隍庙等处，如常雩后不雨，即分祷于天神、地祇、太岁坛。”[2]从中可看出中祀的三坛“祈雨”与大祀“常雩”的行礼次序之差异，突显了常雩于祭统中的地位。又谕[3]：

雩祭之典，所以为百谷祈膏雨也，从前大臣等定议礼仪，悉照圜丘之制，朕思目下畿辅雨泽愆期，此次举行雩祭，正望恩迫切之时，非每夏常雩可比。”并确定“其先期前诣斋宫及祭毕回銮。朕皆御常服，不

1《钦定大清会典事例·礼部》卷440。

2《钦定大清会典事例·礼部》卷420。

3《钦定大清会典事例·礼部》卷415。

乘辇，不设卤薄，不作乐，以示虔诚祈祷，为民请命之意。

自乾隆九年（1744）皇上初次亲诣圜丘行礼，再至乾隆十年（1745），奏定中祀的祈雨礼仪“皇帝诣斋宫，不设大驾卤薄，不作乐。祀日，皇帝雨冠素服，陪祀王公、大小官员，亦用雨冠素服。其午门前迎送各官咸常服”[1]，乾隆朝设常雩为大祀程序已初步告成，雩祀的地位已十分明确，只是后来的十余年中常雩仪式仍然是一个不断演进而臻于完备的动态过程。

还是十年（1745）的四月，传天时久旱，皇太后忧形于色，从寝宫步行到龙神庙虔诚祈祷。乾隆帝闻报，“惶恐战栗，即刻前往请安，谆恳谢罪”。随后，“上祭地于方泽，不乘辇，不设卤簿”。方泽，地坛也。乾隆帝为祈雨还在社稷坛设祭，二十四年（1759），他“敬念右坛为祈报之所载，稽祭义，司土谷之精禋，吉虔斋摅忱躬恳为民请命，愿代万姓之灾责己，惟诚奚啻六事之舛，重举答阴之典，冀施甘雨之滂，云作雷随。毋俾箕伯（风神），侵轶牺成、粢洁尚敷，帝里休和，殷佇神歆，立沛祥澍”[2]。

为了祈雨，乾隆帝还祭告过风神。据一通《告风神文》[3]，可知自皇考雍正帝始，“作是灵宇在紫禁巽方，维历有年。侧闻曩时旱魃为灾，彭怒涨天，继日以霾。我考竭诚爰命宗枝，曰帛曰牲，祝史致词，遂蒙神庥，骇飚为收，禾黍沐泽，乃亦有秋兹者”。乾隆帝继承了奉祭风神的仪轨。待到“雪旱于冬，雨旱于春，自春徂夏，震雷无闻，山川出云，庆散于风，不惟其景，乃惟其终”，于是乎告祭风神，“陈词祈神之佑致”，“速收其暴，油云以作雨师前导”。最后，他怯生生地说：“屏息以待，惟神之思。”

乾隆帝祈雨甚至已经到了随时随地无所不祭的程度。或许会有人发问，一年之中乾隆帝要进行多少次这样的祭神仪式呢？看来是相当繁多，读了下面一首写在乾隆十九年（1754）的御制诗，就会明白个大概了，诗云[4]：

1《钦定大清会典事例·礼部》卷420。

2《社稷坛祷雨祝文》，《清高宗御制文·初集》卷3。

3《清高宗御制文·初集》卷3。

4《常雩斋居》，《清高宗御制诗集·二集》卷48。

旬余逢八斋，端居得静便，
静便心应适，而转愁绪繁，
绪繁云缘何？望泽意殷然。
往来郭门外，非不麦芊芊，
及时施甘膏，乃克期饼饘。
絮云亦屡作，率被狂风牵，
斋无不用敬，明禋况祈年。
望柱占础润，遑问春阑珊。

他在自注中写道：“三月二十三日因祭先农，斋戒至是，十二日凡八戒。”短短的12天里竟举行了8次祭神斋戒的仪式，由此可推知一年中的祈神当不在少数。而且，诗里的乾隆帝从斋居冥想中非但没有得到静便、心适，反而为天候干旱所带来的一系列问题搅得是心绪烦乱，直至心力憔悴。究其原因，不能不说他的祈愿是带有很强的功利性的，斋戒为的是祈雨，雨下不来，这份焦虑就不能开释，哪里还谈得上心灵的慰籍呀。

道观祈雨

道教的神祇，起初最受崇奉的神是太上老君，即老子，道教以老子为教祖。六朝时又抬出来了“元始天尊”，地位更高于老子，从此道教崇奉的神日渐繁多。人间有帝王百官之封建等级制度，道教也把人间的官制等级制度搬用到了虚幻的天上。道教的天神也是分等级的，其最崇高者为“三清”、“四御”，其中后土皇祇，又称承天效法土皇地祇，是掌阴阳生育、万物之美与大地山河之秀的女神。及其他众神，大约可以分为以下一些神团：五星五行之神，太一、文昌、列星诸神，风、雨、雷、电诸神，五岳、五镇、四渎、四海之神，山川、社稷诸神，五祀、八蜡诸神，城隍、土地诸神，灶君、门神、财神诸神，先农、先蚕、马牛、瘟疫诸神。

除上述天神、地祇外，还有属于人鬼一类的神，如各姓之祖先，历史上被誉为圣哲贤才和忠孝义烈之士，如关羽、岳飞等，都为道教所奉祀。

借助神秘莫测之特色发展起来的道教，以人世间为原型编造出了冥天之上等级森严的诸神众仙，宣扬虔修得道可升仙界，“蹑太清”、“朝玉京”，长沐天恩，永享不死不灭殊荣。道家奉行无心、贵生、无为之道，是为了解决生存困境无奈的绝对痛苦，解决人生有和无的冲突，显然是一种不能用来治世的无政府主义之道。逃离现实的隐逸文化，由原始的混沌的阴阳五行生克之说，继承和揉合了巫、史、祝、卜，使用筮占吉凶，符咒驱鬼治病，炼丹建醮祈求长生不死等方术传教，衍生了气功、导引、烧丹、服食、羽化、保精、“除病”、黄历、流年、采补以及坟山风水之类，皆无补社会变革之拨乱反正或发展进步的“学问”。至于民间迷信的巫术，更加抑阻了理性科学的伸张。道家虽然数度极盛并长存不灭，但始终不曾对中国社会的基本制度产生重大影响。对奉行伪儒愚民政策始终不渝的历代统治集团来说，道家学说不失为社会上失意或闲散的人们寄托和消磨意志的游仙窟，一种别开生面的辅助性的“稳定因素”。

山西右玉宝宁寺水陆画《往古道士图》

“乘跻”[1]，即以神兽为脚力，腾空飞遁，高下任意，远行不极之道，来往于鬼神之间。很明显，供神仙驭使乘骑，是道教中龙的基本职责之一。然

1《抱朴子·金丹》，卷4。

而当佛教中的龙王在大众中引起反响以后，道教也就迫不急待地效法佛教，编造出自己的龙王来。道教创造的龙王主要有东、西、南、北四海龙王和东方青帝、南方赤帝、西方白帝、北方黑帝、中央黄帝五方龙王，除此之外，尚有名数繁多的各种龙王，神乎其神的。

百姓最关心、最需要的就是风调雨顺，因而自古以来，民间对能影响晴雨旱涝的龙的尊崇一直没有中断过。当佛、道两教广泛传播之后，人们受其启发，即将传统的神龙尊奉为龙王。于是中国大地上江、河、湖、海、渊、潭、溏、井，凡有水处莫不驻有龙王。这类龙王距佛教龙王较远，距道教龙王较近，但严格地说起来，他们既非佛教龙王，也非道教龙王，只属于民间俗神。

清朝偏重佛教，道教为汉人的宗教，其地位已低落下来，不及以前之盛。乾隆四年（1739），曾禁止正一真人传度，但执行起来却并不怎么认真，看来凡是用到祈雨上的神祇也就不问什么禁令了。因为在道家各派中正一派道士大都是“专恃符箓，祈雨驱鬼”[1]，《通鉴辑览》中说他们“世以鬼道惑众”。道教则宣扬其召遣龙王降雨消灾的法术。诸如，“天帝当遣八部大龙王，云、雷、雨师，兴动云雾，施绕世间。须臾之顷，即令江河溪涧、上下四畴令得雰霈，草木丛林、一切花果五谷之类，悉皆生成枝叶茂盛”[2]。

一处用于皇帝求雨的地方是位于北京景山前路北，始建于明嘉靖二十一年（1542）的皇家道观——大高殿。痴迷于道教的嘉靖帝听从了道士陶仲文的话，修建了大高殿（时名大高玄殿），以作为他习教的道场和宫官婢女演习科仪的地方。清代的皇帝每年元旦及每月初一、十五日，照例要去大高殿拈香行礼。特别是在天气大旱的时候，皇帝要在大高殿举行祭天礼仪，祈求下雨或降雪。有诗云：“天子祈年大高殿,雪花六出春开宴。南州望雨与雪同,独惜晴云满春甸。开元古寺环香烟,官民齐拜迎雨仙。神仙从古念乡里,呼雷召雨惊南天。春波夜涨韩江水,绕郭秧歌雨中起。颇闻米市价少平,抖擞饥肠足心喜。”

1《明史 · 方伎传》。

2“天尊语月光真人”，《太上护国祈雨消魔经》。

太清宫始建于清康熙二年(1663)，由全真道龙门派第八代传人郭守真主创。大概是当年盛京遭了旱灾，盛京将军乌库礼慕名请正在本溪铁刹山八宝云光洞潜修的郭守真主坛祈雨。郭真人登坛做法后，天降大雨。乌库礼大喜，遂在此为他建了一座道观，名叫三教堂。乾隆四十四年(1779)，三教堂改称太清宫，成为东北道教第一丛林，后延续至今。再看奉祀的邱处机和郭守真的塑像和那些灵官都差不很多，绝不似佛陀那边名堂繁杂。灵官殿门口的一副对联更是旷达："存心邪僻任尔烧香无点益，持身正大见吾不拜又何妨。"看人家真是想得开啊！

进入19世纪以后，中国的国土在受到列强侵犯的同时，中国本土的信仰方式也愈来愈受到西方人的攻讦，在感受了中国宗教的西方人看来，"中国人的宗教和神话是一个暗淡的、毫无生气的系统，它混杂着无神论和各种最低级的多神论，其灾难性的程度及其彻底性成为世界最令人感到可悲的一个实例，而且，其邪恶性已经展现给我们的种族；使数以百万计的人们投入了一场社会搏斗，他经历了长期的不间断的历史时期，对未来的生活毫无教益，丝毫没有神圣感和拯救的意义；它顺着他们自己充满自爱的想象去自欺欺人，或者'崇拜造物而非造物主'，他'并非使自己离开大众，而是在他们中间，赐他们以善，时降雨和丰收，一事物和欢乐充实他们'"[1]。这时的中国人还有坚信"至诚之道可以前知"的吗？"国破江河在"，那不过是一株精神上的救命稻草。

1 埃利斯：《郭实腊〈三次航行日记〉中有关中国的政策、宗教等的介绍》，第20页。引自［英］约·罗伯茨（J·A·G·Roberts）编著，蒋重跃、刘林海译：《十九世纪西方人眼里的中国》，中华书局2006年，第33页。

14 黑龙潭与龙王爷

造神御旱

皇上的金銮宝殿——太和殿上正对着皇帝宝座上方，有一眼雕着蟠龙衔珠的藻井。藻者，水生植物；井者，蓄水之所。称之藻井，最初含义便是用水克火。将其悬在皇帝的头顶之上，意义当然非同一般。那龙嘴里衔着的宝珠又称“轩辕镜”，由“轩辕星”转音而来，古书中说那是雷神，高悬在殿中，寓意保护宫殿的安全，推之其广义则是保护社稷的平安，这与太和殿之“太和”一语相得益彰，此语出自《周易》，意在“阴阳会和，冲和之气也”，指宇宙万物，和谐圆满，宇宙间的一切关系都得以协调，令太和之气，常运不息。而这其中起着关键、核心作用的正是那嘴衔“轩辕镜”的蟠龙，再加上象征蓄水的藻井悬在头顶，皇帝的天下才坐得安稳。

被清朝的王源推许为“春秋第一人”的子产曾说过：吾无求于龙。是不是龙在那个时代还不在君王祈雨受祷之内，不列于神祇之位呢？先秦文献所记载的祈雨之“雩”，其形态就是一个坛，其积聚的精神则是祈祷五帝、山川百源及古时有益于民生的一切众神，如句龙之类。《尔雅·释天》：“䗖蝀谓之雩。”可见虹就是雩。雩从雨，意谓天旱时求得的雨。“若国大旱，则帅巫师而舞雩。”[1]“使童男女各八人舞而呼雩。”[2]雩舞是古代祈雨仪式中的一种舞蹈，一定很壮观。雩舞就是虹舞，“呼雩”就是呼虹，呼唤虹——龙神出现，赐降甘雨。正像郑司农所说“救饥之政，十有二品，索鬼神，求废祀而修之。《云汉》之诗，靡神不举者也。”

龙是如何造就的？有人说，“龙”是灾异恐惧心理的产物，是恐惧对自然之力的对立面的转化，是对各种自然灾变的一种综合恐惧，在自然灾害面前，人们多是用祷祀、自咎、修德或以女巫的哭，用悲鸣感动神明，而龙则是超越这种综合恐惧的法术。“龙”字原本就和雨有关，《说文》：“龕，龙也。”所以说“龙，水物也”[3]。人们意识到实际存在的动物崇拜的局限性，于是乎，通过“意志”将各种动物器官肢解并加以拼凑，诸如用上了马的脸、犬的牙、鹿的角、鹰的爪、蛇的身体、鱼的鳞与脊鳍及须，等等，这是法术在自己的意识范围内所能达到的“主观自由”的极限，于是就有了“龙见而雩”[4]。杜预解释说：“苍龙宿之体昏见东方，万物始盛，待雨而大，故祭天，远为百谷祈膏雨。”

其实上古的造神无不是为了御灾。殷墟卜辞中有不少是占卜雨暘的，占卜之滥觞亦和灾异恐惧有关。至迟在商殷时代就有了祈雨活动，西周以后祈雨受祷的至上神——“帝”就出现了，另外受祷的还有保佑氏族的祖先神。灾异恐惧的解脱方式就是“禳”的法术仪式，由于对神明缺乏纯粹精神的把握，于是对神的崇拜就变成了对仪式本身的崇拜，内在的恐惧心理为外在的礼仪形式所取代。后来，祈雨仪式中的神祇逐渐增多并显现出鲜明的形象特征，春秋战国时期出现了能兴云布雨的雨神萍翳，直至秦以后龙王才成为了百姓祈雨时的神祇。汉唐以后，祈雨仪式中的神祇进一步增多，各种神灵几乎都成为百姓祈雨的祭奉对象，神祇的增多反映了中国宗教的多神特征和信仰的功利性倾向。封建帝王最早将民间龙神正式封王的是宋徽宗赵佶。《宋

1《周礼 · 春官 · 司巫》。
2《公羊传》桓公五年，何休注。
3《左传》昭公二十九年。
4《左传》桓公五年。

会要辑·礼四之一九》载："徽宗大观二年十月，诏天下五龙神皆封王爵。青龙神封广仁王，赤龙神封嘉泽王，黄龙神封孚应王，白龙神封义济王，黑龙神封灵泽王。"皇帝的封赐表明朝廷对龙的正统地位的承认，这不仅抬高了民俗龙王的地位，又进一步刺激了民间龙王崇拜的发展，终于使龙王形成了一种能与佛、道两教诸神抗衡的独立神衹。人们相信龙能致雨，成为了这一崇拜之所以千年不衰的重要原因之一。

黑龙潭祈雨

提到北京的黑龙潭，如今人们熟知的就有三处。一在京南房山；一在海淀寿安山北麓，冷泉村北；一在密云西侧。这三处黑龙潭均在京郊。殊不知在北京旧城之内，明清两代还有一处黑龙潭。从《清乾隆北京城图》看，黑龙潭的准确地点应在今天陶然亭公园内东南部一带。因此潭距离黑窑厂不远，所以又称"黑窑厂潭"。据史料记载黑龙潭是一座方形的池，池中注满泉水，但也并非常年有水，凡遇干旱之时池水也会干涸。每当潭水干涸后，潭底就会显露出一口用白石砌成的水井，潭中之水很可能就源于井内。当年，在黑龙潭西侧和北侧，拥有众多的水面，达十余处之多。《敬业堂集》对此做了较为详实的记载。说水面大小不等，总面积有十余顷之广，湖水清澈，四时不竭，在每天清晨，总会有成群的野凫飞临于此，游荡于水面上，因而世人将这些水域称之为"野凫潭"。岸边树木成荫，花草蘩茂，水中野岛游泳，芦苇丛生，宛若江南泽国水乡之盛景。到了清末，因这一带地势低洼，排水不畅，污水淤

雷神（毕本），《山海经·海内东经》之鳄鼍——龙（雷）。

塞，加之缺乏疏浚和治理，池塘成了臭泥塘。黑龙潭、龙王亭及四周名园古刹多已坍毁，后来这里成了乱葬岗，完全没有了从前那种令人陶醉的景色了。新中国建国后，北京市政府对这里进行整治改造，黑龙潭以北的池塘多已填平，修建了宽阔的道路和居民小区，在西部则利用已荒芜的多处池沼，建了景色宜人的陶然亭公园，使这里旧貌换了新颜。不过，黑龙潭及龙王亭的遗迹今天已经找不到了。

说到京郊海淀颐和园东南温泉乡画眉山腰的那一潭，传说山上产黑石，质细腻，金代曾采石为宫女画眉，称为黛石，山亦因此叫画眉山。潭水的面积原直径约10余米，水从山峡石隙中溢出注入潭内，水花四溅，景色壮观。传说曾有黑龙潜藏水底，故名黑龙潭。据地方志记载，龙潭“围广十亩，水从石隙中去，终年不干，下溢田间，潺潺有声”。过去那些善男信女，以为龙潭水源不绝，干旱不涸，乃潭中掌管云雨的黑龙神王所致，为此纷纷出资修建黑龙庙供奉龙神，成为干旱时帝王和百姓的求雨圣地。从碑文得知，黑龙王庙始建于明成化二十二年（1486），后经万历十四年（1586）、清康熙二十年（1681）两次重修。庙坐西朝东，格局完整，气势恢宏。乾隆三年（1738）封龙神为昭灵沛泽龙王之神。乾隆帝曾多次来此祈雨。据说，每次祈雨仪式均很隆重热闹，如举办各种戏会、小车会、高跷会等。如果是皇帝亲驾祈雨，仪仗人等前呼后拥，旌旗帷幔遮天蔽日，场面煞是壮观。为此，在庙外还修建了供帝王休憩的行宫。

越往后就越是多见祭黑龙潭祈雨的。在清朝的祭统中，祭黑龙潭归于中祀。按《清史稿》的记述，乾隆帝经常“诣黑龙潭”，敬神祈雨，还有在同一年份亲诣两趟的事。仅就《高宗本纪》所记乾隆帝亲诣黑龙潭祈雨事例，即录如下：

三年三月丁卯，上诣黑龙潭祈雨。

五年五月甲寅，上诣黑龙潭祈雨。

七年三月戊子，上诣黑龙潭祈雨。

十年六月癸亥，上诣黑龙潭祈雨。

十二年五月己酉，上诣黑龙潭祈雨。

十四年五月辛酉，上至黑龙潭祈雨。

十五年五月间乾隆帝两次至黑龙潭祈雨，一是在庚戌日，上诣黑龙潭祈雨。一是二十天后的庚午日，上诣黑龙潭祈雨。

十八年夏四月丁未，上诣黑龙潭祈雨。

二十三年四月庚辰，上诣黑龙潭祈雨。

二十四年五月辛卯，上诣黑龙潭祈雨。

二十八年夏四月癸卯，上诣黑龙潭祈雨。

三十一年五月又两次至黑龙潭祈雨，一是在甲戌日，上诣黑龙潭祈雨。一是在十一天之后的丙戌日，上诣黑龙潭祈雨。

三十二年夏四月己酉，上诣黑龙潭祈雨。

三十五年三月庚午，上诣黑龙潭祈雨。

三十六年夏四月丙戌，上诣黑龙潭祈雨。

四十二年六月己未，上诣黑龙潭祈雨。

四十三年夏四月乙巳，上诣黑龙潭祈雨。

五十二年夏四月戊午，上诣黑龙潭祈雨。

五十五年夏四月丙寅，上诣黑龙潭祈雨。

五十七年夏四月乙卯，上诣黑龙潭祈雨。

五十九年夏四月丁丑，上诣黑龙潭祈雨。

乾隆帝亲诣黑龙潭祈雨竟达23次之多。五十二年（1787）他写有《黑龙潭祈雨即事四首》诗，云[1]：

甲乙丙原常望雨，寸滋三四未祈参。

兹三四寸膏胥勒，虔请平明特命骖。

仲春中澣已微望，荏苒望增过暮春。

1《清高宗御制诗集·五集》卷32。

敢以长年怠民事，仍当步祷以躬亲。

他还特意作注曰：甲辰、乙巳、丙午三年春末夏初虽亦望雨，然均于四月中旬或月杪间得雨三四寸不等，麦秋仍可有收，是以前此三年并未诣潭祈雨。由此也可以看出乾隆帝对祭黑龙潭是相当地看重。

今位于画眉山的黑龙潭，遗憾的是，由于地下水的过量开采，泉水已断流，今潭水由地表引入。那里的庙宇规模虽小，但建筑格局整齐严谨，金碧辉煌，为明清皇帝敕建之物。殿堂顶部的吻兽，均呈龙的形象，别有一番气派。潭边的半圆形回廊，造型精妙，在京郊仍是不可多得的。

乾隆的“隆”与神祇的“龙”

乾隆帝之所以如此看重龙的宗教意义或另有其深层原因。

说到乾隆的“乾”字，就会联想到《易经》中的《乾》卦，爻辞上说：“元亨利贞。初九，潜龙勿用。九二，见龙在田，利见大人。九三，君子终日乾乾，夕惕若，厉无咎。九四，或跃在渊，无咎。九五，飞龙在天，利见大人。上九，亢龙有悔。用九，见群龙无首，吉。”《乾》卦描绘了龙的一系列状态：龙或潜伏不露（潜龙），或翔于天空（飞龙在天），或在田中出现（见龙在田），或在水中跳跃（或跃于渊），或使身子伸直（亢龙），或把身子卷起来以至见不到头（群龙无首）。《周易》本是一部占筮之书，其表现手法是“假象喻意”。《乾》卦是以龙的变化来揭示凶吉利害和人事变化。由此，研究《周易》这部典籍时便会产生本章节标题上所提及的命题。《乾》卦六爻都取龙为象，通过龙在六位上的潜、见、惕、跃、飞、亢的不同动态，说明人事吉凶变化，体现万事万物的发展变化及其内在发展规律。但为什么选定“龙”来喻意呢？上一部分对龙的形成发展的论述，只是阐释了取象问题的一个前提条件，表明《易》之取象是有历史文化基础而不是凭空捏造的。作出“取龙为象”的选择的宗教原因在于龙被认为乃沟通天人的神物。龙集中了多种有灵性动物的某些特征综合而成，是脱离了现实又具有现实动物特征的神物，比其他动物更具神性。因而，龙最终成为一切有灵动物中最尊贵者。

伏羲为始作八卦者，具有龙性。从文献学上考察，对《易》八卦作者的探究最早见于《易·系辞》。《系辞下传》曰："古者包牺氏之王天下也，仰则观象于天，俯则观法于地；观鸟兽之文，与地之宜。近取诸身，远取诸物，于是始作八卦，以通神明之德，以类万物之情。"可以肯定的是，一直到《系辞》时代的古人，对伏羲作八卦之事是深信不疑的。

在古人的传说里，伏羲是一位"龙子"。《山海经·海内东经》记载"大人迹出雷泽，华胥履之而生伏羲"，《山海经·海外东经》云："雷泽有雷神，龙身而人头，鼓起腹，在吴西。"伏羲为雷神之子，是其母与神感应而生。所以，伏羲与龙有密切关系。另一方面，根据《竹书纪年》的记载，伏羲氏系族都是龙族，有所谓长龙氏、潜龙氏、居龙氏、降龙氏、土龙氏、水龙氏、青龙氏、赤龙氏、白龙氏、黑龙氏以及黄龙氏[1]，这里是指伏羲族都以龙为图腾，即认为其氏族皆由龙生。伏羲这位神人合一的祖先，他不但以龙作为自己氏族的图腾，而且认为其本身就是龙的化身。由此，古人出于祖先崇拜的心理，以龙（伏羲的形象）作为《易》之《乾》卦的意象。

把龙写进了《周易》《乾》卦中，龙在《周易》中就能体现一定的思想。《乾》卦，又称龙卦，卦辞是以天为象，爻辞以龙为取象，其思想原则是崇天主阳。与《连山》以艮卦为首，《归藏》以坤卦为首不同，《周易》则以《乾》卦为首，可见《乾》卦在《周易》中的地位。《乾》卦的思想和精神就是《周易》的思想和精神，《乾》卦中的龙思想就蕴涵在《周易》的整部著作中，那《周易》中的龙体现了哪些思想呢？《周易》中的龙是王权王者的象征。这是由于社会的发展，奴隶主阶级的政治和礼法成分增大了，依靠巫术来统治的成分减少了，龙也逐渐从沟通天人的神物变成地上的王权了。《周颂·载见》记载"龙旗阳阳，和铃央央"，统治者在祭祀中用龙纹旗帜，这就表明龙成了王权的象征。《周易》卦爻辞所表达的社会生产显然

1 刘志雄、杨静荣：《龙与中国文化》，人民出版社，1992年，第1页。

以农业为主。古人把龙与农业紧密联系起来，首先在于相信龙的巫术意义：龙能致雨，龙是一种能影响云雨流布的神兽。龙不仅有飞升于天的能力，还有影响云雨河泽的神通，向下播雨。

龙既然成了国家权力的象征，也就等于成了国家最高统治者的隐喻。《易·乾》卦中所描绘的龙就是指有“龙德”的人，即王者。“潜龙勿用”，以潜龙伏在水中等待时机的龙譬喻周文王，周文王作殷商的西伯时，曾被纣王囚于羑里，那时的文王是“潜龙”。文王后来被赎出，回到西周积善积德，天下归心，虽称臣于纣王，实际上是“三分天下有其二”，这时的文王就“见龙在田”了。文王死后，武王继出，终克殷而登天下之位，即“飞龙在天”。“飞龙在天”是《乾》卦的九五爻辞，九五爻是外卦的中间一爻，是至尊之爻，所以后来历代帝王被称为九五之尊。《周易》以九五为君，以六二为臣；《乾》卦以刚健而行天的龙为象征，以乾为君道，君王譬如飞龙之在天，奉戴天意而君临天下。

到汉时，董仲舒的《春秋繁露》卷十六《求雨》：“春旱求雨，令民祷社稷，家人祀户，毋伐名木，毋斩山林，暴巫聚蛇八日，祭其神共工，且祝曰：昊天生五谷，今五谷病旱，恐不成……再拜请雨。为青龙一，居于中央。为小龙七居东方，长四丈，小僮八，服青衣而舞之。入夏求雨，则祭蚩尤。作赤龙以壮夫服赤衣舞之。季夏祭后稷，五老人服黄色舞黄龙。禁男子毋入市家，又祷山林以助之。”《法言》：“象龙之致，雨艰矣哉！”

《新论》曰：“刘歆致雨，具作土龙，吹律，诸方术无不备设。问求雨所以为土龙何也？曰：龙见者，辄又风雨兴起，以迎送之。故缘其象类而为之。”

郭璞以为后汉之兴土龙。

然而，乾隆二十年（1756），内阁学士胡中藻主持广西学政，出试题取《易经》中“乾之爻不像龙说”一句，结果被控为低毁乾隆帝。因为隆与龙同音，取此句是暗指乾隆帝不是真龙天子，胡因而获罪，收监后又顺蔓摸瓜，查出胡的诗中有“一把心肠论浊清”之类的句子，于是胡中藻被处死了。此案成为“文字狱”的一大冤案。

更有甚者，乾隆四十三年（1778），乾隆帝亲诣黑龙潭，同时命大臣往石匣虔祷白龙潭。道光年以后雩祭中，天子行事除祷告天神坛、社稷坛、大高殿、秦山，觉生寺，太庙、关帝庙外，还要更时至静明园、龙神庙、黑龙潭等处祈雨。这些淫祀现象与乾隆年的泛神祈雨有关。

黑龙潭何其多

若说以方位论黑龙潭，那全国东西南北是到处都有。在道教中，北方是黑龙王的领地，实际上龙的方位是很难分得那么清楚的。

西面一处的黑龙潭在华山南峰仰天池南崖下，潭深尺余，面积约一平方米，常年积水，大旱不涸，而且水色多有变化。史志记述，天旱时，百姓常来此祈雨，多获灵验。据说宋徽宗崇宁二年（1102），朝廷封潭为显润侯。《说铃》一书记述，潭中有黑龙居住，龙在则水黑，龙去则水清，所以当地人称水为华山的顶门水。由于潭涝不溢、旱不涸，水色变化无常，人们不得其解，所以成为华山十大谜之一。据记载，乾隆四十二年（1777）九月，正逢下种时节，陕西大旱，庄稼种不下去，百姓心急如焚，陕西巡抚毕沅便登山到南峰金天宫和黑龙潭祀神祈雨，果然陕西普降甘霖两昼夜，严重的旱象得以解除。毕沅下山后看到沿途百姓扶老携幼一片欢呼，便上书奏明圣上，请求赐颁御书匾额，以答谢岳神遣龙行雨的澍荫之美。十一月差役回来禀报说乾隆皇帝赐字“岳莲灵澍”，毕沅立即率文武同僚到郊外跪迎，并立石刻碑，将四字镶以纯金，置西岳庙御书房内，这就是陕西最大的卧碑。

在山西也有同名的黑龙潭和黑龙王庙，山门横额题：敕建黑龙王庙。山门北侧是黑龙潭，潭上半圆形游廊环绕，灰瓦白墙，山腰有圆潭，径10余米，水从山峡石隙中流入潭内，溢时流泻山下田野中。传说有黑龙潜藏水底，故名黑龙潭。自山门至大殿，共五层，九十九级台阶，两侧共有黄琉璃瓦歇山顶碑亭四座。龙王殿在朱墙之内，为勾连搭结构，面阔三间，黄琉璃瓦覆顶。潭后有庙东向依山而筑，殿宇层层上升。庙建于明成化八年（1472），天旱时在此祈雨祭祀黑龙王，其中龙王堂为卷棚硬山顶，黄琉璃筒瓦，前出厦，一开间。堂前有四座黄瓦歇山顶碑楼，内立乾隆祈雨御制记事碑二方，清大学士高士奇所书碑一方。入庙北侧建有一半圆形回廊，造型十分别致。廊上有方圆棱扇等形状各异的什锦窗二十多个，回廊宽一米多，内侧被三十多根木柱分隔成三十三间。黑龙潭则位于回廊环绕之中。庙内现存有民国重修碑及祈雨灵应碑等多块。这里山泉丰沛。

昆明也有一处黑龙潭，位于城北象山脚下。从古城四方街沿经纬纵横的玉河溯流而上，约行一公里有一处晶莹清澈的泉潭，即为中外闻名的黑龙潭。潭水从石缝间涌涌喷出，依山斛清泉汇成四万平方米潭面。四周山青水秀，柳暗花明。依山傍水、造型优美的古建筑点缀其间，其流韵溢彩，常引人驻足留连。黑龙潭始建于乾隆二年（1737），首建玉泉龙神祠，俗称“龙王庙”。嘉庆十七年（1812）和光绪十五年（1889），玉泉曾两次被清朝皇帝敕加“龙神”封号，乾隆六十年（1795）和光绪十八年（1892）均有重修记载。黑龙潭四周主要以明清建筑为主，采用纳西、白族、藏族等建筑手法修建。

民间的“请龙”

黑龙潭祈雨也有官不“灵验”，民“灵验”的。据《昌平掌故》、《昌平文史资料》记载，乾隆八年（1743）闰四月，京畿大旱，皇上派礼部尚书祈雨未果，而听说昌平漆园村赴黑龙潭祈雨时，天降甘霖，因此龙颜大悦，颁旨御赏宫中所用龙幡一幅，龙鼓八面，鸳鸯钹四十八副。乾隆帝御赐龙鼓为漆园村民世代相传，精心保管。此面龙鼓直径达八十余厘米，高四十余厘米，鼓帮上刻着金龙。虽然年代久远，油漆有些剥落，但仍然依稀可辨，是一幅“二龙戏珠”图案。在文革“破四旧”时，这些文物大多被毁。幸哉，三面龙鼓中还有这一面不知什么原因保存了下来。

中国老百姓崇信龙王，主要是向其祈雨。道教抓住了大众的这一心理特点，大肆宣扬道教有召遣龙王降雨消灾的法术。《太上护国祈雨消魔经》中记述了道家的祈雨故事，以及道教中龙王在祈雨中的作用，在道教经典中极具代表性，云："尔时月光真人又白天尊言：'天下及诸方外国时遭炎旱，如此苦恼，作何法事，即得雨水调和，五谷会得丰熟，人民饱满？'天尊语月光真人曰：'子受吾教于阎浮之内，或在聚落、或在高山、或在水岸、或在洞穴、或在清净之处建立坛场，安置尊像，挂诸幡盖，烧香燃灯，香汤沐浴，著新净衣服；转读此经，广为众生设诸花果、名香，随时供养；广设斋馔，上献方十无量天尊、三十六天帝君、天功父母及诸神仙、一切龙神及诸灵圣，作大利益。天帝当遣八部大龙王，云、雷、雨师，兴动云雾，施绕世间。须臾之顷，即令江河溪涧、上下四畤令得霶霈，草木丛林、一切花果五谷之类，悉皆生成枝叶茂盛。'"由此可见，与佛教龙王相比，道教龙王更具有中国色彩，其职责也与老百姓的需求联系尤为紧密。

中国道观建筑多以龙纹为饰，这些龙的职守都是协助神仙通天。山西省太原市的晋祠是我国现存的早期道教建筑之一，其中建于北宋仁宗天圣年间（1023—1032）的圣母殿，殿前檐柱上就蟠饰着八条金龙。

道教中龙施雨的故事也更有人情味与传奇色彩。《太平广记》曾记有一位名叫玄照的人在嵩山修炼讲法。听众中有三位须发皆白、相貌奇异的老者从不缺席，虚心听讲。一日，三位老叟谒见玄照，自称三人皆为龙，请玄照指使。于是玄照说："今天下久旱，如能行云致雨，润万物而苏民困，功德非浅。"三位老叟回称："施雨不难，但天帝雨禁森严，擅自行雨，干系非小，恐有杀身之祸。不过有一方法可行，我等闻听少室山处士孙思邈德高望重，仁德无量，其所传《千金翼方》惠济万世，其名已录仙籍。如得孙处士一言相庇，定保我等安然。"于是将相庇之法告诉给玄照。玄照即赴少室山孙思邈处，请庇护三龙，使龙召云致雨。孙思邈允诺。于是三龙行雨一昼夜，千里雨足。

华夏大地，大凡有水的地方，都有了司理雨水的龙王和大大小小的龙王庙，祈祷龙王的习俗也随之产生，且流布广远，传承至今。祷龙祈雨的形式各地大同小异。在江南农村，大多按"请龙"、"晒龙"、"送龙"的程式进行。

“请龙”前全村人要洗澡净身，戒食荤腥，扫净街面，除了已婚女子，留在村中的人都要手持清香，提前到村口跪接龙队。请龙队伍人员众多，有专司念“催神咒”的道士，有挑祭品者，有抬“龙亭”者，龙庭内置放“圣水瓶”，还有护龙队、分铳队、龙刀队、长矛队等。族长率领着这支庞大的队伍，浩浩荡荡地开到龙潭边，献祭、焚香、叩头礼拜，恳请神龙出潭。真龙当然不会有，有的只是龙的模糊集合对象：泥鳅、黄鳝、乌龟、小鱼等，得一条即可。然后将此“龙”请入圣水瓶，放入龙亭，许一番见雨后便演戏酬谢的愿。返回的路上，遇戴草帽者，令其摘掉；遇车水灌溉者，令其将水桶扔到一边。进村后，举行隆重的迎神仪式，然后将龙安放在本村的龙王庙供奉。翌日，族长率人抬着龙到旱情最重的农田里巡视。

请来龙王后，如果十天半月仍然不下雨，村民们就要把龙王抬到太阳底下曝晒，称作“晒龙王”。担当此角色者，多是两位家贫胆大者，这样的人不怕龙王报复。他们手提木棍，气势汹汹地来到庙里，一边大骂龙王没良心，一边将圣水瓶端出来放在太阳底下暴晒。晒过一阵儿，假装什么都不知道的族长就会走来，说怎么不见圣水瓶了？你们胆敢对龙王如此不敬？将两人“臭骂”一顿后，又重新将龙王请回庙中，继续供祭。

请龙、晒龙之后，不管何时下雨，都认为是龙王的功劳，都要为其庆功，演戏酬谢，这个仪式称作“送龙”或“行龙会”。龙王戏一般要演三天三夜，如果还有人畜平安的祈求，就再加演三天三夜，然后由族长将圣水瓶放入龙亭，行龙的队伍人多势众，由龙王报铳队、舞龙队、水族队、舞船队、高跷队和虎头押牌、八面旗锣、八面龙锣、九莲灯、龙旗、彩旗、大令旗以及小乐班、大头和尚、龙庭、抬阁、航船鼓架等组成，队伍先绕村庄一周，然后上路。所过之村，村口皆有供桌迎送，该村族长亦率其村民向龙王叩头上香。行到龙潭边，族长亲自将圣水瓶由龙亭里请出，摆上供桌，燃香、明烛、叩拜、念欢送词，末了，将龙王放归龙潭。

文人士大夫平日奉“子不语乱力怪鬼神”为信条，照说龙王之类必在其中。然而，祈雨关乎国计民生，以致笃信儒术如此的朱熹也会含糊其辞，说："龙，水物也。其出而与阳气交蒸，故能成雨。但寻常雨自是阴阳气蒸郁而成，非必龙之为也。"[1]所以"无限人心苏尺雨，有时天意活苍生……何术济民归未得，媿偷官禄奉粢盛" 也就在其理之中。

1《朱子全书》，第14册，141页。

15 二十四年的大雩祭

《清史稿·高宗本纪》上记了那么一件事：九年（1744）四月乙卯，“上诣圜丘行大雩礼，特诏贬损仪节，以示虔祷”。而依《清会典》上所记，乾隆年举行的“大雩”之典，只有二十四年（1759）一次。从实际情况来看，九年的“大雩”记载似不当称作大雩。理由有二：其一，时间不对，四月乙卯是四月初八日，尚在初夏月的上旬，照说正是行常雩礼的时间，即使这一年有行“大雩”礼事也为时过早；其二，且称得上“大雩”者，其礼仪也决不限于皇帝行礼时“不乘辇，不设卤簿”的贬损仪节，应是还有很多其他的祭礼环节。看一下二十四年奉行大雩礼的梗概就会了然。

乾隆二十四年大旱

也就在前一年的初夏，乾隆帝还在为时雨而欣喜，那是在二十三年（1758）的常雩礼上，他的诗中写道[1]：

刚过夏禘致追思，

1《雩祭斋居》，《清高宗御制诗集·二集》卷78。

即值虔斋雩祭时，
敢恃霑膏优往岁，
益殷祈稔凛先期。
座迁燕寝兴居肃，
味彻腥辛淡泊宜，
蜀望谁能不萌志，
云生还切沐恩滋。

这话说得一定不错，人的一切活动都是由欲望或冲动所引发的，政治上的重要欲望则是永远不能得到完全满足的。只是较往年多下了几滴雨，马上就期望着丰稔，云彩刚刚升起，就盼望着“沐恩滋”……“恃霑膏”，这会让他即使在天堂上也得不到安宁。“蜀望谁能不萌志”，表明他的政治欲望始终处在一种兴奋状态。二十四年，三月（3月28至4月26日）里，人们还认为，“……总之，于三月内得有霑足之雨，即现在觉有旱象，亦全无所碍矣”[1]。然而就在不知不觉中，一场以京畿为中心的全国性重大旱灾迅猛地席卷而来。从春季开始，乾隆帝就不断下令发帑赈灾令，从中仍然可以看到其政治的欲望与冲动的高亢状态，“士希贤，贤希圣，圣希天”，西方人相似的表述是：“……其他的欲望仍使他们积极活动：特别是有这样四种，我们可以称之为占有欲、竞争心、虚荣心和权力欲。”[2]遇到这样的旱情，由来已久的做法就是“公卿官长以次行雩礼求雨”[3]。

这一年的二月癸亥，先是车都布等三旗旱灾。紧接着是，三月己亥江苏淮安等三府州的由旱而引发的蝗灾。夏四月辛酉，乾隆帝下令，展赈甘肃河州等处旱灾。甲子，赈甘肃狄道等二十三州县卫旱灾、雹灾。五月丁酉，赈陕西咸宁等州县旱灾。己酉，赈甘肃皋兰等州县被旱灾民。六月戊午，赈陕西榆林等十一州县旱灾。闰六月丁酉，赈甘肃皋兰等州县旱灾。秋七月己

1 乾隆二十四年三月二十日《直隶总督方观承奏折》。

2 [英]罗素著，何兆武等译《论历史》，广西师范大学出版社，2001年，第156页。

3 范晔：《后汉书》卷95，《礼仪志中 · 请雨》，中华书局，1965年，第3117页。

未，停征山西阳曲等三十九州、岛、县旱灾额赋。冬十月癸未，赈山西阳曲等五十六州县旱灾。癸巳，免山西助马口庄头本年旱灾额赋十分之七。赈盛京开原等城、承德等七州县旱灾，已亥，赈陕西定边等九县旱灾。十二月甲子，赈甘肃皋兰等十四州县及东乐县丞属本年旱灾……仅山西一地，受灾面积之大，灾情之重即为百年一遇。其中汾州府的介休县，“值岁大旱，斗米千钱”、“穷民食草木，形骨立”[1]。平遥县“大旱无雨，斗米至八钱有零”[2]。孝义县“大旱，民饥，饿死相继”[3]。潞安府的长治县“旱饥”、“时斗米银五钱”[4]……风日燥，尘飞起，久旱炎气甚，暴日之下，远处的人影都像是在燔烧。

人们在历经一个漫长的不雨而焦枯的苦苦煎熬，人们的希望在一点点地破碎，最终达到绝望。这是旱魃给人间带来的生存上的一种独特的精神体验。这一过程几近使乾隆帝的精神陷入崩溃的边缘，只是被那些走马灯似的祈佑仪典所掩饰。这一年的夏四月丁巳日，因天时亢旱，乾隆帝由斋宫步行至圜丘，祀天于圜丘，行常雩礼。五月辛卯日，乾隆帝诣黑龙潭祈雨。辛丑日，他又素服步祷于社稷坛祈雨。丁未日，乾隆帝以农田望泽，雨泽未沛，不乘辇，命停止卤簿，由景运门步行祭方泽（地坛），虔诚祈祷。然而旱情并无好转的迹象，为此乾隆帝谕：“朕躬祭方泽，值祈雨之时，竭诚吁恳，未获甘霖，夏至已逾，迫不可待，后日即进宫彻膳虔斋，思过待命。”[5]多次隆重的祈雨祭典均未见成效。夏至过后天仍不雨，晚禾亦不能收获，乾隆帝甚感京畿之危机，复于六月庚申日，以久旱，步至圜丘行大雩礼。“大雩”是雩祭礼典的极致，也是一年之中祈雨活动的终极，如果大雩之后还不降雨，天下将终止一切求雨活动，大有立死地而后生的决绝之势。

1《乾隆介休县志》卷5《宦迹》。

2《光绪平遥县志》卷12《杂录》。

3《乾隆孝义县志》卷8《胜迹祥异》。

4《光绪长治县志》卷8《大事纪》。

5《钦定大清会典事例·礼部》卷420。

大雩之礼

六月十一日（7月20日），乾隆帝奉举大雩之礼，以祈天佑。一切礼仪，礼部速议以闻。祭典上的御制祝文已经拟定，曰[1]：

> 臣承命嗣服，今廿四年，无岁不忧旱，今岁甚焉。曩虽失麦，可望大田，兹尚未种，赤地里千。呜呼，其惠雨乎！常雩步祷，未蒙灵佑，方社方泽，均漠弗佑，为期益迫，嗟万民谁救！敢辞再渎之罪，用举大雩，以申前奏。呜呼，其惠雨乎！上天仁爱，生物为心。下民有罪，定宥林林。百辟卿士，供职惟钦。此罪不在官，不在民，实臣罪日深。然上天岂以臣一身之故，而令万民受灾害之侵？呜呼，其惠雨乎！谨以臣躬代民请命。昭昭在上，言敢虚佞？计穷力竭，词戆诚罄。油云沛雨，居歆赐应。呜呼，其惠雨乎！

正如《周易》所说，“观天之神道而四时不忒，圣人以神道设教而天下服矣”。以神道设教的目的，当在于为政治统治服务。乾隆帝当然明白“以德配天”，即天命可以转移，失德而失天命，修德则受天命。所谓“皇天无亲，惟德是辅”[2]。天命是以德为转移的，而德则是人们自身修行的结果。人通过主观努力，修明德性，就可以争取获得天命。然而，就奉行的那一套祭祀的内涵而言，根本谈不上宗教的狂热。宗教神的天，在此演绎成了义理的天。天帝的人格化和天人观念的伦理化，实质上把天道融入于人道之中，使神道立足于人道的基础之上，而人道的原则是以现实的政治统治为依据的。在一个“不雨旱忡忡”的当下，政治利益的最高诉求就是雨泽，最要紧的政治行动就是祈雨。

大雩祀昊天上帝于圜丘……巳刻，皇帝诣坛斋宿，常服乘骑出宫，不乘辇，不设卤薄，不陈乐，前引后扈大臣侍卫，咸常服导从，午门鸣钟，不

1 “是日，大雨竟日。”《清高宗实录》卷588，第17页。

2 《周书·蔡侯之命》。

陪祀的王公百官皆常服跪送乾隆帝上路。驾至南郊，由坛西天门入，至昭亨门外降骑，步行入坛，恭视坛位，上香行礼如仪。祀日，皇帝雨冠素服，步祷于坛。扈从官暨陪祀执事各官咸雨冠素服，不燔柴、不进俎，不饮福受胙……皇帝行三献礼……司乐协律郎引舞童十有六人……舞童乃舞皇舞，按节而歌云汉诗八章。

雩舞真正寓意是什么呢？雩舞者，应为羽人。大约是祭祀鸟灵、象征追送亡灵之意吧。《庄子·徐无鬼》“孙叔敖甘寝秉羽”释文：“或作翅，雩舞者之所执。”雩祭时将鸟羽蒙在头上，或者手持羽翅，显然是为了将自己装扮成鸟。《说文》：“雩或从羽，雩舞羽也。”雩祭舞羽，故字又从羽。雩祭要跳皇舞，皇舞蒙羽而跳，这是雩祭者自饰为鸟的习俗在文字上留下的印迹。既自饰为鸟，其舞蹈动作自然模仿鸟的动作。春秋时期吴王阖闾葬女，舞白鹤以葬之的记载，见于《越绝书》。这是以鸟类或鸟类的象征“羽人”为主体的祭祀鸟灵或追送亡灵的一种古老的原始祭祀活动。因为鸟能飞到天上，而被认为具有“请福于天，以通鬼神之道”的超神力，人死后，便可借助鸟的神力进入天堂。至今民俗称人死为骑鹤升天，或羽化登仙。

歌毕退……并如常雩仪，礼成。一幕乾隆朝唯一的特别的祭神大典收场了，结束了，皇上在肃艾的气氛中还宫。

此次行大雩礼之前，乾隆帝曾多次以上谕的形式阐发敬天礼神的思想，申告天下。

五月二十日内阁奉上谕[1]：

朕此次亲诣社稷坛祈求雨泽，礼部所开仪注内无荐玉之礼，询其原委，则系相沿旧规，并无义意可考。夫玉以庇荫嘉谷，使无水旱之灾，载在传记且于答阴之义更为相称，着饬所司谨用玉将事，以迓神庥，并着载入会典。祭之日，朕戴雨缨，冠素服，出右门，手御常轿，由右一路行至金水桥应御辇处，即步行至坛行礼，以申虔祷。

1《乾隆朝上谕档》，第3册，档案出版社，1991年，第323页。

可以说是，为了祈雨已是无所不用其极了。同日内阁奉上谕[1]：

京师去年腊雨未能普遍，而自春徂夏，雨泽愆期，虽屡次设坛祈祷，或雷雨一过或小雨帘织入土不过一二寸，总未得邀霑沛。今芒种已逾将届夏至，二麦既失望，秋田尚有未耕，朕两月以来宵旰忧虑，寝食靡宁，深加修省，昨降旨亲祭社稷坛，虔诚步祷为民请命，不胜迫切。尔诸大臣，皆国家共襄治理之人，休戚本属相关，当此望泽孔亟之际，又宁不各自刻责儆惕，以冀感召休和耶？夫灾沴之征，必有人事以应之，或者政事尚有缺失有須因时斟酌者，宜各抒所见以备采纳，但不得毛举细故，摭拾浮言，如昔所称天旱求言故事耳。朕自即位二十四年至今，爱民之心有如一日，凡所以为百姓虑者无一事不极其周详，无一时或释诸怀抱。统计各省蠲赈之需，不啻数千万，而恩膏下逮常如不及，此亦天下臣民所共知者，……凡我臣民宜共体朕返躬自责之苦衷，各自警省，力挽颓风，则彼苍仁爱阴庇下民，庶雨暘时若可冀，转啬为丰，以共享乐利之泽矣。

五月二十六日内阁奉上谕[2]：

现在天时亢阳，雨泽未霈，朕于北郊行礼时，著照九年、十二年之例，不乘辇，不设卤簿，由景运门前往致祭。

这一次是乾隆帝至地坛行祈雨礼……尽管这是一次无果的奉祈。

高宗御制《云汉诗》八章

祭典之上，一项重要仪式是演乐乾隆帝的御制大雩《云汉诗》八章。

1 同上，第324页。
2 同上，第325页。

旋律用《中和韶乐》，调式以黄钟宫立宫，倍夷则下羽为主。曲调肃穆而低回，令人无不济济谨孚，恭默肃穆。御制八章云[1]：

瞻彼朱鸟，爰居实沈。协纪辨律，羽虫徵音。万物芸生，有壬有林。有事南郊，陟降维钦。瞻仰昊天，生物为心。（一章）

维国有本，匪民伊何。维民有天，匪食则那。蝼蝈鸣矣，平秩南讹。我祀敢后，我乐维和。鼍鼓渊渊，童舞娑娑。（二章）

自古在昔，春郊夏雩。曰维龙见，田烛朝趋。盛礼既陈，神留以愉。雷师阗阗，飞廉衙衙。曰时雨旸，利我新畬。（三章）

于穆穹宇，在郊之南。对越严恭，上帝是临。茧栗量币，用将悃忱。惴惴我躬，肃肃我心。六事自责，仰彼桑林。（四章）

权舆粒食，实维后稷。百王承之，永奠邦极。惟予小子，临民无德。敢解祈年，洁衷翼翼。命彼秩宗，古礼是式。（五章）

古礼是式，值兹吉辰。玉磬金钟，太羹维醇。玄衣八列，舞羽缤纷。既侑上帝，亦右从神。尚鉴我衷，锡我康年。（六章）

惟天可感，曰维诚恪。惟农可稔，曰维力作。恃天慢人，弗刈弗获。尚勤农哉，服田孔乐。咨尔保介，庤乃钱镈。（七章）

我礼既毕，我诚已将。风马电车，旋驾九阊。山川出云，为霖泽滂。雨公及私，兴锄利旷。亿万斯年，农夫之庆。（八章）

大雩礼有别于常雩礼之处在于：其一，大雩是最高级别的雩祭，是在多次多种祈雨活动都不能奏效的情况下，由皇帝本人举行的极致的主题性宗教祭典。常雩是不分有无旱情，届期行祭。如嘉庆十二年（1807）常雩之前，嘉庆帝的谕文中所说，皇考高宗纯皇帝“至雨水调匀之岁，每遇常雩大祀，则前期斋宿郊坛，系由宫中乘辇而出，仪物具备”[2]。而大雩则是旱情“甚，乃大雩”的国家级别的祈雨活动。其二，大雩与常雩在祭祀仪节有所不同，

1《清史稿·乐志三·乐章一·附郊庙、群祀条》。

2《钦定大清会典事例·礼部》卷420。

譬如：常雩以列祖配飨，大雩则不设列祖配位；大雩祀前一日巳刻，皇帝诣坛斋宿，不配祀，王公百官跪送行大雩礼的皇帝限于午门；而且祀日，皇帝以为民请命的姿态祈天惠雨，并用舞童二佾，歌《云汉》之诗，且皇帝、扈从官及陪祀执事各官，咸雨冠素服……这些仪节都是常雩礼所没有的，其目的是突出昊天上帝绝对尊贵的地位，并突出祈天惠雨的主题。其三，二十四年（1759）践行的大雩在乾隆朝六十年间仅举行过一次，为祈雨，乾隆帝对民蒿目而视，对神灵焦吻而谈。如此漫长的祈祷，足以令人浩叹！

此后，除道光十二年（1832）农历六月二十八日（7月25日）因京师亢旱，又举行一次“大雩”外，并无它例。诚如道光帝所言，“世不有非常之变，不敢举非常之典”[1]，大雩即“于万不得已”的“非常之典”，是政治与宗教结合的一种非常形式。泛政治化也使政治生活泛宗教化，而泛宗教化的最为根本的特征就是要用行动来表达内心的情感。而更为隐蔽也更为重要的，则是落实到各种日常行为中的政治化的礼仪和仪式，以规定性的形式来表征政治权力所要求的规定性的情感。当然，在很多时候，形式就是内容，内在的情感与外在的形式之间的分离，则又使政治化的宗教行为的荒谬性、残酷性更为突出地表现了出来。大雩——“非常之典”，正是这样一种“结合”的集中体现。

1《钦定大清会典事例·礼部》卷420。

16 以阴克阳

话题转到了1934年8月22日的全国大报《申报》，上面登载了鲁迅的一篇文章，写道[1]：

> 报载余姚的某乡，农民们因为旱荒，迎神求雨，看客有带帽的，便用刀棍乱打他一通。
>
> 这是迷信，但是有根据的。汉先儒董仲舒先生就有祈雨法，什么用寡妇，关城门，乌烟瘴气，其古怪与道士无异，而未尝为今儒所订正。虽在通都大邑，现在也还有天师作法，长官禁屠，闹得沸反盈天，何尝惹出一点口舌？至于打帽，那是因为恐怕神看见还有人悠然自得，不垂哀怜；一面则也憎恶他的不与大家共患难。

文中提到的发生在20世纪30年代的迎神赛会祈雨中的天师作法与长官禁屠[2]等事项，其为怎样一种情景前文已有相似的记述，诸如迷信戴帽、打伞会

1 鲁迅：《迎神和咬人》，《鲁迅全集》第5卷，第547页。

2 1926年竺可桢著《论祈雨禁屠与旱灾》文，记："各省当局，先后祈雨禁屠，宛若祈雨禁屠，为救济旱灾之惟一方法。"《竺可桢文集》，科学出版社，1979年，第90页。可见直至民国，由官方导演的此类迷信活动还相当普遍。

引起干旱也见于多处记载[1]。然而，所谓"用寡妇"事则未尝说及。其实，鲁迅文中董仲舒祈雨法之"用寡妇"是一种戏言，《春秋繁露》第七十四《求雨》篇中有这样的话："四时皆以水日，为龙必取洁土为之，结盖，龙成而发之。四时皆以庚子之日。凡求雨之大体，丈夫欲藏匿，女子欲和而乐。"还有所谓"令吏民夫妇皆偶处"等语，就是说，凡亢旱无雨，汉朝廷都会令吏民夫妇在庚子日里同房，以取阴阳调和之意。在董氏的阴阳之法看来，人间男女的云雨是和天上的云雨息息相通的，吏民夫妇皆由此作偶处交媾，是为了激发苍天悠然作云，沛然作雨。这一主意为他赢来了千古的好名声。《汉书》上说："仲舒治国，以《春秋》灾异之变推阴阳所以错行，故求雨，闭诸阳，纵诸阴，其止雨反是。"其大意如是也。后人鲁迅则批判说，什么"烧香拜龙，作法求雨，赏鉴'胖女'，禁杀乌龟……。"[2]，"依旧是旧日的迷信，旧日的讹传"，对此，他奉上了永恒的诅咒：让它"在拼命的救死和逃死中自速其死"。[3]

在中国人的宗教中，始终没有出现其他宗教中的所谓"二元论"，如：相信上帝与魔鬼始终是独立存在的，或者如在西方人的精神世界中，有两个永恒的神，一个是善良之神，一个是邪恶之神，"两极对立"最终必将导致否定。中国人的宗教基本符号几乎是粘连在一起的，其中典型的就是阴阳——这对宗教的元素，它所象征的内容不构成"两极对立"，就像是干旱与洪涝，就其本质而言也说不上是善良，或邪恶。相反，它们是交替转化的，甚至是相生相克的，因此最终必将导致一种"中和"的，或者说是一种妥协的结果。旱魃或是个例外的灵鬼，它不断地被斩杀，又不断地复活，因此用阴阳说辞来消解人们在旱灾时的苦难，也许是一种不错的精神慰籍法。

邹衍是阴阳家的代表，他把宇宙的机能概括分成五个集类。每个集类有一个总的物质个性，并且将它用一个简单的元素来代表。每一个元素又命

---

1 如［美］明恩海（Arthur H · Smith）著，陈午晴译：《中国乡村生活》，中华书局，2006年，第133页。

2 鲁迅：《奇怪》，《鲁迅全集》第5卷，第543页。

3 鲁迅：《迎神和咬人》，《鲁迅全集》第5卷，第548页。

以一个物质名词，即：金、水、木、火、土。在这五种元素之间存在着阴阳（积极和消极）两种力量。阳的力量造就生成：金生水、水生木、木生火、火生土、土生金，一个永远不断的生成链环。由于不断地生成，宇宙万物就象滚雪球一般，越滚越大，大到超越了极限，最终许会爆炸毁灭。因此，生成的本身就同时产生抵消、克制的力量：金克木、木克土、土克水、水克火、火克金，一个永远不断的抵消链环。从总体来说，阴阳两种力量的相生相克的基本型态，就是黑月吃白月的太极图。《礼记·月令》郑玄注说："阳气盛而常旱。"干旱的生成是由于"火生土"，使阳气过盛所致。那么中国人的办法就是要用阴的力量来抵消它，以水克火。这是了不起的智慧。然而，由于阴阳的概念，有时很难被明确厘定为究竟是精神还是物质，因此胡乱的相生相克便在所难免，专事祈禳的迷信活动就会盛行。晋人郭璞在《葬书》中说："夫阴、阳之气噫，而为风。升而为云，降而为雨，行乎地中而为生气。生气行乎地中，发而生乎万物……"此言表达了一种对大自然间的循环演变的理解。李约瑟在《中国科学技术史》中说中国人的阴和阳的思想，"其中也许包含了那种文明的某些特征性的东西"。此言切中中国文化之实。

由此，一个有着显著阴性特征的神灵出现了，她就是"云神"。《淮南子·天文训》上说："季春三月，丰隆乃出，以将其雨。至秋三月，地气不藏，乃收其杀，百虫蛰伏，静居闭户，已降霜雪。"高诱注曰："青女，天神，青女霄玉女，主霜雪也。""丰隆，雷也。"高注所释"青女"主司霜雪的说法大概是不错的。"青女"之滥觞源自中国传统中，岁时之变换、世上万事万物之生长消息无不受神明节制的观念，因而此说有水到渠成之功。而高注将"丰隆"释为雷神，则似有误，不合逻辑。《楚辞·远游》云："召丰隆使先导兮……风伯为余先驱兮……左雨师使径持兮，右雷公而为卫。"诸神之间有显著的并列关系。又，王家台秦墓出土竹简《归藏》"大壮卦"中有"丰隆卜将云雨"。由此"丰隆"应该是云神，它和风伯、雨师、雷公一起，则能行云致雨。司霜雪的"青女"与司云雨的"丰隆"相对，表明古人已将它们视为同类的人格化的自然神，从而将其与天候的善恶相联系。带有自然崇拜和上古神话色彩的“青女”后又称为“玉女”，汉魏以降，随着道教影响的日深，玉女最终为道教所吸纳，成为道经中习见的神灵[1]。

天地之所为，阴阳之所起

《周礼·大司徒》荒政十二之十就说要“多昏”，这里说的“昏”就是男女之婚也，并说凡遇荒年即可“不备礼而婚娶”。后来有人解释说：“多昏，谓凶荒之年，杀礼多昏，使男女得以相保。”[2]其意义也包括了以女代表那个“阴”的元素，并以地上的阴阳之合去响应合天上的阴阳之合。

古代的阴阳思想似乎并没有特别明确的理论界说，它常常在具体的名词和一般的概念之间徘徊，有时会变得微不足道，有时，它的变异将招致天地万物的变异。公元前644年，发生了“鹢退飞，天陨石”怪异现象，或有人说，这是“阴阳之事，非吉凶所生”，或有人说：“知事由阴阳，若阴阳顺序，则物皆得性。”董仲舒《春秋繁露》说：“大雩何？旱祭也。难者曰：‘大旱雩祭而请雨，大水鸣鼓而攻社，天地之所为，阴阳之所起也，或请焉、或怒焉者何？’曰：‘大旱者，阳灭阴也，阳灭阴者，尊厌卑也，固其义也，虽大甚，拜请之而已，敢有加也。’”《周礼·春官·女巫》上说：“掌岁时祓除衅浴。旱暵则舞雩。若王后吊则与祝前。凡邦之大烖，歌哭而请。”董仲舒疏曰：“雩，求雨之术，呼嗟之歌，《国风·周南》、《小雅·鹿鸣》。”郑玄注则引郑司农说：“求雨以女巫。”

另一方面，“阴阳”概念决不会仅停留在寒热晴雨等具体事物和现象之中，古代中国的思维方式很容易使它贯穿其他感觉相近的事物与现象上，所谓“物生有两”，两两相配，“体有左右，各有妃耦”[3]，宇宙的一切都会有“清浊、大小、短长、疾徐、哀乐、刚柔、迟速、高下、出入、周疏，以相

1 参阅余欣：《神祇的“碎化”：唐宋敦煌社祭变迁研究》，《历史研究》2006年第3期，第66—67页。

2 吕祖谦曰，引自[明]俞汝为辑：《荒政要览》，万历三十五年刻本，卷3。

3 《左传》昭公三十二年。

济也”[1]。因此，终究会导致“因阴阳之恒，顺天地之常”[2]的思想，使阴、阳成为认识宇宙而设定的两大基本元素。

阴阳是六气“阴阳风雨晦明”中的两气，在中国，水代表“阴”，“阴”是女性之本原，人们历来相信，代表“阴”的东西可被用来克制“阳”。这一分类似乎还不是大的类，只是自然天象之事，但是，它又同人的生理相关，似乎又是贯通的抽象概念。这样，民间则闹出了“藏丈夫”的法子，说是为了损阳益阴而祈雨。盖“大旱者，阳灭阴也”。后宫参与祈雨，或成为以阴克阳的关键环节，只是不见正史记载。传乾隆间，京师大旱，孝贤皇太后于御园龙神祠内，步行亲往祷雨，旋即渥沛甘霖。宫中祷雨之文，谓之《木郎词》，三十余句，以三四五七言为句，类汉时郊祀乐章。宫庭凡有祈雨之事，后妃、宫眷皆沐浴斋戒。[3]

根据《黄帝玄女战法》中的记述，黄帝与蚩尤九战九不胜。《玄女兵法》中也说：“黄帝攻蚩尤，三年城不下……”，可见蚩尤是很强大的对手，其力量与黄帝不相上下。黄帝归于太山，三日三夜，雾冥。有一妇人，人首鸟形，黄帝稽首再拜伏不敢起，妇人曰：“吾玄女也，子欲何问？”黄帝曰：“小子欲万战胜。”遂得战法焉。黄帝只有求女神帮助才取得了胜利。相传，传授房中秘术的玄女曾为大战蚩尤的黄帝作神鼓。

传统文化中将男女事与天象也混为一谈，即天地在风雨中交媾，人的男女性交亦称为“云雨”。诸如：《礼记·哀公问》上说：“天地不合，万物不生。大昏，万世之嗣也。”此“大昏”指的是包括人在内的“万物”。又，“妾在巫山之阳，高丘之阻，旦为朝云，暮为行雨，朝朝暮暮，阳台之下”[4]，谁晓得此“云雨”与彼“云雨”，何如？

还有桑林，那是祈雨的胜地。商朝初年，发生了一场旱灾，延续了七

1《左传》昭公二十年。

2《国语·越语》。

3 有诗云：“铁牌请到自邯郸，斋醮连旬诏设坛。步祷深宫家法在，木郎词付近臣看。”［清］吴士鉴等：《清宫词》，北京古籍出版社，1986年。

4 宋玉：《高唐赋》，《文选》卷19。相似的诗文如唐代艺妓薛涛（768—831）“朝朝夜夜阳台下，为雨为云楚国亡”的诗句。《全唐诗》之二卷10，第63页。

年。史书说，“……三月，商王践天子之位，是岁大旱”[1]。咄咄逼人的旱情，震撼着整个王朝，那时的人们都认为是天帝所为。卜辞中就有“贞(问)：不雨，帝惟旱我”[2]。意思是：不下雨，是天帝给我的旱灾。此时，商代为“殷人尊神，率民以事神，先鬼而后礼”[3]。因此，自从旱灾发生后．商汤就在郊外设立祭坛，天天派人举行祭礼，祈求天帝除旱下雨。这就是最早的“郊祭”。

郊祭之上，史官虔诚向天地山川祷告：“是不是因我们的王政事无节制法度?是不是使人民受了疾苦?是不是因官吏受贿贪污?是不是因小人谗言流行?是不是有女人干扰政事?是不是宫室修得太大太美?为何还不快快下雨呢?”这是史官受汤之命，说了六条自责的政事以求天帝鬼神赐福降雨。

商汤不仅这样说，而且还身体力行。他命史官们在一座林木茂盛的山上，选了一个叫桑林的地方设了祭坛，亲自率领伊尹等大臣举行祭祀求雨……祷告完毕，商汤便坐到柴上去。左右正要点火，突然乌云四合，大风乍起，人们盼眼欲穿的大雨骤然而至。这就是历史上的“汤祷桑林”。在桑林，商汤擒拿了象征着雨旱之灾的封豨，就意味着胜利抵御了这种自然灾害。《淮南子》高诱注文对事情本相的探索更深一步，他说：“桑林者，桑山之林，能兴云作雨也。”“雨”是中国特有的一个性关系隐词[4]，桑林在古

1《通鉴前编》。

2《铁云藏龟》卷1、25、13。

3《小戴礼·表记篇》。

4《易·乾·象辞》：“云行雨施，品物流形。”这是在用云、雨为象征描绘一种阴阳交合的状态，宋玉《高唐赋》“巫山之神女……旦为朝云，暮为行雨，朝朝暮暮，阳台之下”之语并非初源。《庄子·天运》：“云者为雨乎？雨者为云乎？孰居无事淫乐而劝是？”王先谦的《庄子集解》引宣颖曰：“云雨乃阴阳交合之气所成，故以为造化之淫乐。”《说文解字》：“雨，水从云下也。”云在古人心目中地位甚重，《河图地运记》：“云者，天地之本也。”《封禅书》：“日主，祀成山……以迎日出云。”《后汉书　郊祀志》注引《风俗通》：“万物之始，阴阳之交，云触石而生，肤寸而合。不终朝而遍雨天下，唯泰山乎！”可见云雨是天地交合之景象，叶舒宪的《高唐神女和维纳斯》一书中提出大量有力证据证明古人认为下雨就是天父与地母交合的行为表现。

代的确是先民在特定时节（春天）自由交合[1]的场所，《诗经》不少篇章对此一语道破，至今汉语词汇中仍保留大量与桑和男女有关的词组[2]。秦始皇以“夫为寄豭”作丈夫外出偷情贪淫的隐语，原来还是典出有据的文雅之辞。通俗的解释，诚如李渔所说，世界本来是个活的舞台，几千年来，唱戏的只有两个人：一个男的，一个女的。“一阴一阳之谓道，生生之谓易”[3]。人们就是这么认识的。

在古代闪米特人那里也看到了类似的传说，“这种逻辑的目的特别强调水的获得，而要获得水的办法是，把一个掌管风暴、狂暴的黑色男性神祇和一个白色、脆弱的太阳女神结合在一起。不管是神话里还是在仪式上，当人们把一个少女敬献给风暴神时，就意味着二者的结合完成了，这样做的目的是确保获得一场倾盆大雨。然而，这场大雨必须结束，这样它的破坏力才随之停止，然后那些带来丰产的雨水就可以静静地流到已经耕种的田地里。根据闪含文化的逻辑，风暴神必须被一个更年轻的男神祇杀死，后者代表的正是那带来丰产的雨水，而作为血腥的制造者，红色自然是他的象征物。这个年轻的英雄从他年迈的对手那里救下那个被当作祭品的少女，最终这两个年轻人顺理成章地举行了‘神圣的婚礼’：一个二元结合被新的二元结合所取代”[4]。

抑或这只是一种幻想，但却遭遇了鲁迅对弗罗伊德主义的“解释”，

1《周礼·地官司徒》：“媒氏：掌万民之判。凡男女自成名以上，皆书年月日名焉。令男三十而娶，女二十而嫁。凡娶判妻入子者，皆书之。中春之月，令会男女。于是时也，奔者不禁。若无故而不用令者，罚之。”奔，古代女子没有通过正当礼节（婚配）而私去与男子结合。

2 如《鄘风·桑中》：“云谁之思？美孟姜矣。期我乎桑中，要我乎上官，送我乎淇之上矣。”《卫风·氓》则以“桑之未落，其叶沃若。……桑之落矣，其黄而陨”喻男女感情的热烈与消散。《汉书·地理志下》：“卫地……有桑间濮上之阻，男女亦亟聚会，声色生焉。”后来用“桑间濮上”指淫靡风气盛行的地方，也指男女幽会之处，如“桑中（比喻幽会、私奔）”、“桑中之约（男女幽会）”、“桑中之奔（男女私奔）”、“桑间月下（男女幽会）”等。

3《易·系辞》。

4 [英]鲍尔迪著，谢世坚译：《黑色上帝：犹太教、基督教和伊斯兰教的起源》，广西师范大学出版社，2004年，第6—7页。

他说："佛（弗）洛伊特（德）恐怕是有几文钱，吃得饱饱的罢，所以没有感到吃饭之难，只注意性欲，有许多人正和他在同一境遇上，就轰然拍起手来。诚然，他也告诉过我们，女儿多爱父亲，儿子多爱母亲，即因为异性的缘故。然而婴孩出生不多久，无论男女，就尖起嘴唇，将头转来转去。莫非它想和异性接吻么？不，谁都知道：是要吃东西！食欲的根柢，实在比性欲还要……。"听了这些话，弗罗伊德的唯性论就会一溜烟地逃跑了。那么，如果将"吃饭"问题与阴阳交媾相联系，性欲也许就变得神圣了。故也有人说："夫天生万物，唯人最贵。人之所以上，莫过房欲，法天象地，规阴矩阳"。[1]恰似南唐后主李煜（937—978）的那首《菩萨蛮》，词云："……雨云深绣户，来便谐衷素。宴罢又成空，梦迷春睡中。"作为一位多愁善感的才子，尽管作为宋朝将军的俘虏，他失败了，然而，作为诗人，他将诗中浑然一体的"雨云"保留在了恒久的记忆中。

用玉之法

乾隆二十四年（1759）五月二十日内阁奉上谕："朕此次亲诣社稷坛祈求雨泽，礼部所开仪注内无荐玉之礼，询其原委，则系相沿旧规，并无义意可考。夫玉以庇荫嘉谷，使无水旱之灾，载在传记，且于答阴之义更为相称，著饬所司谨用玉将事，以迓神庥，并著载入《会典》。祭之日，朕戴雨缨，冠素服，出右门，御常轿，由右一路行至金水桥应御辇处，即步行至坛行礼，以申虔祷。"[2]这里面有个问题很重要，即乾隆帝认定，"玉以庇荫嘉谷，使无水旱之灾，载在传记，且于答阴之义更为相称"。因此，提出"用玉将事，以迓神庥，并著载入会典"。

玉何以庇荫嘉谷？原理甚古。传说中上古帝王名"颛顼"，是以"瑞

1《洞玄子》。

2《乾隆朝上谕档》第3册，第323页。另见乾隆帝：《清高宗御制诗集·五集》卷11注：乾隆二十四年，上祭社稷坛，以仪注无荐玉之礼，谕以玉庇嘉谷于答阴之义，为称饬所司用玉将事。着为令雩祭大礼向未举行，乾隆七年，上以启蛰龙见郊雩并重，命礼臣集议举行，与日至大祀同。

玉”为声符的，古音同“瑞玉”。马王堆汉墓出土的帛书《五星占》即将“颛项”直接写成“瑞玉”，因之有可能颛项是以玉器作为避邪通神物的古老部族。早期玉器的出土在新石器时代晚期，与颛项的传说时代基本相符。据《史记·封禅书》引《尚书·舜典》，舜“在璇玑玉衡，以齐七政。遂类于上帝，禋于六宗，望山川，遍群神。辑五瑞，择吉月日，见四岳诸牧，还瑞”[1]。“璇玑玉衡”和“五瑞”都是玉器，汉人孔国安注、唐人孔颖达疏、宋人蔡沈注，都说“七政”为日月五星，是后来的“上帝”。“六宗”为六种祭法，表达了古人以玉器象天文的意识。

形而上者谓之道，形而下者谓之器。出于《周礼》的构拟，玉被列在器之首，玉器作为最高级别的重要礼器，确也符合当时礼仪的规范。《天官·冢宰》曰：“……及纳享，赞玉牲事，及祀之日，赞玉币爵之事。祀大神示，亦如之，赞玉几玉爵。大朝觐会同，赞玉币、玉献、玉几、玉爵。大丧，赞赠玉、含玉。”而用玉器的职掌王是天官冢宰，为诸礼官职位的极至，足以说明玉器在王朝礼仪中的重要地位。

作为“礼天地四方”的“六器”，据《周礼》，有苍璧、黄琮、青圭、赤璋、白琥与玄璜[2]。很显然，“六器”具有法天礼地的用意。商代流行的龙形玉雕“珑”，可能是祈雨巫术中巫师所用的一种礼器。《周易·乾·文言》曰：“云从龙，风从虎。”即相信龙能致雨。

《礼记·聘义》上载，孔子回答弟子子贡关于“君子贵玉而贱珉”的问题时说，君子所以“贵玉”是由于玉具有十一种“德”，即“温润而泽，仁也；缜密以栗，知也；廉而不刿，义也；乘之如队，礼也；叩之其声越以长，其终诎然，乐也；瑕不掩瑜，瑜不掩瑕，忠也；孚尹旁达，信也；气如白虹，天也；精神见于山川，地也；圭璋持达，德也；天下莫不贵者，道也”。如是说还有《管子·水地》、《荀子·法行》等。这些赞美之辞显然

1 据《史记·封禅书》引文。

2《周礼·春官·大宗伯》曰：“以玉作六器，以礼天地四方。以苍璧礼天，以黄琮礼地，以青圭礼东方，以赤璋礼南方，以白琥礼西方，以玄璜礼北方。”郑玄注：“礼神必象其类：璧圜象天；琮八方象地；圭锐象春物初生；半圭曰璋，象夏物半死；琥猛，象秋严；半璧曰璜，象冬闭藏，地上无物，唯天半见。”

是礼玉世俗化的条件下，由后世儒生发出的感慨。《礼记·月令》孟冬之月上说“其帝项颛”，郑玄为此作注说：“此黑精之君，……自古以来，著德立功者也。”

或许这些古老的记载真是想说明玉有德，性属阴？不用多说了，也许这不过只是乾隆帝用玉的阴性讨好神的实用主义的把戏。

求雨，闭诸阳，纵诸阴

日月对应，日为阳，在东，朝日于城东门外；月为阴，在西，夕月于城西门外。这些说法，有着广阔的文化背景。又如河南许州“岁旱祈祷多戾于礼，其尤甚者，水浇孕妇，名曰浇旱魃。”[1]似乎也在说道教是民间祈雨的精神源泉。

按照五行之说，城南门又是关涉阴晴雨雪之门。时逢旱祈雨，要关闭城之南门。例如，河南新乡民俗，祈雨时设坛、禁屠宰、闭南门。贵州《开阳县志稿》说，“南门昼闭，意谓久晴火旺，而五行家以南方属火，故闭之”。

公元9世纪，随遣唐使来华的日本高僧圆仁，写下《入唐求法巡礼行记》，圆仁书中写到了乞雨乞晴的风俗：“唐国之风，乞晴即闭路北头，乞雨即闭路南头。相传云：‘乞晴闭北头者，闭阴则阳通，宜天晴也；乞雨闭南头者，闭阳则阴通，宜雨也。’”此言讲到了南阳而北阴。与此相印证，有《旧唐书·五行志》一则材料：“开成二年，……京师旱尤甚，徙市，闭坊南门。”

修于20世纪30年代末的贵州《开阳县志稿》还在说，“南门昼闭，意谓久晴火旺，而五行家以南方属火，故闭之”。如此的求雨止雨之法包括：令民阖邑里南门，置水其外；开邑里北门，具老公猪一，置之于里北门之外。在古人的想像里，水与火，两相对立，此消彼长。关闭城邑和间里的南门以求雨，因为五行南方为火，关南门以示拒绝火气。置水南门外，再展示一个

1 道光《许州志》卷1，《方舆志》。

强调。关上南门的同时还要大开北门。北方属水，敞开向北的大门，以壮水气之势，求得雨来。门外置猪，因为十二地支中亥属水，方位北，而猪是亥的生肖。止雨求晴时，一切反过来，即《春秋繁露》所说：“开阳而闭阴，阖水而开火。”还要在社坛的水池中养蛤蟆，并在相应的城门放置公鸡和豭猪，豭猪即公猪，社坛置蛤蟆，大概皆取其阴阳感应之义。

总之，城门启闭的意义，已远远超过出入的现实功能，而成为把幻想付诸行动的一种方式，古人借此方式，表达选择五行之气、沟通苍天的愿望。当然，以这种表达愿望的方式来求雨，是没有确定的效果的。将南门昼闭以求雨的礼俗，还必然给人带来出行等的不便，钱泳（1759—1844）就提出了异议，说：“请雨祈晴之说，自古有之……如董江都之闭阳门则雨，欲上则反是之谓也。余谓晴雨是天地自然之理，虽帝王之尊，人心之灵，安能挽回造化哉！即有道术，如画符遣将、呼风唤雨诸法，亦不过尽人事以待天耳。杭人请雨祈晴，则全仗观音力，尤为可笑。究竟观音果能祈雨耶？不能祈雨耶？吾不知之也。”[1]

钱泳所言无疑是有见地的。挟带降雨的暖湿气流，来去与否，是由当时大气环流形势决定的。南、北门的敞开与闭合，并不能召其来或拒其去。钱泳评论求雨祈晴风俗，“不过尽人事以待天”——求雨在人，降雨在天，久旱盼甘霖的人们，在此礼俗中得到了的只是有限的心理自慰。

“……小心翼翼，昭事上帝，允怀多福。”[2]风调雨顺从本质上说是一种恩赐——当它成为蓝天白云底下的真实状态之前，就首先作为一种静谧肃穆的氛围存在于人类的精神世界，就像微风拂过水面泛起一层涟漪。“求仁得仁”，作为对人类敬畏之心的酬答，上天也就将雨泽这宇宙间最珍贵的物质小心翼翼地赐予芸芸众生。只有当“忧德之不建而不患力之不足”[3]，成为全人类的共识的时候，才可能架构一个公正的以和谐为旨归的国家关系体系。这是一个古老的民俗观念。

1［清］钱泳：《履园丛话·考索》。
2《诗·小雅·大明》。
3《国语·晋语》。

南阳市英庄及王庄汉画像石墓顶的天文图像中，还有《女娲举月》画像，说明汉代南阳有祭祀月神求雨的习俗。古人认为，月中有蟾蜍，而月与蟾蜍都和雨水有关。蟾蜍属蛙类，又称蛤蟆。汉代也有杀蛙求雨的风俗。“董氏求雨法”还说：“啬夫斋戒祈祷，杀蟾蜍祭天，可以求雨止雨。”[1]该书的《求雨》篇要民间的祈雨者，取五只蟾蜍置方池中，具清酒、膊脯祝斋三日，服苍衣拜跪求雨。王充在《论衡 · 顺鼓》篇中说：“雨久不霁……宜捕斩兔、蟾蜍。”可见，蛤蟆在汉代已被尊为雨神或求雨活动中被祭祀的主要对象之一。月中有蟾蜍，《淮南子》云：“月，天之使也，积阴之寒气，大者为水，水气之精者为月。”又云：“方诸见月，则津而为水。”古代的占星术中，月就是主管水旱之神。故可以据月形状占验气象：“月初生小而形广大者，月有水灾”；“月先行离于毕，则雨”；“月晕围辰星，所守之国有大水”；“月晕围心，人主有殃，又曰大旱”；“月晕鬼，大旱”[2]。南阳汉画中女娲举月的画像，说明女娲与月神也有一定的联系，成为人们祭祀的对象。据考证，“娲”与“蛙”同[3]，又为“雌蛙”，也有人认为女娲与嫦娥同神异名，这样，女娲也就自然成为月神了。据载，月神娲在古代宗教中是一位主管水旱的神灵，如《论衡》记汉代风俗云：“久雨不霁，败攻社，祭女娲。”也有人考证，女娲就是女魃。综上可知，在汉代南阳确有祭祀月神祈雨的风俗。

阴阳失和的真相

京戏有《秦香莲》一剧，最为家喻户晓，这或是因其大快人心之故。故事中北宋时的陈世美穷困潦倒，可是上苍偏偏眷顾了他，使他娶得贤妻秦香莲。他在妻子的鼓励之下，发愤读书，为了让他专心，家事由秦氏一人艰苦操作。如此艰辛地过了若干岁月，那一年，乃大比之年，陈世美理应赴开

1《春秋繁露》，卷16。

2 何新：《诸神的起源》第3章，《女娲与大禹故事的真相》，三联书店，1986年。

3 杨堃：《女娲考》，《民间文学论坛》1986年第6期。

封城，可是他连吃饭都没有钱，哪里来的盘费？妻子秦氏把家产及身上所有可以典当的东西，统统当得净光，不足之数，再向亲友借贷，受尽羞辱，才把他打发上路，夫妇二人，在十里长亭分手，抱头痛哭，发誓生生世世勿相忘。

陈世美的学问可真了得，到了京城，一下子考取了状元，一个大转变在此发生，皇帝老爷看陈世美仪表堂堂，龙心大悦，乃派人问他是否成婚。陈世美虽已婚配，却硬说自己尚是一条光棍，乃和公主成亲。他是何等聪明，公主乃荣华富贵的根本，自然努力伺候得公主甚为满意。

是由于人间阴阳失和而引起一场大旱？还是由于上苍可怜苦命的秦香莲？恰逢家乡大旱，实在活不下去，秦氏乃上奉公婆，下携二子，一路上哀哀乞讨，向京城出发。路途遥远，她听说丈夫在京为官，又听说已经再娶，风言风语，不敢置信。走到半途，公婆年老，不堪颠簸流离，双双病故，她将公婆安葬后，仍继续前进。母子仨好容易到了京城，驸马府是何等的威重森严，最初连通报都不可能，又费了很大劲，陈世美才算知道。可是，他越想越不对，这岂不是犯了欺君和重婚两项大罪，于是他把心一横，一口咬定不认识秦香莲和他的两个亲生幼儿，并且为了根绝后患，索性一不做二不休，派了一位杀手，前往灭口，事情就闹大啦。那秦氏的歌词唱到：

一年旱，二年旱，三年旱……

感天动地的嗟吁之声终于惊动了天庭，最终演绎成了铡美案——一出千古铁案。但是，终于又有人出来要考证了，据今人童德伦的说法[1]，这出戏是这样编成的：清顺治十五年（1658），在京做官的陈熟美的同窗好友仇梦麟与胡梦蝶二人，从均州到京都找陈熟美求官，被陈熟美讲明道理后婉言拒绝。仇、胡二人大为不满，认为陈熟美在求学期间，他们曾接济过他，现在他仕途已就，反而忘恩负义，不念旧情。

怨恨而归的仇梦麟和胡梦蝶走到河南南阳，正遇上当地上演曲剧《琵琶记》。二人看到戏中所演正是忘恩负义之事，于是计上心来。他们不惜花费

1《陈年谷秘史》，长江文艺出版社，2000年。

乾隆御题《婕妤挡熊图》
御笔“汉家天子犹隆准，顿使英风让妇人”。

银两，请戏班子按自己的意愿，把《琵琶记》的情节加以改造，把戏中忘恩负义的男主人公换成了他们怨恨的陈熟美，编造了一出他们认为赛过《琵琶记》的新戏。

戏的内容差不多，只是把名字换了一下。为掩人耳目，他们不敢用真名，而是把陈熟美变成了陈世美，还把陈世美说成了驸马。改编后的《琵琶记》在河南、陕西、湖北一带演出，还真引起了观众的同情和共鸣。后来根据观众的愿望，又改编成陈世美让包青天给铡了。

而陈世美这个名字最初出现在戏剧舞台上那是清代乾隆、嘉庆年间的事。当时的戏名不叫《铡美案》，叫《赛琵琶》。这个剧名最初见于嘉庆年间焦循所著的《花部农谭》。书中有这样一段记载：花部中有剧名《赛琵琶》，为陈世美弃妻事。陈有父母儿女，入京赴试登第，赘为郡马，遂弃其故妻，并不顾其父母。令仇、胡没有想到的是，他们为泄私怨一时冲动，竟酿成了一个历史冤案。

在《续辑均州志》的历代秀才名录里，还真的找到了仇梦麟的名字，他与陈熟美是同年的秀才，这就进一步证明他们的同学之说。于是清代的事也就“演绎”到了宋代，戏名也变成了《铡美案》。

据说，在今湖北丹江口市，也就是均州城，从来不演《铡美案》。作为戏剧中的另一个主人公，陈世美的妻子秦香莲，也是个戏剧人物，是艺术形象。她的生活原型真名叫秦馨莲，是均州六里坪秦家楼人氏。她是陈熟美的第二个妻子，夫妻相敬如宾，白头偕老，根本没有戏剧中所编的那些情节。编戏人为了掩人耳目，把秦馨莲改成秦香莲，这真是冤案中的连环冤案。

17 钦天监里的西方传教士

西方传教士来华的使命当然是传播上帝的福音。但是为了传教，特别是在文化背景、道德观念、语言礼俗完全不同的中国传教，所传教义又是与传统信仰截然不同的宗教，那么先决条件就是首先博得中国知识分子的同情，使这一部分人相信他们手中掌握着不容置疑的真理，掌握着随时可以得到验证的事实，而且又是吸引人的、陌生的真理。不能不赞同西学中所谓“追求真理的勇气和对于精神力量的信仰是研究哲学的第一个条件”[1]的箴言。在“宗教哲学”这一术语还未被充分理解之前，一种宗教精神就已经在西方觉醒。《圣经》上说，在过住棚节时耶稣大声宣称自己是水的源头[2]。还有，望远镜、自鸣钟、红衣炮以及天文、历算、测绘等等，足以引人入迷，使一部分国人在赞叹这些看得见摸得着的奇迹的同时，也会赞叹那些看不见摸不着的上帝的奇迹。越来越可以看到，在那些周密的演算和推理后面存在着一种巨大的宗教精神的热情。

1 [德]黑格尔：《哲学史讲演录》第一卷，商务印书馆，1959年，第3页。

2《约翰福音》第7章，第37—38节。

来到中国的早期西方传教士

16世纪，欧洲仅剩法国、意大利等国信仰旧教，新教在各国兴起。由于天主教出现了信徒减少的危机，于是内部有些人开始自省。罗耀拉(Ignatius of Loyola，1491—1556)在1540年教宗保禄三世任期内创立了耶稣会，改革天主教，并乘着海通之际，向远东等地进行传教事业。耶稣会创立后相当重视教育，同时，教育成为会士为教会服务的最佳领域。罗耀拉强调，“神学方面要读新旧约圣经与圣托玛斯学说，哲学方面要读亚里斯多德”，他还成立了训练耶稣会士与其他耶稣会学院教授的机构。至1626年为止，全欧洲已有444所学院。耶稣会成为了一个知识性的传教组织，会士们需要学习包括敌人理论在内的一切知识。

从历史资料中人们不难发现，这一个时期的天主教改革家们不仅在宗教事务上，而且在科学方面都受过良好教育，他们以极高的热情如饥似渴地追求科学知识，其本意在于能够帮助耶稣会会士们抵挡住对基督教信仰产生种种攻击的科学知识，进而最终帮助他们在一个信奉异教的中国宫廷中取得引人注目的地位[1]。

主张与中国文化“调合”的利玛窦（Matteo Ricci）作为最早来华的西方传教士，除了拥有杰出的数学才能，还带来一些新鲜的西洋物品，这些对他打开中国局面起到了很重要的作用。另外，他抓住了先秦儒家典籍中的“天”字，并在“天”后面加上一个“主”字，从而创造出一个明白无误地表示人格神的新名词，在“Deus”这个词的翻译问题上，利玛窦别具匠心地调和了基督教与儒家的核心概念。附带着的是士大夫中间也产生了“天学”这一笼统而含糊的术语。这一术语被用来统称传教士带入中国的基督教教义、数学、历法、天文学和实用技术，它在广义的士大夫中产生了深远的影响。进士出身的李之藻编辑的多卷本《天学初涵》便体现了这一术语的知识构架，该著述汇合了“天学”在基督教教义、教义辩护、天文历算、数学、

1 [英]雷蒙·道森著，常绍民、明毅译：《中国变色龙——对于欧洲中国文明观的分析》，中华书局，2006年，第48、49页。

农政、水利等诸多方面的内容。

也就在来中国传教的利马窦神甫逝世数十年后，在欧洲的传教士中发起了一场论战，这场论战迅速蔓延到神学家和神职人员中。论战的核心涉及基督的福音是否能够适应中国文化与中国传统的某些因素。未到过中国的德意志哲学家莱布尼茨就是其中主张"通融主义"的代表人物。他从在华传教士手中获得了许多研究中国问题的第一手资料，在与传教士白晋的通信中吸收了中国哲学，尤其是宋儒理学的精华。他非常崇拜中国儒家的自然神论。在他看来，"中国人认为，自然现象、山川河流所有的精神，要么象征通过它们而起作用的上帝的力量，要么，根据某些人的看法，可能象征某些赋有行动能力和知识的特定的精神实体。他们还认为，它们（精灵）具有精妙而轻飘的身体，就像有些古代哲学家和早期教父把这样的身体赋予精灵或者天使一样"[1]。他还认为在中国人的信仰中，"天既不能视物，也无悟性，无恨也无爱，但通过和理的联系的人所作的努力而发挥上述视悟爱恨的效力"[2]。

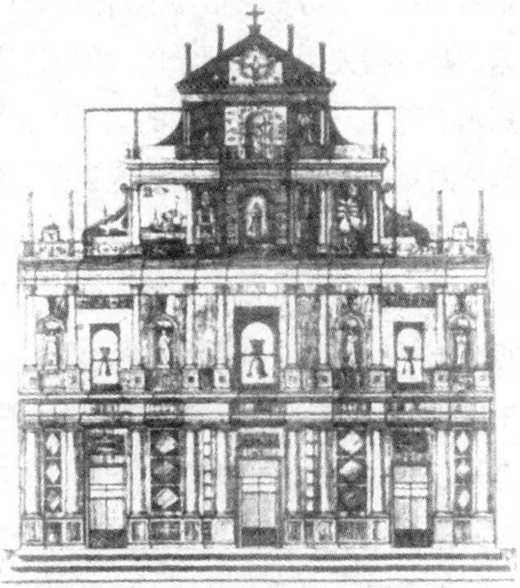

澳门圣保罗教堂遗址，俗称"大三巴"。

"圣母踏龙头"雕刻

眼见欧洲的道德沦丧，莱布尼茨向整个欧洲发出忠告："在我看来，我

1《莱布尼茨论中国人的自然神学》，第76页。引自斯图沃德：《莱布尼茨论中国的自然神学》，《跨宗教对话：中国与西方》，中国社会科学出版社，2004年，第112页。

2 同上书，第92页。《跨宗教对话：中国与西方》，第118页。

们目前已处于道德沦落难以自拔之境。我甚至认为必须请中国派遣人员，前来教导我们关于自然神学的目的和实践，正如我们派遣教士去中国传授上帝启示的神学一样。”在他的倡导下，柏林、维也纳、圣彼得堡等地的科学院都将对中国的研究列入了研究课题。应当指出的是，如果不能将莱布尼茨对中国自然神学的向往，看作是其功用首要是有利于欧洲自身的精神建设与改造，就会在理解上产生不必要的盲目性。看来，在欧洲传播中国信息的衔接点上出了问题，来到中国并学会中文的耶稣会会士与旅行者们提供了初级的中国印象，但他们中间没有前沿的思想家，而像莱布尼茨这样的思想家又没有来过中国，也不能直接阅读中国文献，而恰恰是这样的交错造就了一种精神武器。那些西方传教士们似乎是一意孤行，痴迷于用基督教的上帝来取代佛陀等中国的神祇，而本土的思想家们却在一个朦胧的中国印象中，提炼出改造欧洲社会的合理要素。

在长达两个世纪的时间里，西方对于当时的中国保持了热烈的、积极的看法。伏尔泰、魁奈、亚当·斯密等都对中国有很高的评价。其中亚当·斯密虽然指出了中国存在的问题，但是仍然把中国称为世界上最富之国。另外，法国神甫傅圣泽（Jean-Fran çois Foucquet）留下的笔记和手稿数量也很大。在他的《神学问题》的手稿中，有一篇是关于汉字“道”的论争（即它是否等同于基督教中的上帝），他竟然用了320页的篇幅来认真研究中文文献中的“道”和西方文献中的“上帝”的涵义。从傅圣泽的这些手稿看到，以他为首的索隐派是在“礼仪之争”中，处在利玛窦的“适应”路线和道明会等“原教旨”派的基督教传教路线之间的一个思想派别。他们既不想像利玛窦路线那样在中西思想之间调和，从而受到对立派的攻击。也不想像道明会的传教士那样完全不考虑中国文化的情况，将基督教文化看成唯一标准。因此，傅圣泽的学说在中西文化交流史上有着独特的影响。

然而，在中国的西方传教士们对中国固有宗教意识的批驳却已屡见于这一时期的教会文书。他们指出：“中国之异端最多，惟孔子则不肯信异端，尝（常）曰：攻乎异端，斯害也已，而惟兢兢于天命之当畏。后世因有孔子先有是言，而人始信西儒辟佛尊天之说，若使孔子不为之先，则神甫虽有万口不能强人必听。”在另一篇述文中写道：“圣人言命，庸人亦言命，其言命一也。但圣人则知有命而安之，不怵志于利害，不撄情于得失，守义而不惑，循理而不违，以顺承乎天之所以命我之意；庸人虽终日言命，而见利则争，见害则避，得则扬扬然，失则戚戚然，终其身履乎险阻之途，而行乎悔吝之内，及眩乱反复，不知吉凶知何去何从，则求所为推测之术而预度之。”[1]对五行之说的批驳也屡见不鲜，有人指出：“世以金能克木，然不如火之克木，并其形而燬之也；以火能克金，亦不如火之克木，克木而木不存，克金而金愈精也；以土能生金，不如土能生木，木则连山遍岭，金则生不数处也；曰土克水，而土实能生水，河海沼沚，其下皆有土以承之，水非土戴而生，水能空立乎？”并断言：“其于五行生克之理，如刻舟而求剑然。”[2]西方传教士对于东方的求福避祸的那么一套祈神活动不以为然，在他们看来，“祸福之来，非有趋避之术也，如欲辞祸而求福乎？则或修德以胜妖，祈天以永年，人事尽而天意可回。庶几为理之所有耳”[3]。

钦天监里的西洋人

明朝末年，继利玛窦之后，许多欧洲耶稣会的传教士相继来华。中国士大夫徐光启等人对西方的天文数学知识进行了学习和研究，采用西方新法推算，效果极佳。因此，他们奏请皇上开设历局，翻译西法，修订历书。在他们的引见之下，传教士熊三拔、庞迪我、邓玉涵、汤若望等人先后进入这个历局参与工作。

不久，明朝灭亡，清军入关。清廷需要准确地观测天象，颁布历法，以新天下耳目。以大学士范文程为媒介，汤若望进入了清朝宫廷修订历法。经

1 丘晟：《闽中将乐县丘先生致诸位神甫书》，耶稣会罗马档案馆：《明清天主教文献》，第10册，[台北]利氏学社，2002年，第168、189页。

2 丘晟：《述闻篇》，耶稣会罗马档案馆：《明清天主教文献》，第10册，[台北]利氏学社，2002年，第191页。

3 丘晟：《述闻篇》，耶稣会罗马档案馆：《明清天主教文献》，第10册，[台北]利氏学社，2002年，第213页。

过公开验证，清廷确认汤若望的历算准确无误。这一事件暗示着中西文化在中国社会生活中的此消彼长。顺治元年（1644）七月，礼部左侍郎李明睿上书，提出“查得明朝旧制，历名大统，今宜另更新名”。显然依照历代改朝换代另立新历的惯例，清政府迫切需要一部新历，汤若望的做法正好迎合了编制新历的需要。八月初一，清政府派大学士冯铨和汤若望共赴灵台验测，事后冯铨复奏，“用大统术、回回术所推，交食食刻均差，独按西洋新法所推一一吻合”，肯定了汤若望的预测结果，同时也肯定了西洋历法。同年十一月，汤若望被任命为钦天监监正，这使他成为中国历史上第一位荣任此重要官职的西方传教士。

在随后的一两年里，汤若望将原有137卷的《崇祯历书》删改压缩成103卷，更名为《西洋新法历书》，进呈给清政府。以《西洋新法历书》为基础，取天聪戊辰（二年，1628）为历元编制的《时宪历》，除清初中间五年外，前后行用了八十余年。

罗马教廷和耶稣会派遣传教士来华的根本目的是要不断扩大天主教在中国的影响，以便获得政治上和经济上的利益。明末清初，天主教在华势力确实获得了迅速的发展，据统计，在1651至1664的14年间，新受洗入教者已超过十万人。但是，传教士和教徒们的一些言行触犯了封建统治者的尊严，天主教义也与中国传统的儒家思想不合，同时围绕历法改革的“新旧之争”也一直在持续着，终于，在钦天监内爆发了一场激烈的斗争。顺治十七年（1660），安徽歙县人官生杨光先向礼部上《正国体呈》，说《时宪历》上“依西洋新法”五字，是“窃正朔之权以予西洋”。只是当时汤若望受宠正深，礼部未予上报。康熙三年（1664）七月，杨光先在鳌拜、苏克萨哈支持下再向礼部呈递《请诛邪教状》，控告汤若望等传造妖书，窥视朝廷机密，内外勾结，教会二十年来收徒百万，布党京省要害之地，图谋不轨等。又附上《摘谬论》和《选择议》，指责号称万年历的历法只编了二百年和“选荣亲王葬期用洪范五行，山向、日月俱犯忌杀”。经清政府会审，结果汤若望与另外七名钦天监官员被判凌迟，五人被判斩首。后因北京接连五日发生地震，按例减刑，只有李祖白等五名钦天监官员处斩，清政府同时任命杨光先为钦天监监正。此后，汤若望于康熙五年（1666）去世，各省传教士被押往广州驱逐出境。

这一次所谓的胜利依靠的是政治权力，而不是天文学本身，并且也不能证明传统天文学优越于西洋新法。杨光先虽被任命为钦天监监正，但他全然不懂天文学。康熙七年（1668）十一月，比利时传教士南怀仁上书指责杨光先、吴明澂的历法不合天象，后经验证属实，于是又彻底废除了《大统历》、回回历法，重新起用《时宪历》。康熙八年（1669），鳌拜伏诛，南怀仁再次上告，结果一翻前案，汤若望及被斩五人皆平反赐恤，杨光先则拟斩而因年老赦归。康熙帝亲政后，天主教开创了在华的“黄金时代”。南怀仁做了皇帝的老师，钦天监几乎成了传教士们的领地……康熙帝甚至还正式邀请更多的身怀绝技的西方传教士到中国来，到北京来。法国路易十四国王果然派遣了“国王数学家”白晋、张诚等人来华。在康熙帝的亲自策划和组织下，经耶稣会士和中国学者的通力合作，两项堪称为中西文化交流结晶的大型工程得以完成，这就是编纂汇集了中外天文数学知识的100卷的《律历精蕴》和第一部以西方先进方法测绘的全国地图——《皇舆全览图》。自然，书籍的编纂和地图的汇总，都是在北京完成的。

作为对耶稣会士遵循“利玛窦规矩”，在中国奉公守法，为朝廷、为宫廷勤劳服务的回报，康熙帝对天主教在中国的传播，采取了更加容忍甚至鼓励的态度。康熙三十一年(1692)皇帝发布了利玛窦梦寐以求，为之奋斗了一生而没有得到的有关传教自由的诏书。他赐北堂给法国传教士，还题写了“无始无终，先作形声真主宰；宣仁宣义，肇昭拯济大权衡”的对联和“万有真元”的横批，表示了对天主教的理解和支持。乾隆二年（1737）进而组成了以戴进贤、徐懋德为主，由明安图等协办的“增修表解图说”班子，并于乾隆七年（1742）编成《历象考成后编》10卷。后编比前编有较大的进步，如抛弃了过时的小轮体系，应用了开普勒第一定律（椭圆运动定律）和第二定律（面积定律），增补了关于视差、蒙气差的理论与采用了较精确的数据等。但《历象考成后编》中应用的开普勒定律，日地关系是颠倒的，即太阳沿椭圆轨道绕地球运动，而非哥白尼的日心体系，这种颠倒，对于数学计算倒是并没有什么影响。

西学传入

最早反对西方历算的是崇祯年间的魏文魁，随后是杨光先。杨光先的传世名言是“宁可使中夏无好历法，不可使中夏有西洋人”。当西洋历法以无可辩驳的验证显示出其精确性无可怀疑时，于是又有人说，西法本来就出于中国，这就是两百年后“西学源出于中国”的先声。

在徐光启的《几何原本》所阐述的科学思想中，数学无疑是一颗“金针”，“盖凡物有形有质，莫不资与度数故耳”[1]。他主张以数学为“众用所基”，并将数学应用到关系日用民生的各种技术上去。这一点突出地表现在他在《条议历法修正岁差疏》所列的“度数旁通十事”中。这“十事”是：治历、测量、音律、军事、理财、营建、机械、舆地、医药、计时。历象既正，除天文一家言灾祥祸福，律例所禁外，若考求七政行度情性，下合地宜，则一切晴雨水旱，可以约略预知，修救修备，于民生财计大有利益。再者，度数既明，可以测量水地，一切疏浚河渠，筑治堤岸、灌溉田亩，动无失策，有益民事。等等。“度数旁通十事”突出地表现出徐光启对基础科学理论的重视，深透出其对基础科学与其他应用学科之间关系的认识。

康熙之后的雍正、乾隆两朝，也基本上延续了这一政策，“重其学，不重其教”。雍、乾两朝，一方面，禁止中国百姓信奉基督教，驱逐坚持排斥中国儒家礼教的传教士到澳门；另一方面，继续容纳，甚至欢迎遵“利玛窦规矩”的，同时学有专长的传教士，特别是耶稣会会士在宫廷服务。

由于雍、乾两朝在全国范围禁教，客观上起到中西文化交流桥梁作用的传教士们，不是集中在北京，就是被驱逐到澳门。传教士们惨淡经营了近百年的各处教堂，包括利玛窦创建的肇庆、韶州、南昌、南京等地的教堂，都被没收和改为它用。而只有在北京的东、南、西、北各教堂，仍为在京任

1 徐光启：《条议历法修正岁差疏》。

职的传教士的宗教场所，其作为展示西方科技文化的作用不减[1]。栅栏公墓不但得到保护，而且继续收葬在京逝世的外国传教士。不仅如此，雍正十年(1732)，来自法国的耶稣会士还得到了属于他们自己的墓地——正福寺墓地。

乾隆年的发现与探索

中国皇帝允许西方传教士在华，尤其是在京居住的主要目的在于，用他们为宫廷皇室服务。郎世宁、王致诚作为乾隆帝的宫廷画师，在内务府“养心殿造办处”领取俸禄，郎世宁、蒋友仁直接参与了圆明园内欧式建筑和园林的设计工作，还有其他不少的传教士成为宫廷的工匠、乐师和医生。由于国家在修历、外交和皇室文化消遣方面的需要，中国宫廷成为了西方传教士施展其各方面才华的最佳场所。

乾隆二年（1737），吏部尚书顾琮奏言，拟令戴进贤为总裁，徐懋德、明安图为副总裁，尽心考验，增补图说；《历象考成》内倘有酌改之处，亦令其悉心改正。清廷因此组织钦天监内外人员对《历象考成》详加修订。这项工作由戴进贤主持，总理此事的是庄亲王允禄。

乾隆三年（1738）四月，允禄等人上了一道奏疏。在疏中，他们首先报告了西方天文学的发展和戴进贤利用新法发现《历象考成》的误差，重修日躔、月新表的经过。他们指出：“盖测量在地面，而推算则以地心，今所定地半径差与差皆与前不同，故推算每差数刻，而测量终不甚相远也。至其立法以本天为椭圆，虽推算较繁，而损益旧数经合天行，颇为新巧。”[2]

乾隆七年（1742），新书完成，共10卷，名为《历象考成后编》。书中采用了西方天文学的诸家新说，主要体现为：太阳半径旧定为地球5倍余，现增至96倍余，此为西人世间新制望远镜之功；清蒙气差（即光经过大气的折射率）采噶西尼新说；日月五星轨道，旧为平圆，今为椭圆，此采哥白尼

1 清乾隆年间，著名的历史学家、军机章京赵翼，参观了教堂里的西洋画、千里镜，用管风琴演奏了西洋音乐，赵翼事后撰写了题目为《西洋千里镜机乐器》的短文和题为《同北墅、漱田观西洋乐器》的长诗，对在南堂所见所闻作了详细的介绍。

2《清史稿》卷45，《志二十》，《时宪一》。

天文三定律之一，但没有介绍哥白尼的日心地动说，而以日月五星并列；此外，地球与日月距离的计算采用了牛顿的方法，但万有引力定律亦未输入[1]。

对于这部书，清代学者给予了高度评价。阮元曾经指出："推步之术，由太阳以迄大统，虽疏密殊科，而验以实象，终多违舛……，固已立万年步算之准，一百世增修之法矣。"[2]阮元看到了《历象考成后编》的科学成就，但将功劳归之于乾隆帝，反映了一个封建官僚的典型心态。

《历象考后编》所依据的天文学理论之一，是牛顿在《自然哲学之数学原理》的拉丁文第21版（1713）中提出的较为完善的月球运动理论。而编写《历象考后编》的目的之一，则是为了编制300年（1723—2022）的历年——《癸卯元历》。从某种意义上讲，《癸卯元历》属于西方历法系统的一种异类，与我国的传统历法在性质上有着完全的不同[3]。

作为戴进贤的接班人，刘松龄，南斯拉夫人，在乾隆八至三十九年（1743—1774）主持钦天监工作之后，主编了《仪象考成》。早在乾隆九年（1744），这项工作刚刚开始之时，他就是其中的一个重要成员。参与编撰的还有传教士鲍友管（An-toime Goeisl）、傅作霖（Felix da Rocha）以及中国学者何国宗、明安图等人。乾隆十四年(1749)，刘松龄在致欧洲的兄弟的信中写道："天文测验时常有之，如天主保我寿健康宁，成绩不久将可成书一卷。除日月蚀外，尚须测验木星诸卫星之出没，恒星行星之受月蚀，与恒星比较所知行星这运行。总之，一切现象尽在测验之中。吾人有测微器一，报时计一，皆甚优良，又有半径二尺四分圆仪一具。"[4]

据竺可帧撰《清北京之气象记录》一文载："法人哥比神父于乾隆八年(1743)曾在北京作气象观测，其后耶酥会教士阿弥倭(J.F.Amiot)从乾隆二十年初到二十五年腊月底(1755—1760)曾在北京记录气温、气压、云、风及雨量，每天观测两次，共得六年资料。其成果刊载于巴黎《数理杂志》中。"

---

1 参阅方豪：《中国天主教史人物传》下册，《戴进贤》中华书局，1998年，第77页。

2 阮元：《畴人传》卷41。

3 参阅吴伯娅：《康雍乾三帝与西学东渐》，宗教文化出版社，2002年。

4 [法]费赖之著，冯承钧译：《在华耶稣会士传及书目》下，中华书局，1995年，第782页。

另外，意大利传教士Vagnoni Alphonse，化名高一志，曾与我国的韩云合作，译述了《空际格志》，这是我国第一部介绍西方气象知识的书籍。《四库全书总目》子部，天文算法类一《御定仪象考成》，由传教士戴进贤、刘松龄、鲍友管和中国学者何国宗、明安图等人所撰，成书于乾隆十九年（1752），共32卷。首2卷介绍玑衡抚辰仪的性能和用法，后30卷是星表。据有关学者研究，所撰诸表似译自格拉马蒂西（Grammatici）的书[1]。《四库全书总目》批驳道："大旨主于使人尊信天主，以行其教，知儒教之不可攻，则附会六经中上帝之说以合于天主，而特攻释氏以求胜。然天堂地狱之说与轮回之说相去无几，特小变释氏之说，而本原则一也。"

乾隆帝坚持崇儒重道的基本国策，他认为："西洋所奉天主教乃伊土旧习相沿，亦如僧尼、道士、回回，何处无此异端？然非内地邪教开堂聚众，散札为匪者可比。"[2]他认为天主教对清王朝的统治有危害，于是禁止天主教在中国的传播。同时，他又看到传教士的西学可资利用，于是又允许有技艺的传教士进入中国，为清廷服务。其宗旨是："收其人必尽其用，安期俗不存其教。"[3]为了收其人、用其人，乾隆帝常常高抬贵手，网开一面。因此乾隆年间的禁教政策，时紧时松，传教活动时隐时现，大小教案此伏彼起[4]。

在那个以宗教与宫廷密切结合为特征的世纪里，关于干旱灾害在中国的特殊意义，事实上已经被一些在中国有长期居住经验的西方传教士和学者所注意，他们广泛地描写了中国的"饥荒"问题，但在阐述"中国文化的特质"或"中国人的精神"的时候，却没有关注二者的相关性。与此同时，一些来华传教士的良好教养与其优雅的生活方式及其人道精神被当时的中国知识界忽略不计。另外，不能不看到的是，徐光启当年所设想的"度数旁通十事"付诸东流，即使后来的儒生们会在政治理想中，情愿将西洋的数学、天文历象的成就"下合地宜"，延展到"晴雨水旱，可以约略预知，修救修

1 参阅[法]费赖之著，冯承均译：《在华耶稣会士列传及书目》下，中华书局，1995年，第659页。

2《宫中档乾隆朝奏折》第8辑，第415页。

3《清朝文献通考》卷298，《四裔六》，第7471页。

4 参阅吴伯娅：《康雍乾三帝与西学东渐》，宗教文化版社，2002年。

备，于民生财计大有利益”的宏图中，但在实际中，无论是学者自身，或学科体制，还是政府都未能找到一种可供操作的路径。因此上下百年，在中国便没有人去关注事实，去追求真理了。而一个靠着经验直观来判断事物的国度，就像不会去理解哥白尼的“日心说”那样，是不能理解经验直观与科学之间的区别的，而经验直观在任何情况下都是无限多样的，是不可能纳入任何概念的。

18 《皇朝礼器图》

中国人对雨水计量的关注无疑是早的。乾隆元年（1736）二月初二至初五绘制的降雨等值线图，单位以寸(1寸＝3.2厘米)表示，比法国(1778年)早42年，比日本(1783年)早47年[1]。据竺可桢的记述："我国古时之测雨量，其为法亦甚精密。……迨前清康熙时，朝鲜肃宗复制有测雨器，分颁各郡，高一尺，广八寸，并有雨标，以量雨之多少，每于雨后测之，均系黄铜所制。日人和田雄治在大邱、仁川、咸兴等处，先后发现乾隆庚寅年(1770)所制之测雨台。"[2]然而，这件仪器并未见于由总理礼器图馆事务和硕庄亲王允禄等人奉敕修撰的《皇朝礼器图式》。

《皇朝礼器图式》中的三辰仪

尽管西方文化与东方文化的区别是先天的，可没有想到的是，中古时代欧洲的苦难也是以干旱为特征的。耶洗别引诱上帝子民在邪教的礼节中行奸

1《世界气象组织公报》，1980年6月，第29卷，第1期。

2 竺可桢：《论祈雨禁屠与旱灾》，原载《东方杂志》1926年，第23卷，13期。《竺可桢文集》，科学出版社，1979年，第90页。

淫，吃祭偶像之物，并强迫全国的人敬拜太阳神巴力。耶洗别的时代，天曾闭塞，三年零六个月不下雨。照样，罗马教掌权迫害上帝子民的中古黑暗时代，也曾有预示性的“一载、二载、半载”，也即1260年的大干旱，缺乏圣灵和真道的雨水。“……任凭那些希望看他们消灭的人肆意蹂躏的时候，上帝的子民便要从各城镇各乡村中，成群结队地迁居到极荒凉的偏僻之处。许多人要在山寨中找到避难所”[1]。一幅可怕的中古时代的受难画景。经历了千百年之后，在东方，一个新生的政权也在经历着一场文化的蜕变，只是这一过程并不像西方基督教诞生时来得那般苦难。《皇朝礼器图式》的编制是征服者的礼典的一个组成部分，它完成于乾隆二十四年（1759），此时距清入关已115年。这正是清代社会发生大变化、进行所谓文化“整合”的最重要的历史时期。清朝礼仪也是在这一百多年间，从最初具有浓重的满洲烙印，到后来融入儒家理念，进而形成了系统成熟、独具特色的礼仪。其中清朝祭天礼的确立就颇具有典型性。

清代祭天包括冬至祭天、正月祈谷、孟夏雩祀三大礼，从设立至完备，长达127年。三大礼中，最早实施的，是皇太极于崇德元年（1636）所行冬至圜丘祭天礼，但其意义完全不同于《周礼》中的祭天，即“至日祀天于南郊，迎长日之至”，不过是将发兵征讨朝鲜前的满族传统堂子告祭礼移至圜丘。而祈谷、雩祀，这两种体现农业社会的祭礼，则是随着清入关后的社会转型才逐渐设立的，直到乾隆七年（1742）才将祈谷之坛明确定在祈年殿，又过了17年，才以《皇朝礼器图式》最后定立了雩祀的仪节。

清初祭天之礼器，因袭明代用瓷质，雍正年间改为铜质。乾隆十三年（1748）又明确要求更换礼器的质地。“十月奉谕，朕敬天尊祖，寅承毖祀坛庙祭器，聿既稽考古典，亲为厘定，命所司准式敬造，质文有章，精洁告备，今岁圜丘大祀为始，灌献陈列，悉用新成祭器，展虔敬焉”[2]。

---

1 怀爱伦：《善恶之争》(The Great Controversy)，39章，第648—649页。其中的描述是，“日头能用火烤人”，“不但造成干旱灾荒，而且也能直接伤害植物、动物和人的生命。”

2《皇朝通典》卷41。

正是在这样一个背景下，《皇朝礼器图式》中稀里糊涂地收录了两件西洋天文仪器——浑天合七政仪与七政仪，这是演示西方哥白尼太阳系学说的仪器，七政仪还配有钟表机械，可以自动演示地球和行星绕太阳的运动。以地球为中心的浑天仪，和以太阳为中心的英国制浑天合七政仪，是罗马教廷对日心说解禁的见证。尽管仪器上竟有超过40%的地方标有西文款识，但却被堂而皇之地列为了皇家礼器[1]。这件事本身说明了，乾隆帝以天朝上国自居，强调“八方向化，九土来王”，却对世界格局全然不知，以为只要是仪器，就具备“以齐七政”的作用。在这种情况下，西方传教士蒋友仁利用绘制世界地图的机会，在中国公开传播哥白尼学说。这一举动很有意义，它使这一严重违背中国正统宗教的天体学说悄然溜进了天朝的内庭。“西土著述，对于哥白尼说之介绍，首见汤若望之历法西传，然拘禁甚多，不敢畅言。其后，南怀仁辈虽喜谈天文地理，亦避哥白尼之说而不谈。其为较详之介绍，且敢承认其说者，则自蒋友仁始。”[2]

这些观测仪器的科技史的意义固然重要，但从人文科学的角度观察来华传教士传播西学的这场运动的文化本质，意义则更为重要。到18世纪中叶，蒋友仁将浑天合七政仪录入《皇朝礼器图式》事件，预示着西学传播又出现了另一种尝试。

戴进贤等“据西洋新测星度，累加测验”，发现使用已久的南怀仁星表与天的运度不符，“理宜改定”[3]。遂于乾隆九年（1744）11月9日与同仁一起奏请增修《灵台仪象志》，此举引起乾隆帝对观象台的注意。同年11月30日，皇帝视察了观象台。看了台上的仪器后，他认为浑仪符合中国的观测传统，而西法在刻度划分方面却占优。他在《仪象考成》序里，道出了遗憾：南怀仁的六架仪器“占候虽精，体制究未协于古。赤道一仪，又无游环以应

1 刘炳森等：《略谈故宫博物院所藏“七政仪”和“浑天合七政仪”——纪念哥白尼诞生五百周年》，《文物》1973年第9期。

2 参阅张维华：明清之际西洋天文历算诸学传入中国之经过，《经世季刊》，第1卷，第1期，1941年4月。

3 戴进贤等：《钦定仪象考成》，1757年，引自《中国科学技术典籍通汇》，天文卷（七），大象出版社，1998年，第1350、1346页。

合天度”[1]。

这一年的12月20日，和硕庄亲王允禄等迎合皇帝的意愿，奏请制造三辰公晷仪：“三辰公晷仪制规仿玑衡，其用广大简易，为从前所未有。请制造大仪，安置观象台上，以便测量之用。”[2]四天之后，即12月24日，皇帝批准了允禄的请求，并就造大仪作了指示：“观象台所存旧仪、座架废铜著即为制造新仪之用。”[3]其中“用旧仪、座架废铜铸造”，恐怕不是刻意要销毁旧的中式仪器，而应当是为了减少开支。允禄的那段话暗示，当时已经有了尺寸较小的三辰公晷仪。据文献记载，乾隆九年（1744）二月制作的镀金铜制三辰公晷仪[4]，由戴进贤奉命设计。据何国宗书写的《三辰公晷仪说》记载，它没有地平圈，用游表而不用窥衡，借助螺旋调节水平，引入了天体仪调节北极高度的原理，因而具有欧洲仪器的结构特征；同时，它将赤道环再次分为中国简仪上的那种天常赤道圈和游旋赤道圈。可以认为，它的主要设计者是既理解中国传统仪器，又熟悉欧洲仪器技术的人。

允禄等考察了南怀仁的黄道、赤道二仪，于乾隆十年（1745）5月1日向皇帝报告了在雍和宫铸造大仪的计划：“今应按其尺度制造，谨用五分之一拟制式样，恭呈御览，伏候圣训，再铸造仪器。……今郎中佛保现在雍和宫办理铸造之事，请就便交与佛保处，遵旨用旧仪、座架废铜铸造。如有不敷，再行配搭添补。臣等已派出内务府郎中杨作新、公议副总领叶文成、臣馆算学教习何国栋、原任钦天监五官正刘裕锡，会同监制督工。臣等不时前往查看，一切作法仍会同西洋人戴进贤、刘松龄等商酌办理。”[5]

乾隆帝对上述请求作了如下批示：“好。照议办理。依此五分之一式

---

1 戴进贤等：《钦定仪象考成》，1757年，引自《中国科学技术典籍通汇》，天文卷（七），大象出版社，1998年，第1344页。

2 戴进贤等：《钦定仪象考成》，1757年，引自《中国科学技术典籍通汇》，天文卷（七），大象出版社，1998年，第1348页。

3 同上。

4 曹仁虎等：《皇朝文献通考》，光绪二十七（1901）年，上海图书集成局据武英殿聚珍版印本，第3页。

5 戴进贤等：《钦定仪象考成》，1757年，引自《中国科学技术典籍通汇》，天文卷（七），大象出版社，1998年，第1348页。

样制造铜仪一座进呈。”[1]与戴进贤、刘松龄等人商议一切作法，这个说法表明，传教士发挥了重要作用，甚至可以说他们指导了制作工作。十年（1745）8月14日，允禄等在奏折中再次提到仪器模型，并称大型仪器为“三辰仪”：“臣等随令郎中佛保等将五分之一铜仪一座现今敬谨制造外，其观象台添设三辰仪。”[2]

十一年（1746）春，戴进贤去世。5月6日，刘松龄继任监正，继续做编书和制造浑仪的工作。在三辰公晷仪的基础上，钦天监先制成了一架黄铜镀金的小三辰仪，子午圈的侧面镌刻着“大清乾隆丙寅年刻”。何国宗在十二年（1747）1月或2月初为此写了《三辰仪说》，多半文字与《三辰公晷仪

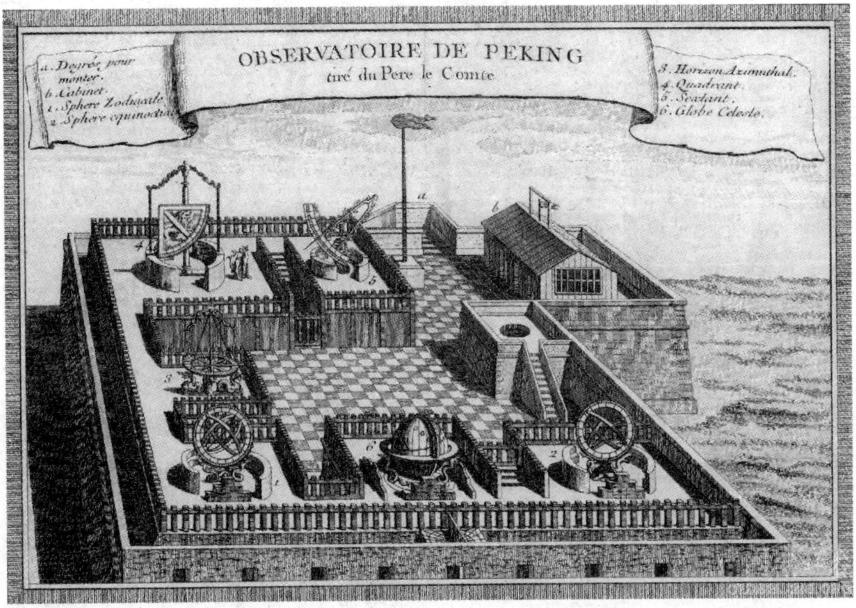

北京观象台（18世纪欧洲铜版画插图）

1 戴进贤等：《钦定仪象考成》，1757年，引自《中国科学技术典籍通汇》，天文卷（七），大象出版社，1998年，第1348页。

2 戴进贤等：《钦定仪象考成》，1757年，引自《中国科学技术典籍通汇》，天文卷（七），大象出版社，1998年，第1349页。

说》相同[1]。《皇朝礼器图式》绘制了三辰仪插图[2]。《皇朝文献通考》几乎完全重复了《皇朝礼器图式》的文字说明，但把它错安在“三辰公晷仪”的名下。与三辰公晷仪不同的是，三辰仪强调了测赤道经纬度的功能，增加了窥管的过极游圈变成了中国传统的四游仪。

乾隆十九年（1754）1月27日，允禄等报告，已经铸成并安设了大仪。他们认为，此仪“若仅名三辰，于义未备”，故请求皇帝赐名。乾隆帝将它定名为“玑衡抚辰仪”。4月8日在仪器上用满、汉两种文字镌刻“御制玑衡抚辰仪乾隆甲子造”。它成了中国历史上最后一架大型浑仪，安装在观象台的西北角。负责监造的人员有内务府的佛保、杨作新、公义、舒山、叶文成，以及钦天监的何国栋和刘裕锡。从仪器构造的中国化推断，中国人发挥了重要作用。“乾隆甲子造”指制造三辰公晷仪的时间是乾隆九年（1744），目的是强调两者之间的联系。

有关玑衡抚辰仪的情况被编成《玑衡抚辰仪说》两卷，列为《仪象考成》之卷首，并补上“御制”二字，于乾隆二十二年（1757）刊印。此书是中国仪器史上对技术内容作文字描述最详尽的专书。其中，《制法》一节可以看作是对南怀仁《仪象图》的制造工艺部分的文字补充和诠释。玑衡抚辰仪的制造者基本上承袭了南怀仁用过的制造工艺：

据《御制玑衡抚辰仪说》的《仪制》记述，玑衡抚辰仪最后的成品基本上是中式的三重环结构，它既继承了三辰公晷仪的过极圈（赤极经圈）与游旋赤道圈相连的结构，又选择了三辰仪的过极游圈和窥管（四游仪），并采用了中国浑仪的典型子午双环和过极双环（赤极经圈）以及欧洲式的刻度划分方法、螺旋和垂球。由于仪器被固定在北京的观象台，设计者放弃了调节北极高度的结构，因此，它本质上成了中国传统浑仪的改型设计，“即玑衡

1 白尚恕、李迪：《从三辰公晷仪到玑衡抚辰仪》，《中国科技史料》第3卷，1982年，第2期。

2 允禄等：《皇朝礼器图式》，康熙二十四年（1759），引自《影印文渊阁四库全书》，第656册，[台湾]商务印书馆，1972—1975年， 第169页。

遗法”[1]。

和历代中国浑仪相比，玑衡抚辰仪结构简洁，刻度精准，设计和制造时间长，装饰造型华丽。因此，有人称赞它是“清朝一代最杰出的天文仪器”[2]。然而，从仪器的技术特点和功能来审视，这种赞誉似言过其实，因为这件仪器有着不容忽视的铸造缺陷，它的刻度精准性没有超过南怀仁的仪器。虽然它的带十字线的窥衡要比南怀仁的缝隙式照准器的瞄准精度高，但比当时欧洲仪器上带测微计的望远镜照准仪落后得多。这说明参与制造的传教士仅遵皇帝的意愿而对欧洲的新技术视而不见，同时中国匠师对欧洲新仪器又了解不够或者不得要领，他们似乎与另一个世界（欧洲）的技术进步有很大的距离。

日本浮世绘，歌川国芳绘方济各会修士像，人物穿着中国官服，身旁是六分仪和天球仪。

综上所述，制造者先以“三辰公晷仪”为基础制作了模型“三辰仪”，最后制就成品“玑衡抚辰仪”，这一设计思路与观象台仪器的欧洲化趋势相反，中国的铸造工艺还在发挥着一定的作用，表明清朝的仪器技术经历了一个欧洲化的过程。

清代古观象台的天文仪器，在世界天文史上有重要地位。而就在光绪二十六年（1900），八国联军在入侵北京期间，法国占领军和德国占领军争抢这批仪器，联军统帅瓦德西说：“这些天文仪器有极高的艺术价值，他们的造型和各台仪器的龙形装饰都极为完美。”12月2日，法军抢去了数件，接着德军抢走了天体仪、纪限仪、地平经仪、玑衡抚辰仪、浑仪，并将它们运

1 戴进贤等：《钦定仪象考成》，1757年，引自《中国科学技术典籍通汇》，天文卷（七），大象出版社，1998年，第1355页。

2 陈遵妫：《清朝天文仪器解说》，中华全国科学技术普及协会，1956年，第46页。

到了德国柏林。1921年归还给了中国。

乾隆年的《皇朝礼器图式》中的西洋天文仪器与北京古观象台上带有欧洲风格的天文仪器，它们的确很好看，也很精致，只是这些有着天象观察功用的仪器从未与中国的雨泽发生过什么关系，最终，它们仅仅成为了艺术价值极高的皇权的装点。

19 《增补坤舆全图》与《泰西水法》

明代中叶，地理学尤其是地图学，作为西方传教的手段开始进入中国。来华的传教士、澳门圣保禄学院派主要代表人物利玛窦（Matteo Ricci）、白晋（Joach Bouvet）、雷教恩(Jean-Baptiste Regis)、杜德美(Pierre Jartoux)、蒋友仁(michel Benoist)等都精于地理学，且擅长地图测绘。

《坤舆万国全图》

在中国，第一张世界地图是由利玛窦传入的。此后，利玛窦及其后来的传教士又在中国分别绘制过新的世界地图。中国人的宇宙观念和地图绘制技术因此产生了飞跃式的进步。从万历十二到三十六年（1584—1608），经利玛窦绘制的世界地图有12种之多，其名称有《山海舆地全图》、《两仪玄览图》、《山海舆地图》、《舆地全图》、《坤舆万国全图》等，其形状或为东西两半球图，或东西半球合为一椭圆形。其中，第一幅中文世界地图《山海舆地全图》是在肇庆绘制的，后经王泮的质疑，利玛窦很快认识到中国被局处一隅是一种危险的安排。他后来这样写道，中国人认为天是圆的，但地是平而方的，“他们深信他们的国家就在它的中央。他们不喜欢我们把中国推到东方一角的地理概念。他们不能理解那种证实大地是球形、由陆地和海洋所构成的说法，而且球体的本性就是无头无尾的”[1]。这种视中国为天下的地理概念和几千年沉淀下来的意识决非一朝一夕所能改变。于是利玛窦不再企图以理性去论证世界与中国的关系，而是对地图作了技术上的处理，把福岛本初子午线从世界全图的中央向左移动一百七十度，在地图两边各留下一道边，使中国正好出现在《坤舆万国全图》的中央。同时为了减轻中国人心理上因欧洲人到来而产生的恐惧感，他还故意把中国与欧洲的距离从“六万里”扩大到“八万里”。这种迎合中国人盲目自尊自大的做法，加之似是而非的地理上的模糊数字，没有为中国带来一种真正科学意义上的“世界意识”，但却奠定了中文世界地图400多年来的大格局。

《山海舆地全图》后来有多个版本，名称也不尽相同。1584年，利玛窦在南方肇庆绘制第一幅世界地图时，曾为之译注上中文名称，1595年他又在南昌为建安王搞了一张这份图的绘写本，1600年又在南京刊出《山海舆地全图》。然而，最为完善的还是万历三十年（1602）由李之藻为之刊刻的《坤舆万国全图》。现在，利玛窦绘制的地图除罗马和日本宫城县图书馆仍保留有1602年版本外，其余都失传了。李之藻刻本《坤舆万国全图》现在南京博物院有藏，1935年“禹贡学会”也影印出版过《坤舆万国全图》。

利玛窦绘制的这些世界地图，给中国人带来了多方面的地理知识，这包括：在中国地理学史上，首次应用西方地图投影法绘制地图并进行经纬度测量。随着利玛窦来华，地图投影法也一并传入中国。为了绘制地图，他亲自测得了北京、南京、大同、广州、杭州、西安、太原、济南等地的经纬度，数值与今天的测值相差无几，可见当年测量精度之准。利玛窦在《山海舆地全图解》中介绍了经纬度的作用，即东西向的纬线表示地球的长度，赤道为纬线的起线，向北数到北极为北纬90°，反之为南纬，也是90°。

在《坤舆万国全图》上把世界分为五大洲，即欧罗巴、利未亚（非洲）、亚细亚、南北亚墨利加及墨瓦蜡泥加（泛指南极一带），当时尚不知

1《利玛窦中国札记》，中华书局，2005 年，第179—181页。

道有澳大利亚洲。由于五大洲的分绘，地圆说也在中国第一次得以科学表述，改变了中国人自古以来“天圆地方”传统理念。

同时，利玛窦在他改编的世界地图中还有图说，他确定的一系列自然地理名词，一直沿用到现在，如经纬度、南极、北极、赤道、北极圈等。他以赤道、南北二回归线与南北二极圈将地球表面划分为五个气候带（二温带、二寒带、一热带），这种划分是随着地圆说而传布的一种新观念，里面渗透着对自然气候的科学认识。清初剑华堂曾拍案叫绝：“呜呼！今日之天下，与古之天下异矣！……西人东来，地球图书，夫然五洲之土地，数十国之名号，粲然而分呈。”[1]康熙六十一年（1722）来澳门的法国教士宋君荣（Antonius Goubil）在北京建立测候所，开展气象观测。南怀仁还把温度计、湿度计及其制作、应用技术带进中国。

乾隆九年（1744）来澳门的法国教士蒋友仁手绘《坤舆全图》，并作文字说明。后人将这些文字整理成《坤舆图说稿》，内容有坤舆图说、经纬线、测量地周新程、亚、欧、非、美洲、七曜（星）序次、四季、地半径差、论地图、交食、太阳、五星、客星等。而南怀仁的地图已增绘澳大利亚洲。尽管他们所绘制的世界地图与利玛窦的地图一样，与今天世界地图相比还有不少差距，但他们毕竟或多或少地传入一些新的世界地理知识。

乾隆十五年（1750）来澳门的法国教士钱德明（Jean-Joseph-Marie Amiot）在乾隆二十至二十一五年（1755—1760）也在北京进行过气温、气压、雨量、风向等观测，有关统计数字后在巴黎发表，此为外国人在中国最早气象气候观测和记录。

乾隆二十一年（1756）、二十四年（1759），平定准噶尔和回部之后，清政府两次派何国宗等人及外国传教士到伊犁和南疆进行测量，绘制地图。蒋友仁根据他们所绘的地图，结合自己来华时带来的世界地图，决定画一幅《增补坤舆全图》。这是一幅大型的世界地图，需要付出相当大的劳动。当时蒋友仁的身体已很衰弱，乾隆帝特派御医为他治病，并派中国学者何国宗

1《皇朝经世文编》卷49。

协助工作，还令中国学者钱大昕为他润色地图的说明文字。

哥白尼的日心地动说

中国人从上到下，一致认为，中国是这棋盘或鸡蛋形状的正中心，周边都是夷狄蛮，再远处，就可能是鬼国了。13世纪时，西方流行地圆学说，几个世纪以后，西方传教士把地圆学说介绍给中国，中国人觉得很可笑，康熙时主持天文工作的钦天监监正杨光先居然“喷饭满案”，因为这对于中国士大夫来说这是万难接受的说法。

《增补坤舆全图》于乾隆二十五年（1760）完成。它长12尺半，宽6尺半，东西两半球直径各5尺，比以前利玛窦及南怀仁所制“尤为精当”。图的四周有说明文字和精美的附图。这幅图之所以名为《增补坤舆全图》，就是增补南怀仁所绘的《坤舆全图》。不过，他所增补的多属天文的部分，说明文字的内容绝大部分属于于天文学，附图则完全是天文图。

在这幅图的解说中，蒋友仁明确宣布哥白尼的日心地动说是唯一正确的，并介绍了开普勒三定律以及欧洲天文学的一些最新发展，如地球为椭圆形等，这对于我国天文学的发展具有相当大的意义。不过，蒋友仁还没有介绍牛顿的万有引力定律和布拉德雷关于光行差的发现。是否通过《坤舆全图》就能让中国人确信地球说，并从中领悟到信奉至此的天圆地方说根本上存在着谬误？实际上，当时的中国人是不会认同天下的中心国——中国只不过是大地中一片土地的说法的。

为了便于人们接受哥白尼的日心地动说，在《增补坤舆全图》的说明中，蒋友仁作了通俗易懂的解释。他说，人们初闻日心地动说，往往惊为异说，原因在于只恃目证，而目证有时并非真理。例如人们在地球上看太阳和月亮，以为它们两径相等，其差大还过5、6寸。然而根据推算，太阳之径比地球之径大百倍，而月亮之径止为地球之径的四分之一。人在地球上看太阳，似乎是太阳动而地球静，“今设地球动而太阳静，于推算既密合，而于理亦属无碍”。

他进一步举例说明：人在地面，视诸星之行皆环绕地球，而地似乎常静不动。这绝不能作为地静而诸星动的根据。这就好比“舟平浮海，舟中之人见舟中诸物，远近彼此恒等，则不觉舟行。而视海岸山岛屿以外诸物，时近时远，时左时右，则反疑其运动矣”。人在地面上，“视周围诸物之远近恒等，则不能觉地在运行”。而看到地球外诸星，时上时下，时左时右，则以为诸星绕地球而旋行。

是天动，还是地动？是太阳围绕地球转，还是地球围绕太阳转？这是托勒密学说和哥白尼学说斗争的焦点。公元2世纪，古希腊的天文学家托勒密创立了地心说，认为地球静止地居于宇宙的中心。此后，教会利用这一学说，并对它进行篡改，以论证上帝创世说。16世纪，波兰伟大的天文字学家哥白尼创立了日心地动说，认为太阳是宇宙的中心，而地球等行星围绕太阳运行。这不仅是天文学发展史上的一个里程碑，而且引起了宇宙观的深刻变革。1687年，万有引力定律发现之后，日心地动说在欧洲更加深入人心。1727年英国天文学布拉德雷发现光行差，验证了地球的运动，日心地动说由此得到了普遍承认。罗马教廷不得不在1757年取消了对哥白尼学说的禁令。

根据有关学者的最新研究成果，蒋友仁并不是在中国公开传播日心地动说的第一人。黄百家很可能是我国第一位完整、公开地介绍日心地动说的学者。日本学者小川晴久撰文指出，黄百家在《宋元学案·横渠学案》中有关哥白尼学说的描述，表明了这样一个事实：“中国的天文学者们在17世纪下半叶，就相当正确地知道了哥白尼的地动说。”[1]

然而令人遗憾的是，《增补坤舆全图》是作为寿礼献给乾隆帝的，他虽然高兴地夸奖了蒋仁友，赏赐他几匹绸缎，但并没有懂得这幅图的价值。他曾令朝臣及学者就这幅图及其说明进行讨论，许多人都认为蒋友仁的说明是“标新立异”，不可信。结果，这幅图被锁进了皇宫内廷，无人能识。更何况当时的中国还未建立近代科教机构与相应的体系，即使是乾隆帝心有灵犀一点通，在传播上也缺乏必要的渠道。

1 小川晴久：《东亚地动说的形成》，《科学史译丛》1984年第1期。

30多年之后，钱大昕虽然把他的润色稿定名为《地球图说》刻印了，但是阮元却在序言中劝读者对于哥白尼学说“不必喜其新而宗之”[1]，因为它“上下易位，动静倒轩，离经叛道，不可为训”[2]。阮元是当时的著名学者，达官贵人，在学术界举足轻重，他对哥白尼学说的态度在社会上很有影响。因此，长期以来，蒋友仁的介绍在中国没有得到应用。

在欧洲文艺复兴、资本主义原始积累的背景下，新兴资产阶级开始向东方寻找殖民地和市场，随之地理大发现同时发生，促使近代地理学取得许多破天荒的成就。这一时期的西方传教士在传播宗教的同时也将欧洲地理学传播到中国，在很大程度上改变了中国传统地理学的格局，为尚在孕育中的中国近代地理学奠定了认识与技术上的基础。

圆明园里用上了“泰西水法”

利玛窦曾对徐光启说，自己“薄游数十百国，所见中土土地人民，声名礼乐，实海内冠冕，而其民顾多贫乏，一遇水旱，则有道殣，国计亦诎”。他建议尽早译出“象数之流”的“水法一事”，“可以言传器写，倘得布在将作，即富国足民，或且岁月见效”。万历四十年(1612)徐光启和熊三拔合译《泰西水法》6卷。卷一介绍龙尾车，是一种螺旋式提水机械；卷二介绍的玉衡和恒升，则是利用气压原理提水的唧筒；卷三介绍水库，是一种小型蓄水池塘；卷四介绍找泉凿井技术；卷五谈水性；卷六则是诸器图式，即各类汲水取水机械的图解说明。徐光启在《农政全书》中收录其中的前四卷。《四库全书总目》对《泰西水法》作了简明介绍，称“是书皆记取水蓄水之法” 。明确指出：“西洋之学，以测量步算为第一，而奇器次之，奇器之中，水法尤切于民用，视他器之徒矜工巧，为耳目之玩者又殊。固讲水利者所必资也。”

为《泰西水法》作序的万历进士、吏科都给事中曹于汴在序中对徐光启编译此书之举大加赞赏，认为他“轸念民隐，于凡农事之可兴，靡不采罗，

1 蒋友仁：《地球图说》；阮元：《地球图说序》。

2 阮元：《畴人传》卷46，《蒋友仁》。

阅泰西水器，及水库之法，精巧奇绝，译为书而传之；规制具陈，分秒有度。江河之水，井泉之水，雨雪之水，无不可资为用，用力约而收效广”。另一位作序人是与利玛窦相友善的上饶人郑以伟，他在序中称《泰西水法》“酷似《考工记》，此法即不敢补《冬官》，或可备稻人之采，非墨子蜚鸢比也”。兹一说，是弘扬？还是曲解呢？

《四库本书总目》还写道，《泰西水法》卷四之末有附记云：“此外测量水地，度形扫势高下，以决排江河，蓄泄湖淀，别有一法。或于江湖河海之中，欲作桥梁城垣宫室，永不圯坏，别为一法。或于百里之远，疏引源泉，附流灌注，入于国城，分枝析派，任意取用，别为一法。皆别有备论。兹者专言取水，未暇多及云云。”为此，《四库全书总目》感叹道：“则其法尚有全书，今未之见也。”也就是说并未见其在实际生产中被运用，惋惜之情跃然纸上。实际上，一项科学技术要运用到实际生产中去，还有很长的路走，而科技应用可能性的大小并不完全在科技本身的优劣，堵塞的症结应是社会制度与机制上的缺失。

《泰西水法》介绍的这些水利知识和机械技术，当时并未在农业生产中传播运用，却被用在了宫廷园林的人造水系工程上。据史料记载，雍正年间，在圆明园的“水木明瑟”一景中，建筑师们以西洋水法引水入室，其主体是推动风扇供皇帝消暑的三间风扇房。该景建于雍正初期，雍正五年（1727）时奉旨将水法上的翎毛风扇做了放大的改造。乾隆九年（1744）御制“水木明瑟”词序曰：“用泰西水法引入室中，以转风扇，泠泠瑟瑟，非丝非竹，天籁遥闻，林光逾生净绿。”乾隆帝在这方面比其父要气派得多，圆明园长春园北隅一区西洋楼就是为映衬西洋喷泉而特意建造的。乾隆十二年（1747），皇上偶见西洋画中的喷泉，十分感兴趣，便找来朗世宁问谁能仿制，郎世宁推荐了法国人蒋友仁(P.Michael Benoist,1715—1774)。乾隆帝随即命蒋在长春园督造水法，将“泰西水法”和西洋建筑引为中用，为圆明园这一中国古典园林增添一抹异国色彩。西洋楼景区共有西洋风格建筑群组十余处，其中专用于喷泉的建筑有四处，喷泉共有11组。各组喷泉均采用动物争斗场景为造型题材，其中饶有奇趣的南部喷泉造型为一条翻尾石鱼，它被一群铜鸭、铜鹅所围，鸭、鹅嘴中喷水聚向鲤鱼，营造出一派田园的景象。大水法前是一组猎狗逐鹿造型喷泉，取材于中国逐鹿中原的典故。海晏堂四周有五组喷泉，其南北各有两个喷泉造型也很有趣：一猴挂着印、打着伞，拿一竿捅马蜂窝，水从伞尖流下来，这一喷泉造型的寓意是中国传统文化中的封侯挂印。好不热闹。

建筑组群中，海晏堂即为安装泰西水法机械设备而建造，是长春园中最大的西洋楼。蒋友仁据意大利人艾儒略（P.Julius Aleni,1582—1649）记述的罗马名苑中的喷泉，并参考了诸如1619年德国出版的《流体动力法则（Les Raisons des Foeccs Mouvantcs）》中有关水法的技术，完成了这项史无前例的工程。尽管当时的西方传教士所受教育的水平与欧洲新型的工业革命的知识背景有着很大差距，但毕竟西方传教士能按照皇上的意图，完成了“水法”的机械制造与安装，实令人感叹其匠心。和海晏堂十一间楼用扶梯连接的是安放水车水库的十一开间“工”字楼，中段有砖砌高台，上置“养鱼池”，盛水180吨。水池的四周包满了锡板，防止池水渗漏，水中有养池鱼，

圆明园大水法（18世纪欧洲铜版画）

称为“锡海”。工字楼两翼是东、西两水车房，地面有下冲流水石槽，借以转动机轮，带动龙尾车，扭水旋转上升，上达“锡海”，再利用地心引力经过铜管流向喷泉。

乾隆三十九年（1774），蒋友仁病逝后，接下来竟无人能操纵这架龙尾车，乾隆帝每次来游园，就只能靠人工拱桶上楼输水，以供喷泉，乾隆帝一经离园，喷泉便断水了。乾隆五十八年（1793），英国特使马戛尔尼（GeorgeM acartney,1737—1806）来京，乾隆帝特意宣旨邀请其游览圆明园等水法处，其本意当在炫耀外邦，美化印象。然而，马氏全然未领其意，在日记中他描写了圆明园宫室亭馆之胜境，却对长春园水法只字未提[1]。

其实，西方人御旱的知识还远远不止《泰西水法》，记录了19世纪70年代欧洲的《使西日记》的作者曾纪泽才写道：“西人御旱之法，曰凿井，曰种树，皆所以引地气接天气也，收效虽迟，而成功之后，常得奇验。英法诸国，皆以劝民种树为大政，伐一株者责种两株，言多种树木，不独可以除旱灾，兼能减民间疾病云。”由这段在一百多年前写下的文字可以得知，欧洲“御旱”，凝聚着几代人在正确观念指引下的勤劳与智慧。不能不提到，那些有着浓厚宗教色彩的耶稣会会士们并未能将真正意义上的近代科学技术传到中国，这是由于就他们本身所掌握的知识与技术而言，还未能从中世纪的“质”的世界观转化为近代的“量”的世界观；另一方面，即使像瓦特[2](James Watt,1736—1819) 在18世纪的80年代头一年创造出的从两边推动活塞的双动蒸汽机等工业革命的新技术已然登场，也会因为专利权[3]的原因限

1 参阅童寯：《北京长春园西洋建筑》，《建筑师》1981年第1期。该文在分析其原因时说：喷泉在英国作为拉丁规则式庭园一种装饰，16世纪下半叶是极盛时期，到18世纪由于受中国建筑思想的影响而兴起的自然风格弥漫英国，此后矫情人造的水法已过时而不受重视，因此马戛尔尼对长春园内的水法漠然置之。

2 瓦特，英国发明家。1781年他制造了从两边推动活塞的双动蒸汽机。1785年，他也因蒸汽机改进的重大贡献，被选为皇家学会会员。

3 专利萌芽于英国。1236年，英王亨利三世曾颁发给波尔多的一市民制作各种色布15年的特权；1331年，英王爱德华三世授予佛来明人约翰·肯普的织布及染布的独占权利。1474年，威尼斯共和国制订了世界上第一部专利法，科学家伽俐略在威尼斯共和国依法获得了扬水灌溉机的20年专利权。1642年英国颁布了《垄断法》。

制其技术以传教的方式传播到当时的中国。

1900年大旱，全是教堂止住了天

《旧约全书》中的上帝这样说："你们若留意听从我今日所吩咐的诫命，爱耶和华你们的神，尽心尽性侍奉他，他必按时降秋雨春雨在你们的地上，使你们可以收藏五谷、新酒和油。也必使你吃得饱足，并使田野为你的牲畜长草。你们要谨慎，免得心中受迷惑，就偏离正路，去侍奉敬拜别神。耶和华的怒气向你们发作，就使天闭塞不下雨，地也不出产，使你们在耶和华所赐给你们的美地上速速灭亡。"[1]这话听起来仿佛是对东方世界的"邪恶"咒语。

统摄有不同灵魂群体的两大神系之间的冲突一触即发。以儒教、大乘佛教为文化基本结构的东方与基督教为文化基本结构的西方，终于闹翻了。一方，基督宗教所信仰的至上神——一个完全又无限的上帝，基督教教义坚信其作为"一切存有者共同的最后原因"；另一方，在儒教与佛家看来，所谓"一切存有者共同的最后原因"不能被视为是真实的。这种不真实来源于一种极端的、狭隘的、带有偏见的文化利己主义。在基督教经典中记述着，当以色列人离开埃及时，上帝在白天变成云柱为他们领路，夜里变成火柱为他们带路[2]。云柱能带来黑暗和黄昏，上帝又出现在

小斯当跪见乾隆帝（19世纪欧洲铜版画插图）

1《圣经·申命记》第11章，第13—21节。

2《圣经·出埃及记》第13章，第21-22节。

云端里，此时伴随着雷鸣和闪电。上帝在授予摩西十戒时，还要求以色列人打碎其他民族的神柱[1]。后来，上帝解释说，如果他的律例得到遵守，他就会及时地给人们降下雨水，让大地丰产；但是，如果人们不去遵奉其旨意，他就会报复，给他们带来灾难，直到他们记住上帝和他们的祖先立下的盟约为止[2]。

冲突的源头还来自于双方互不相让的神的世俗领袖。一方面，对当地宗教习俗是否采取较为宽容的态度，在教会内一场旷日持久的争执，终于在1704年有了一个阶段性结论，教皇克莱芒十一世颁布了一项可归结为对耶稣会士在华传播福音十分不利的敕令。接下来，1705年和1742年的教皇诏书再次重申了有关条款。另一方面，其连锁的结果引发的更大不幸落在了在华传教会的头上，乾隆三十八年（1773）耶稣会受到了来自朝廷的空前压制，从某种意义上讲，这一打击极其有害。更为糟糕的是，乾隆三十九年（1774）中国皇帝的禁教谕令终止了一个重要时期的中西文化交流。

这一天终于到来了，水火难容的冲突爆发了，基督教的神咒显现了。《圣经·旧约全书》中写道：“上帝将使雅弗扩张，使他住在闪的帐篷里。”[3]暗示作为雅弗的出生地欧洲，注定要征服闪的出生地亚洲。1840年，“雅弗”的子孙们燃起的战火烧到了乾隆帝的皇孙道光帝的帐前，一场中西之间的大冲突就这样拉开了序幕。

尽管西方列强用船坚炮利强加在中国人身上过多的不平等条约，然而，对19世纪末帝国农民生存威胁最大的还是旱灾。在那一段时间，全国连续发生的大旱达到了创纪录的140次。1900年，直隶的旱情愈益严重，南部地区春夏秋三季亢旱。据直隶总督李鸿章奏报：献县、曲周、高阳、沙河、平乡、广宗、永年、肥乡、磁州、元城、大名、隆平、宁晋、饶阳等15州县各有数十乃至数百村庄“成灾五、六、七分，及歉收三、四分不等，民情困苦异常”；安州、青县、静海、沧州、南皮、邢台、南和、巨鹿、任县、邯郸、

1《圣经·出埃及记》第34章，13节。
2《圣经·利未记》第26章，第3—45节。
3《圣经·创世纪》第9章，第27节。

成安、鸡泽、威县、新河、深州等15州县也大面积受灾，“歉收三、四分不等”[1]。如邯郸县自春徂夏无雨，“苗皆枯槁，颗粒无收，人民饿毙甚多”[2]。清河县亦“酷旱至七月始雨”[3]。持续差不多两年的亢旱之后，直隶大部分地区的灾情达到了无以复加的地步，出现了“畿辅荒旱，赤地千里，民不聊生”的悲惨景象[4]。最终导致“贫民无计谋生，岌岌不可终日”[5]。

没有死的帝国农民开始了大规模的逃亡。山东黄尘滚滚的土道上，河南荒芜的田野上和河北干涸的河床边，数百万流民在绝望中行走。他们衣不蔽体，食不果腹，孩童啼哭，成人无泪。为了生存，人人相食的现象时有发生——“有一家食过小孩数个者，有一人食过九个人肉亦自死者”。面对如此铺天盖地的灾难，帝国政府通常的赈灾办法是设立“粥厂”。北京六门外的“粥厂”调拨官仓大米15万石。但是，在帝国的国土上依旧有越来越多的灾民饿死在城墙之下，荒野之上。对于上千万的灾民来讲，“粥厂”无异于杯水车薪。帝国政府害怕发生“民变”，于是禁止流民流动。清代学者俞樾的《流民歌》唱到：“不生不死流民来，流民既来何时回？欲归不可田无菜，欲留不得官吏催。今日州，明日府，千风万雨，不借一庑。生者前引，死者臭腐。吁嗟乎！流民何处是乐土？”[6]

面临前所未有的旱灾苦难，1900年闹起来的义和团将天旱之灾归咎于洋教，华北各地都张贴有如下内容的揭帖：“兹因天主耶稣教，欺神灭圣，忘却人伦，怒恼天地，收住之雨，降下八百万神兵，扫平洋人，才有下雨之期。”[7]其乩语这样说道[8]：

1 李文海等：《近代中国灾荒纪年》，湖南教育出版社，1990年，第667页。

2 李世昌等纂修：《邯郸县志》卷1，大事志，[台湾]成文出版社，1969年，第138页。

3 张福谦修、赵鼎铭纂：《清河县志》，[台湾]成文出版社，1976年，卷17，“杂志”，第1185页。

4 李文海等：《近代中国灾荒纪年》，第668页。

5 李文海等：《近代中国灾荒纪年》，第686页。

6 [清]俞樾《流民歌》，转引自孙燕京主编《晚清遗影》，山东画报出版社，2000年，第180页。

7《文汇报》编：《义和团起义》第9页。

8 国家档案局明清档案馆编：《义和团史料》上，中华书局，1959年，第18页。

天无雨，地焦干，
全是教堂止住天。
神发怒，仙发怨，
一同下山把道传
……

洋人认为，汉语中有一个字最难解释明白，英语将其委婉地翻译为“愤怒的物质”——这个汉字就是“生气”或者“气愤”的“气”。他们同时认为，中国人的“神”的肚子里同样也充满了“气”。尽管没有一个帝国的农民能够清楚地说出他们的“神”是谁或者是什么，但是，由干旱而在民众的肚子里升腾为气的东西，化作民怨的怒火，终于迁怒于高高耸入云霄的洋教堂的尖顶。

美国驻华公使康格在1900年5月8日的一份函件中对直隶的形势作了如下描述：“老百姓非常可怜。将近一年时间里滴雨未下。土地荒芜，根本无法开耕，庄稼也种不上，地太干太硬。其结果是，许多中国人无事可做，陷入了饥饿、不满和绝望状态，他们……愿意加入任何组织……现在终于开始下雨了，如果大雨持续不断，我认为我们就再也听不到‘义和团’了。”[1]

英国驻华公使窦纳乐表示：“只要下几天大雨，结束持续已久的干旱（这是导致农村地区发生骚乱的重要原因），就能恢复平静。雨水比中国政府或外国政府采取的任何措施都管用。”[2]

一场义和团造反的烈焰终于在持续的大雨中，而不是在西方列强的枪炮下，更不是在耶和华福音的感化下迅速地偃旗息鼓了。

1 康格致海约翰，1900年5月8日，《美国外交文件》，第122页。引自[美]柯文著、杜继东译：《历史三调：作为事件、经历和神话的义和团》，江苏人民出版社，2000年，第68页。

2 窦纳乐致索尔兹伯里，1900年5月21日，《蓝皮书》1900年卷，第105页。引自[美]柯文著、杜继东译：《历史三调：作为事件、经历和神话的义和团》，江苏人民出版社，2000年，第68页。

20 三十八年与四十七年常雩官场风波

乾隆二十四年（1759）、二十六年（1761）大灾年之后，直至三十九年（1774），年年是渥泽应时，澍雨频 ，一下子持续了十余个丰平年。连续的风调雨顺使人们有一种满足感，让人感到活在那个年景里，透着由衷的庆幸。另一方面，如梭的岁月也悄然改变着老年皇上的政治形象。

三十八年常雩风波

三十八年（1773）祈雨的结果应当为乾隆帝带来了欣喜才是，看一看当时的御制诗就会为他的诗情所感染，就在祈雨返回的路上，皇帝的大辂车队竟遇上了雨泽，乾隆帝顿时诗兴大发，一首《雩祭毕雨中回銮之作》云：

> 请雨宁妨雨湿衣，礼成仍喜雨中归，
> 因传执事胥颁赏，敛锡鸿庥敬不违。
> ……

读这样的诗会叫人喜悦，而他偏偏要担心旁人不明白，诗后他还是自注道："在坛执事人负朝衣不免霑湿，因概命行赏，以均天贶。"祈雨灵验，让雨浇个透心凉也高兴，兴头上皇上要犒赏随从人员，图个皆大欢喜，并将如此举动说是天意。接下来，他仍旧是喜不自禁，说个不停，云[1]：

> 比户贾商且和乐，足知农父更欣如。

十几年来的风调雨顺让王朝上上下下长时间地处于受用舒坦的状态中。当下的雨还下得哗哗的，对神明的怠慢情绪开始在当差的公务中蔓延开来。常言道，乐极生悲，这就来了……常雩仪典之上，有人出了岔子，见于四月十二日的内阁奉上谕：

> 此次常雩大祀预期，皇穹宇拈香仰瞻，列祖神牌见有字色模糊之处，谕交太常寺堂官查办，乃该堂官只将上年冬至祭祀恭请出龛入龛祀丞任策祥送交刑部治罪，而刑部亦并未切实根究，仅以任策祥照律问拟，颟顸具奏。朕宿知郊坛大典非一祀丞专司其责，恭请神牌系捧爵赞礼郎之事，且其日即经德福奏称向例如是，何得仅委之微末祀丞而置赞礼郎于不问？必系德福袒护满员，希图朦混了事。

在乾隆帝看来，当事人所述的辩辞，荒渺莫考，愚顽不堪，信口雌黄，不可究诘。"因令军机大臣详悉查询，始据德福称，恭请神牌出龛入龛系祀丞任策祥，其自供案请入停内，恭尊至坛及祭毕由坛迩奉供案，系赞礼郎珠通阿，并查明珠通阿系原任副都统雅尔呼达

《亲藩习射图》（局部），故宫博物院收藏

1《清高宗御制诗集·四集》卷21。

之孙，是德福之意存袒庇已属显然。而素尔纳尝三十八年办理庶务，从不肯稍涉含糊，亦无人能以朕前取巧欺饰，德福何人，竟敢以此尝试耶？此案若非朕洞鉴其隐，则任策祥独当重罪，而珠通阿竟因堂官袒庇以脱然事外，何以服任策祥之心而使太常寺官知所儆惧，纵而临期纵赴，市会其惊悸亦去死无异。朕综理庶狱，凡笞杖小罚尚不使其稍有枉纵，况大辟重犯乎？”[1]往日里，这样的差错或是要丢官位或遭贬黜，好在是风调雨顺的年景，为了刚才祈雨返途遇上的雨泽，龙心欣慰，也就就此作罢了。罚处留有相当余地，目的是惩前毖后，使各衙署官司由此有所儆惧，明白当今皇上不是那么好糊弄的就好了。

这一年，乾隆帝复谕天下，“常雩”之一切典章，断不可稍减，俱谨载入圜丘大祀。

四十七年常雩风波

又过了九年，相似的事情重演了。乾隆四十七年（1782）春的常雩祭又引来了一场不小的政治风波。这一年京师和保定一带，数月无雨。进入孟夏，天时更加亢旱，禾苗枯槁，农户盼雨正殷。当时，这位古稀天子决定按照定例，亲自祭天祈雨，择定四月初六日举行常雩礼于圜丘。

从《起居注册》看，一切如常，乾隆帝从祭前三天即四月初三日起，先到紫禁城内的斋宫斋戒两天。祭前一日寅刻，乾隆帝着常服，到太和殿阅看书写常雩祝文的祝版。巳刻，乾隆帝离开紫禁城，出午门，经正阳门到达天坛的斋宫，当晚斋宿。初六日寅刻，乾隆帝出斋宫，到圜丘行常雩礼。礼成以后，他到圆明园住了两天，初八日回紫禁城。似乎是波澜不惊，什么事也没有发生。

而事实上，平静中却隐藏着一场政治风波的玄机。这次常雩礼，尽管祭前几天就由礼部、工部、乐部、太常寺等有关衙署做了大量准备工作，举行常雩礼时的种种繁缛礼仪也均按礼制规定逐一进行，但仍然出了纰漏，这其

1《乾隆朝上谕档》第7册，第348页。

中有三件事令乾隆帝十分恼火。

第一件事是，常雩祝版上有的字笔划模糊，缮写得不够工整，他不满；

第二件事是，乾隆帝离开天坛斋宫到圜丘行礼，于具服台更衣时，发现“更衣幄次所设坐褥亦不整齐”，他又不满；

第三件事是，乾隆帝“行礼时，见坛内悬挂天灯仅二盏”，而不是典制上规定的三盏，他更加不满[1]。

为此，龙颜震怒，离开天坛到达圆明园后的当天，他立即谕令内阁查办与这三件事有关的人员。他为什么如此大动肝火呢？乾隆四十七（1782）年春的常雩祭已非乾隆三十八年的情景，京师一带，数月无雨，进入孟夏，天时更加亢旱，禾苗枯槁，形势十分紧急，心情自然也就焦躁，焦躁的人则难免要虚张声势，他在礼成后当天的上谕里，就讲了一通大道理：

“常雩大典，朕亲诣行礼，凡在坛执事诸臣胥应共矢恪恭坛内一切礼器，于朕未经斋宿之先，礼部、工部、太常寺堂官预行派员周视，均宜敬谨安设。诚以敬天大典，小心昭事之忱，小大臣工所当共凛。……郊坛典礼联亲诣行礼，尚如此草率不敬，若遣官恭代，更不可问矣。其罪甚大，非寻常错误仅止交部议处者可比。”

经过一番了解追究，乾隆帝在上谕里对有关人员一一给以处分。他首先指出工部堂官罗源汉等人的错误，说他们“近因福隆安患病，精神不能周到，遂各委蛇袖手，而派出司员等亦俱怠忽从事，以致种种玩误，不可不严示惩儆”。结果工部尚书罗源汉、侍郎诺穆亲、兼管太常寺事务礼部尚书德保、侍郎德明，“俱着革去顶带花翎，仍革职，从宽留任。十年无过，方准开复”。“四十七年（1782），坐雩祭礼器误，夺官，以三品顶带往和阗办事。召授正黄旗汉军副都统，迁正红旗汉军都统。”[2]

在神坛执事的诸臣胥未能像皇帝一样对神表示足够虔诚，还有更深层的原因。当神祇对人们的诉求“无动于衷”时，人对神祇就表现出不满和愤怒，但这种愤怒可能被畏惧所压抑，于是对神祇的供奉就会变得三心二意。

1 冯荒：《天灯之累》，《紫禁城》1982年第3期。

2《清史稿·鄂宝传附徐绩传》。

人们在崇拜的偶像前占卜，在置卦之前，会隆重祈祷，说些亲热动听的话，只是希望得到好卦。在灾变现实中，精致而完整的神祇体系是建立不起来的，灾民世界的神祇只能是“鬼”这种捉摸不定又充满功利主义特征的恐惧之物。“鬼”的此岸性表现在“他”的人性特征上，“他”具有趋利避害的“经济人本性”，也具有喜怒哀乐这种人的有限性。“自然神教”的特征首先表现在人对鬼神的机会主义态度上，中国人对神不是敬，而是怕，还有一种功利心理。人们“敬神”不是忏悔自己的罪过，而是贿赂神去惩罚自己讨厌的人，或希望在神发怒而制造灾变的时候自己可以幸免。中国人对“天”的奚落源于对现实的恐惧和忧怨。故孔子说了：“道之将行也欤？命也；道之将废也欤？命也。”[1]他认为道之实行与否应听之于天命，天命构成了人的主体的存在与活动的限制，使之始终不能超越出天命的范围。墨子在总结灾变经验时也作了相似的表述：“顺天意者，兼相爱交相利，必得赏；反天意者，别相恶交相贼，必得罚。”然而，事实上“顺天”只能是一种祈愿，因此就有人出来贬低天的地位，在这一问题上不遗余力是老子，他说：“天地不仁，以万物为刍狗”，这是灾民的愤怒。“天法道”，天不是最高的主宰，这是“不敬天”的违制诸臣胥对于权威的精神胜利。三十八年（1773）四月二十三日内阁奉旨：“太常培养堂官义处一案，所有并未先行看出之素尔讷、德福、诺木欢、谢溶生、德明、毛辉祖及上年冬至未经看出之永贵，俱着从宽改为改职留任，又袒徇赞礼郎珠通阿之德福及随同附和之素尔讷议以革职之处，仍著注册；其瞻徇不举之诺本欢、德明、毛辉祖、谢溶生，议以降三级调用之处，并着注册。钦此。”[2]

四十七年（1782），福隆安，当时的满籍工部尚书，确实因病未能照常视事，因此没有被免职，但仍“罚其公俸十年”。受处分最重的是工部侍郎徐绩，他本来当过巡抚，因获咎，复用为侍郎。乾隆帝说他充当侍郎后，“并不实心奉职，其罪更重”。结果被革职，令自备资给，前往新疆和阗，接替达尔吉善的工作。另有两名工部官员，一是署理工部侍郎不久又兼户、

1《论语·宪问》。

2《乾隆朝上谕档》第7册，第362页。

兵两部事务的曹文埴，二是祭前一日才兼署工部侍郎的福长安。乾隆帝认为两人也“均难辞咎，著交部严加议处”，同时要曹文埴不必再兼署工部侍郎事务。对专司悬挂天灯、铺设更衣幄次坐褥的工部司员，乾隆帝谕“查明革职，发往伊犁效力赎罪”。对祭前工部派往圜丘查验准备工作的司员，乾隆帝也下令一一查明议处，“以示惩儆”。

礼部尚书曹秀先，礼部侍郎达替、庄存与钱载，太常寺卿肃善洞阿、倪承宽、少卿扎郎阿、孙士毅，也都受到“交部严加议处”的处分。乾隆帝指责他们：“漠不关心，不过照例站班，置身事外，均失人臣敬事之义。”

在这道上谕的结尾，乾隆帝又一次阐述说：“夫敬天所以勤民，龙见而雩，典礼尤重。朕古稀之年，尚敬谨为民请命，乃大小诸臣疏怠若此，不能以已化人，实益惭懑，不得不严加惩创，将此通谕中外知之。”[1]引得乾隆帝大动肝火的缘由在于官吏们的精神涣散，对奉祭上神的敷衍，更何况，当年，据报旱情频仍，“山东兖、沂、曹、济等府州……各地方，初时因雨水较稀，民间望泽甚殷”[2]，“直隶田间种麦现在尚有望雨之处”，“惟保定、河间等府因晴明日久，土脉干燥，尚未播种齐全”[3]。这些都令皇上焦心不已。

第二天，即四月初七日，有关大臣及衙署对皇上所追究的三件事一一进行查验，将查验结果及给予有关人员的处分奏告乾隆帝。关于缮写雩坛祝版笔划模糊一事，有关衙署查明经办人员，提出惩处意见后，乾隆帝于四月初九日降旨，指出祝文“系属清字，所有汉大学士稽璜、协办大学士尚书蔡新，毋庸议处。三宝、英廉、永贵俱著从宽，免其革任。所议降级之处，仍注册。余依议”。校阅这次常雩祝版的内阁侍读吴麟，因为“未能将字画模糊之处校出，部议革职”。四月十七日乾隆帝降旨，说：“该员承办翻译书籍尚系熟手，着加恩赏给笔贴式，在翻书房行走。如果奋勉出力，数年后该管大臣再行奏谕开复。”

1《左传》僖公十五年。

2 乾隆四十七年七月初四日《山东学政赵佑奏折》。

3 乾隆四十七年九月十五日《直隶总督郑大进奏折》。

乾隆帝在这次常雩礼后对一些事的处理，可谓雷厉风行，这固然是出于对帝王尊严的维护，出于表示对常雩礼的重视，在一定程度上显示了办事效率之高，但对个别官员的处分、任免，却也存在某些不够周到之处。譬如：工部右侍郎诺穆亲，在这次常雩礼前两天，即四月初四日，就已奉旨随尚书和王珅、左都御史刘墉等驰骡前往山东查办案件。四月初六日举行常雩礼前的筹备工作，他不可能全部参与，却也受到颇重的处分：革去顶戴花翎，革职留任。而就在受处分的当口儿，他还在前往山东办差的路途之上。

乾隆帝事必躬亲，兢兢业业，事无巨细，总揽万机，凡事他都要亲自过问裁定，他的统治术看上去是那样的精致，貌似圣明，却被史家批评为“明之太过”、“断之过速”，无怪臣工们私下里有当今皇上师心自用之嫌怨。年老之后的乾隆帝待事待人反而更加苛求，好胜之心日盛一日，在他的政治判断中又有多少此类“明察秋毫”是出于某种下意识动机的作用，实在值得深入研究。

21 葫芦僧判葫芦案

官场风波的平息

频频发生在雩坛祀典上的草率玩误案，使诸多相关官员受到了处罚。失误的屡禁不止，似乎是在诠释一种文化现象的衰落。上谕中的指责言辞大致都没有错，那些奴才们对于雩祭之典“并不实心奉职”[1]，究其原因是他们本无真正的宗教意识，只是抱着一种利己的求佑心理，骨子里却不以为然——即便是天塌下来，还有个儿高的顶着呢！主要执事人员既无诚心敬奉天神，也就不存小心昭事之忱，必然会在行事中草率不敬，致使祭神之典大失肃艾，也让皇上失了颜面。另一方面，对于臣下而言，天下事都是由皇上一人说了算的，臣工们只是遵旨行事，制约他们的是那些既定的形式、文牍以及上司和下属的关系。臣工的一切行为都是被动的，连自我预期也是不可能的，因而君臣之间的利益关系相当模糊。在这样的情形下，工作中人浮于事，出些纰漏便是在所难免的了。诚如乾隆帝所说，这些作臣子的，在祭神祈雨这样的大典之上，竟然都会“精神不能周到，遂各委蛇袖手，而派出司员等亦俱怠忽从事，以致种种玩误”，最终造成失误。那句俗话说得好，

1《乾隆朝上谕档》第11册， 第109页。

"食官饭，打官鼓；鼓敲碎，有人补"。许多事情本来就不是归臣胥个人愁的事。当一种文化本身已经出现涣散，更无深邃的宗教精神存乎其间，那么生出无可挽回的颓势便不足为奇了。

乾隆四十七年（1782），由常雩而引发的政治风波犹如一阵旋风，然而，一段时间的严饬吏治之后，乾隆帝最终还是在实际处置上感到乏术。假设帝国的行政权力总量不变，官僚职场上的秩序是通过引入制度来实现的，他们始终受到的是琐细的规章条例的制约，而君主的专制权力则是依赖超越制度的具有无上权威的个人意志来实现的，那么在通常情况下，当君主精力充沛时，官员的行政权力会出入于既定规则的边缘，但是，当君主精力不济，或执政能力还处于"稚嫩"时，则这种权力往往大到了没有边际的地步。君主的专制权力也是一把双刃剑，君主于官僚职场上行使专制权力过多，帝国权力的运行就会出现此消彼长的局面，从而打破原点上的君臣关系的平衡，这也正是精明的君主不大愿意看到的情形。参入官僚行政权力的君主专制权力，很容易陷到具体管理事务中，与官僚的行政权力相混淆，最终必将削弱君主的唯我独尊的权威。因而，乾隆帝的事必躬亲必须保持一定限度，以避免君主专制权力自身的官僚化。另外，如果使君主专制权过分扩张，日常运转的官僚机器也会减速或暂时停止。在发了一阵龙威之后，乾隆帝在处分官员的实施阶段逐渐缓和了下来。四十七年常雩礼前后的几份上谕和奏文，就将这样一种权力关系演绎得活灵活现。

先是常雩前的一份奏文中称，已查明"支搭更衣幄次之司员系郎中萨涵泰、夏璇源、那霈、徐火良，即遵旨将该员革职，发往伊犁"。众所周知，制约官僚的关键，在于对犯罪与行政失误之间加以区别，行政处分应由吏部掌管，刑部则是在案犯被弹劾并撤职后处以刑事惩罚。而在这份奏文中，两个程序在乾隆帝的干预下合二为一了。据学者研究，发生于乾隆朝的5151件弹劾案中，只有不到百分之八的案件系由专门负责监督官员的监察机构提出的，其余的均由京城或各省的官僚提出[1]，这其中又有多少是在皇上的旨意

1 参阅马起华：《清高宗朝之弹劾案》，[台湾]华康出版部，1974年，第78—84页。

下发生的已经不得而知，但在乾隆四十七年夏四月里发生的案件中，事实则十分清楚。四月初五日，因诺穆亲出差，乾隆帝谕令内阁："福长安著暂行兼署工部侍郎。"四月初六日行常雩礼后，福长安因天灯、支搭更衣幄次等事获咎，乾隆帝因此于七日上谕："著金简暂行署理工部侍郎事务，俟诺穆亲回京，金简即毋庸署理。"到了八日，内阁接到的上谕却又说："工部侍郎现有金简署理，福长安不必兼署。"这实际上是免去了福长安的兼职，而又不提"免"字，这显然是费了一番心机的。三天后，即初十日，乾隆帝对四个人的处分又作了如下安排："现在乌里雅苏台办事章京需员换班，著加恩即令萨涵泰前往更替。又伊勒图另折请派章京二员前往伊犁换班，即著那霑、徐火良前往更替。其夏璇源一员，亦著交伊犁将军差遣委用，遇缺更换，毋需再请派员前往。……"实际上乾隆帝对他们都做了比较平缓的处置。这一结果并不完全源自于官场文化现象的副作用，表层关系是被认定的刑名与降雨为因果的思维定式，更深层的则是"官僚君主制"[1]约束了乾隆帝的行政能力。君主的专制权力与普遍规则的官僚体系之间始终都处于一种两难的境地，而对部分有过失的官员做出的无定制的处置，则从另外一个方向加速了常雩礼典的颓势。

鎏金铜角端，沈阳故宫博物院藏，用来表示明君在堂。

然而，某种仪典一旦以祖制的固定下来，必将会受到统治集团的极力维护。如嘉庆十一年（1806）的上谕就念念不忘："每岁举行南郊、祈谷、常雩三大祀，我皇考高宗纯皇帝，敬天以实，躬亲殷礼，一切仪文品节，悉经裁定昭垂。"道光帝在奉行大雩礼的御制祝文中也有相似表述，曰："凡典

1 参阅[美]孔飞力著，陈兼、刘旭译：《叫魂——1768年中国妖术大恐慌》，上海三联书店，1999年，第249页。

礼之昭垂，皆遵循而无敢废。”[1]这些表述折射出官僚君主体制与祭神求佑精神之间的依附关系，因而在考察这一时期的政治制度时，常雩大祀礼典的官场文化特征便显现出了隽永的反思意义。

官场上的通融

正像有人想像的那样，君主和官僚是同一个社会制度的产物，因而他们之间任何表面的冲突都是一种假象。此时的官场之上，已经形成了无所不在的以相互“通融”为特色的风气。乾隆三十八年（1773）的那场常雩礼典上的玩忽职守案，令龙颜震怒的更加真实的理由是：其一，满族官员之间的相互袒护。负有领导职责的太常寺堂官[2]德福，袒护同为满员的责任人赞礼郎珠通阿，希图用下属的汉族属员顶替他的“罪过”朦混了事。满族人作为问鼎中原的族群，早已上升为帝国的统治集团。从清朝官制中定缺、补缺的情况来看，优待宗室、优待满人的倾向是很明显的，在各衙门的官位配置上也优于汉人。在官吏任用上，也有满洲、蒙古无微员，宗室无外任的说法，就是说从六品首领佐贰以下官不授予满洲、蒙古人，赞礼郎算是个特例[3]。如果由此引发种族矛盾，势必与持盈保泰的大局不利。其二是，官场上的官宦家族之间的袒庇。据查，责任人赞礼郎珠通阿系原任副都统[4]雅尔呼达之孙，由于这样一层关系而得到了德福的袒护。其实官场上的通融还远远不止如此，“通融”的社会背景是官场上若干利益集团形成的官官相护的关系网，其中同族、同乡、同僚、同师、同年进士等都会是形成利益集团的机缘，乾隆帝

1《钦定大清会典事例 · 礼部》卷415。

2 乾隆十四年定礼部满洲尚书以兼管太常寺入衔。

3 乾隆六年定制，以出身不同而改定赞礼郎品阶，满人皆以六品冠戴七品俸，汉人则为正九品。因此职任接近皇帝，多用满人。《历代职官表 · 太常寺 · 国朝管制》：“赞礼郎，满洲二十二人，汉人十四人……掌相仪、序事、备物、絜器。凡国之大禋祀则分充典仪、典乐、通赞、引礼、传赞、司香、司玉帛、司爵、司祝、司馔、掌燎、掌瘗、进俎、絜壶司、拜牌、拜褥等官，各供其职，无有不恪。凡中祀、群祀咸准式而差次之，以奉殷礼焉。”

4 高级武官，为八旗都统或各省驻防将军的副官。八旗都统每旗各一人，从一品；副都统各二人，正二品，辅助都统掌八旗政令。各省的副都统一般隶属于将军，但亦有例外。参阅《历代职官表 · 太常寺 · 各省驻防将军》。

对官场的这种不正之风采取了不予容忍的坚决措施，其中包括用制定规则对官僚们加以制约，在规则失效时则依赖专制权力诉诸强有力的制裁，他将这种驾驭之术运用得游刃有余。在这一点上，他似乎做得很成功。

《明辟尹嘉铨标榜之罪谕》中说："朕以为本朝纪纲整肃，无名臣亦无奸臣，何则？乾纲在上，不致朝廷有名臣、奸臣，亦社稷之福耳。"[1]简言之，乾隆帝为使他的臣工们不致成为奸臣与名臣而施展着驾驭之术，同时不惜将有些人干脆变成为庸臣。他还利用包括奖惩在内的各种手段在官宦中示范为臣之"道"，最为典型的做法就是业绩考成制度。在京城，三年考绩的登记由六部长官总其成，在各省则由巡抚负责。这些登记册[2]（通常用明黄包扎）最后送交由吏部官员、都察院官员和满汉大学士各一名组成的审查委员会。这个委员会将审查结果登记造册，并以此决定官员的升迁、贬降或留任。吏部要向皇上分别奏报升迁和贬降官员的情况，皇帝奏准因"卓异"而获升迁的官员仍然要由他们的上司专门加以推荐。而对作为臣子的来讲，不该从中体味到为官之道即为臣之道的真谛吗？当有学者认真地考察了乾隆年间的这些黄册档案，并找出了考评报告中出现的拘谨和浮面的相同措辞后，便惊呼，这些呆板固定的报告为评价官员所提供的余地是多么有限！[3]

然而这些拘谨呆板的评比程序却为官场上的"通融"之风提供了一个良好的生态环境。首先，从政治的角度来看，人们需要回避官场上风险。考核制度的实质就是把对一部分人的评价标准"升华"为所有人的评价标准，或者说赋予官僚以"普遍性的形式"，使之获得无可争议的共通性的考成标准，这势必会造成一种"虚假意识"。实际上，这一标准的作用十分空乏，作为一种原则，考评的话说得应该越少越好，在缺乏具体标准的情况下，描述被考评人的操守显然是在鼓励人们去搪塞皇上。其次，考评或许适宜于官僚们自己认为是"好的"官员。在一个受规则束缚的"官本位"的社会环境

1《清代文字狱档》第六辑。

2 清朝三年考绩登记册有时被称之为"四柱册"，因而每个人都占有包括四个项目的一页，其秩序为："操守"、"政事"、"才具"、"年力"。每一项目下分为三等。

3 参阅[美]孔飞力著，陈兼、刘旭译：《叫魂——1768年中国妖术大恐慌》，上海三联书店，1999年，第254—257页。

里，最好的官员就是最少惹事的官员——也就是那些能规避麻烦，将消极应付视为美德的人。结果必定是，贤官不被举荐，劣员不受纠察，丑闻秽行得以一味迁就，没有人将事实作为评价的标准，只有唯上是从。“通融”还将怜悯赋予以普遍的认同，“不忍”之心被视为唯一合理的、有普遍意义的思想。于是乎，官员们相率作伪，“通融”的背后却隐藏着利益的欲望，而拥有不当权力的某部分人终于堂而皇之地替换成“可怜人”的公允角色，结党营私，在官场上大行其事，并将“评比”的活动推而广之，在社会上形成一种独特的文化现象。

另外，“通融”的办法还有捐赎。顺治十二年（1655）题准，文武官员有犯事者，除实犯死罪外，其余罪过俱可准折赎。役蠹犯罪者，不准折赎。雍正十二年例：“凡犯罪例不准纳赎，而情有可原者，其捐赎之数，斩绞罪，三品以上官一万二千两，四品官五千两，五六品官四千两，七品以下官及进士举人二千五百两，贡监生员二千两，平人一千二百两。军流罪各减十分之四，徒罪以下各减十分之六。”乾隆元年（1736）三月奉旨：“赎罪一条，原系古人金作赎刑之义，况在内由部臣奏请，在外由督抚奏请，皆属斟酌情有可原者，方准纳赎。其事尚属可行。嗣后将赎罪一条仍照旧例办理。”[1] 清代按律例有纳赎、收赎、赎罪三种，各有专指。乾隆帝当然知道，这种情况将影响司法的公正性，将为一些官员开脱罪责大开方便之门。但他同时也知道，可靠的日常管理是受到制度上某些问题的制约的，而制度变迁则牵扯着体制内所有人的既得利益。

制度变迁的困厄

以社会科学的观点，制度可以简言之是持续的曾被公认的社会生活的规范，或解释为在相互关系中被确立的个人行为方式。制度的具体特征体现为：其一，依据个体的行为，而期待着群体同时遵守所确立的行为方式。其次，如果有人脱离了这种方式，依据于相关法规、习惯与习俗对其予以制

1 光绪年《钦定大清会典事例》卷724。

裁。然而，这并不是说，由于加以制裁，人才服从制度。制度区别于法律。一般说来，制度是行为的规范化，可使人们的生活更加自如、容易，并且还可实现人们社会生活的种种目的与要求，赋予社会生活以规律，调节社会内部的各种关系。同时，制度往往不仅给予个人，而且给予社会集团以安定。由于制度的形成是过去经验的沉淀和积累，因此它作为一种文化的载体与保存者发挥着作用，譬如《左传》隐公一年曰"先王之制"，隐公五年曰"古之制也"之属。根据制度，将会有既得利益者，也会有非既得利益者，制度成为人们的价值观念与信念的对象。另外，制度不仅存在于人们的观念之中，而且还存在于现实的政治集团、宗教集团、家族与集体作业机构中，人们据过去所沉淀和积累的经验而形成的价值观念与信念来约束各成员，并使之遵从确立的行为规范。总而言之，制度是一种依据道德、习惯、习俗而形成并加以制定的包括政治、经济、法律等诸多内涵的社会性规范。中国政治在"政府体制"上的基本特征是"单一制政府"，在国家结构上是中央集权的大一统的国家结构。正如在清末和国民党时期一些来华的传教士和商人因"震惊"而发现的，中国的贪污腐败是"别具一格"的制度化了……。

在回顾、检讨中国现代化百年制度变迁的困厄与中国现代化的曲折历程的众多文献中，将近代中国现代化历程归纳为器物（技术）变革、制度变革、文化变革三种社会变革模式的依次递进，是一种最为流行的叙述模式。但严格地讲，所谓三种模式的更替，实际上只是一种理论抽象，技术变迁、制度变迁与文化观念变迁事实上不存在截然的分离、对立。三种模式的更替究其实质而言，反映的是国人对于现代化丰富的社会变革内涵之认识的逐步深入，而未必是近代以来中国社会变迁真实历程和全部内容的反映。

只有建立制度体系，才能在保护和催生各种合理因素的同时，逐步将它们整合成一种新的社会文明形态。由于"奉旨行事"而使惩处的法规制度界线不清，在执法力度上多有轻重失衡之处，因而在司法实践中只能如乾隆帝所言："不败露则苟免，即败露则应问"，但问罪时又缺乏可资援引的律例，故会在审理的案件中出现裁定罪与非罪上的混乱。

在社会内部缺乏合理化因素积累的乾隆朝，往往只能依靠朝廷自身的力量，由君主承当起维护政局稳定、聚集社会的有限资源、组织省府州县各级官府应对干旱灾害的职责。在这一过程中，社会生活制度化程度以及社会制度的形式化、理性化的低水平，正是乾隆朝官场上的“法规”陷入混乱境地的重要根源。

22 旱灾与刑名

公理冤狱，精诚感天

《清史稿·高宗本纪》明确记载因天旱而清理庶狱、减刑的实例有二十宗之多，如：

二年（1737）四月，以旱命刑部清理庶狱。

三年（1738）三月，以旱命刑部清理庶狱。

四年（1739），命刑部清理庶狱，减徒以下罪。

五年（1740）五月丙辰，命刑部清理庶狱。

七年（1742）三月乙亥，以旱命刑部清理庶狱，各省如之。命刑部清理庶狱，减徒以下罪。冬十月甲午，命清理滞狱。

九年（1744）四月以旱命省刑宽禁。

十年（1745）夏四月，以旱命刑部清理庶狱。

十二年（1747）五月，命刑部清理庶狱，减徒以下罪。

十五年（1750）五月，命刑部清理庶狱，减徒杖以下罪，直隶亦如之。

十八年（1753）夏四月，以旱命刑部清理庶狱，减徒以下罪，直隶亦如之。五月又令，减秋审、朝审缓决三次以上罪。

二十三年（1758）夏四月，以旱命刑部清理庶狱，减徒以下罪，直隶如之。

二十四年（1759）夏四月命刑部清狱减刑，甘肃亦如之。闰六月戊申，以甘肃旱，停发本年巴里坤等处遣犯。

三十五年（1770）五月，以祈雨命刑部清理庶狱，减军流以下罪。

三十六年（1771）夏四月，以旱命刑部清理庶狱，减军流以下罪，直隶亦如之。

三十九年（1774）夏四月，以京师及近畿地方旱，命刑部清理庶狱，减军流以下罪，直隶如之。五月，命刑部减秋审、朝审缓决一二次以上罪。

四十三年（1778）夏四月，以河南旱，命减开封等五府军流以下罪。并命先免河南四十五年田赋。

五十三年（1788）夏四月，以旱命刑部减徒以下罪。

五十七年（1792）夏四月，命刑部清理庶狱，减徒以下罪。闰四月，以久旱，谕台湾及沿海各省详鞫命盗各案，毋有意从严。

五十八年（1793）秋七月，以旱命刑部清理庶狱，减徒以下罪。

六十年（1795）六月，以旱命刑部清理庶狱，减徒以下罪，承德府如之。

这样做的目的是为了贯彻乾隆帝治国理政的基本理念，即“政刑者德礼之先声，德礼者政刑之大本。舍德礼而求政刑，必成杂霸之治。即政刑而寓德礼，乃见纯王之心。一而二，二而一者也。若云德礼之外别有所谓政刑，则非圣人垂教之本意矣。”[1]以清理冤狱而精诚感天是天经地义的，更何况“饥馑时，平民已难治生，狱囚死者八九矣。”因此，若逢饥荒必施行清狱，“清狱宜分三等，轻者竟释之；次者限亲邻保结，俟谷熟时再拘；大罪重犯，因而少赈之。”[2]而这里专指的是旱灾时奉行的紧要政事。

以皇帝之尊下达如此多的因旱灾而减免刑狱的命令，无疑干扰了司法的执行，同时也说明了乾隆帝为了达到祈雨的目的无所不用其极。灾害之年的

1《经筵御论·道之以德，齐之以礼，有耻且格》，《清高宗御制文·初集》卷1。

2 [清]魏禧《救荒策》，《荒政丛书》，宣统三年文盛书局石印本，第1卷。

赦与不赦，与朝廷对雨水的认识密切相关。旱灾通过人们的解释对司法实施影响，由于有这样强势的导向，到了具体执行时，在“天意”的掩盖下，被堂而皇之地网开一面，逃脱或减轻罪责者远远不止上述情形。

古人说过：“刑之不滥，君之明也，臣之愿也。”[1]灾荒之年“刑名”在“天意”的关顾下，会显得格外微妙。在一种特定的情形下，能使生者不怨，死者不恨，则顺气成象；而无辜被刑，愤触上苍，遂成闭塞，蒸为恒旸。古人认为，囚冤淹滞将会引发旱灾，“怨气积，冤气盛，亦能致旱。”所以旱灾发生时，皇帝要下诏虑囚[2]。昔春秋时，鲁僖公得立，不恤众庶。比致三旱，后来鲁僖公理冤狱四百余人，精诚感天，不雩而得澍雨[3]。凡值干旱，“慎用刑名”就有了特殊意义。

刑名的一种意义在于“察冤狱”。据载，汉昭帝（前86～前74）时，海州大旱三年，人民离散，莫知所从。会新太守下车未稳，衙门内就有人对太守说了：非申孝妇之冤而天降大旱就不可罢休。太守询问原由，此公说：郯城昔有窦氏，年轻时即守寡，事奉姑嫂极为孝顺。姑嫂念孝妇侍奉勤苦，欲其再嫁，而妇不允，这位姑嫂的烈女之性突发，竟然自刭身亡，理由是自己的存在妨碍窦氏再嫁。事情发生之后，姑之女的孝心亢奋，以窦氏杀母而状告官府，原太守按制用刑。谁都知道中国古代公堂之上用刑之残忍，动刑之后招供是意料之中的事，窦氏乃诬服受死。其间，此公曾据理为窦氏力争，无奈原太守刚愎自用勿听。此公不禁感叹道，试问此地大旱三年之咎非此而何？新太守听了此公的这番话，斋戒沐浴，徒步前往祭奠孝妇于墓前。祝辞刚一结束，大雨如注，在久旱中煎熬的人们终于盼来了甘霖。至今有孝妇庙在。这个故事流传甚广，且影响深远。

梁武帝大同五年（539），行雩祭时，行七事，其中包括大张“理冤狱”等御旱之策。千百年来，“讼狱乃居官之首务”，“理冤狱，关节不通，自

---

1 晋狐突语，《左传》僖公二十三年。

2 阎守诚：《自然进入历史》，《环境史视野与经济史研究笔谈》之三，《中国经济史研究》2006年第1期。

3《公羊传》注。《春秋》僖公二年十月不雨，三年春王正月不雨，夏四月不雨，六月雨。

是阎罗气象”，因此“理冤狱”已成逢旱即采用的例行公事。然而，御旱之策中的“理冤狱”与“不理刑名”实在是两件事。乾隆七年（1742），身为山东道监察御史的徐以升提出了“至不理刑名，则各衙门事件，反多淹滞”，“并请停罢”[1]的奏章。礼部与大学士的议决，针对如此不经的提法，明确回应：“各衙门于斋戒日，照例停理刑名。”照例奉行遇旱清理冤狱，以“精诚感天，不雩而得澍雨”的大政。可知，“不理刑名”乃不做新的判刑、新的治罪，不杀人，不处理新的刑罚案件，主观意识是不造成新的冤狱；而“理冤狱”，则是详察政刑得失，辨雪冤狱，以申积滞，主观意识是推翻陈案，全活人命。两件事的目的都是要上和天道，下近民情。

权时用法

刑名，应当说皇帝手里的一把对臣下的利剑，所谓“德莫厚焉，刑莫威焉；服者怀德，贰者畏刑”[2]。而在旱灾之年，皇帝手里的这把利剑弄不好就要受到折损，为此乾隆帝心里也有矛盾。由于大赦并无实际的考虑，因此，表面上的争论相对多一些，不过，赦的主张更占上风。乾隆帝曾表述：“惟刑狱一事法重则怨生，法轻则易犯，即如因祈求雨泽清理庶狱，而宵小之徒或遂乘此而作奸犯科，可见习俗浇漓，人心不古，此亦安得不上干天谴耶？夫不能敷布德化，使朝臣之间共励寅恭，闾閻之中谨守法度，以迓休嘉，而消灾祲，此则朕所深愧。”[3]《周礼》“荒政”第三说的就是缓刑，意思是于灾岁凶年减犯刑，缓纵之。虽然后来有人诠释说那是权时之用法，而其意义也很明确，即舒缓民心。乾隆七年（1742）三月的乙亥日，乾隆帝以为有刑名事造成天旱，谕命刑部清理庶狱，各省如之。接着十月，他命清理滞狱。十一月再下谕旨，命持法宽严，务归平允。

然而，旱情一旦有所缓和，皇帝便会立即重新挥舞起彪炳“刑名”的利

1《钦定大清会典事例·礼部》卷415。

2《左传》僖公十五年。

3《乾隆朝上谕档》第3册，第324页。

剑。就在行大雩礼的乾隆二十四年（1759）冬十月丁酉，上谕："国家承平百年，休养滋息，牛齿渐繁。今幸边陲式廓万有余里，以新辟之土疆，佐中原之耕凿，又化凶顽之败类为务本之良民，一举而数善备。各督抚其通饬所属，安插巴里坤各城人犯，分别惩治，勿以纵释有罪为仁，使良法不行。"实际上，乾隆帝即位后，重修了大清律例，对原有律例进行了逐条的考订和校正，重加编辑，于乾隆五年（1740）完成，定名为《大清律例》（简称《大清律》），颁行天下。这是中国历史上最后一部封建法典，虽然是以《大明律》为蓝本，但可以说是集历代封建法典之大成。

在《大清律》中，有一种情况是不会因天旱清理庶狱而减刑的，即犯有被认为危机国家的统治基础、触犯封建纲常名教等被列为"常赦所不原"的"十恶"重刑者，《大清律》对他们的处刑远比《大明律》为重。清律规定，凡属"谋反"、"谋大逆"，不分首从，只要是共谋者，均要凌迟处死，同时还要株连到父子、祖孙、兄弟及同居之人，男人年十六岁以上者处斩，男的十六岁以下及其犯母、女、妻、妾、姊妹辈，给功臣之家为奴，财产入官。在实际操作中可能比这更加严酷。

乾隆朝之前是由中央主管司法审判机关，即刑部、都察院、大理寺，号称"三法司"。乾隆朝之后，皇帝常在三司会审之外，再发"九卿会审"，"九卿"就是六部尚书加都察院御史、通政使和大理寺卿。实际上是确立皇帝在司法之上另有至高无上的权力，并对审判的结果拥有最终的批驳权。这样的实例不胜枚举，乾隆二十二年（1757）秋审，官吏杨灏侵扣贪脏案发，三法司原拟"缓决"，乾隆帝认为处理太轻而改为"情实"。三法司不仅连忙遵旨改拟，而且又上奏请罪，说明乾隆帝一方面对日常运作的官僚机构实施管理，另一方面则将自己的专制权力注入到司法的具体运作之中。

然而，进入19世纪以后，用刑政以"理冤狱"御旱，"精诚感天"的做法似乎有了微妙变化。实例是，嘉庆九年（1804），山东东部的高密县久旱不雨，一天，有人发现城郊年初病故的村民李宪德坟头上有些潮润的新土，于是纷纷传言他的尸体变成了旱魃，最终演变成为一场小的骚乱。其中闹得最凶的村民仲二口称“不能只顾他一家，害及阖邑百姓”，并带领邻近几个村的情绪激昂的村民，强行刨坟开棺，对李宪德的尸首共相击打，最终焚烧了尸体。此案令审判官瞠目结舌，不知如何断罪。因为按《大清律》规定，为图财或挟仇发冢开棺见尸者绞，但此案的起因是由“祈雨打旱魃”而起，例无治罪明文。经过一番曲折，最后刑部同意了山东巡抚的意见，本案主犯仲二照“发冢开棺见尸律”拟绞监候，获重刑。于是乎，由于此案判决而将一则新的刑律奉圣旨纂入条例，故《大清律例·贼盗·发冢》中多出了那么一条“指称旱魃刨坟毁尸”的判罪方法，这叫做“因案生例”[1]。不难看出，清代君主是那样小心翼翼地在“刑名”与“精诚感天”中做着微妙的选择，包括制定更多的“刑名”的方式在天人之间加以补救，以至如此的“刑名”补不胜补。

1 参阅郑泰：《清代司法审判制度研究》，湖南教育出版社，1988年，第158、159页。

23 大陆季风性气候与乾隆帝对旱情的忧惕

20世纪二三十年代的语体诗人徐志摩的诗[1]：

……可怜，苦旱的人间！
遍野的饥农，在面天求怜，
求救渡的甘霖，满溢田田——
看呀，电闪里长鬣舞旋，
转惨酷为欢欣在俄顷之间！

在诗人那里，甘霖似乎是能祈求到的，也确实是能祈求到的。因为雨是一定会下的，有时还会下得很多。

同时代的文人周作人有个书斋，号“苦雨斋”，说来也没有什么深意，意思就是因雨下得多了而苦恼。北京达到“苦雨”的年份应是1923、1924年，1923年，他作《雨天的书·自序一》，说：“今年冬天特别的多雨，因为是冬天了，究竟不好意思倾盆的下，只是蜘蛛似的一缕缕的洒下来，雨虽

1 徐志摩：《幻想》，原载1923年9月10日《小说月报》第14卷9期。

然细得望去都看不见，天色却非常阴沉，使人十分气闷。”[1]过年，周作人还作了《苦雨》短文，《苦雨》上说：“前天十足下了一夜的雨，使我夜里不知醒了几遍。”“那样哗喇哗喇的雨声在我的耳朵里已经不很听惯，所以时常被它惊醒。就是睡着也仿佛觉得耳边粘着面条似的东西，睡的很不痛快。”[2] 但是，次年的这座城市就在为天旱而求雨了。这就是北京，这就是大陆季风性气候。

认知的模糊状态

总的来说，中国的气候，春旱极为严重，华北平原尤其如此，“旱灾之多，在世界上我国当首屈一指”[3]。“天道皇皇，日月以为常”[4]。似乎天的自然性早为中国人所认知，“尝（常）观七八月之间旱，油然作云，沛然下雨，人知蒙泽润于天矣，而不知云——山川之气所蒸，雨——溪涧之水所升，输小以成大也。出泰华之产，发江海之藏；人知惠利于地矣，而不知泰华江海，由于涓埃之积，资约以成博也”[5]。在漫长的历史长河中，中国人对于“天”的自然性与神性的认识，仿佛始终处在一种似知又不甚知的模糊状态，因而就不得不认为，似乎如此这般更适应于调整古代中国人与天之间的关系。在“天人合一”思维方式的指导下，面对复杂多变的天候环境，人们更情愿去体验“天道”的善德，顺从于以天道与天命为表现形式的“天”的意志。人们之所以甘于一种被动的状态，主要是由于天既不时地给予下界生民以恩泽，同时又不时地带来水旱的灾难。在上天恩威并重的巨大作用下，在没有具备认知天的自然性的观察条件下，人们所能够做的只能是更多地对天的“神性”表达敬畏，同时，将人的社会性复归于天的神性之下。这一切

1 作于1923年11月5日，《周作人全集·泽泻集》，人民文学出版社，1982年。

2 作于1924年7月7日，《周作人全集·泽泻集》，人民文学出版社，1982年。

3 竺可桢：《论祈雨禁屠与旱灾》，原载《东方杂志》1926年第23卷13期，《竺可桢文集》第90页。

4 范蠡语，《国语·越语下》。

5 [明]陈循：《救荒补遗书序》，引自《中国荒政全书》第1辑，北京古籍出版社，2003年，第9页。

均在乾隆朝常雩祭典的奉行过程和指导这一过程的思想表述中表露无余。

通常，在讨论我国北方旱区农业生产问题时，所包括的地区有：西北内陆、黄土高原、内蒙古草原和华北地区的晋、冀、鲁、豫四省，或沿昆仑山脉、秦岭、淮河以北大约12个行省的大部分地区。在这样一个广大区域，年际降水变化率很大。华北地区年际降水相对变化率达25%，西北内陆增大到60%以上。从受旱致灾的年份看，北方旱区几乎年年有旱情发生，就某一地区来说，三年一小旱、十年一大旱的情况极为普遍。据历史资料的分析来看，北方旱区干湿气候也是交替出现的，这与我国处于东亚及南亚季风控制之下不无关系。

东部地区受季风影响，降雨集中在7、8月，雨季到来的时间自7月初到8月初，由南向北逐渐推延。西部内陆受东南季风影响减弱，但受大陆性降水规律的支配，雨季亦在夏季，惟降水量很小，致使终年干旱。东部地区雨水较多，且雨热同季，但雨季过短，雨量的年际变化很大，除形成常年的冬季干旱外，终年干旱的现象也频频发生。北方旱区干湿气候交替出现的现象，诚如康熙五十六年（1717）上谕："朕临御五十六年，约有五十年祈雨。"[1] 乾隆二十四年（1759）六月庚申的御制祝文曰："今廿四年，无岁不忧旱，今岁甚焉。"不难看出，对于乾隆帝来说，对旱情的忧惕是长期而持续的，连下面的臣工也看得清楚，山西道监察御史柴潮生言，"惟是天时雨旸，难以窥测；而人事修省，不妨过为责难"[2]。中国大陆的特征是在气候、水资源方面具有高度的不确定性。季风无规律，主要水流量

《塞宴四事图》（局部）

1《钦定大清会典事例·礼部》卷420。

2《清史稿》卷306《柴潮生传》。

变化无常，河流上游水土流失导致下流河道淤积与洪水泛滥，还有持续的干旱，等等，都是不确定因素。

乾隆九年（1744），“京师及附近府属如天津、河间等处，自科徂春，雨雪稀少，今清明已，农事方殷”，为此乾隆帝焦虑万分，曰：“朕心深为忧惕，宫中默祷，已非一日矣，此时虽未至雩祭之期，亦当敬谨祈求，以期膏泽早降。著礼部、顺天府虔诚祈祷，速议举行。”君主的这种长期持续的忧惕就是设“常雩”礼的思想基础。然而，京师及附近府属究竟在一年之中需要多少雨泽，什么时候需要，这大概始终是一笔糊涂帐。五十三年（1788）春末，京师地区下了一场时雨，然而仅仅过了半个月，京畿地区就出现了旱情，这使乾隆帝陷入了莫名的惊恐，他在诗中感叹道：“虽是常雩即祷雩，霈膏旬半麦将枯。”他还特意作注曰：“三月二十日得雨固有六寸，然已将及半月，麦田又切望泽矣。前兹谢雨冲泥处，已是扬尘蒿目吾。廿一日至觉生寺谢雨，道中积水，泥泞廛间深入实六寸有余，今日因常雩斋戒进宫，即前所经之途已觉尘坌扬起，殊深蒿目。”[1]对自然事物认知的模糊状态使人们陷入一种无尽的忧怨之中——忧国忧民，忧天忧地，但却缺少缜密的观察、解决实际问题的手段与办法。

周期性干旱

显然，他们不懂得何为大陆季风性气候，同时也忽视了它在特定的社会历史话语形成过程中的特定作用。

季风是由于海陆之间的热力差异而造成的，中国是世界上季风气候特征最为显著的国家之一。季风气候的主要特征是季节变化剧烈，降水集中，干旱也相对集中。从季风的成因和概念考虑，世界典型的季风区仅出现于亚洲东部、东南部和南部。陆路辽阔意味着远离海洋的大部分地区的气候存在“强烈的大陆性”，这首先意味着干旱问题极端严重。大陆性和季风性特征一起，导致气温和降水的地区差异和季节差异。中国文明的发祥地华北地区

1 《进宫因常雩斋戒德胜门外作》，《清高宗御制诗集 · 五集》卷39。

和黄河流域——必须不断地适应季节的激烈变化。中国西北高原、华北内陆远离海洋，旱灾极端严重。

由于季风气候和地形特点，中国的河流冲积扇是一个“矛盾”的存在，一方面它供给农业发展优越的土壤条件和灌溉条件——这使文明得以产生并生生不息；但另一方面是激烈变动的水灾、旱灾和低温天气——这使文明局限于较低的层次并经常中断从头再来。在这样一个反复无常的生存环境中，农业生产和收获处于十足的紧张状态，生存危机支配了人们的日常生活。“连续的偶然性”则反复发生，经多次反复而取得一般性，甚至形成一种结构。较低频率的反复却又容易使人们将“历史事件”蔑视为“杂事”而不是当作历史的结构。过去的真实画卷一闪而过，捕捉过去不过是捕捉过去的形象，过去的形象在顷刻间闪现而不再复现，只有在顷刻间的它才是可以辨识的。“顷刻间闪现”的事件反复发生就具有了历史学的意义，但在间断期，它往往不会进入历史学家的视野。生存危机则锁定了人们的精神自由和人身自由。

十二年(1747)这一年的夏四月，看来京畿地区也经历了一场时雨。一年一度的常雩礼仪上皇上该做的斋居功课照常进行。乾隆帝竟在斋宫里对雨作诗，云：“自我肇元祀，四年三望霖。”他自注道：“常雩于癸亥年始定议举行，然每值祭期无不望雨者，今岁仰蒙天眷，膏泽已霑，而此日复霢霂优渥，何庆如之。”[1]常雩之日下雨，由此他相信好运来临了，一时间得意之情溢于言表，“宜旸宜雨信无违，茂对清和丽琐闱。敢诩休征符肃又，不忘勑命凛时几”。似乎风调雨顺、国泰民安、政通人和的世道指日可待。转念一想，常雩举行四年来三次因干旱祈望时霖，“却忆迩年当此际，望云常自夜披衣”[2]的场景就在眼前，于是乎，对上天的敬畏有增无已。

就在这一年，山东地区“至五月尽无雨。六月初霪淋匝月。秋抄烈风拔木，禾稼尽仆。”[3]中国的地方大，区域间的旱灾时有发生。山东莱州府胶州直

1《斋宫对雨有作》，《清高宗御制诗集·初集》卷31。

2《常雩斋居》，《清高宗御制诗集·初集》卷31。

3《乾隆福山县志》卷1《灾祥》。

隶州、山东北部的武定府青城县，乾隆八年(1743)，“大旱千里。室内器具俱热。风炙树木，向西南辄多死……(谷)斛斗至制钱二百五十文”。这年六月，“自天津南武定府逃走者多。路人多热死，井多无水，河浅船不可行”[1]。人民饥寒交迫，“游食四方，浸以成俗”，一些人只好“北走关东，南渡江淮，远至福建”，“携孥担橐，邀侣偕出，目曰逃荒，恬不为怪。故兰(山)、郯(城)之民，几与凤阳游民同，到处流亡，以四海为家”[2]……不用说在时间存在形式上，旱情基本上就没有断过，诺大一个中国，其局部的干旱更是不胜枚举。

乾隆三十三年（1768）孟夏月，乾隆帝求雨心切，祈愿尤为强烈，有诗为证[3]：

清晓春云密布阴，甘霖需复望生心。
世间固鲜知足者，况是时当雩祭临。

乾隆五十年（1785）的旱情相当的普遍，“南府北河胥望雨，肯因为近远忘旃，曰慰何曾实慰乎？苗而秀秀实还需，迩来云起风随作，又已殷殷意惕吾”[4]。

而由于京畿之地在常雩前已有雨泽，乾隆帝便心生全美的侥幸，在一首《雩祭斋居》御制诗中，他写道[5]：

明知今岁胜往岁，因是求全更冀全。
每见云兴辄颙若，随听风作益瞿然。
宋儒性理书常读，自愧未臻涵养篇。

1《嘉庆青城县志》卷10《祥异》。

2《乾隆沂州府志》卷4《风俗》。

3《西直门外作》，《清高宗御制诗集·三集》卷80。

4《雩祭进宫斋戒西直门外作》，注：“直隶迤南之大名、顺德、广平及豫省，河北之卫辉、彰德等属现俱颙望雨泽，缱念实不释于怀也。”《清高宗御制诗集·五集》卷15。

5《清高宗御制诗集·五集》卷15。

可是，未过几日京城一带又告水荒，御制诗中已见“京畿虽雨仍希泽，豫省久干切吁仁”。诗注则更明确地说明：“京畿二三月间速得雨雪被泽，转优往岁，今又晴霁，旬余若再得透雨，更于麦苗大田有益，仍殷颙望。同时，河北卫、辉等属望雨尤切，见于批谕及赋咏者，念释在兹，无一刻不系怀，惟敬祈恩贶速沛甘泽耳。”[1]

若是在中国体验，或会因时段不同而得出截然相反的判断。或有的说好得很，或有的说糟得很，其实这样的感受大都是大陆性季风气候赋予的。

1《常雩礼成述事》，《清高宗御制诗集·五集》卷15。

24 巫术与常雩大典

在清廷的律法中，凡未经朝廷授权便与神灵发生交往的行为，都将被视作是对国家秩序的一种威胁，因而会动用刑律来加以制裁。《大清律例》的制定者认定，这种礼数上的冒犯行为终将“煽惑人民”，导致“蔓延生乱”的社会麻烦。然而，民间中“巫”的行事是一个存在的特例。《礼记·檀弓》上有段故事，说：“岁旱，穆公召縣子而问然。曰：天久不雨，吾欲暴尩而奚若？曰：天久不雨，而暴人之疾子，虐。毋乃不可与。然吾欲暴巫而奚若？曰：天则不雨，而望之愚妇人，毋乃已疏乎？’”或嫌《礼记》不是实录，那么，《左传》僖公二十一年确有记载：“夏，大旱。公欲焚巫尩。”杜预注：“巫尩，女巫也。主祈祷，请雨者。”又说：“尩非巫也。瘠病之人，其面上，向俗谓天哀其病，恐雨入其鼻，故为之旱，是以公欲焚之。”穆公还有僖公都要杀那些鼻孔朝天的人，理由是上天因为怜悯他们，怕雨水流入他们仰天的鼻孔而不降雨给人间。两件事均为明事理的大臣劝阻，认为此举“非旱备也”。这大概就是典型的试图用巫术禳解干旱的事例了，两则记载告诉我们当时人认为正确的做法是，巫术，不能过分指望，但也不可废止。在清廷的礼典记述中，常雩大典的描写是一个没有时代个性的历史个案体系。至迟不过《周礼》的时代，其《春官》上已明确说：“小祝掌小祭祀，顺丰年，逆时雨，宁风旱……”，“司巫掌群巫之政令。若国大旱，则帅巫而舞雩；国有大灾，则帅巫而造巫恒。”所谓“巫恒”，即巫之有常者。所谓帅巫而造之，即求所以祷禳的巫术。古时常有君王相信通过巫术可以兴云致雨。

巫术

此议论的结果实在是再明确没有了。

男巫女觋，自古有之，汉时谓之“下神”，唐时呼为“见鬼人”。尽能役使鬼神，晓得人家祸福休咎，令人趋避，或颇有灵验者。巫术无非占卜、符箓、祈禳、禁咒诸术。术数中人说，占卜是表达神的意旨的；符箓是天上神的文字；祈禳，是巫觋举行的一种仪式，是表达对神有所请求的方法；禁咒，则是代神发布的严厉的语言。这些术数之术来源于古之巫祝，是巫觋的主要道术，也是很多巫觋的主要谋食之方。巫觋为人占卜以“决吉凶”；卖符箓以“驱鬼辟邪”；为人斋醮祈禳以“祛灾求福”；念咒以“去灾、退鬼、避猛兽”。这些术数，在后来的道教中属符箓，主要为正一道派所掌握。

山西右玉宝宁寺水陆画《往古九流图》

巫术，是人类在蒙昧阶段，生产力水平十分底下的情况下，人们对物质世界和精神世界的一种认识形式和实用的手段，在中国，实在是直接影响到人们社会生活的方方面面。弗雷泽（J · G · Frazer）在《金枝》表述了如下意思：巫术行为是必定会通过感应巫术的两条法则——相似法则和接触法则——产生特殊效果的行为。对于这两条法则，他还作了这样的描述："相似则相生；发生过接触的物体就算它们的接触终止了，物理联系被切断了，在一定的距离之外仍会继续相互产生作用。"[1]这一法术，即使是公卿大臣也有信着它的，甚至朝廷宫闱之中时有召用。法门之中，则皆有真传，不是荒唐。在古代，巫有不同寻常的位置，巫或巫官，在古代天文星变中，甚至上升为星宿。《甘石星经》载："巫官二星，在房（星）西南，主医巫之职事也。"在相当长的历史时期内，人们把巫当作是占验的权威，凡占事吉凶，皆以"巫咸曰……"为依据，可见人们对巫师寄予的信奉，对巫术占卜寄予的崇信。而魔力的产生，当初一定与巫术相关。在原始生存条件下，恐惧与希冀、幻想与虚拟，使人类产生了神的观念，以为在有形世界之上存在着"形而上"的神灵世界。却是世间的事，有了真的，便有假的。那无知男女，妄称神鬼，假说阴阳，也一般会哄动乡民，做张做势的，从古来就有了。有人说了，直到如今，真有术的巫觋已失其传，大行于世的无过是些乡里村夫游嘴老妪，男称太保，女称师娘，假说降神召鬼，哄骗愚人。口里说汉话，便道神道来了，却是脱不得乡气，信口胡诌的，多是不囫囵的官话，杜撰出来的字眼。正经人听了，浑身发麻，忍笑不住。乡里人信的是活灵活现的神道，偏偏那信伏，不知天下曾有那不会讲官话的神道么！什么时候开始，律上也禁止师巫邪术了，且其法甚严，也还加他"邪术"二字。也就在这几百年间，那邪不成邪，术不成术，一味胡弄，愚民信伏，习以成风，真是瘤疾不可解，只好做有识之人的笑柄而已。

无论如何，"形而上"世界都是可望而不可及的。"可望"是指可在感性世界中触摸到其"体现"，而"不可及"则是因为人永远也无法完全变成神或完全掌握理念，"道成肉身"。一物与他物相感通所显之功用，亦即一物能涵摄他物、生起具体事象之德性。所以，能够与管水的天神沟通的巫，

1 ［法］马塞尔 · 莫斯、昂利 · 于贝尔著，杨渝东等译：《巫术的一般理论献祭的性质与功能》，广西师范大学出版社，2007年，第20页。

就成为最早的理想的统治者。当江山坐定了，已成为统治者的人便制定出法来防范那些想走老路的新人。《地官》中荒政第十一条曰“索鬼神”，疏云：“搜索鬼神而祭之。”说的都是祈祷之事。旱旸之时应该是巫觋活动最为频繁的日子口，以巫祈神的活动与亢旱一样漫长。或有人要说：神道不应先于人事，求诸明者实，索诸幽者虚也。然而，在更多的祈愿那里，“雨之不可得者，缘无从而知其可必能致雨之术也”，所谓幽明一体也。朝野上下的祷神礼典是万万不可废的，即使在明白人看来，那也是以诚相感的不得已而为之的举动。

朝廷制定礼法的首要使命既然是要人们相信自己是因承天命而统治天下的，便会在所有层次上使国家的权力神圣化，一切礼典都要堂皇，时间、地点都有严格的限制。而中国以农立国，求雨是要讲求实惠的，巫被认为可以做到应时，来得方便，巫术活动也多是围绕农事的旱涝丰歉进行的，因而还是会在礼法之外或在礼法的边缘派上用场的。汉代，在春旱求雨时，地方官要选择水日祭祀社稷山川，不得斩伐山林名木。在城邑的东门外建四通之坛，坛方八尺，周围树立八面黑旗，以水官之神共工为神主。祭祀之时，用八条生鱼和玄酒，并准备清酒和大块的肉脯。由洁净善言的巫人主持祭祀，要连续三天举斋。巫要穿黑色衣，先向神主祭拜，然后念祝词，祝罢再拜。

唐代民间的祈雨近乎于直接向龙祈求，并保留了原始巫术的某些形态。据《全唐诗》记载，唐代民间祈雨时，用土填满大瓮，将木制的蜥蜴放人土中，然后由穿青衣的小童手持青竹，围瓮边唱边舞：“蜥蜴蜥蜴，兴云吐雾，雨若滂沱，放汝归去。”[1]由于蜥蜴是龙的原型之一，所以在仪式中当了龙的替身，如同用土龙一样。杨亿作《奏雨状》（约撰于999年）提到，三十年前魏庠游关辅时，所见到的蜥蜴祈雨法，是由僧人传入的一种“胡法”，三十年后，杨亿等人如法请祷，果然应验[2]。小童且歌且舞，显示出巫的流

1《蜥蜴求雨歌》，《全唐诗》卷874。

2 杨亿在《奏雨状》（《武夷新集》卷15）中对此有详细记载。另外，杨亿在《谈苑》一书中也提到过魏庠言及此事，并说：“咸平初，余守缙云，适闵雨，用此有验，具奏其事。蜥蜴，盖龙类也。”参阅《杨文公谈苑》，上海古籍出版社，1993年。

风余韵。宋代民间祈雨也用此法，不过略有不同，求雨时各街巷以大瓮装满水，上插杨柳枝，将活蜥蜴放入水中，也有青衣小儿环绕而歌。宋代还有一种龙虎祈雨法，用长绳系一虎头骨，投入据称是有龙的水潭之中，使人不断牵动长绳，虎头骨就在水中摇摆不定，于是就会有云起潭中，随之雨降。这种祈雨仪式取的是龙虎相斗之意，引龙出渊，从而降雨。唐宋后，国家的祈雨仪式上已经常有皇帝参加。

小巫见了大巫

随着时间的推移，在正统的祈雨活动中，主要形式变成通过国家经营的敬天礼典来求天神降雨，其实通神本身不就是一种巫术吗，只是场面上由官方加以掌控，国家指派的祭神官取代了游历于民间的巫觋。在国家定义的祭神仪典上，巫觋被逐步地排除在外；另一方面，他们又在国家的背影下占据着一块特有的公共空间。这时，巫被也分为了体制内的巫与体制外的巫，而所行之术却并无二致。“感应式巫术既充分而又必要的特征，所有的巫术仪式都是感应的，而所有的感应仪式也都是巫术的仪式。”[1]仪式的形式极富有传递性，即使是在施行禁巫的年代，祈雨的形式也都带有巫的色彩，而且还借助于巫的道术。巫就是上古社会交鬼神，通天地的人，“巫知吉凶，占人祸福，无不然者”。巫以歌舞事神，故巫的活动的重要内容是舞，因此巫的另一个特点是巫舞一体，以舞娱神、降神，舞人称为巫，巫也被称为舞人。中国巫术文化逐渐“以舞参神”的形式被纳入正统文化之中。巫成为参加国家盛大宗教仪典的唯一的神职人员，《春秋谷梁传》中有多处记载雩舞的情形，“雩者，为旱术者也”，即为求雨而跳称作“雩”的舞蹈。西周至春秋时期，这类记载还很多，而且多与各种宫廷祷祀连缀在一起，甚至还把它作为解释或试图改变旱、雨等自然现象的政务看待，所谓“旱者，政教不施之应也”，这种观念直接影响到汉代，如果雨泽稀少便用巫法雩祭祈雨。而到

1［法］马塞尔·莫斯、昂利·于贝尔著，杨渝东等译：《巫术的一般理论献祭的性质与功能》，广西师范大学出版社，2007年，第20页。

了乾隆二十四年（1759），大雩祀昊天上帝于圜丘，司乐协律郎引舞童十有六人，舞童乃舞皇舞，按节而歌《云汉》诗八章。此时的他们或他们的扮演者似乎显得是那么的卑微。

《清会典》中常雩，是以皇帝为首的农业社会为了兹年的谷实而向天神祈祷雨泽的一种祭典。乾隆七年（1742）以后设常雩为大祀。这一事件可以看作是满洲人完成了农业文化转型的一个标志，然而在中国君主专制史上压根就不曾有过与国家政权相平行的神职领袖，只是存在过像《周礼·春官》中描述的“大宗伯”等代表国家政权管理宗教仪式事务的官员。清朝祈雨的主祭人是皇帝本人，践行常雩礼的过程主要表达了“天人合一”观念，具体反映了天与天子——皇帝之间的关系，这种关系又集中体现为敬天、天人感应、天谴等意识，无外乎是在向荒谬的迷信顶礼膜拜。

按规定，常雩后如果下了雨，还要报祀，即“谢雨”；如果久雨不停，“伐鼓祀少牢”，雨再不止，停分祷神祇、社稷、宗庙，“停僧官建坛讽经”[1]以祈晴。天晴后，仍要报祀，称为“谢晴”。明世宗朱厚熜曾亲到郊坛祈雨，得雨后赋诗：

烟雨腾腾迷苑林，老龙惊起状千寻。
三农此时欢穑秀，百谷成时喜赋吟。
嘘呼还本原阳气，震荡须资雷雨临。
莫谓尔君六事否，且喜斯霖抵万金。

一般来说，朝廷需要对自己同天神进行交流的特殊权力予以特别的保护，同时也要下决心对别人与神鬼世界发生交流的行为进行限制。但是在亢旱的日子里，作为一方之父母官也会在无奈时做出非常之举。

凌濛初的《初刻拍案惊奇》卷三十九便有“乔势天师禳旱魃，秉诚县令召甘霖”。话说，天灾流行，也是晋阳地方一个晦气，虽有这等好官在

1《清史稿》第83卷，第2512页。

上，天道一时亢旱起来，自春至夏，四五个月内并无半点雨泽。但见：田中纹坼，井底尘生。滚滚烟飞，尽是晴光浮动；微微风撼，元来暖气薰蒸。辘轳不绝声，止得泥浆半杓；车戽无虚刻，何来活水一泓？供养着五湖四海行雨龙王，急迫煞八口一家喝风狗命。止有一轮红日炎炎照，那见四野阴云欻欻？

旱得那晋阳数百里之地，土燥山焦，港枯泉涸，草木不生，禾苗尽槁。急得那狄县令屏去侍从仪卫，在城隍庙中跣足步祷，不见一些征应。减膳羞、禁屠宰、日日行香、夜夜露祷，凡是那救旱之政，没一件不做过了。

在此晋阳大旱、无计可施之际，狄县令出着告示道："不拘官吏军民人等，如有能兴云致雨，本县不惜重礼酬谢。"告示既出，有县里一班父老率领着若干百姓，来禀县令道："本州郭天师符术高妙，名满京都。"此人却是本州的一个无赖邪民，姓郭名赛璞，自幼好习符咒，投着一个并州来的女巫，结为伙伴。名称师兄师妹，其实暗地里当做夫妻，两个一正一副，花嘴骗舌，哄动乡民不消说，可叹的是，连那官室大户人家也有要找他祷除灾祸、祛除疾病的，甚至还有夫妻不睦要他魇样和好的，妻妾相妒要他各使魇魅的，种种不一，弄得太原州界内是五迷三倒的。

话说次日，县令到祠请祈雨。受请的郭天师传命：就于祠前设立小坛停当。天师同女巫在城隍神前，口里胡言乱语的说了好些鬼话，一同上坛来。天师登位，敲动令牌；女巫将着九块单皮鼓打的琅琅做响，烧了好几道符。天师站在高处，四下一望，看见东北上微微有些云气，思量道："夏雨北风生，莫不是数日内有雨？落得先说破了，做个人情。"下坛来对县令道："我为你飞符上界请雨，已奉上帝命下了，只要你们至诚，三日后雨当足。"这句话传开去，万民无不踊跃喜欢。四郊士庶亦多来团集了，只等下雨。悬悬望到三日期满，只见天气越发晴得正路……

那天师又说道："亢旱必有旱魃，我今为你一面祈求雨泽，一面搜寻旱魃，保你七日之期自然有雨。"县令道："旱魃之说，诗，书有之，只是如何搜寻？"天师就令女巫到民间各处寻旱魃，但见民间有怀胎十月将足者，便道是旱魃在腹内，要将药堕下他来。民间多慌了，她又自恃是女人，没一家内室不能进去。有娠孕的多瞒她不过，富家恐怕出丑，只得将钱财买嘱她，所得贿赂无算。只把一两家贫妇带到官来，只说是旱魃之母，将水浇她。县令明知无干，敢怒而不敢言，只是尽意奉承她。到了七日，天色仍复如旧，又是毫无效验。

最后，等得不耐烦的县令召集衙门中人说道："此辈猾徒，我明知矫诬无益，只因愚民轻信，只道我做官的不肯屈意，以致不能得雨。而今我奉事之礼，祈恳之诚，已无所不尽，他不说自己邪妄没力量，反将恶语詈我。我忝居人上，今为巫者所辱，岂可复言为官耶！"这个狄县令一向威严，又且德政在人，个个信服，他的吩咐那一个不依从？当日衙门人等，俱各领命而散。

一般说来，巫术仪式的失败也不会削弱人们对术师的信任，反而会赋予它更大的权威，无奈这一演绎的巫术信仰成为了半强制性的，与正统宗教争起风头来，到头来引来杀身之祸。

次日一早，县门未开，县令改容大喝道："大胆的奸徒！你左道女巫，妖惑日久，撞在我手，当须死在今日。还敢说归去么？"喝一声："左右，拿下！"官长吩咐，从人怎敢不从？一伙公人暴雷也似答应一声，提了铁链，如鹰拿燕雀，把两人扣丞颈锁了，扭将下来。县令先告城隍道："龌龊妖徒，哄骗愚民，诬妄神道，今日请为神明除之。"喝令按倒在城隍面前道："我今与你二人饯行。"各鞭背二十，打得皮开肉绽，血溅庭阶。鞭罢，捆缚起来，投在祠前漂水之内。可笑郭赛璞与并州女巫做了一世邪人，今日死于非命。

杀了巫师巫婆，县令来到祠后高冈上，要在烈日中自行曝晒，以祈上天降雨。可煞怪异！真是来意至诚，无不感应。起初县令步到口上之时，炎威正炽，砂石流铁，待县令站得脚定了，忽然一片黑云推将起来，大如车盖，恰恰把县令所立之处遮得无一点日光，四周日色尽晒他不着。自此一片起来，四下里慢慢黑云团圈接着，与起初这覆顶的混做一块，生成了雷震数声，甘雨大注。事情传到京城，一时狄县令政声朝野喧传，尽皆钦服其人品。不一日，诏书下来褒异，当下赐钱五十万，以赏其功。从此，狄县令遂为当朝名臣，后来升任去后，本县百姓感他，建造生祠，香火不绝。祈晴祷雨，无不应验。书上说，这叫“邪不能胜正”。

《初刻拍案惊奇》中的这段故事或并非正史，却未必不是以当时社会生活为本。大概是吸取了前朝的教训，《大清律例》特别规定禁止术士居于“大小文武官员之家”并从事预卜活动，在其中的第一六二号案例中，应以禁止的“师巫”及“邪术”包括：一、“假借邪神”；二、“书符咒水”；三、“扶鸾祝圣”；四、“妄称弥勒佛、白莲社、明尊教、白云宗等会，一应左道旁门之术”；五、“隐藏图象，烧香聚众，夜聚晓散，佯修善事，蛊惑人民”[1]。

常雩大典

与那些民间巫师的做法几乎没有什么两样，国家也会通过许多途径建立起与神灵世界的沟通。有着自己的天地崇拜，并在为自然神灵归类的同时，也为那些已被融入自身宗教体系的民间神灵归类。国家一直通过宫廷星象家从事着有关天象的祭祀活动。因此，国家很难全盘否定人与神灵之间存在着联系。诸如“烈日中自行曝晒，祈祷上天”的事皇帝也做得，只是做得更加精细罢了。《礼志一·吉礼一·神位祭器祭品玉帛牲牢之数条》云：

“初沿明旧，坛庙祭品遵古制，惟器用瓷。雍正时，改范铜。乾隆十三年（1748），诏祭品宜法古，命廷臣集议，始定制笾编竹，丝绢里，髹漆。郊坛纯漆，太庙采画；其豆、登、簠、簋，郊坛纯漆，太庙采画；其豆、登、簠、簋，郊坛用陶，太庙惟登用之；其他用木，髹漆，饰金玉。铏笵铜饰金。尊则郊坛用陶。太庙春牺尊、夏象尊、秋着尊、冬壶尊、祫祭山尊，均范铜，祀天地爵用匏，太庙玉，两庑陶。社稷正位，玉一陶二。配位纯陶。又豆、登、簠、簋、铏、尊皆陶，……凡陶必辨色，圜丘、祈谷、常雩青；方泽、社稷、先农黄；日坛赤；月坛白。太庙陶登，黄质采饰，余俱

1《大清律例会通新纂》第15卷，第12页。此法规条款在明朝法规中已经订立，又在雍正五（1727）年作了修订。

白。盛帛用竹篚，色如其器。载牲用木俎，髹以丹漆。毛血盘用陶，色亦如其器”。

乾隆七年（1742）定《常雩九章》，用《中和韶乐》，黄钟宫立宫，倍夷则下羽主调。云：

迎神《霭平》：粒我蒸民兮，神降嘉生。雨旸时若兮，百谷用成。龙见而雩兮，先民有程。臣膺天祚兮，敢不承。念我农兮，心靡宁。肃明禋兮，殚精诚。令皇皇兮，穆以清。金支五色兮，罨霭蜺旌。

奠玉帛《云平》：玉帛载陈兮，磬管锵锵。为民请命兮，惕弗敢康。令清和兮，遂百昌。麦秀歧兮，禾茀稂。日照九兮，时雨滂。稗万宝兮，千斯仓。

进俎《需平》：越十雨兮，越五风。三光昭明兮，嘉气蒙。天所兴兮，眇躬。予小子兮，懔降丰。纷緫緫兮，赖皇穹。惇牡鬺享兮，达臣衷。

初献《霖平》：酌彼兮，罍洗；飶芬兮，椒香。愧明德兮，维馨。假黍稷兮，诚将。愿大父兮，念兹众子；穆将愉兮，绥以丰穰。

亚献《露平》：再酌兮，醑清。仰在上兮，明明。庶来格兮，鉴诚。曷敢必兮，屏营。合万国兮，形神精。承神至尊兮，思成。

终献《霑平》：三酌兮，成纯。备物致志兮，敬陈。多士兮，骏奔。灵承无斁兮，明禋。维蕃厘兮，媪神。雨留甘兮，良苗怀新。

馔《霊平》：礼将成兮，舞已终。徹弗迟兮，畏神恫。愿留福兮，惠吾农。神之贶兮，协气融。遂及私兮，越我公。五者来备兮，锡用丰。

送神《霔平》：祥风瑞霭兮，弥灵坛。上帝居歆兮，风肃然。左苍龙兮，右白虎，般裔裔兮，紭缦缦。仰九闾兮，返御；介祉厘兮，康年。

望燎《霈平》：碧翏翏兮，不可度思。九奏终兮，爟火晳而。神光四烛兮，休气夥颐。安匪舒兮，抑抑威仪。帝求民莫兮，日鉴在兹。锡福繁祉兮，庶征曰时。

此乃讲官话的神道真“信伏”也。此九章之名每每带“雨”字符，祈雨之义昭然明灿；同时，用“平”来祈安定、太平、平一之愿。这是一场以皇帝为中心的宗教祭文乐章，且字义隽永，文辞华丽，非朝廷翰林所不能为。

乾隆十八年（1753）定《社稷坛祈雨·报祀》神歌，用《中和韶乐》，仲吕清角立宫，大吕清宫主调（初祈用夹钟清商立宫，报南吕清徵立宫，旋改随月用律宫谱，举四月为例。祈晴、报祀同）。云：

迎神《延丰》：九土博厚兮，阜嘉生。方坛五色兮，祀孔明。旷力穑兮，服耕。仰甘膏兮，百谷用成，熙云路兮，瞻翠旌。殷闉泽兮，展精诚。

奠玉帛、初献《介丰》：神来格兮，宜我黍稷。两主有邸兮，馨明德。罍尊湛湛兮，干羽饬。油云澍雨兮，溥下国。

亚献《滋丰》：奏齍明兮，申载觞。龙出泉兮，灵安翔。周寰宇兮，滂洋。载神庥兮，悦康。

终献《霈丰》：巾容舆兮，奋皇舞。声远姚兮，震灵鼓。爵三奏兮，缩桂醑。号屏来御兮，德施普。

徹馔《绥丰》：协笙磬兮，告吉蠲。神迪尝兮，礼莫愆。心斋肃兮，增惕乾。洛田畯兮，其乐有年。

送神《贻丰》：抚怀心兮，神聿归。盖郅偈兮，骖虬騑。洪厘渥兮，雨祁祁。公私霑足兮，孰知所为。

望瘗《溥丰》：宣祝嘏兮，列瘗缯。贶允答兮，时钦承。高原下隰兮，以莫不兴，歌率育兮，庆三登。

此七章之名皆以丰“字”为核心，处处体现了乾隆帝“重农、务农、劝农”的思想。全篇章法严谨，颇具文采。

嘉庆元年（1796），作为太上皇，筵宴之上，他享用《庆隆舞乐》九章，颂圣之声不绝于耳，其中第二章，云[1]：

> 维圣握符，祇严昭事。肃肃泰坛，惇称殷礼。兆南就位，有举必躬。祈辛卜稼，祭雩占龙。陟降灵祇，精禋肝蠁。四序钧调，百神歆享。雨旸寒燠，曰风曰时。八徵敬念，九寓醇熙。寿增上耋，弗懈益虔。茂膺多祐，翕应蕃骈。

歌颂他六十年来，典学勤政，宵衣旰食，神训则之，由此感召天和，为庶民造就了祥风习习、甘雨祁祈的升平之世。可谓是圣明四照，福绥绵绵。

皇帝的祭神大典乃是以纯粹的审美形式体现政治权力的威严，礼典之上盛礼既陈，玉磬金钟，备物致志，抑抑威仪，虽然没有什么现实价值，只是“维馨”，但是其内在东西已经注入了难以言传的魅力，产生了“百神歆享”的效果。圜丘大典所表达的“肃肃泰坛，惇称殷礼”的神圣而宏大的排场，根本上区别于“诬妄奸徒，身行秽事，口出诬言，玷污神德”的巫觋鬼把戏，为此，臣民们心悦诚服、顶礼膜拜。朝廷的礼乐，其审美效应是建立在规模效应之上的。依据礼法，一切服装质地、色彩，房屋的朝向、规模、建筑方式，车马的形制、旗帜，各种器皿、珍贵物品的形式及数量等等方面都有着严格具体的规范，并皆从美学上来把权力体系切入到人们的感觉经验体系之中。这样，祭神、神授这样的祭礼在审美心态中所有意无意积淀的种种惯例和惯性，都折射出政治权力的深刻影响。祈雨之所以能够被人们所自觉自愿地执行，也因为有如此一系列看似纯粹的祭神运行形式。即使是上天未能及时“为霖泽滂”，但“兴锄利甿”的亿万斯年大计也植入了臣民们的心中。这岂不就是“维民有天，匪食则那”的效果？

除此之外，国家的祈雨与巫术的区别，全在祈雨乃为民请命，岂有一念至诚不蒙鉴察之理？古典哲学家们认为，在有形世界之上存在的“形而上”世界乃是理念或“道”理、规律的世界，乾隆帝做的仅是在以诚感天。

1《清史稿 · 乐志六 · 乐章四》。

25 《大云轮请雨经》

佛教在皇帝祈雨大典上的边缘化角色定位要追溯到唐代，当时佛教经历了空前的繁荣，寺院经济的急剧膨胀使佛教与国家利益发生了直接冲突。这种冲突对于政治、社会秩序都构成了威胁，于是乎，爆发了唐武宗没收寺院财产，勒令26万僧尼还俗的"法难"。结局是受挫的佛教顺乎大势，主动地融合到儒教主流文化之中，甘心充当配角，由此佛教弱化其主体意识，参入到以儒教为中心的"三教合流"之中，已势不可转。到了北宋，佛教的入世倾向变得更加深切，竟然公开承认治国平天下是儒家的责任，而佛教的社会存在则必须依靠儒家在治平事业上的成就[1]。同时，还应当看到，由于孔子没有提出诸如来世与报应之类的主题，因此佛教的天堂地狱说自出现之日起，便在中土大受欢迎。从因果律来看，天堂地狱，虽非能之，而心向往焉。

还在佛教传入中土之初，为了寻求立足，其活动吸取了大量的中国民间习见的巫术形式。《太平广记》引晋人葛洪《抱朴子》载："案使者甘宗《全晋文》一百十七宗《作祟》。所奏西域事云：外国方士能神祝者，临渊禹步吹气，龙即浮出，其初出乃长十数丈。于是方士更一吹之，一吹则龙辄一缩。至长数寸，方士乃掇取著壶中。壶中或有四五龙，以少水养之，以疏

1 参阅余英时：《朱熹的历史世界》，三联书店2004年，第75页。

物塞壶口。国常患旱灾。于是方士闻余国有少雨屡旱处，辄赍龙往卖之，一龙直金数十斤。举国会敛以顾之直毕。乃发壶出一龙，著渊潭之中。因复禹步吹之，一吹一长，辄长数十丈，须臾而云雨四集矣。”[1]有人认为，此处所说的西域“外国方士”，当指古印度等地的佛教徒，当时人们既称其为“方士”，足见是把僧侣与巫觋等同了起来。再看西域僧人玩弄的这套养龙至雨的幻术，连动作（禹步）都与中原巫师的巫术类同。

皇宫里的佛教

中国统治者对佛教似乎有一种错觉，说是佛祖对政治不感兴趣，是教人出世的，是不会造反的。正因为基于这样的想法，他们给予佛教以政治上、经济上各种特别的优待和鼓励。这样一来，佛教哪有不兴盛呢?况且即使皇帝做了许多昧心的事，佛教也应许他们可以出钱买福消灾，所以至今故宫里充满了大大小小的佛堂，直至溥仪被逐出宫禁前，爱新觉罗氏与其家眷拜佛的香火就没有断过。

《乾隆帝普宁寺佛装像》

“密宗”一词，本义为“续”，正式应称为“金刚乘”或“咒乘”。大乘金刚乘，俗称“密宗”。佛法是在汉代经天山南路传进中国，达摩祖师是在梁

1《抱朴子·内篇佚文》。

武帝时代从锡兰由海道东来，密宗在唐代开元年间传入中土。

清朝皇帝最初接触到的佛教，是中国西藏地区所传的喇嘛教，其教中高僧大德关怀时事之热情并不亚于汉族士大夫。17世纪初起，已有喇嘛到关外传教，曾受到清太祖努尔哈赤的礼遇。太宗皇太极时（1627—1643），盛京方面已开始和当时西藏的达赖喇嘛五世（1617—1682）建立关系。顺治九年（1652）达赖第五世应请入京，受清朝册封。世祖又好参禅，先召京师海会寺憨璞性聪（1610—1666）说法，又召浙江玉林通琇（1614—1675）、弘道忞（1596—1674）等入京说法。通琇弟子茚溪行森和道忞的弟子旅庵本月、山晓本晰相随入京，也各助传教。通琇后又入京，世祖命选僧一千五百人从他受戒，尊为玉林国师，以表示世祖对汉地佛教的推崇[1]。

祈雨礼仪中的佛教角色

其实，在中国历史上通过佛来求雨的皇家祭祀就没有间断过。隋炀帝因求佛祖降雨不果而下令砍光天下佛像之头，闹得沸沸扬扬。以北宋为例，每逢干旱，皇帝即亲至寺庙做法事求天降雨。如“开宝三年（970）夏四月丁亥，幸建隆观，相国、开宝寺祈雨”。到了乾隆年，皇上先后在八年（1743）、十一年（1746）、十二年（1747）和二十九年（1764），多次来觉生寺。在北京西面还有多所皇家寺院，也是乾隆帝祈雨的去处，有诗为证。乾隆八年（1743）御制《四月望日诣圣化寺祷雨》诗，云[2]：

南郊有事祈甘泽，细点如膏未起枯。
西竺无方觅法润，终风日暴渺愁予。
自咎不学无定见，兼哂五蕴难全除。
靡神不宗闻自古，诚犹未格将何如？
兀然独坐默然戚，青箱差启当年书。

1《普济玉林国师语录年谱》卷下。
2《清高宗御制诗集·初集》卷21。

这首诗中显示，乾隆帝并未对此次佛寺祈雨抱有太大的热忱，只是遵循“靡神不宗”的思维惯性，而且对于被认作是家学（青箱）的佛教他也只是所知了了，仅仅将它作为一种去除忧伤的慰籍而已。而随着时间的推移，乾隆帝愈来愈热衷于佛事祈雨。从明清档案馆中清代的档案资料来看，京师觉生寺的日常事务，除了每天必做的佛教功课外，最重要的功用就是祈雨了。二十九年（1764），已经深谙佛学的乾隆帝留有祈雨诗并镌刻在石碑上：“侵晨奠静安，返跸礼□檀。结习铸如此，觉生良已难。聊因甘雨足，稍为畅怀宽。调御无忧喜，金刚四句观。”[1]可见觉生寺成为了皇家的祈雨场所。由于祈雨活动往往要持续十数天，皇上不可能天天守在那里，便由亲王贵戚轮流拈香守护。从清史档案中每次为在觉生寺祈雨所做的准备材料的一份份料估单上，就可知皇家对此事的重视，如：“旨觉生寺祈雨应行预备之处，急速前往预备：地平一座、凉棚檩柱一分、支杆十二根、幡杆二十八根、踏跺五个、净水屏四座、曲尺幡架四座、桌子一张、净水瓶架四个、板凳四条、杌子二张、风灯十九个。”可以想象当年祈雨之时，觉生寺里龙旗招展，钟鼓齐鸣，崇理杲鉴住持率众僧人迎送皇帝的盛大场面。为此，寺内的永乐大钟除逢年过节外，也有了“非祈雨不鸣”专用。

另外是，藏密活佛仓央嘉措的心传弟子阿旺多尔济尊师傅遗愿，做了十年准备后于乾隆二十一年（1756）开工修建广宗寺弘法。次年建成后将仓央嘉措的法体搬至寺内供奉，迎请仓央嘉措的传世灵童座床、举行盛大开光仪式。二十五年（1760）清廷赐藏满蒙汉四种文字的乾隆御笔金匾。历史上这里的寺庙建筑规模之大、僧侣人数之多、经典制度之完善、宗教级别之高足以和青海塔尔寺相并论。这里后来也成为了皇家祈雨的重要场所。

贡唐（gung－thang）活佛系统的称谓，是以贡唐寺的名称命名的。第一世贡唐活佛的晚年是在西藏贡唐寺度过，并在该寺开始成为转世活佛，所以贡唐活佛与贡唐寺有着密不可分的因缘关系。从第二世贡唐活佛开始，被迎请到拉卜楞寺驻锡，故历代贡唐活佛的驻锡地皆在拉卜楞寺，而不是贡唐

1 此碑现藏于北京石刻艺术博物馆。另见[清]于敏中等编纂：《郊坰》，《钦定日下旧闻考》卷99，北京古籍出版社，1981年，第1647页。

寺。第二世贡唐仓·俄昂丹贝坚赞，于雍正五年（1727）出生在西藏达孜县境内的贡唐地方，9岁时从西藏移居拉卜楞寺，12岁时先后拜二世嘉木样等许多高僧为师获得了广博的学问，后回拉卜楞寺，任拉卜楞寺第五、八届总法台，乾隆二十四年（1759）33岁时，应章嘉呼图克图之举荐，清朝政府诏请其进京，荣任乾隆帝的国师，成为拉卜楞寺第一位驻京呼图克图，也是拉卜楞寺第一个与清廷建立关系的赛赤。据史料记载，在贡唐活佛未进京一年之余的时间内，北京一直持续干旱，朝廷虽做了多种求雨法事，但始终未降下滴雨，对此，乾隆帝甚感不安。凑巧的是，当贡唐活佛步入京城之际，京城内外、方圆四周普降大雨，官员百姓喜笑颜开，乾隆帝对此喜兆颇为欣慰，于是，下诏于六月十九日召见了贡唐二世丹贝坚赞，接取贡唐所献的哈达并亲手回赐哈达、缎料，俩人愉快地交谈，如鱼得水，情投意合。会见结束后，在众大臣面前，乾隆帝让一皇子搀扶贡唐活佛离开大殿，这一举动暗示对贡唐活佛的重用和宠信。贡唐活佛给皇帝举行祈福禳灾法事活动时，乾隆帝将自己御用的狐皮裘衣、锦缎长袍和彩缎等封赐给了贡唐活佛，特许贡唐活佛在给皇上举行宗教活动时用黄色坐垫(原只有皇上身边的大活佛才可享用)，并赐给黄色坐垫和靠背。

《大云轮晴雨经》

这是一部相当古老的佛家经卷。最初名“大方等无想经”，又称“大方等大云经”。北凉昙无谶译。传说有大云密藏菩萨使诸问云兴，赞许而说种种不可思议解脱之法门，有三十七品。最后，南方诸天子来问经名，佛答三名：一大云、二大般涅盘、三无想，并授记末法中之事，第三十六品为祈雨之神咒。在中国人的实证性格的背景下，这样的模棱两可、完全唯心论的虚无主义的佛教，应该是不会被接受的。但事实上中国人不但接受，而且让它支配了中国社会各层的祈雨。《大云轮请雨经》二卷，始译于开皇五年（585）正月，沙门慧献笔受，是《大云经》的第六十四品，第二出，与北周世阇那耶舍译《大云请雨经》及隋崛多译《大方等请雨经》为同本异译。现存的《大云轮晴雨经》原著应出自古印度，由唐代的不空和尚[1]奉旨翻译，这部经传入中土的时间大约是在8世纪中叶。不空和尚于唐天宝五年（746）从印度返回京师，为唐玄宗灌顶，因在祈雨中遇灵验，而获赐号智藏，并受赐紫袈裟。近年于新疆吐鲁番所发掘的回鹘文字土耳古语佛典中的Tis ă stvustik，其内容与之颇为类似。《大云轮晴雨经》今收于《大正藏》第十九册，进一步说明此经不是伪品。

《乾隆大藏经》中的《续高僧传·释明净》载："贞观三年，从去冬至来夏，六月回然无雨。天子下诏释李两门岳渎诸庙，爰及淫祀普令雩祭。于时万里赫然全无有应，朝野相顾惨怆颣无赖。有潘侍郎者曾任密州，知净能感以状奏闻，敕召至京令住祈雨。"此佛僧参与朝廷祈雨的一例。据清朝官书记载，乾隆四十八年(1783)内府清字经馆刊刻的《御译大云轮请雨经》共二卷，其扉画,堪称宫廷藏传佛教版画代表之作。五十六年（1791），内蒙古苏尼特二旗连年发生旱灾，牲畜多有死亡。乾隆帝为了解除旱情，竟从京城发出《大云轮经》，让有道行的喇嘛"将此经唪诵，祈祷应时甘澍，以弥旱灾"。这部经书究竟如何用于祈雨？罕见于清史文献。

经文上说：请雨时所受持者是陀罗尼。经中列出十种受供养的云海、降雨之利益及五十四种佛名，举示大陀罗尼。经文还说佛曾于难陀邬波难陀龙王大云道场宝楼阁中对大比丘、诸菩萨、百八十余龙王等宣说此经。

还是求龙王

《大云轮晴雨经》上说：如是我闻，一时佛住难陀邬波难陀龙王宫吉祥摩尼宝藏大云道场宝楼阁中，与大苾刍及诸菩萨，摩诃萨众。说的是有一次，佛来到优婆难陀龙王宫内，住在大威德摩尼藏大云轮殿宝楼阁中，当时有无量诸龙王众，以无量香花、幢幡缯盖、珍珠缨络供养如来。与中国的龙具有至高无尚的地位相比，印度龙则是一般的神灵，如佛经中的天龙八部之

1 不空和尚（705—774）是密教付法第六组。所译经卷甚为浩繁，因之与鸠摩罗什、真谛、玄奘并称四大译经家。

“龙”，不过是普通的护法神而已，无至高无尚的地位。在印度的动物崇拜中，金翅鸟受到最高的崇拜，而龙经常是金翅鸟的猎物。在佛典中，龙的“三患”之一便是金翅鸟。传说金翅鸟每天以龙为食，一天需要一条大龙王，五百条小龙，这说明龙的地位远在金翅鸟之下。中国原始的龙，具有较多的蛇形象和属性，古印度龙也一样，与蛇有密切的关系。在佛教的绘画雕刻艺术中，龙王的头部后面一般都有一个展开的，有三五个或七个头状物的眼镜蛇冠子。另外，佛经还常有“毒龙形状如蛇”的说法，也说明印度龙具有蛇的属性。古印度本来没有龙的观念，梵文中没有“龙”的专用词，“龙”是和“象”合用一个词来表示的。中国龙传入印度之后，龙神很快取代了因陀罗，成为风雨雷电的主宰神。

《大云轮晴雨经》上说，复有诸大龙王，降雨的施事者代以龙王，于是，一起咏诵出184个龙王[1]来，如唐卡画面的幻化神灵充斥在祈雨的神坛上。在佛经中，有一个名叫“那迦”的神兽，这种神兽长身无足，在水中称王。实际上，那迦的原型是南亚热带雨林中的蟒蛇。那迦在佛教中是佛的护卫者。《过去现在因果经》也说：“难陀龙王、优难陀龙王于虚空中，吐清净水，一温一凉，灌太子身……天龙八部亦于空中作天伎乐，歌呗赞颂，烧众名香，散诸妙花，又雨天衣及以璎珞，缤纷乱坠，不可称数。”天及龙皆能降雨，何以取别？天雨细雾下者是，龙雨粗下者是。

这一佛传故事在中国又演变为九龙吐香水浴佛。由此可见，自悉达多太子一降生，佛教中的龙就在为佛服务。中国文物中多有以“浴佛”为主题的图像，早期者如北魏三年石造像背光背面的佛传浮雕，画面分上下两层，上层为太子于摩耶夫人右胁降生情景，下层右侧为太子指天地作狮子吼情景，左侧为九龙浴佛情景。《法华经·序品》云，龙中有八大龙王，难陀龙王、跋难陀龙王、娑加罗龙王、和修吉龙王、德叉迦龙王、阿那婆达多龙王、摩那斯龙王和优钵罗龙王，每位龙王都有百千眷属。《正法华经》的对应句即

1 由于翻译上的原因，大致有梵文音译，诸如：娑伽罗龙王、阿那婆达多龙王、摩那斯龙王等；汉文意译，诸如：吉祥龙王、大轮龙王、大蟒蛇龙王等；梵音汉义合译，诸如：焰摩龙王、妙弥龙王、僧伽咤龙王等。这些，形成了三种佛经上龙的译名。

作“譬如大龙，雨多滋润，普浸润斯，一切世间。”喻说佛的无量神通力平等普施。那迦的数目在佛经中说法不一，确有一百八十四位等，每位又有眷属千百。那迦可兴云布雨、决江开渎、致福却灾，居于海川沼渊之中，显然，佛教中的那迦与中国传统文化中的龙有许多相似之处。因此，在佛经转译为中文时，那迦顺理成章地被译为龙，而中国的百姓原本就以龙为神灵，对佛教中的龙也就慨然接受，并以中国文化中的龙来理解佛教中的龙了。其实，佛教中的龙只是佛法的护卫者，而“天龙八部”是佛教中护法神鬼的总称，因其分为天众、龙众、夜叉、干达婆、阿修罗、迦楼罗、紧那罗、摩睺罗迦八部而得名。龙在八部众中位置仅次于“天”，具有相当大的神通，它们居于大海、池沼和空中，能兴云布雨、降福消灾。

佛经和大德传下来的记载是:龙是因为往昔修行时，乘急，所以有神通；戒缓，所以堕为畜生。

由于龙王在佛教中的地位较低，中国佛教寺庙中很少有供奉龙王的。在中国早期的佛教艺术中，龙仅处于陪衬的地位，而其形象也都与中国本土的龙相同。北魏是佛教石窟艺术的兴盛时期，以石窟中佛龛的装饰为例，北魏初期的佛龛装饰以火焰、唐草、飞天、供养者、佛像等形象为主，不见有龙纹出现。至孝文帝迁都洛阳后，石窟艺术进一步汉化，龙纹才逐渐多了一些。后来，龙升至护法八部神祇中的第二位，因神通广大，被称为“龙王”。据佛经记载，龙王在居住的海中有庄严华美的宫殿，佛曾到海底龙宫中宣讲佛法。

诵经的僧人唱道：

时彼一切龙王等从座而起，各整衣服偏袒右肩，合掌向佛即以种种无量无边阿僧只数。微妙香华涂香末香，华鬘衣服宝幢幡盖，龙华宝冠真珠璎珞，宝华缯彩真珠罗网，覆如来上作众伎乐，起大殷重奇特之心，右绕佛已却住一面尔时诸龙心发是愿。所有一切诸世界海，微尘身海，一切诸佛菩萨众海，遍于一切诸世界海，已过所有一切四大地水火风微尘等海。

一切供养云海

这里的天似八幅金轮，地如八瓣莲花，呈现出吉祥之兆，可使龙王获得安乐，以按时节降下甘霖利益人间。《大云轮晴雨经》上说：

所有一切诸色影像微尘数海，已过无量不可思议不可宣说阿僧只数诸身等海，于一身化作无量阿僧只诸手云海，遍满十方又于一一微尘分中化出无量供养云海，遍满十方……。

“如是一切供养云海”包括：

持大云雨疾行之者如云者，着云衣者生云中者，能作云者云雷响者，住云中者云天冠者，云庄严者乘大云者，云中隐者云中藏者，被云发者耀云光者，云围绕者处大云者，云璎珞者能夺五谷精气之者，住在深山丛林中者，尊者龙母名分陀罗大云威德喜乐尊大龙王。

乐陀罗尼句

龙的职业是布云降雨，可是有五种情形不能降雨：一是火大增盛；再者，风吹云散；三是阿修罗收云入海；四,雨师放逸；最后是众生孽重。佛经说，佛陀的大悲愿，即是救度一切有情生命脱离贪嗔痴慢与烦恼痛苦世界的大悲愿，是使有情生命自其贪嗔痴慢之污染中得清净，自无明中得见大光明、起大智慧的悲愿，也是由对有情生命之烦恼苦痛有真实之同情共感而产生慈悲心的大悲愿。佛陀这般以自觉觉他救度世间有情生命脱离世间之道，大不同于崇拜一造物者之全能大主宰的上帝之道。《大云轮晴雨经》上说：

龙王汝成就一法，令一切诸龙除灭诸苦，具足安乐，何者一法所谓行慈……以慈身业，以慈语业，以慈意业，应当修行复次龙王，有陀罗尼名施一切众生安乐，汝诸龙等常须读诵继念受持，能灭一切诸龙苦恼与其安乐，彼诸龙等既得乐已，于赡部洲即能依时降注甘雨，使令一切树木、丛林、药草、苗稼皆得增长，尔时龙王复白佛言，何者名为施一切乐陀罗尼句。

哀雅与清越一样，是佛教之声与中土之声的共通之处。在佛经九分教或十二分教中，涉及经文文体的有修多罗（Sutra）、祇夜（Geya）、伽他（Gatha），其中修多罗亦即长行，祇夜、伽他则属偈颂。

诵咒合乐，唐波罗颇蜜译《宝星陀罗尼经》说："尔时长老富楼那于歌声中为魔童子说如此偈及陀罗尼。"[1]

……有如是等无量苦恼，以佛威神加持皆得除灭。唯愿世尊以大慈悲愍诸众生，为说陀罗尼句。警觉诸龙悉令受持，能使诸天欢喜踊跃。能摧一切诸魔，遮止众生灾害逼恼，能作息灾吉祥之事，能除妖星变怪。如来所说五种雨障亦皆消灭，即令此赡部洲雨泽以时。

其中有一位龙王名无边庄严海云威德轮盖，已证得不退转位，为了要与诸龙众共同听受正法，即向佛请教说："世尊！要怎样才能使诸龙王等，灭一切苦，得受安乐？并能令此世界内，时降甘雨，皆生滋味，使诸人民等，都能过着平安而快乐的生活？"佛对大龙王说："你今为了使诸众生获大利益，所以才这样问。我现在告诉你一种法门，你等如能依法行持，便可以令一切龙除灭诸苦，具足安乐。这个法门其实也很简单，就是实行大慈。无论天上人间，如有行大慈者，火不能烧，水不能溺，毒不能害，刀不能伤，内外怨贼不能侵掠，无论是醒是睡，皆得安隐。能行大慈的人，有大威德，诸天世人不能扰乱于他，而且形貌端严，众所爱敬，诸苦灭除，心得欢喜。所以，龙王！对于一切众生，身口意业都应实行大慈，这是你所应记取的。"

1《中华大藏经》第11册，第843页。

娑婆三千大千世界之主

唯愿如来为我等说，经文如是说：

尔时世尊说是诸佛如来名已，告于无边庄严海云威德轮盖龙王作如是言：汝大龙王，此诸佛名，汝等一切诸龙眷属，若能诵持称彼佛名及礼拜者，一切诸龙所有苦厄，皆悉解脱普获安乐。得安乐已即能于此阎浮提中，风雨随时令诸药草树木丛林，悉皆生长五谷成熟。尔时娑婆三千大千世界之主，无边庄严海云威德轮盖龙王，复白佛言，世尊我今启请诸佛所说陀罗尼句，令于未来末世之时，阎浮提内若有亢旱不降雨处，诵此神咒即当降雨，饥馑恶世多饶疾疫，非法乱行人民恐怖，妖星变怪灾厉相续，有如是等无量苦恼，以佛力故悉得灭除。……利益一切诸众生故怜愍与乐，于未来世若炎旱时能令降雨。……

慈心悲心喜心及以舍心

佛家本于悲悯以种种法门救助一切众生超拔烦恼痛苦，期待能普度一切众生而成佛。祈雨即蕴含普化人天的意义。从理论看来，一切烦恼虽未断而莫不可断，一切有情虽未度而莫不可度。一切众生的法性即佛性，无不可一时顿了，当下成佛，所谓解行顿成及当下普度。然而，从实践看来，尤其是求雨的烦恼，有情众生毕竟有得度与未得度的分别，因此仍不免有待一番无尽期的事业，惟赖弘誓“烦恼无尽誓愿断，众生无边誓愿度”的大悲愿。而阻止降澍大雨的障碍就存在于人的内心，这是一个无尽的悖论。祈雨的人们的耐心几乎殆尽，佛陀制胜的法宝就是秘宗咒法了。

起大慈心为菩提本而说咒曰：那啰那啰(一)尼梨尼梨(二)奴漏奴漏(三)莎呵咄咄龙等种种异形。千头可畏赤眼大力大蛇身者。我今敕汝。应当忆念最上慈悲威神功德灭烦恼者。一切诸佛如来名字。

……降澍大雨而说咒曰：舍啰舍啰(一)尸利尸利(二)输(入声)嚧输莎呵。

对于专讲实际的中国人来说，绝大部分的人只是接受佛教的形式部分，就是拜佛求福。而依照释迦自己的说法，学佛者的祸福乃是依其自身因缘造业所生，与佛无关。祈佛求福，不仅无益，更且有害。质言之，中国一般所谓的佛教，根本就是非佛所教。因此如果人们要的只是降雨的结果，那么如此的烦恼是在降雨之前无法去除的。

降澍大雨莎呵阿

原始佛教认为，所谓“无明烦恼”，这些罪恶的根本都是深藏在我们生命或下意识的底层，所以无法被我们现实生活中的自然力量与理性自觉或一般浮浅的道德反省所能透入。而一般世俗迁善改过的道德教训，面对这深层的罪恶根源，也都束手无策。除非经历一番大忏悔大谦卑，重新从内心翻越出一个要从罪恶中绝对解脱而出的超越意志。这个超越意志一方面忏悔悲悯自身的罪恶，一方面使自身接合上(或本身即具现出)一个超越罪恶的宇宙意志，此即“神的意志”或一个“超越的精神力量”。这个“神的意志”或“超越精神力量”的呈现，才能真正地拔除我们自身的罪恶，而化为带有宗教热诚之道德文化的实践动力。

《大云轮晴雨经》说：

令诸龙王于阎浮提请雨国内降澍大雨莎呵辟支佛实行力故。令诸龙王于阎浮提请雨国内降澍大雨莎呵菩萨实行力故。令诸龙王于阎浮提请雨国内降澍大雨莎呵诸佛实行力故……

弥勒菩萨告敕令除一切雨障莎呵又说咒曰：……三世诸佛真实力故大慈心故。正行精进心故。敕召一切诸大龙王莎呵我敕无边海庄严威德轮盖龙王。

于是乎，诸龙神提请雨国内降澍大雨来。

我今召集此会一切诸龙王等……若一七日若二七日，远至三七日必降甘雨。除不专念无慈心人及秽浊者佛告龙王，海水潮来尚可盈缩。此言真实决定不虚。时诸龙王蒙佛教已，欢喜踊跃顶礼奉行。

如此一通冗长而喋喋不休的祝辞咒语，至诚致信，我佛大慈大悲，也隐忍着溺佛的无知、败坏、愚昧、软弱、自私、欺诈、浪费……等和尚们念完经，又许下愿“若一七日若二七（十四）日，远至三七（二十一）日必降甘雨”，那雨是该下了，话都给他说尽了。

从经文的表面来看，“诸龙王”、“供养云海”、“乐陀罗尼句”、“娑婆三千大千世界之主”及“慈心悲心喜心及以舍心”五个要素中，诸龙王是降雨的主体，如没有诸龙王参与降雨就无从启动；供养云海是雨水的基本来源，诸龙王可以调动云海降雨；读经者用乐陀罗尼句的说咒，激活有功用的诸龙王，其发愿所生功德回向诸龙，使龙为一切有情降注甘雨；乐陀罗尼句的宗教背景是娑婆三千大千世界之主；而慈心、悲心、喜心、及以舍心、发无上菩提心，是祈雨的发愿者的精神根据。

另有不空和尚的《大云经祈雨坛法》译文，当与《大云轮请雨经》配套之坛法仪轨。阅《大云轮请雨经》，其中也载此坛法，文字基本相同，可知《大云经祈雨坛法》盖即从《大云轮请雨经》析出而单独成篇者。文中比丘求雨时所念《大云经》当指斯经也。见如下：

若天亢旱时，欲祈请雨者，于露地作坛，除去瓦砾及诸秽物，张设青幕，悬青幡，香泥涂拭作一方坛。于坛中画七宝水池，池中画海龙王宫，于龙宫中有释迦牟尼如来经说法相……亢旱之时，如是依法读此《大云经》，或经一日二日乃至七日，定降注甘雨。若灾重不雨，更作必降甘雨。假使大海或有过限越潮，依此经作法转读，无不应效。应发愿读经所生功德回向诸龙，愿皆离诸苦难，发无上菩提心，为一切有情降注甘雨。

释氏祈雨之坛四方形，坛中则画水池置四净水瓶，画龙王宫，中央画大龙王一，坛之四面所画龙王头数也随方而异。坛以香泥涂拭，四周亦有幡旗飘扬。惟所请雨龙王皆用“瞿摩夷汁”画成，兹“瞿摩夷汁”何物？《坛法》未明言，但《大云轮请雨经》则明言之，所谓“瞿摩夷汁”，其实不过牛粪汤耳。因字面不雅而直用梵文译音。然则祈雨之龙何以必须用稀牛粪涂抹？牛粪臭气熏天，岂非冒犯神灵、亵渎菩萨？经文未言用牛粪画龙之用意，但唐代和尚释道全编纂的佛学类书《法苑珠林》中却对此作出了明确的解释，彼书《祈雨篇》即全引《大云轮经》此文，并特意于“牛粪”下注云：“《耶舍法师传》云：西国土俗以牛能耕地出生万物，故以牛粪为净梵王，帝释及牛并立神庙以祠之，佛随俗情故同为净。”可能天竺果真有用牛粪画龙王的习俗，或求得甘霖踵至，但不知牛粪之臭气熏天，还有因不杀生的佛家戒律而充满的苍蝇，大有胁迫上天降雨之嫌乎？在西方传教士的眼里，“实际上，大多数事实俱在，僧人被视为中国社会最卑鄙最歹毒之人，出身寒微，一个个都来自最低贱最贫困家庭。他们自幼即被父母卖给老和尚，被收养为继承人。……尽管不能娶妻，他们却是最放荡的人，只是竭尽全力悄悄干他们的坏事，以免受到官府严惩。……每座庙不如说是像个大旅店，……里面最无人过问的就是拜佛、念经、习佛法”[1]。

到了近代，所有佛教国家，在西风之前，如同摧枯拉朽，或有不解，然，至此不禁要感叹了，其或事诚可信也！

1 裴化行著，管震湖译：《利玛窦神父传》，商务印书馆，1993年，第166页。

26 社仓与老母猪过河

社与社仓

“社”是一种具有地缘文化倾向的神祇，它的确立应被看作是一地域内多元利益关系的精神认同和形式上的覆盖。然而，从社的源流来看，它的最初形态是具有祖神要素的土地神，社与后来的纯土地神共同成为了区域的保护神。因此，地缘性神祇的功用往往离不开亲缘性神祇的参与。周初分封，社已具有象征的政治意义。一般说，一个诸侯国政权立一个社神。春秋之时，社的数量有所增加，《礼记·祭法》郑注曰：“百家以上则共立一社。”《左传》闵公二年载，“奉冢祀社稷之粢盛”。但也有微妙的区别，同篇文献记：“帅师者，受命于庙，受脤于社。”《周礼·秋官·大行人》说脤为祭社之肉，盛于蜃器。《周礼·地官·掌蜃》曰：“祭祀，共蜃器之蜃。”郑玄注：“蜃之器，以蜃饰，因名焉。”可以说蜃算不上是什么重器。即使在社祭增加的情况下，人们似乎也没有将宗教热情全部地投入到作为一定方域的守护神的身上，社神与人们没有血缘伦理关系，远不及祖先神亲切，又有所谓“用命赏于祖，弗用命戮于社”的说法，因此于“社”的祭祀很可能并不那么辉煌。然而，可知在一个社会内部存在着某种“祭祀结构”，围绕着某个庙宇或某种奉祭因缘，这些结构使人们获得了个人隶属于某个空间的意识，即祈佑不仅是某一个体的，还是祭拜团体与居住地的叠合，其中存在着某种地域利益的意识，其前提是邻近距离和共同祭祀。

社乃是基于地缘政治体制的出现而形成的，它与邑制国家领域观念的发展背景相一致，因而，从社的神职范围来分析，它的权限当被看作是辖区内的这块土地及附着其上的自然界的“隐性力量”[1]。要说社神最原始最重要的功用当属汉时的祈雨。史书记载，行祈雨礼时，可不再经过宗族组织这个中间环节。祈雨者首先要把祭祀的“社”与闾外的沟挖通，使雨泽的祈愿与某一个地域发生直接关系，然后，用五只蛤蟆放在社中央方八尺、深一尺的池内，注以水，再准备清酒肉脯，斋戒三日，穿上黑衣向神祝祷。三岁的公鸡与雄猪被作为祭神用的炙肉，在四通神的供室中炙烤。同时，谕令百姓关闭南门，门外放置盛水的容器，开北门，村内放一口雄猪，北门之外的集市里也放置一口雄猪，听到鼓声响起后就炙烤猪尾。这一时间里周围如有未掩埋的骸骨要埋于地下，沟峪有草木壅塞的，要用火将柴草烧掉，如河沟已被桥道堵塞，要疏通。求得雨后，向社神献一口猪及酒、盐、黍等物。在清朝也保留有遇旱潦祭社稷坛，宗人府祭奠土地神的遗轨。

社神并非仅用于祈雨，自宋代民间多有社仓，这是一定方域内以“社”为精神中心的民间的灾荒自救方式，其非血缘性的互助反映了地缘社会公益意识的萌芽。然而，由于族人聚居的社会惯性，直至清末社仓的形式在民间仍然具有宗族的特色。朱熹曾不遗余力地倡导社仓，“民穷日甚，借贷无门，一有灾荒，坐以待毙。昔朱文公社仓一法最为尽善，然时诎举赢，实为难事，宜师其意而力行之。为积义谷法：每坊造一木柜，置本坊神庙。每月朔望，谒庙者各持义谷少许，或一角，或半升，或一升，至小斗而止，勿得过多”[2]。

---

1 沙畹曾对上古的社做过较为详尽的考辩。引自余欣：《神祇的“碎化”：唐宋敦煌社祭变迁研究》，《历史研究》2006年第3期，第59页。

2 汤念平：《<劝积义谷>序》，引自[清]魏禧《救荒策》，《荒政丛书》，宣统三年，文盛书局。

明代张朝瑞编《社仓议》，提出："各乡旧有土神庙，即有社祭之礼，但俗尚奢侈，因而迎神赛会花费不赀，不特亵渎神明，幽有鬼责，致怠事端，且明有人非。从今相约举行，一切禁止，或有情愿施舍，冀神祐助，即宜准作香钱，自家告诸神明，登记乡约簿，积为义谷，以济人贫难，不且神人两得之乎？每岁春秋祈报，买办猪羊、酒果、香烛等项，即于义谷内支用。祭毕举行社饮，申明约法，和睦乡里。庶彬彬然成礼让之俗矣。或有贫不能存、丧不能举者，亦于义谷内量给以助之，会众公议而后动支，各明白登簿，以备稽查，毋得徇私滥支冒破。"[1]再者，"官赈不过一二所，社仓则逐里各有建置，积之多方，备之无穷，而输散不出境"[2]，其好处自不待言。同时，"社仓既立，其有仁孝节烈孤寡无依者，里中时行周给，不待凶年"[3]。因之被奉为"千古良法"。

土厚水深，政治权力的秩序在内化为情感的秩序、亲情的秩序，在中国传统的礼乐文化中有着深厚绵远的根源。郭店楚简《性自命出》曰："道始于情。"把"形而上"者归根于情，其实是为了将文化中的一切构成都以情感的秩序来进行。而最为自然的情感首先源自于血缘关系，按血缘来定亲疏，因此政治文化的发端也大都从民族、胞族或部落的社会形态向其他社会形态过渡。

华北农村县乡通常在平时积谷备荒的"社仓"或称"义仓"，全为乡里百姓借粮种和赈灾之用。其谷本来自州县士绅、富户的捐献，纯属自愿和慈善行为。农民借粮，一般要在收获后加息偿还，如此才能保证地方粮食储备的良性循环。入谷义仓的形式多种多样，或"凡生日，或子为父母庆寿，其尊人好静，不喜饮酒请客，则为子孙者随力随意，入谷义仓，以祈神祝寿。此实福也"。或"凡求嗣许愿者，即于福神前拜谒，倘得生子，即入谷若干于义仓，留为赈济，以谢神佑"。再"于是神前焚一疏文，以酬愿信可也。

1 [明]张朝瑞《社仓议》，引自[清]俞森《社仓考》，《荒政丛书》，宣统三年文盛书局。

2 沈鲤《社仓条议》，引自[清]俞森《社仓考》，《荒政丛书》，宣统三年文盛书局。

3 [清]俞森《社仓考》，《荒政丛书》，宣统三年文盛书局。

即亲朋以谷当贺仪，亦有裨于实用”。或“凡有病祈祷者，即于神前发愿，拜许病痊之后，入谷若干于义仓，留为赈济，以谢神佑。及病愈身安，即于神前焚疏入谷，以酬愿信。只随心量力，不拘多少。此实实功德，较之建醮演戏，功德不啻十倍”[1]。

乾隆帝正是通过把朝廷对被灾黎民的赈济蠲免与社会价值评价合并到一个功能中，使道德在治理灾荒的政治方略中发挥了作用，并最终导致传统的社会救灾机制的确立。如山东潍县，“自雍正十二年（1734）至乾隆二十年（1755）节年劝捐并递年春借秋还加息，现在各社捐谷并加息五千八百八十三石八斗”[2]。直隶行唐县，“国家经制，州县各设常平社义诸仓，岁储米谷，并听任官民捐输借用，每岁出陈易新，载在会典，犁然备举。定例以十分之三借民籽种，遇谷价腾贵，春夏出粜。社仓定便，借民口粮，视年之上下加息，旧例社仓捐谷每石收息二斗，小歉减半，大歉全免，止收本谷”[3]。人们只有在旱灾来临时，才会体会到设仓于社的办法是多么的实惠，才会由衷地赞叹汉儒贾谊所说的那句“积伫者，天下之大命也”的千古箴言。

“老母猪过河”

民间素有“老母猪过河”之谚，其流传甚广。说是若云气连缀着了渡“河”者，即为天雨之兆。《述异记》说得更清楚，曰：“夜半天汉中有黑气相连，似涉波之豕，俗谓之黑猪渡河，雨候也。”古人居然认为神猪能够赐雨，传说唐末天复四年（904）蜀城大旱，守宰到“母猪龙湫”求雨而如愿，该处常“见牝豕出入”[4]。《淮南子·本经训》：“封豨……为民害。尧乃使羿禽封豨于桑林。”有人认为封豨是水神，象征着暴戾疯狂的自然力，

1 [清]俞森：《社仓考》，引自《中国荒政全书》第2辑，第1卷。北京古籍出版社，2004年，第134页。

2 乾隆《潍县志》卷3《田赋志》。

3 乾隆《行唐县新志》卷5《惠政志》。

4 [宋]孙光宪：《北梦琐言》，中华书局，1960年，第179页。

对猪盨，中国国家博物馆藏，周时礼器。

羿擒封豨即杀淫雨之神……那些都是呼风唤雨的神话[1]。

谁又想得到，老母猪会成为了祭天祈雨、沟通水帝与人世的媒介。“彘为太阴之物”，《礼记·月令》也说：“食黍与彘”。注曰：“彘，水畜也。”《史记·货殖列传》上说“泽中千足彘，水居千鱼陂”。《文献通考》上说：“石氏谓之天豕，亦曰封豕。”《天官书》云：“奎曰封豕，为沟渎。”奎宿是二十八宿之一[2]（西方白虎七宿的第一宿，有星十六颗），司猪与水（特别是雨）有着密切的关联，司马迁认为它主地上水道川流，正如“东井为水事”即东井星主水利。秦始皇三十七（前210）年十一月，始皇帝望于南海而刻石，铭文中的一段很有意思：“防隔内外，禁止淫泆，男女絜诚；夫为寄豭，杀之无罪。”[3]豭是公猪，在秦始皇正儿八经地说到男子有外遇偷情大可杀之时，竟把不登大雅之堂的猪也一并拉上。然而细考之下，原来此说渊源颇深。秦始皇以“夫为寄豭”作丈夫外出偷情贪淫的隐语，竟还是典出有据的文雅之辞。兜兜转转地说了这许多，都只为说明“猪（豕、豨）——水（河、雨）——男女（生殖、色欲）”的关系链。

《卫康叔世家》记“太子蒯聩与卫灵公夫人南子有恶”而欲杀之，但没有透露两人交恶的原因，可《左传》和《列女传》却将此事的来龙去脉

1 丁山：《中国古代宗教与神话考》，龙门联合书局，1963年，第268、269页。

2 西方白虎七宿的第一宿，有星十六颗。

3《史记·秦始皇本纪》。

一五一十地讲了个明白，其实就是蒯聩恼恨南子与宋朝淫乱有辱国体[1]。其中，令太子恼羞成怒狠下杀心的是，宋国野人嘲笑此事的隐语歌词“既定尔娄猪，盍归吾艾豭”，娄猪意为寻找配偶的大母猪，艾豭是老公猪。

并封（毕本）《山海经·海外西经》

老辈儿人传下来的话，就是不能不听：“江猪过河，大雨滂沱。”问他们是什么意思，说是，“江猪”指碎雨云，出现这种云，表明云层中水气很充足，大雨即将来临。有时碎雨云被大风吹到晴天无云的地方，夜间便看到有像老母猪的云飘过“银河”，那就是“江猪”，也是有雨的先兆。“江猪”的传说中所包含的神性，似乎还幽禁在猪那令人鄙视的躯壳之中，并通过猪的品性与凡俗世界保持着最后的联系。而一旦大雨滂沱，那么带来天下丰穰的它，其精灵的圣化将不可逆转。

1《左传》定公十四年：“太子蒯聩献盂于齐，过宋野。野人歌之曰：‘既定尔娄猪，盍归吾艾豭？’太子羞之，谓戏阳速曰：‘从我而朝少君，少君见我，我顾乃杀之。’速曰：‘诺。’乃朝夫人。夫人见太子，太子三顾，速不进。夫人见其色，啼而走曰：‘蒯聩将杀余。’公执其手以登台。太子奔宋，尽逐其党。”《列女传·孽嬖传·卫二乱女》：“南子者，宋女卫灵公之夫人，通于宋子朝，太子蒯聩知而恶之。南子谗太子于灵公曰：‘太子欲杀我。’灵公大怒蒯聩，蒯聩奔宋。”

27 旱地傩戏 《斩旱魃》与《雨经》

乾隆帝的祈雨，既或得应，也实属偶然。在没有更好、更有效的求雨办法之前，偶然的巧合，也会鼓励人们付出不懈的努力。也就在此时，巴望着天降雨滋的干旱地区百姓早已将傩戏《斩旱魃》与巫术《雨经》演绎得如火如荼。这是宗教世俗化的一个变种，如墨子描述战国时代的祭神："今洁为酒醴粢盛以敬慎祭祀……虽使鬼神请（诚）亡（无），此犹可以合驩（欢）聚众，取亲于乡里。"[1]那种气氛肃穆的宗教典仪在这里不见了，生存危机的恐惧一变而成为了乡间的乐感游戏，这大概是中国千百年来乡里祭神的实际状况吧。

旱魃代表着一种非理性、破坏力巨大、制造混乱的力量。将旱魃斩首，就是要在一个地区里恢复理性与常态。这种以在虚拟故事中斩杀某一幽灵的形式来弭灾的现象在世界的其他民族中也并不少见，诸如：

在古巴比伦那部著名的关于创世纪的史诗《在天堂》[When On High(Enuma Elish)]里，也可以看到类似的内容。根据这部史诗，阿努的儿子杀死了阿斯浦（Aspu）——代表大地之下的大海的神，从而成为了

1《墨子·明鬼》。

代表丰产之水的神。接着，人类受到了代表环绕大地的海的神提亚马特（Tiamat）的威胁。为了拯救人类，埃阿的儿子马尔都克（Marduk）出发了，他杀掉了提亚马特，把天空和大地分开。这部史诗出现的时间是约公元前2000年中叶，但显然和更早时的一部苏美尔史诗相似。在苏美尔史诗里，恩利尔的儿子尼努尔塔（Ninurta）杀死了魔怪，然后建筑大坝，把从魔怪的家乡汹涌而来、给人类带来巨大破坏的水拦住，从而给大地带来了丰产。在这里，我们似乎可以看到原始闪米特神话的影子。[1]

傩戏《斩旱魃》也采用了斩杀魔怪的形式，而且，就这一个地区而言，旱魃是非杀不可的魔怪。因此，傩戏虽然不过是一种民间戏剧，但实际上却是一种上应天运而动的精神力量，其举行与否，何时举行，几乎不受国家法定权威的支配和影响，也不授命于地方官，而它在地方社会却有着至高无上的权威。

傩戏《斩旱魃》

驱傩仪式在中国古代典籍中屡见记载，在现代民间社会中也仍有广泛的流传。古代文献中它又被称为傩、蜡、磔除、禳除、祓禊、驱除、大搜等等，它是在岁时节日或发生天灾人祸时举行的一种旨在禳除邪祟不祥、祈求幸福吉祥的活动。孔子说过：“乡人傩，朝服而立于阼阶。”[2]文献中关于舜放四凶的记载，在许多方面也都体现出其与驱傩仪式之间的渊源关系。驱傩仪式要求驱傩者必须搜遍城乡中的每一个角落，为此，驱傩仪式必须在城乡中的四方举行，这就是所谓的“四门磔禳”。仪式中，巫师头戴面具，身披兽皮，扮出一幅凶神恶煞的模样，挥动神器，手舞足蹈，耀武扬威……最后将象征邪祟的东西（可能是一个人、一只羊、一只鸡或一只鸡蛋）逐出城

1 引自[英]朱利安·鲍尔迪著、谢世坚译：《黑色上帝》，广西师范大学出版社，2004年，第67页。

2《论语·乡党》。

乡，象征着邪恶已被驱除或震服，魑魅魍魉、妖魔鬼怪已从四面八方被驱赶出去，留下的是一片安宁和平、幸福吉祥的王道乐土。由此人间仿佛重新恢复了固有的安宁和秩序。这就像是“有一个‘溢出’的观念，它离开身体，是四处游荡的巫术形象，也是联系巫师及其行动领域的纽带，是绳索和链条。连巫师的灵魂都要离开他的身体，去完成它要实现的效应。在《巫术之锤》中（Malleus maleficarum）记录了一个女巫，她唤雨的时候把她的扫帚沉入水塘，然后再腾越到半空去找它”[1]。

《礼记·月令》“季春”有“命国难，九门磔攘，以毕春气”。郑玄注：“此难阴气也。阴寒所以及人者，阴气右行，此月之中，日行历昴，昴有大陵积尸之气，气佚则厉鬼随而出行，命方相氏帅百隶索室殴疫以逐之，又磔牲以攘四方之神，所以毕止其灾也。”为了让四面八方妖氛澄清、普天之下一片升平，汉代驱傩亦遍及四方。张衡《东京赋》云：“尔乃卒岁大傩，殴除群厉。方相秉钺，巫觋操。……煌火驰而星流，逐赤疫于四裔”。

唐代民间驱傩亦于四门禳除。敦煌有一类题为《儿郎伟》的唐代写本，即当时敦煌岁暮驱傩的歌辞[2]，就明言驱傩分别在四方进行[3]：

> 圣人福禄重，万古难俦疋。剪孽贼不残，驱傩鬼无一。东方有一鬼，不许春时出；南方有一鬼，两眼赤如日；西方有一鬼，便使秋天卒；北方有一鬼，浑身黑如漆。四门皆有鬼，擒之不遗一。今有定中殃（央），责罚功已毕。自从人定亥，直到黄昏戌。何用打桃符，不须求药术。弓刀左右趁，把火纵横。从头使厥傩，个个交屈律。

相对于驱傩仪式而言，所谓“四裔”，或许仅仅是举行仪式的“神圣兆域”之外的地方。因此，所谓“流四凶族，……以御螭魅”，大概也就是

1 [法]马塞尔·莫斯、昂利·于贝尔著，杨渝东等译：《巫术的一般理论献祭的性质与功能》，广西师范大学出版社，2007年，第89页。

2 敦煌文书，伯2569写卷，背面载《儿郎伟》辞。

3 黄征、吴伟编校：《敦煌愿文集》，岳麓书社，1995年，第946页。

把“替罪羊”赶出“城门”，“投诸四裔”无非是“宾于四门”。后世的傩仪，也是把邪祟的象征物逐于城门而已，《续汉书·礼仪志》记汉宫傩仪“欢呼，周遍前后省三过，持炬火，送疫出端门。门外驺骑传炬出宫司马阙门门外，五营骑士传火弃雒水中”。《新唐书·礼仪志》记唐代宫中傩仪“周呼讫，前后鼓噪而出，诸队各趋顺天门以出，分诣诸城门，出郭而止”。郭内是安宁和平的人间世，郭外则是鬼蜮横行的鬼世界，人间与鬼界，界线分明，每年一度的傩仪，要宣告旱魃等妖孽必须斩首，正是为了重新确认、划定这条界线，使人鬼各安其居，如此才有“四门穆穆”。

天旱的“替罪羊”

《墨子》讲到禹征有苗之事，曰[1]：

> 昔者有三苗大乱，天命殛之。日妖宵出，雨血三朝，龙生于庙，犬哭乎市，夏冰，地坼及泉，五谷变化，民乃大振。高阳乃命玄宫，禹亲把天之瑞令，以征有苗。四电诱祇。有神人面鸟身，若瑾以侍，搤矢有苗之祥，苗师大乱，后乃遂几。禹既已克有三苗，焉磨为山川，别物上下，卿制大极，而神民不违，天下乃静，则此禹之所以征有苗也。

这里所叙述故事不仅具神话色彩，而且也揭示了“舜（或禹）征有苗”这一“史实”的巫术底蕴。据《墨子》所述，有苗之祸，非仅人祸，更兼天灾，表明“禹征有苗”原本是一场祛除干旱之虞的傩仪，三苗只是象征旱灾的“替罪羊”。

藉追打替罪羊的形式禳天灾的傩戏，在山西尚有流传，如雁北“社赛杂戏”中的《斩旱魃》[2]中出场的有“王”和两位娘娘以及鸡毛猴，后者面部画成丑角形象，头巾插雉翎，手持鸡毛竿，腰系大车轱辘，在村民的嬉闹追打

1《墨子·非攻下》。

2 顾朴光等编：《中国傩戏调查报告》，贵州人民出版社，1992年，第9页。

下跑遍大街小巷、各家各户，为人们消灾去祸。鸡毛猴若被追上，就会被当场“处死”。《斩旱魃》中先有“旱魃”登台跑场，随后追出手执铡刀的四位天王。旱魃在逃跑时，主祭人拧下一只活鸡的头，淋血满脸。仪式上的血腥味，使得献祭的飨神有了一种主宰生杀权力的威严，他可将被拧下头的活鸡转变成赎罪的献祭。旱魃跑遍全村后，被押回台上“处斩”。台下的村民们与台上的“王”一样，相信经过这一番“执干戚舞”，人祸、邪祟和天灾都会被彻底地征服，从此就会风调雨顺、五谷丰登，于是乎众人欢呼雀跃，喜地欢天。

张衡《东京赋》所述东汉卒岁大傩，应是流放共工于幽州，驱逐旱魃回朔漠的神话演绎。傩戏形成的原因实际上很简单。岁末年终，是大自然万象更始之时，也是人间除旧布新之际，颁历授时是为了与天地更始，新历的颁行，意味着旧岁的终结，新元的开始。当此之际，自应把旧岁的一切天灾人祸、邪祟妖氛都清除干净，把一个安宁祥和的世界带入新的一年。

晋北的赛赛戏也有出剧叫做《斩旱魃》，过去天旱祈雨敬神时要演它，从台上演到台下。装扮旱魃的演员是光膀子，头戴羊肚巾，可以在食品摊上随便抓东西吃。摊贩们不以为嫌，反倒认为可以“利市”。最后戏再演回台上，直至斩了旱魃了事，表示以后可以风调雨顺了。

用演戏来酬神祈雨御旱的做法在北方地区的乡下相当普遍。豫西的嵩县，“山乡尤甚演剧酬神，犹春秋祈报之意，然贺雨贺晴又叠举无节至”[1]。直隶的怀安县，“春秋祈报，长者敛资，少者趋事，备牲醴礼神，优人作戏，互邀亲戚聚观，祀毕坐飨神享，鼓吹喧嗔，醉饱歌舞而散。俗尚龙神，凡村堡城市，多建庙祀，秋熟醵钱演戏赛神，岁有旱，各戴柳枝具幢幡，钟鼓迎像，置坊敬祷，得雨乃止”[2]。山西武乡县，“秋趋各村乡醵钱祀里社五谷之神，行报赛礼，亦有行有三四月者，谓之春祈，纳稼后雨”[3]。不一而足。

---

1 乾隆《嵩县志》卷9《风俗志》。

2 光绪《怀安县志》卷3《食货志》。

3 乾隆《武乡县志》卷2《风俗志》。

“魃”是黄帝的女儿

传说时代的黄帝将炎帝族中的桀骜部落驱逐出黄河流域，放逐到边远地区。这些部落分居于中原的东南西北各边区，总称为夷。后来山东的邾、莱、莒，山西的潞氏、赤狄、白狄，陕西的姜戎、陆浑，江汉的三苗“诸蛮”等等，均为其后裔。

炎帝族信神习巫，跳神祭神都源于炎帝族。八卦、易经、历算及本草等医书最早也都溯源于炎帝。炎帝族的风俗是披发，左衽，或用黑巾裹头，周秦时称平民为黎民、黔首即来源于此。炎帝族的乐舞名为《株离》，乐器用土烧制成的土鼓，即后来所称的缶。炎帝族的起源与羊有关，至秦汉间讹传为牛，遂将蚩尤神化为牛耳、牛脚、牛蹄，后又演变成角抵戏。今天河北冀州有乐名“蚩尤戏”，其民两两三三，头戴牛角而相抵。而山西太原村庄间，祭蚩尤神，就不用牛头。

中国古代发明农业传说中的始祖族群有两支，一支为炎帝族神农氏，一支为黄帝族后稷氏。炎帝族发明农业自然较黄帝族为早，族人中除神农外又有炎帝柱，为烈山氏之子，曾周历名山，辟田垦土，兴于谷帛，化于市鄽，应是刀耕火种生产方式的发明者；而黄帝族在继承了炎帝族的农业传统的同时，又推举出自己的族人后稷，称他为农业的发明者，在名位上与炎帝族相齐。后稷封于邰，从其炎帝族的母家学会农艺，因此在虞舜时，典司农事，发明了耜耕农业，故有“后稷”的称号。黄帝族为了泯灭炎黄的界线，一再推崇后稷，由此便有了炎帝神农为先啬、黄帝后稷为司啬的腊祭。

关于“涿鹿大战”中的另一人物蚩尤，据有关文献，其形象是暴君和乱贼，相当丑恶。《尚书·吕刑》的记载为此类观点的代表：说蚩尤作乱，以酷刑杀戮统治苗民。不过，根据《龙鱼河图》的记载，蚩尤是一个有着怪异神力的神的形象。“制五兵之器，变化云雾”，非常厉害。《述异记》也说：蚩尤“铜头铁额”、“八肱八趾”、“人身牛蹄，四目六手”。所以黄帝也打不过他，只好去祈求上天神灵——女神助战。从此次战争的记载可以看到蚩尤的神的形象，他可以“靖风伯雨师大风雨”，还可以“作大雾，

河南南阳汉画像石《虎吃女魃》

弥三日”，使黄帝令风后做指南车与他大战。不管怎么样，这一回合毕竟是黄帝打败了，于是，黄帝调出应龙来参战。应龙洋洋得意地飞到空中，正准备大显神威，不料蚩尤又搞出了一场大风。那风将磨盘大的石头吹得满天飞，大树被连根拔起，一时间天昏地暗。应龙在天上被吹得摇摇晃晃，东倒西歪，不战而败。于是，黄帝又叫来他的女儿“魃”前来助战。说起这“魃”，她是干旱之神，虽然是黄帝的千金，但长得奇丑无比，且性格上放荡不羁，光秃秃的头上没有一根头发。这个“魃”虽丑，但本领却不小，据说她身体奇热无比，能把石头都融化了。果然，她一走上战场，就发出了体内强大的热量，立即将蚩尤的大风、骤雨消解得无影无踪，还杀死了许多蚩尤的兵。可惜的是，她发出热量后就再也不能回到天上了，只好住在赤水一带[1]。每当她跑出来游玩时，必定会带来干旱。所以人们把她叫做“旱魃”，一有旱灾，人们就敲锣打鼓举行赶“魃”的仪式，好在“魃”还算自爱，一听到人们敲锣打鼓，就知她给人带来了灾难，人们不喜欢她，于是就会羞愧地回到赤水老家去。这真是个天大的悖论，“黄帝以云纪，云师而云名”[2]，怎么也是润济天下的祖先神，女儿如何落得个旱魃运命？呜呼，可叹人神的命途亦多舛。

请出了风伯雨师

在人们未能超越自身的感觉和经验，建立一个理解自然世界的更加普遍的知识框架之前，人们对于自然世界的理解往往是那样地被局限在一个特定的地理的、文化的地域内。按《延长县志》讲，“师巫在三代已有而沿习既久”，照例，巫师实施的行动就是仪式。

1《山海经·大荒北经》载：……名曰黄帝女魃。蚩尤作兵伐黄帝，黄帝乃令应龙攻之冀州之野。应龙畜水，蚩尤请风伯雨师，纵大风雨。黄帝乃下天女曰魃，雨止，遂杀蚩尤。魃不得复上，所居不雨。

2《左传》昭公十七年。

据安德明调查报告的描述，甘肃天水地区的求雨仪式，是村庄全体参加的“取雨”，同时也包括由部分少年男子参加的烧“倒处”[1]活动。作为群体仪式的取雨活动，通常都是以村或方为单位组织和举行。活动主要围绕方神——可以称之为“求雨主神”的祈求来进行。尽管各村或各方所敬方神都各有不同的乡村特色，但求雨仪式的过程却是大体一致的。

每当旱情变得严重，人们感觉到旱灾临近时，原本温和的天气也似乎一下子变得肆虐起来，处于正常生活中的人，由于眼见庄稼即将枯死却无计可施而忧心如焚，心态和生活的秩序都逐渐进入到一种焦虑状态。于是村中的长者便会聚集在会长家中商议求雨，他们代表了所有村民的愿望。一旦议定，即晓谕全村或全方，邀请法师，开始求雨仪式。

由于无论春旱或伏旱，都发生在当地农闲时期，为旱灾所折磨着的人们很容易就被发动起来。男子主动集中到求雨主神的庙宇中来，女子则自觉遵守“回避”的禁忌。整个村庄的人都开始从平时的世俗生活进入了神圣的状态，在行动上从“常”转向“非常”。

整个仪式由一系列复杂的环节构成。它们由法师来主持。会长尽管是仪式的组织领导者，但仪式具体的行动过程，却都须听从法师的安排。法师也就是通常说到的巫师这样一路人——“巫师通常被认为机敏灵巧、才识过人。如果简化巫术的理论，就可以只关注巫师的智力和他们实现的奇迹，然后把他们的职业解释成是创造与欺骗之间的一个完美结合。不过，这些一直都是根据假设赋予巫师的具体特征，只构成了其整个传统的一部分，其他还有很多特征在支撑着他们的声望[2]。”

第一个环节称做“肃坛”。首先要由会长安排人员，在神庙、街市或村

---

1 安德明：《天人之际的非常对话——甘肃天水地区的农事禳灾研究》描述，“倒处”是一种比较简单的求雨仪式。同村的一些少年男子，随机组织在一起，于夜间进行活动，参加者把四处捡来的各种破烂衣物、木柴、动物的尸骨等等，堆在村外的河滩或田野，然后点燃。焦腥的浓烟，伴着火光，在无风而燥热的天空形成烟柱。参加活动的人守在一旁，一直等到所焚之物完全烧光，仪式即结束。中国社会科学出版社，2003年，第81、82页。

2 [法]马塞尔·莫斯、昂利·于贝尔著，杨渝东等译：《巫术的一般理论献祭的性质与功能》，广西师范大学出版社，2007年，第42—43页。

中广场上悬挂“过街吊子”，即用红、绿、黄、白、黑五色纸裁成的小旗，数个一组，以细绳穿为一串。纸旗上面用墨笔或黄笔书写两句或三句口号式四字话语，分别为以下一些内容：

上施行云，下救黎民；
布云施雨，泽润生民；
旱既太甚，不行心忧；
急救万民，急速解旱；
天旱流行，抗旱急矣；
行云布雨，滋润万物；
一灵百敬，万物回生。
……

同时，贴出告示，要求全村的人斋戒，禁止杀生。在有集市的村庄，还要晓谕人们，禁止买卖葱、韭、蒜、肉等各种荤腥之物，称做“清街”。从肃坛开始，整个过程中，一律严禁人们在公共场所戴草帽，即使是过往行人也必须遵守这一禁忌，否则将遭到斥责或鞭打。不过，所有的人都可以戴柳条帽，这不仅是允许的，而且还被当做求雨的必要手段和重要标志。

然后，由会长率领村中男子在方神庙中设置香案，案上安设各重要神祇的牌位。神牌通常以黄纸书就，粘在竹签上，每神一个，均插在一个木制大香炉中。所设诸神及其次序如下[1]：

天京金阙，玉皇上帝陛下位居中，
当今皇帝万岁万万岁位居前中，
天地三界十方行雨龙王位居左，
天地水府三元三品三官大帝位居右，

1《雨经·祈雨坛立神位式》。

南无法雨观世音菩萨位居次左，

……

设好香案，众人即于庙中日夜供奉香火，并由会长向方神许愿。所许之物，或为鸡，或为羊，或为猪，因求雨的村庄财力大小而定。有时，在干旱持续的形势下，随着求雨仪式的不断进行，所许之物的价值也会由低向高逐渐增加，例如由最初的鸡变为猪，或由最初的羊变为唱一台大戏。

然后，阴阳先生念诵《灵宝忏》、《救苦经》等经文。同时，依神牌次序宣请众神，高呼神名并每呼一拜。如果是法师主持活动，则由法师唱诵《请神经》并跳神（以后诸环节中，其活动大体相同）。从此往后各环节中，参加众人都必须严守斋戒，并禁止妇女参与或围观。

有的村子在肃坛时要请出神像，去帽脱靴并戴枷，晒在当院，再在其前设香案供香火。这种较严厉的做法，据说是为了让神到天上感动玉帝，而不是为了处罚他。但这种做法并不多见。

肃坛期间以及接下来的各个环节，要由法师主持，不断进行“考卦”或“要卦”活动，以求“了解”神灵的意愿。“卦”有阴阳卦和八卦两种。阴阳卦为劈成两半的牛角，或者是以木头镟成的两半牛角形状。其凸起的一面，代表阳，凹下的一面，代表阴。在使用时，将它抛起，落下之后，如果两半皆为阳，即是阳卦，象征顺利、吉祥；两半皆为阴，是阴卦，象征不顺利，所求之事不能成功；一阴一阳，则是“格卦”，象征有某种干扰，使得超自然存在的神圣性受到了亵渎，使所求之事难以成功。这种干扰，来自某种恶的超自然力，例如经期的妇女有意无意地“冲撞”了神灵，等等。八卦为一木制八面棱柱，每面均刻有一句四字谶语，依次为“下下中平”、“上上大吉”、“所求遂意”、“不合神道”、“远行大吉”、“有愿不还”、“三日雨足”、“五男二女”。法师将卦放在香盘中（或师公圆鼓的鼓面上），左右倾斜香盘（或倾斜圆鼓的鼓身，用鼓槌连续轻震鼓面，使卦滚落在旁边一人托着的香盘中），待八卦静止后，其朝上一面的内容，即代表神的意旨。平时“卦”揣在神像胸前衣内，每逢祈雨集会时才取出使用。

肃坛共三天，如果三天内下了雨，则结束活动并酬神。但如无雨，则要进入下一步骤“安湫”。

湫，水泉之意。怎么也看不出，它与下雨之间的必然联系。但天水地区的人们，都以之特指求雨时所祈得的少量“神水”，即神灵赐给雨水的信息物，读音作jiu。所谓感应巫术中的感应规则包括：相似生成相似、部分代表整体、相对作用于相对等。在巫术仪式中，这样的规则被抽析后成为了祈雨的基本要素。仅仅是读音上的附会，“湫”经过了感应巫术的加工，表征为人们求雨的意志。由于特定的传统，它需在湫泉或湫洞去求得。每一位求雨的主神都有自己的湫泉或湫洞，一般距神庙四五里至四五十里不等，它们是该神所固有的圣地，也是求雨仪式中人们通常必须要前往的地点。湫泉是一汪泉水，在川谷地区是常有的自然现象。湫洞是一个比较潮湿的山洞，洞顶石上可以渗出水来，其所在地点都比较偏僻隐秘，有的还格外险要。安湫时，先派人从湫泉或湫洞以干净容器舀取或接取一些湫水，献在神案上，再在案前设缸，缸中盛水、插柳。

阴阳先生的《雨经》

此后，阴阳先生念诵《雨经》[1]。这是取雨活动中最为主要的经文，包括《太上洞渊召诸天龙王微妙经上品》、《太上原始天尊说祈雨龙王妙经中品》和《灵宝天尊护国祈雨消魔大功德经下品》三部分。同其他各种经一样，这些经也均为散韵结合的形式。念经之时，阴阳先生以一种抑扬顿挫的声调吟唱，通常还要专门安排人在一旁敲钹击鼓伴奏。经文云：

> 尔时天尊乘五色祥云，来临国土，作大神通，变见光明。与诸天龙王、仙童玉女七千二百余人，宣扬正法，普救众生。大澍洪流，百动

1《雨经》系民间阴阳先生的读本。据安德明：《天水求雨非常事件的象征处理》载，天水北道区东泉乡王家沟沱村李阴阳所藏《雨经》，包括《请雨龙王经》、《大雨龙王经》、《祈雨消魔经》三部分。引自王铭铭、潘忠党编：《象征与社会：中国民间文化的探讨》（论文集），天津人民出版社，1997年。

千生，终无日出。若能勤心持授，诵读是经，功德深远，人民无灾，各各延寿长年，无有终伤。其国如有兵戈竞起，人民相食，天地震地，日月弗明。但于福德之方，宫苑之内，或有泉地之处，置九龙之位，立五圣之形，转念此经，朝礼玉皇上帝镇国天龙王。当时妖氛自灭，兵戈不兴，君臣有道，龙德相符，天下太平，恒居禄位。是时诸仙等众，闻是演说，悉皆利益，普润含灵，俱起作礼，各愿受持。

其后在上、中两品经文里，都要邀请众多的龙王，两品经中所请龙王（包括一些重复的），加起来共约一百三十余位（次）……。

接着诵经曰："诸天龙王闻是称善，即现通感。兴云腾雨，遍洒人间。救彼焦枯，悉得生发，免其时害。"巫术的最终体现还是力量，一种神秘的力量。这种神秘的力量，依附在某一物体之上，乃至于它可以被呼出或者升腾入天，合成为带来时雨的乌云。

按照规矩，在念诵过程中，每念到一位龙王，阴阳先生即需下拜一次。但在实际的活动中，许多阴阳先生都是每呼请三位或五位龙王时才下拜一次。这样做是为了避免过于劳累，同时也不失恭敬。诸多司水的龙王在阴阳先生高声呼请下的"会聚"，显然起着强化仪式神圣氛围的作用，求雨者的心灵，也必然会因此而得到莫大的抚慰。

阴阳先生念完每品经文，还要诵一则"神咒"，分别为《太乙三山祈雨大木郎神咒》、《太乙三山祈祷霖雨小木郎神咒》、《四溟大神行雨神咒》和《太乙三山混沌木郎祈雨神咒》。其词有云："我今奉命召雨神，速如木郎第一君。速降速降急速降，早降甘霖救万民。木郎神咒，鬼愁神惊。天龙八部尽来临。啸风鞭雷霆。灭魃除氛，催雨救苍生。"

《雨经》念诵完毕，再诵《风伯雨师雷公电母雨偈》，其内容还是一些诸如"愿早降甘霖救万民"之类的话。其后，阴阳先生双手持一份黄纸墨书的"牒文"，在神案前高声念诵，其文《抗旱祭风保雨消灾事》，念诵如下：

言念众等，叨生宇宙，恒翼清平。托天地好生之德，蒙神圣负护之恩，支援一方。近月来旱象严重，农民惶恐，投告无门。旱既太甚，生灵涂炭，禾苗日就枯槁，不殄心忧，生民难存。因而众等商议安坛上湫祈雨救灾之法。恳祈上圣默佑，怜念愚民，大发慈悲之心，广开宏恩之路，救当今之旱象，救万民之苦灾。制止恶暴之风不再发生，速使雨霖即降，滋润苍生，起死回生，万感灵应。风调雨顺，物阜民康，田苗兴旺，人物盛昌。一方众等永感德不忘神圣之恩义。

兹后把"牒文"焚化。在整个求雨过程中，阴阳先生要在神前焚烧数道以黄纸所书的"发文"，其内容格式大体一致，只据不同神名、地名略加更改即可。人们祈求雨泽的愿望仿佛随着焚烧的烟气上达了天神。

会长及其他参加者，在阴阳先生念诵经文期间，都要跪在香案前，直到经文念毕，称做"跪香"。安湫共三天。如果仍不见下雨，则由会长主持，在神前抽签，选择两位童男为"抱湫瓶人"，轮流携带和保护盛湫的小瓷瓶。再由强壮男子组成二十余人的队伍，抬神像（或木神牌），持旗帜及威武牌，阴阳先生相随，敲锣打鼓，前往湫泉或湫洞"取湫"。庙中则有人留守并供香火。

《大傩图》轴，南宋无名氏绘。《石渠宝笈初编》载。

求湫要比安湫时的舀或接取艰难许多。人们到达湫所在地之后，安放好神像（神牌），焚香祷告，并以一种特殊的方式安置湫瓶：如在湫洞，则把红布蒙口的湫瓶放在正对洞顶潮湿石块的地上，让湫从上降入，称做"降湫"；倘在湫泉，则以红头绳倒悬湫瓶于泉水之上，以黄纸为捻，连接泉水与瓶底，再在瓶上蓬柳条，上覆红布，等湫从下升入瓶中，称做"升湫"。然后，阴阳先生念《三官水忏》经，并发文书，众人跪于一旁。又有二人或三人交替起伏不断，持香以拜，随即开始漫长的等待。

这期间，旁跪者中有专人负责，每隔一段时间便以香头插入湫瓶底检验。如发现马蹄状的香头已湿，即证明瓶底有了湫，这叫做神给了“一马蹄的雨”，这时才可返回。得湫有时需一昼夜，有时则需几天几夜，据说关键在于求湫者是否心诚，以致神灵是否欢喜。

取湫返回之时，湫瓶要以红布裹紧，由“抱湫瓶人”用另一条红布带捆拴在身上，揣在怀里，妥加保护。归途经过较大山口，还要进行祭风，由阴阳先生念《雷声经》或《动雷经》，并发一道文书，众人跪拜，其目的是为了请雷神、风神开恩，既助雨势，又不要有过大的恶风暴雨。路途较近而又不经过山口的，则是在回庙后祭风。其辞云“香烟渺渺祭东方……人人望这太平年”等语。

回庙后，安置好神像（神牌），把湫瓶供奉在香案上，焚香烛，阴阳先生念《玉皇经》，众人跪拜。然后，仍使香火不断，开始等待降雨。据说湫刚刚获得时只在瓶底上有一点，但在返回的途中或到庙里之后，湫瓶却会溢满，这叫做“湫发了”，说明雨即在眼前。雨之后，便要还湫并还愿。

但，如果回庙三天后仍无雨，则要择定吉日举行“游湫”。首先，在庙中派人留守，供香火不断，并看护湫瓶。大多数男子则跟随会长与阴阳先生，手持柱香，抬神像（神牌），先在庙前、村中广场、主要街道等处结队来回穿行，[1]再沿附近各神庙游走，并要在各神庙停留，阴阳先生念经，众人则跑拜其旁。最后过天爷庙，由阴阳先生念诵《真武经》，众人在一旁跪香。《真武经》念毕，通常还要再诵《玉皇偈》，其辞曰“游行三界并女风”、“飞步云程上天庭”等语。

念诵之后，直接向“天爷”发文要雨，然后返回。

游湫也是取雨活动中最为艰苦的一个环节。由于到了这一环节，旱象持续时间已经较长，灾情更加严重，因此，参加游湫的人数比取湫时更多，跋

1 据光绪丙子仲秋重刻《纪慎斋先生求雨经》（板存陕西藩署）云，求雨有设置八卦坛，使二单来回穿行之法，曰取“疏导”之意。“游‘湫’”的做法或与此同。

涉路程更远，人们遭受酷热折磨的时间也就越久。这时，会长及神像还往往要戴上以细竹棍儿做成的“枷”。人们认为，不下雨是“天意”，求雨则是违背了天意。因此，人和神都要戴上“枷”，意思是“戴罪”求雨。

有的村庄举行游湫，往往要跋涉很远的路程。有的游湫活动途中需行走两天，经过数个村庄。而游湫以及前述取湫环节中的队伍，如果途中经过某个村庄，都会受到热情的接待，这既是对求雨者的感谢，又是为了让游湫队伍多在村中盘桓一会儿，以盼自己的村庄也能受到“神雨”的润泽。

据说游湫之后通常会降雨。但如果始终不见下雨，则神庙中的香火就一直不能断绝，而且要不断举行游湫，直到雨水降下为止。下雨之后，则需“还湫”。即把湫瓶中的水送还湫泉或湫雨。

最后的一道程序是“结坛”，即择吉日由阴阳先生念《玉皇忏》，感谢神灵并请众神回宫，众男子跪拜，同时杀牲献祭，向神还愿。献祭之时，牵牺牲至神案前，先上香祷告，感谢神灵并请它“捎去愿心”。如果牺牲是羊或猪，要在其背上洒冷水。当羊或猪因受到刺激突然打一个冷战之后，即被认为是神“领了”牺牲，便可以在庙外宰杀了。羊或猪被宰剥之后，要整只放在神像前的桌案上供一段时间。其后，在神庙院中搭设锅灶，把祭品加工成熟食，由会长主持向各户分发，称做“分会”。较大的村庄，这时往往要请戏班唱戏。最后，焚烧诸神神牌，撤去神前香火。阴阳先生及师公一般会得到一定数量的酬金。活动中的一切费用，由各户按人头分担[1]。

念诵《雨经》的仪式一半是巫术性的，一半是宗教性的。不容否认，求雨仪式在一定程度上缓解了该地区在严重缺水时普遍存在的焦虑的精神状态。

---

1 参阅安德明：《天人之际的非常对话——甘肃天水地区的农事禳灾研究》，中国社会科学出版社，2003年，第81－97页。

28 黑风黑雨的预言

乾隆十四年（1749）十二月十五日云贵总督爱必达的奏折呈报御前，说的是有一伙不法之徒，将亢旱现实中的苦难演绎，并放大成为另一场更大劫数的预言。文后附录了照抄的“人犯”黎调元等人预言的一场非常之巨大劫数的谣帖，上面说人间将面临：“一遭风劫，二遭火劫，三遭水劫，四遭刀兵劫，五遭伤痨劫，六遭雷火劫，七遭蛇咬劫，八遭难产劫，九遭饥饿劫，十遭人民绝灭劫。”[1]更大危害的是，愚民们一闻祸福之说，信以为真，因而辗转传闻，随声附和。如此一来，流言越是骇人听闻就越是不胫而走。

灾民的恐惧心理

一个古老的预言复活了……

随着旱情的蔓延，在苦难中煎熬的人们开始向恐惧的“黑洞”聚集，不满的情绪呈几何级数增长，民间宗教的“经卷”中一再出现那些有关劫难灾祸的预言性描述，不停地告诉人们，世界面临着末日审判。这一预言正好符

1 中国第一历史档案馆藏：《军机处录副奏折》农民运动类106卷13号，乾隆十四年十二月十五日云贵总督爱必达折并附照抄黎调元等谣帖。

合了物质匮乏和生活极端不稳定的灾民社会的心理特征，生存恐惧逼迫灾民寻找超自然的力量并向其转移情绪。清代，在平均一年多便发生一次旱灾的情形之下，即使在常平之年，人们仍然心理的习惯性地为死亡恐惧所笼罩，进而形成灾民一贯性心理状态。

灾民迷信正是在这样的恐惧心理基础上产生的。“夫人一日不再食则饥”，亢长的天旱之灾的切肤之痛深深地留存在人们的记忆中，“自罹灾荒以来，糠秕已尽，树皮无存，百家之市，顿成丘虚，千家之村，杳绝烟火”。故饥民聚族而谋曰：“等死耳，与其坐而待亡，不若揭竿而起，劫掠升斗，犹可以活旦夕之命。”[1]饥饿的灾民的造反运动在绝对生存恐惧支配下，对“乾隆盛世”之神奉上了“黑风黑雨”的诅咒。人们通过对大义名份和救世主以及“替天行道”之类的召唤的移情，构成新的此岸世界的偶像崇拜，此即一种“否定的宗教”。这不，已经有人在以祈雨打旱魃为名，行扰乱官府之实。到头来，强窃蔓延，愍不畏法。动皆千百成群，啸聚为奸。

以旱魃为题散布不满情绪的情况很快引起了官府的注意，这其中尤为甚者就是以新丧为旱魃，摇动民心的流言。见于河南黄县县令李蕃晓的安民告示，曰[2]：

> 嗟尔民旱甚矣，非魃不至此。我急欲诛之，以纾尔忧。然以新丧当之则不可。《诗》曰旱魃为虐，经无明注。及考他书，兆天下之旱者二，旱一国者亦二，而兆一邑之旱者四，新丧不与焉。其状如狐而有翼，音如鸿而名獙。獙者，姑逢山中有之。石膏水中似鳣而一目，音如鸥者，女巫山中有之。见则天下旱者也。其旱一国者，若南方之似人而目生顶上、行如飞者，一首两身，似蛇而名肥遗，生于浑夕山者是也。其状如鸮，而赤足直喙，音如鹄，而黄文白首，人面龙身者，在钟山之东也……有一于此，任尔率比闾族党往诛之，无赦。其或仍谓新丧为魃者，是乱民也。予将执国法以诛之，亦无赦。

1 [明]毕自严撰《灾祲窾议》，万历清福堂刻本。

2 [清]汪志伊辑《荒政辑要》，嘉庆十一年刻本，卷1《禳弭》。

如此以巫攻巫的“心理战术”在民间的作用几乎是以油泼火，官府欲以禁止那些个别的迷信活动，而为更大范围的迷信活动“正名”，因此，非但未能阻止谣言的流行，事实上反而将流言与打着巫术旗号以“比间族党”为单位的所进行违法活动纳入到官方允许的范围，故而对不满情绪的蔓延起到了推波助澜的作用。

劫数的预言——黑风黑雨扰乱世界

恐慌预言在旱灾现实中，在别有用心的蓄意煽动下愈演愈烈。圆顿教《龙华经》“末劫众生品第十八”说：当下时运为“下元甲子灾劫，到了辛巳年，饥荒旱涝，又不收成，山东人民人吃人年，人人扶墙而死，夫妻不顾，父子分离，来在北直，又遇饥谨而死”。“壬午年好，复能好过，又遇灾劫，劳病年成，山摇地动，黄河水潮，淹死人民。“若到癸未年间，又遇瘟疾流行”。该经“地水火风品第二十二”又云：

> 火熬世界化灰尘，斗星乱滚森罗坏，日月混沌少光明。天收了五谷民遭难，树木园林作柴薪，前劫家家都好过，末劫人人尽遭瘟，男女老少遭涂炭，刀兵饥谨饿死人，百般苦楚都来到，三灾八难一时侵。万物毁坏时年至，旱涝蝗虫疫病行。

又如无为教《叹世无为卷》“慈悲水忏品第三”的描述：“将来到了下元甲子，百姓要遭水火风三灾。”长生教《众喜宝卷》卷二“劝敬日月三十”也讲：“大三灾，火烧水淹风刮；小三灾，刀兵疫痢饥谨。”

再如以“言说末劫年，指明卜路”为主旨的龙天教之《家谱宝卷》，对下元甲子之劫、流年之灾更是极尽渲染之能事：

> 下甲子，辽阳先劫一次，河南又动，山西在动，山东两直隶都动。……旱涝不收，人民造起涂炭，死去七分，小米子上百钱一斤，盐

升上吊钱一斤。……下甲子以后，人死大半。

预言要人们提防着壬午、癸未、甲申、乙酉四个年份里，世间将出现“苦痛伤情，睁睁子母不顾，你东我西，夫妇不能相顾。壬午年，粮米短缺，斗米万千”的惨景，在戊辰年、已巳之岁将使“流寇作反，天下人，胡谈论，添上乡兵”，庚午年至辛未的两年间“人民遭难。壬申年，癸酉岁，人去三分”，甲戌年乙亥春是“河南大乱，潼关路，阻隔住，不通北京”，丙子年丁丑岁是“达子作反”。预言中还说：“你不信，看戊寅，都是胡兵。”庚辰年至辛巳，“人民难过。人吃人，黄粮贵，斗米千文”[1]。预言几乎认定“下元甲子”的六十年间有近一半的年份不是好光景。

另一部流传较广的经卷《末劫真经》，对末劫灾难还有更骇人的描述：

但看申酉戌亥年，有饭无人吃，有衣无人穿，有路无人走，有屋无人住，有田无人耕。至五六月间，恶蛇满地。八九月恶人死尽，尸堆满地。有人改恶从善者，不愁十劫之数耳。

还有“米价大涨，白银一两，买米五升。……壬戌瘟疫起，癸亥止”。并声称厄运还远没有结束，人们将在天灾人祸的愁苦中艰难度日，“一愁水火劫，二愁烟火绝灭，三愁昏迷死，四愁夫妻拆散，五愁恶蛇咬人，六愁尸堆满地，七愁刀兵劫杀，八愁昼夜作寒，九愁有家送与别人，十愁不见太平年”，终将遭遇“路上死人无数，一万之中死九千。恶劫到了，天下五谷少收成。恶风暴雨，恶龙横行，众生有灾”。

如此这般的恐怖描述还可见诸《天台山五佛菩萨尊经》、《十王宝卷》、《定劫宝卷》、《弥勒出西宝卷》、《鼠疫宝卷》等经卷，其中《鼠疫宝卷》卷首尚有“广东鼠疫惨状图”、“东三省鼠疫惨状图”等插图若干幅，惨不忍睹。此外，流传于民间的歌谣或歌单中也有许多反映天灾人祸的

1 马西沙、韩秉方：《中国民间宗教史》，上海人民出版社1992年，第763—705页。

内容，如[1]：

盖世荒盖世荒，我佛哭的泪汪汪。五谷又不收，百病从天降。好个时光好个时光，错过一年落空忙。修一寸落在旱地上，早早找早早找。看看南方祸起了，北方癸水动，中央土星闹，闹闹炒炒水火三灾都来到。叫男女快快逃，死到眼前不知道。

这些预言描绘出一幅幅恐怖惨烈的人间灾难图，从这些图景中可以看出经卷中天灾人祸的基本规律及其特点，它和一切生命体一样，不过是一种特定生存状态的展现或复制而已。首先，灾祸发生的根本原因在于流年大势处于下元甲子劫数，此天数之使然，因而从根本上否定了“乾隆盛世”之说，并认定这些灾难的来源是人间自身的十恶不善，是业愆积聚、累劫尘牢而招致的天谴报应。诚如《众喜宝卷》所说“此皆人自所作，非天之故也”，实际上是将矛头指向了统治者与社会制度。其次，就天灾即自然灾害而言，致灾因素主要为旱、水、火、风、地震、蝗虫等，由此形成干旱、水涝、地震、蝗虫、大风等几种类型的灾害，其中尤以干旱、水涝、蝗虫等灾害最为严重，而且，从“三年五载”、“水火三灾都来到”、“三灾八难一时侵”等表述来看，这些自然灾害发生的频率高、持续期长、成灾强度大、受灾范围广，其中以山东、河南、直隶等北方各省受灾最为严重。这些描述基本上符合我国自然灾害的基本规律及其特点。更为重要的是，“预言”指出重大天灾必将引发严重的社会危机，这不仅表现为自然灾害之间的并发现象，还表现为随自然灾害而出现的其他社会灾难最终将导致“人祸”。如旱灾伴生蝗灾或火灾，蝗灾导致饥谨，饥谨诱发瘟疫，随之而来的是农民破产，背井离乡，流离失所，典妻卖子，人口锐减，米价飞涨，盗贼横行，人性沦丧，刀兵动乱，甚至演变成为“九死一生”、“人吃人肉”的人类悲剧。可以说，任何一种灾害都不再是孤立的，都不仅仅导致一个单纯的恶果，即所谓

1《军机处录副奏折》农民运动类53卷9号，乾隆二十二年（1757）“收缘会歌词”。

祸不单行。因此，劫数预言很可能赢得信众。

无疑，宗教的苦难是现实苦难的一面镜子，经卷中所描述的人间劫难，即所谓的末劫之灾，可以说是现实生活中天灾人祸在民间宗教领域的曲折反映。事实与预言是那么的接近。可以想见，在赈灾体系极不完备的乡土社会中，每发生一次重大灾祸，都会伴随着不同形式、不同规模、不同程度的求神拜佛行为，如打醮念经、游神赛会等等，人们试图借助于这种方式以消弥灾难，而民间宗教正是在此基础上，将现实的灾难抽象并转化为宗教的劫变或劫灾说，因此，它清楚地表现出底层社会的动荡不安与民众的危机感。如《家谱宝卷》第七品、第八品中有关劫难与流年之灾的罗列，其真实程度足可以补充正史之缺失。因为历朝历代所发生的任何天灾人祸，都脱不出经卷中对人类劫灾的那种概括，所以在选择心理的作用下，人们很容易将现实中所发生的天灾人祸与经卷中的有关内容联系起来，从而进一步强化了人们对于劫难预言的迷信以及对于经卷的盲目崇拜心理和神秘感。

如果说天灾人祸是劫灾说的现实来源，经卷是劫灾说的神圣依据的话，那么民间宗教的布教者就是将劫灾说推向社会，广为流布的行为主体。在关于劫难灾祸的种种传播方式中，往往以“谣帖”歌单最为常见。这种方式的最大特点就是方便、有效，它通常并不为自己预设特定的传播对象，而是面向整个社会，所以流布广泛，而且较少受到时空条件的限制。加之由于“谣帖”多不标注日期，不署名，因而具有较强的隐蔽性、安全性，往往令官方很难追查其来龙去脉。谣帖，内容多有雷同之处，均借助所谓预言，散布“十愁”劫难，劝告人们只要抄传虔信即可免得灾难，由此可想见谣帖的流布范围之广。

民间宗教的立教之本在于救世度人，而救世度人的前提在于人间的劫难灾祸，因此宣扬或散布劫难就成了民间宗教吸引信徒或信众的惯常方式。老实讲，谣帖这种借助于文字形式的散布方式，对于绝大多数文盲或近乎文盲的乡民而言，未必真能看得懂，但通过能看懂或大概能看懂的人的诠释与解说，特别是由此引发的人们的想象、猜测与传闻，往往很容易酿成一种神秘而恐慌的社会氛围。“谣帖”对人们的心理产生一种强大而持久的影响力，这种力量不仅不会随时间的推移而有所衰减，相反会借助于传闻而愈加持久。清中期发生的五省白莲教事件中，传闻、特别是关于真主李犬儿及“一日一夜黑风起，吹死人民无数，白骨堆山，血流成海”四句经文的传闻起了相当重要的作用。在闽北一带至今还流传的所谓“刘伯温的谶语”也同样使人联想到“谣帖”或歌词中的有关内容。其谶语为：

一牛生两尾，铁轿抬尼姑。铁虎满山跑，蟒蛇过大街。有路无人走，有饭无人食。千里不见烟，铁线蛇满路牵。树尾弹琴唱曲，蛤蟆仔满路跳。

显然，从这些谣帖或歌词的风格来看，都是针对乡村普通百姓的状况而编造的，具有朴实、简短、易传抄、易记忆，贴近民众生活的特点，也就是官方所说的粗俗鄙俚，荒诞不经。然而，也惟有如此才能真正打动普通百姓的心[1]。

干旱频仍是一个基本的事实，官府救助又不及时，在这样的背景之下，过度恐慌在所难免。如果说“谣帖”或歌词主要是作为一种间接的手段，即通过传闻来播散劫难灾祸的话，那么布教者假借经卷散布劫难，或捏造末日灾祸就是一种直接的方式。据乾隆年间查获的一起弥勒教案称，贵州思南府地方民人杨胜佑与朱维上，因“查看风轮经内有子丑动刀兵，寅前卯后黑风黑雨扰乱世界，将符顶在头上可免灾难之语，随商同画符煽惑骗钱”，“众皆被惑，各向朱维上磕头买领符绫而散”[2]。乾隆四十五年（1780），雷得本因《皇极经》内有无影山可避灾难等句，遂即煽惑倡立“悄悄会”行教收徒，并抄写经卷，以念经避难为辞，先后招徕会者竟有三百余人[3]。

另据以巫师为业的罗朝富交待：“乾隆七年（1742）内有广西算命人王

1 参阅梁景之：《清代民间宗教研究》第四章《民间宗教与乡土社会》，中国社会科学院研究生院博士学位论文2002年，第92-99页。

2 中国第一历史档案馆编：《清代档案史料丛编》第9辑，中华书局1983年，第182页。

3《清代档案史料丛编》第9辑，第208页。

祖先到家，说能画符退鬼挖窖取银子。拿一本抄的小书给小的看，说子丑年天降灾殃，有黑风黑雨冰雹，人马都要死尽，还有老虎狮子出来吃死尸，直待李开花出来才得太平。若把这本书供奉，照式画符，又做青布旗，写了罗平号，便可消灾。”乾隆五十九年（1794），据湖广总督毕沅等拿获的“邪教人犯”萧贵供称，因从妻弟处听说同县人宋之清传习西天大乘教，说“将来有五魔下降，水火瘟疫诸劫，必须尊奉弥勒佛，烧香念经，方能躲劫”，于是听信此言，并传习经卷，且授徒[1]。同年，湖广总督福宁奏称，收元教王应琥以偈经中有“七日七夜黑风黑雨”等语，遂起意“兴教骗钱”，“妄称弥勒佛转生河南无影山张家，扶助牛八即朱姓起事，百姓要遭水火风三灾，念经可免，向人哄诱”[2]。应该说，在一个多灾多难、动荡不安的时代，这些传言的震撼效应是不容低估的。也正因如此，官方在“辟邪教说”、“晓谕邪教改过告示”等文告中，对“邪教”的劫灾说大加抨击：

> 谓入教可以造福逃劫。谓某年有瘟疫灾难，须诵某咒帖某符便可消灾避疫。……邪教为此者，止有二意，一曰敛钱，一曰纵淫。

饥饿让人们看着万物都毫无目标地摇来摆去，感到眩晕和绝望。按照官府的说法，邪教首犯哄人入教，说是躲劫，到了急难时就有无生老母、观音老母、八大金刚、哪吒揭谛神来搭救，这都是捏造出来的谎话。

在中国，自然灾害问题异常严重，人的生存环境有时会极度恶化，争夺生存资源导致了频繁的社会动乱，自然灾害和社会灾乱（天灾与兵灾）互相裹挟，频繁发作，在此基础上，人性之恶在生存层面上被充分动员起来并获得了坚固的韧性——生存危机锁定了人的精神自由，弥漫在人们心头的疑云最终演变成危及朝廷的“黑风黑雨”。

乾隆年间，人们造就了一个巨大的经济——或者说是财富的实体，但是，这个巨大的财富（经济）体的结构是混乱的，甚至是倒错的。其中最严

1《军机处录副奏折》农民运动类106卷12号，乾隆二十年罗朝富供词。

2 俞蛟：《临清寇略》，见《昭代丛书》辛集别编卷10。

重的问题就是悬殊的贫富差异，大多数人由于社会的原因丧失了生产资料，并且没有政治权利，官与民的界限从来没有像这一时期所显现出来的那般的分明。巨额的国帑并未使老百姓感受到社会财富与自身利益的联系，农民只有交纳田赋的义务，却得不到因纳赋而获取的应有权利。利益分配上的悬殊差异使国民失去了共有的社会目标，人们的精神恍惚，“脸上也缺少受到鼓励的那种表情”，在物化世界的面前迷失了前行的方向。正如龚自珍所说：“自乾隆末年以来，官吏士民，狼艰狈蹷。不士、不农、不工、不商之人，十将五六；又或飧烟草，习邪教，取诛戮或冻馁以死，终不肯治一寸之丝，一粒之饭以益人。”[1]这就足以使得国家的政治基础不稳，而且使国家的机体变得愈加虚弱，预言中的劫数正是人们在这一经济增长过程中的实际感受。在“黑风黑雨”的冲击下，这座帝国的大厦终于开始摇摆，颤动了。闯江湖的游民们不仅把虚幻的黑风黑雨演绎得活灵活现，而且令这场风暴一直刮到了清末，直至闹起了义和团，造反的人们终于借关公的嘴喊出了“天降灾殃杀不仁，不仁人杀不仁人；不仁人杀何时了，自有仁人杀不仁”[2]的口号。

1 龚自珍：《西域置行省议》，《龚自珍全集》第一辑，中华书局，1975年，第106页。
2《关帝圣君乩语》，引自孙敬：《义和团揭贴》，《近代史资料》第1期，第16页。

29 干旱的西部与回民暴动

伊斯兰教认定，水是真主的恩赐，不应被拥有或控制到不让别人使用的程度。任何人不可能拥有水，除非把水储存起来。水，亦即穆斯林信众净身进入圣域时的精神中介，是净身时洒在肉体上的不可或缺的物质。在伊斯兰教，水是神圣的[1]，原因也许是，伊斯兰教的诞生地与传播所到之处几乎全是相对干旱的地区，那里只有极为有限的地下水和地面水。因此，一种由超自然的智慧创造的宗教的传播就成为顺理成章的事。干旱所引发的灾害正在不断地“异化”为新的经验性宗教，而一般民众对干旱恐惧的心理状态则建立在干旱现实的基础上。在控制得如此严密的帝国，危机的爆发一定源于一场巨大的生存灾难。由于社会的不公正，乾隆年表面上堂皇的“盛世”的底层，涌动着反抗的激流，而缺水的现实则将多股反抗力量汇集在一起。

1 “乌姆拉”（‘Umra）是伊斯兰教出现前的在麦加举行的一种宗教仪式，最早是在春天的拉扎布月。实质上，这一仪式与麦加的中心圣殿克尔白（Ka‘ba，又称“方形石殿”，圣殿的东边屋角墙上嵌着那块著名的神圣黑石，西北方向的那面墙下有一个喷水眼）有关。麦加城实际上坐落在一条干涸的河谷里，其深处有一口著名的水井，水井旁边就是克尔白圣殿。这个地方有时被滔滔洪水所淹没。有学者指出，如果不是对水的极端崇拜，谁也不会在这样一个无法避免洪水灾害的地方建造房子。这个日子的各种祭奉仪式都与水相关。

干旱的西部

《淮南子》说："八纮之外，乃有八极，西北方曰不周之山，曰幽都之门。"[1]传说中"昔者共工与颛顼争为帝，怒而触不周之山，天柱折，地维绝。天倾西北，故日月星辰移焉；地不满东南，故水潦尘埃归焉。"[2]西北之地邻接戈壁，流沙千里，终年不雨，在古人的想象中，这里应为旱魃之巢穴[3]。《白虎通》说："不周者，不交也，阴阳未合化也。"此山拟或就是昆仑山脉。"西北不周风自此山出"[4]，不周山上刮不周风，长而强劲的干燥之风刮过，便是那无尽的干旱。照五行家的话说，阴阳未合，就是亢旱之天象。西部干旱的源头即长城沿线一带的风沙区，接下来是干旱的草原区、黄土丘陵区。这些区域的土地沙化和风沙埋压土地的问题十分严重。两千多年前的楚辞云："西方之害，流沙千里，旋入雷渊，靡散而不可止。"[5]风沙区的流动沙丘，每年从西北向东南方向移动，吞没大量牧场和农田。公元5世纪初崛起的西夏国的都城统万城，在今陕西靖边县白城子，当时没有风沙，水丰草茂。西夏国首领赫连勃勃曾说："美哉！临广泽而带清流。王行地多矣，未有若斯之美。"但在此300年后，城下开始积沙，500年后城垣被深埋于沙漠中。

甘肃定西地区以"陇中苦瘠甲于天下"而闻名，之所以苦，缺水是根本原因。在大旱之年,为了抢喝一口救命水，牛、马乃至麻雀都会不顾死活，到送水车前和人争水。黄土高原大部处在干旱、半干旱地区，降雨少，季节分布不均匀，农业生产遭受不同程度的干旱威胁，而严重的水土流失又加剧了干旱的危害。在缺乏植被的情况下，坡耕地表面的土壤受到暴雨的打击，土壤孔隙被堵塞，雨水下渗速度小，大量的降水径自顺坡而下。

1《淮南子·地形》。"八纮"，指八方极远的地方。《后汉书·冯衍传》："上陇阪，陟高岗，游精宇宙，流目八纮。"

2《淮南子·天文》。

3 丁山：《古代神话与民族》，商务印书馆，2005年，第233页。

4《山海经·西山经》郭璞注。

5 宋玉：《招魂》。

乾隆四十年间，甘省凡遇“春夏缺雨”，地势较高广大地区必是“屡被偏灾”，当“得雨较少，麦禾受伤，已成旱象”的局势显现，“小民缺乏籽种、口粮者十居五六……。”[1]为此乾隆帝感叹道：“甘省地瘠民贫，灾歉几无虚岁，惟恃赈济赖以全生，年复一年，究非长策。”[2]一位在20世纪初感受过中国西部的美国人这样写道：“……一路上飞着燥热的尘土。因此在树林消失以后，很多美的资源、诗的源泉和激情都干枯了，生活便成了累赘的、可怜的种植粮食、消耗粮食这种周而复始的无味东西。”[3]通过他的诉说，人们知道这里非常干旱。

穆斯林聚居区

伊斯兰教传到中国，至今已有1300年的历史，有10个民族近1700万人（据1982年统计）信仰它。除回族有散居在全国各地的外，其余9个民族[4]都聚居在相对干旱的西北部，而且都有着相连成片的聚居区域[5]。

在西部干旱地区生活的古老的民族——回民，是以中亚细亚各民族为主要族源，并以移民迁徙方式和商业交流活动在中国境内逐渐形成的一个保持伊斯兰文化传统的民族共同体。回民族体的最早来源可追溯到公元7世纪（唐宋时期）来华经商留居的穆斯林“蕃客”后裔，他们主要是公元13世纪蒙古人西征以及元朝时期以各种身份从波斯、中亚细亚和阿拉伯等地大批或自愿

1 乾隆四十三年六月初四日《上谕》。

2 乾隆四十一年六月二十一日《上谕》。

3 [美] E · A · 罗斯（Edward Alsworth Ross）著，公茂虹、张皓译：《变化中的中国人 · 中国的西部》，中华书局，2006年，第163页。

4 东乡族，聚居在甘肃临夏回族自治州东乡族自治县及其他各县；保安族，大部分聚居在于甘肃临夏大河家“保安三乡”；撒拉族，大部分聚居住在青海省循化撒拉族组自治县，以少部分居住在甘肃临夏；哈萨克族，主要居住在新疆北部；维吾尔族，主要聚居在新疆；乌兹别克族，主要聚居在新疆；柯尔克孜族，主要聚居在新疆；塔吉克族，主要聚居在新疆；塔塔尔族，主要聚居在新疆；回族穆斯林，居住在西北五省区的有500多万人，占全国回族总数的60%。

5 参阅马通：《中国西北伊斯兰教基本特征》（修订本），宁夏人民出版社，2000年，第1章。

东来的各族穆斯林（他们首先成为元朝社会地位较高的色目人之主要组成部分，人数达到数十万）。

明代不断有从西域迁徙而来的"归附回回"被安置在陕甘、新疆各地，他们拓荒种地，至明末清初，"宁夏至平凉千余里，尽系回庄"[1]。此时宁夏境内回民所居连片地区已有"平罗三十八堡、金灵五百余寨"。在云南、华北各地、运河两岸，也形成了许多回民聚居区。他们在中国地域上形成了"大分散、小集中"的分布特点。这种特点是元明两代随着回民军士的到处屯田、垦牧，经商者的贸易往来，官吏学者的游学，宗教人士的传教活动而逐渐形成的，而且随着时间的推移，回民在中国的分布呈愈来愈分散的居住特点。

乾隆年，事实上汉语已成了回民的共同语言。更为突出的是，随着回民的形成，回民的民族意识，即回民确认自己归属于回民这个共同体的"心理感觉"也形成了，这种民族意识是建立在伊斯兰教信仰基础上的。所以，历史上回民的民族意识带有浓厚的宗教色彩，或者说，伊斯兰教信仰构成了回民民族意识中极重要的一面。他们不仅"不供佛，不祭神，不拜尸"，而且对回民来说，宗教感情和民族感情难解难分，伊斯兰教不仅成为沟通回民成员之间社会关系的主要渠道，而且也成为回民世俗生活的共同准则。

清政府为了加重对撒拉族穆斯林的剥削，在那里清查土地，确定赋额，规定水地每下籽一石征粮一斗五升，旱地每下籽一担，纳粮一斗。兵、刑、钱、谷各项均加重敛。《循化志》记载，清朝强迫回民、撒拉穆斯林纳粮"较鸿化各族为重"。

在清朝政府高压政策下实施的政治压迫、民族压迫和经济剥削，使得甘宁青地区的阶级矛盾达到了一触即发的地步。祸不单行，频临的自然灾害更使贫苦的农民陷于悲惨的绝境。从乾隆二十至四十六年（1755—1781）的27年中，甘宁青一带的灾害持续时间长、面积广，是全国的重灾区。三十六年（1771），乾隆帝也承认"甘肃比年偏灾"，而苏四十三领导的穆斯林起义

1 乾隆四十五年陕西巡抚毕沅奏折。

主要活动区域河州、皋兰、六盘山地区正是甘肃的重点灾区。国内封建主义的严重压迫加剧了这一地区人民的苦难，在回民内外先后发生过多起宗教纠纷与回汉仇杀事件，从而引出了下面要说到的西部回民暴动。

百年宿怨

清王朝与回民的冲突起因应追溯到清代开国，此本不应归咎于回民。顺治五年（1648），河西回民米剌印、丁国栋拥故延长王朱识锧为领袖，打算倒清复明。初起兵，连陷甘州、凉州，渡河东，后破兰、岷、临洮，进图巩昌，此时已拥兵十万，号称百万，京师为之震惊。后来，清用重兵来攻，米剌印、丁国栋先后死难。这一战事共持续了八个月，至少河西死了三万人，大部分是回民，这是西北回民为拥护前朝而遭受的惨祸。河西回民的这次起兵给清政府留下了一个强烈的负面印象。

乾隆二十年（1755），清政府平定了新疆准噶尔部。这时回部贵族玛墨特的两个儿子——布那敦和霍集占，即所谓大小和卓木，为准部囚于伊犁。后清派兵护送布那敦还回部，留霍集占在伊犁。清军的意思是想用政治手腕把回部收服了，但霍集占逃跑了，和布那敦一起决计独立。一时间回民聚集了好几十万人，辅助大小和卓木。于是，清廷派兵征讨。在当年五月到十月，清军和回军屡经激烈的战斗，双方的损失都很重。清军的大将颇有伤亡，清廷先后命兆惠等大将，率满汉重兵及索伦、察哈尔、布鲁特各部劲旅，用黑山派为内应，分道进攻，双方相持了四五年。最终，布那敦因兵败而死，回疆全部遂为清军征服。

此后四年，即乾隆二十九年（1764），乌什因办事大臣淫虐，激起民变。回部各城清军用重兵来攻，自二月打到七月，城池始破。城中壮年全部被屠杀，老弱迁移伊犁戍边[1]。

在清代近三百年间，回民，无论他们的祖先是中国人或外国人，都已经以中国人自居。他们读中国书，当中国兵，或应举入仕，但清廷防制回民

1 参阅白寿彝：《中国伊斯兰史纲要》，宁夏人民出版社，2000年，第78页。

的心很深，防制回民的法也很严。因此，“伊斯兰在中国之存在，不能不说是很大的厄难”[1]。在内地各省，回民犯法者，定罪较普通犯人为重。流徙罪，普通犯人可声请存留养亲者，回民独不得声请，并规定流徙地点不得在甘肃等省回民聚居区域。在回疆地方，更于各重要地点，分建回、汉二城，二城间的交通受严格限制，各城间的回民交通也不得自由，并规定回汉间不得通婚。此外，在清朝公文书中，常常把“回”从“民”中分开，又常常用“回贼”、“回匪”的名称。统治者把各族穆斯林看成是“从来叵测”，“犷尽”[2]成性的“奸民”。这些都表示回民的政治地位低落到受人贱视的程度[3]。三人以上的穆斯林持兵器走路，罪加一等。每遇诉讼，官府受贿，串通讼棍，强词夺理，诬蔑穆斯林为盗。在法律面前穆斯林与非穆斯林不平等，穆斯林犯罪则“加等科罪”。“杀一汉人，十回抵命；杀十回民，一汉抵命”。穆斯林内部，新旧两派待遇也不平等，对旧教处刑轻，对哲赫林耶处刑重。连《循化志》的撰修者也说：“按新教之乱，非一朝一夕之故也。予闻前同知善达用法严，回民畏之。”[4]

清朝政府非常鄙视和压抑伊斯兰教，有的官员企图运用禁绝伊斯兰教的手段，来消灭穆斯林的宗教信仰。在穆斯林聚居的西北地区，官府于“承平”年代，专事扶持经济富有的“门宦”，打击贫苦农民追随的教派。一旦发生农民暴动则“禁查”“邪教”、“严惩”起事农民，这更加激化了这一地区的阶级矛盾和民族矛盾。法律还规定“左道惑众，律有应斩”，官方的这种舆论，给穆斯林形成了很大的社会压力。这从当时穆斯林学者金天柱所写的《清真释疑》的“自序”中可以看出：“遂有谓不遵王朔，私造宪书，以三百六十日为一年而群相庆者；有谓异育异服，拣择饮食；甚者谓斋仍茹荤，白日何故不饮食；又谓礼拜不知所拜何神，而夜聚明散，男女杂；更谓齐鬓以毁父母之遗体而庞貌为之异样者，种种疑案，皆莫能释。”偏见可谓

1 白寿彝：《中国伊斯兰史纲要》，宁夏人民出版社，2000年，第89页。

2《明清史料》丙编，第7本，677页。

3 参阅白寿彝：《中国伊斯兰史纲要》，宁夏人民出版社，2000年，第66、67页。

4 龚景瀚《循化志》卷8，《回变》。

是之深。为了防范各族穆斯林，清朝政府在甘宁青地区驻兵最多，史书记载，“查甘省系西陲要地，所设两提五镇额兵较他省为多”[1]。

新教导师马明心

甘宁青的回民、撒拉各族都信仰伊斯兰教。由于穆斯林通常都是在一块土地上聚族而住，从事农业生产，从而形成许多分散的但又是独立的村庄和集镇，反映在宗教上则是各个互不隶属的教坊，每个教坊独立地进行宗教活动。随着穆斯林地区农业经济的发展和土地的日益集中，阶级分化日益严重，各教坊的伊玛目由聘请制转化为世袭制，“门宦”应运而生。

伊斯兰教神秘主义苏非派的某些支派在甘宁青地区传播较广，逐渐发展成为门宦，同时也出现了宗教与世俗势力相结合的趋势。门宦首先盛行于甘肃的狄道、河州地区。至乾隆时，河州回族穆斯林马来迟创建清真寺于河州八坊，仿汉族庙堂绘以丹青，故名花寺，亦书写为华寺，该教派故称“华寺门宦”，官书称其为“老教”，马来迟被称为华寺太爷。该派拥有雄厚的经济基础，形成地方势力。官府借门宦势力维护对各教坊的统治，门宦中的封建势力则利用官府权势以加强对穆斯林民众的控制。

十个回回九个马[2]，回回马明心是一位决意另立新教的了不起的殉道者。新教和老教之最大的不同点在于，新教主张拥戴出精神领袖，仅此就为官府所难容。马明心的经名叫易卜拉欣，又名穆罕默德·召裴，道号维戛耶·顿拉赫。他生于康熙五十八年（1719），十岁时，他就随叔父赴阿拉伯朝觐求学[3]，受业于也门道堂大伊玛目伊本·载厄人，从《哲赫林耶道统史》记载看，马明心在也门学习的是乃格什板丁耶的苏非教义，学成时其师授给他两

1 福康安《乾隆四十九年十一月二十八日奏稿》。

2 回教徒原名Mohammed，Ahmed，Mehmud者多，故中国姓多马。

3 金吉堂《中国回教研究》称马明心留学布哈拉，《清实录》记载其留学叶尔羌、喀什噶尔：哲赫林耶门宦内部传说其留学也门。哲赫林耶道统史《热什哈尔》中也记载明心在也门求学。

本经，即《穆罕曼斯》、《曼达耶亥尔》[1]。乾隆九年（1744），26岁的马明心怀着改革中国伊斯兰教的信念回到故乡。他先是在河州讲学，宣传伊斯兰教苏非派的哲赫林耶教义，因讲学观点与旧教分歧，被逐出河州。马明心旋赴皋兰南乡的马坡，后又迁至安定（今定西）之官川定居。人称“官川阿济兹”（贤者），纂《卯路经》，传“托勒格提”，该派称哲赫林耶，官书呼其为“新教”，马明心为哲赫林耶之道祖。

根据甘肃、宁夏穆斯林的传说和《热什哈尔》的记载看，马明心是一个有操守的传教者，清贫度日，自奉俭朴。其在官川的“道堂”遗迹是黄土断崖下的三孔窑洞，在马坡时也是住在一孔土窑洞里，在循化时住在一个“稍麻”[2]内。马明心传教时劝戒人们不贪财，勉励穆斯林要互相周济。斋月期间曾有人送给他两块白面饼，请其夜间封斋食用，而他却随手给门外讨要“乜贴”的人。有人馈送金银，他即施散给贫苦穆斯林。他平生没有养过一头毛驴。清朝政府抄他家时，有麻钱不足五百个，除随身穿的一件白色褐衫，没有其他换洗衣服。马明心是一个典型的苏非派的苦修者，且具有很强的战斗精神。他赢得穆斯林对他的尊敬，不只是凭其苦行的宗教品德，更主要的是他的哲赫林耶宗教的宣教，触动了苦难人民的心灵，激发了他们反抗封建统治的热情。

他提倡“束海达伊”道路，战死者便是“舍希德”，“舍希德”“提着血衣”就能顺利地进入来世的天堂，也就是说“束海达伊”是通向天堂的“捷径”。哲赫林耶的一般穆斯林中也流传着一句民谚说：“为教门流血一点滴，胜过礼拜一来回。”因为殉道者的品级高于一般教徒，老年人传下来的话说，前清时哲赫林耶阿訇讲“瓦尔兹”（演讲）时，都有一段共同的经堂用的结束语：“唉！众多斯达尼们！今儿我讲的这一段“阿耶提’，你们如果遵了的话，明日到了‘格亚买替’，我们手提血衣，归在了圣人的绿旗之下，阿里巴巴将领着我们进入重恩不朽的天堂。”马明心宣传的哲赫林耶宗教宣称贫苦的穆斯林们为了实现自己的天堂理想，就得抛弃那一种屈从现

1《穆罕曼斯》、《曼达耶亥尔》是两部赞美先知穆罕默德的颂诗。

2 稍麻，即小礼拜寺。

实、隐忍苟活的怯弱态度，用鲜血和生命去夺取生存的权利，为改变当今苦难的处境而斗争。

他被穆斯林承认为“穆勒什德”（导师、引领者），是“替主扬法，替圣传道”的人，哲赫林耶穆斯林称颂他是“寻道者的方向，善人的克尔白，殉道者的首领，替安拉行道的革新者”[1]。按伊斯兰教苏非派的说法，“穆勒什德”是接近真主的人，穆斯林接近了“穆勒什德”，从他的身上就能得到真主的恩泽。这样就在“穆勒什德”周围组成了一个彼此以“多斯弟”（弟兄）相呼，而群相称为“多斯达尼”（弟兄们）的集体。由此散漫的农民把个人行动纳入为共同目的而斗争的集体行动之中。连官书也不得不承认，“愚众被感，奉为明师，以为圣人复出矣”[2]，“附之者愈众，更盛于马来迟之教”[3]。乾隆帝在上谕中也称：“看来此等回匪改立新教，煽感人心，牢不可破。”[4]

约八年时光里，循化撒拉人中哲赫林耶信徒愈聚愈多，宗教情绪愈来愈炽。在回教看来，产生贫穷的根源既不是自然资源的稀少，也不是私有权的存在，而是人类的贪婪和不公。自然资源本是人们共同的财富，但是，由于一些人的贪婪、自私和不公，导致另一些人失去了享受自然资源的权力。据《钦定兰州纪略》，有“马明心于二十七年逐回原籍后，潜来撒拉尔传经惑众”之语；后来又有“三十六年（1771）马明心令各处阿浑在撒拉尔地方传经”之语。这意味着——热依斯即主教已经复现。日后清廷审讯的大量回民也均称卅六年入新教，由此可知哲赫林耶至迟在乾隆三十六年已经在循化设置了热依斯，表明以马明心为代表的哲赫林耶开始了向中国封建专制集权制度的挑战。

1《哲赫林耶道统史》。

2《平回纪略》。

3《甘宁青史略》卷18。

4《清高宗实录》卷1026。

苏四十三农民暴动

据记载，乾隆四十六年（1781），“三月内旧教回民韩哈拉勿等，以苏四十三请来教师马明心，韩二个等另立新教，因伊叔韩哈户长不从，互相仇杀”[1]。旧教的人跑到兰州总督衙门控告，陕甘总督勒尔谨派兰州知府杨士玑同河州副将新柱前往查办。三月十八日，苏四十三等率领哲赫林耶穆斯林假装老教出来迎接新柱，以便打听官府的意图，而新柱竟当众扬言：“新教若不遵法，我当为汝老教作主，尽洗之。”苏四十三等“闻是言，反志益坚”[2]。当夜率领一千多人，奔赴白庄，把清副将新柱和外委刘汉时等杀死，同时提出了消灭土司的口号。第二天清晨，又赶到旗台堡把知府杨士玑和守备徐彦登、外委陈伏得、土司韩成磷等杀死[3]。苏四十三的反清斗争，得到了当地各族人等的热烈支持，纷纷参加义师，共赴反清战场。当苏四十三攻占了河州城之后，勒尔谨一面调遣五百清兵扼守狄道，一面调固原、凉州、甘州、西宁、肃州五提镇兵二千人，西安提督马彪也带兵二千名前往“剿捕”。同时，根据兰州府同判谢桓的献策，勒尔谨令安定县知县黄道明在官川逮捕了马明心及其子婿，把他们拘禁在兰州的监狱里。

据无名氏汉文《谨著哲罕仁耶道祖太爷历史》钞本，道祖马明心毛拉被捕之际，正在官川一处巨石上静坐，红土县派差人三名要捉道祖，道祖坐在大石上不动。差人要捉，被教下人打死。又一日来差人六个，又捉道祖，道祖仍坐在大石上不动，教下人又将六名差役打死。道祖站起，一脚把石踢过河去，说：“花寺，你是行亏之人。百年之后你的墙根要倒！”他被押到兰州，审判官日日拷问。火铁绳缠身，火犁铧戴头，他两腮的圣行胡髯被烙铁烙掉。

此时的苏四十三决定甩开勒尔谨，攻取兰州以救出道祖马明心，苏四十三带着两三千人的义师，夜渡洮河。据官方文书记述，义师“二十四日

1《清真宗实录》卷1130。

2《循化志》卷8《回变》。

3《道光兰州府志》卷8《杨士玑传》。

到在洮河西边，渡船已被官役打坏，不能渡河，即有洪济桥、唐加川等六处的回民扎筏，渡他们过河”[1]。官府称“查苏四十三肆逆，从其撒拉尔各庄新教逆回起事者皆其死党……即洪济桥、唐家川等六处党恶从逆随至兰州者……是以立志死守，难于解散”[2]。

历史上，中国西北部由干旱所引起的灾害问题十分严重，人的生存环境恶化，争夺生存资源导致了频繁的社会动乱，天灾与兵灾相呼应，频繁发作，在此基础上，人性之恶在生存层面上被充分动员起来并获得了坚固的韧性，而乾隆年间发生农民暴动频率最高的区域就在中国的西北部。乾隆四十六年（1781）的甘肃苏四十三领导的农民暴动将所谓“民不畏威，则大威至矣”[3]的悖论演绎得活灵活现。这起由于清政府对回民的宗教纠纷进行镇压而引起的严重事端，使回民和撒拉族民众反对门宦制度的斗争，发展成为反对清朝统治者的起义，这是中国人以宗教的形式反抗清王朝专制统治的大事件。

回民箪食壶浆以迎苏四十三的义师，苏四十三“侦知制府行营在狄道，省城空虚，即自马泉为小路直捣兰州”。在交手的一瞬间里，清朝官府一时被如此赌命的哲赫林耶震慑了。哲赫林耶穆斯林起义至此一刻显示了它的巨大力量：动员男女老幼一切信仰坚定的人，攻打任何一座城市，拯救苦难中的自己与冥冥真主之间的受难圣徒。道祖既在兰州，对于义师而言，解救道祖就是真主的使命，圣战的绿旗直指兰州。当时兰州西关、南关也居住着许多回族穆斯林，尤其西关的海家滩有一千多户穆斯林，当苏四十三的义师到来时他们纷纷加入到起义的战斗行列。义师于二十六日攻入西、南关，直逼内城西门，在进入南关的战斗中，杀死了清军把总张廷栋、惠君遴，外委宋廷才、张文斌、马士望、魏永悦及清兵四十名[4]。义师破关斩将的行动，使甘肃官吏士绅惊恐万状。

1 阿桂、李侍尧《乾隆四十六年五升初五百奏稿》。

2 阿桂、李侍尧《乾隆四十六年闰五月初一日奏稿》。

3《老子》77章。

4《道光皋兰县续志·武卫》。

乾隆帝的圣旨一道接一道，迅调陕西、四川、新疆、河南、山西各路援兵待命出击，并令户部拨款一百八十万银两充作兰州军饷，还飞旨驻扎兰州的布政使王廷赞“督率坚守”，命大学士诚谋英勇公阿桂佩钦差大臣关防并尚书和珅赴剿，命领侍卫内大臣海兰察、护军统领额森特驰往，又赦因贪污入狱的前云贵总督李传尧以三品顶戴赴兰州总理军饷。兰州城里讼案在身的王亶望、王廷赞贪污集团的官员们也纷纷出笼，带罪立功，或登城守御，或采办粮食，或捕捉义师家眷。

二十七日，义师再次猛攻西门，要求释放马明心，这时兰州只有标兵八百名，哪里能抵挡得住义师的猛烈攻势。布政使王廷赞欲用“缓兵之计”，迫令身陷牢狱的马明心登城劝说苏四十三息兵。马明心不听清朝官吏的命令，他毅然“俄挽头上巾掷城下”，表示了对清统治者的愤恨和愿为大众之斗争事业献身的决心。义师在城下看到马明心时，则“滚马下地，口称圣人，挥涕如雨”[1]。“数千人望见道祖，皆伏地跪拜，诵新教经，作番语”。接着是“怒啸而起，攻城益急”，“群贼集木植器具，堆积城门，纵火焰以扑。烈炮冲霄，岌岌乎存亡呼吸”[2]。义师进攻西关，击毙官兵三百余人，截断黄河浮桥，阻止清军的增援部队。

正当义师奋起攻城之际，布政使王廷赞下令将马明心处死。据推算，他归真的时间，当在乾隆四十六年（1781）三月二十七日的下午或傍晚。他的英魂像是回到了干涸的河谷，从仙女那里取来魔剑，指挥着追随他的人与敌人作战。

道祖马明心被杀害——用哲赫林耶的语言说，是真主全美了他的圣洁举意，真主回赐了他的念想。之后，苏四十三、赛立麦及撒拉教众骤然失去了攻打兰州的目的。他们撤围后，茫然望路，曾考虑过“事急欲投黄河自尽”，但事实上并无心远离，只是在兰州城郊随意上了华林山，只求以死相拼。

就在这时固原镇总兵图钦保率援兵赶来，经过一场激战，苏四十三率

1《道光皋兰县续志》卷6《边绩》。

2《平回纪略》。

领一支义师转入龙尾、华林二山据守；另一支由赛立麦率领渡过黄河至金城关。金城关的义师与清军展开了肉搏战，女英雄赛立麦手持双刀，砍杀无数清兵。在给敌人重大杀伤之后，这路义师全部壮烈牺牲，赛立麦在清兵重重包围下自刎而死。赛立麦牺牲后穆斯林在兰州金城关给她修建了“舍希德拱北”，以示悼念。时经一百三十七年，至民国七年（1918）马元章始率众进入兰州，公开凭吊乾隆四十六年（1781）穆斯林战斗的各个地点，并瞻仰了赛立麦的拱北。公祭时，适逢雷电交加，大雨倾盆，马元章即景口占一联，曰：“一声震雷忽作雨，真思显后受香烟。”后被刻作拱北的楹联。

正当兰州城下战事激烈进行的时候，勒尔谨与西宁镇总兵贡楚达尔带领官兵分头截杀义师的归路，收复了河州城，抓捕苏四十三弟、侄，并屠杀义师骨干的家属子女多人，还在循化地方捕获义师的家属三百余口。勒尔谨所遣清兵进入循化地区捕获起义者家属时，撒拉妇女、小孩子手持棍棒、怀揣石头，埋伏在两面山坡上，等到清兵进入山谷中，他们突然袭击，以石头、棍棒打死打伤不少清军。这以后，甘肃哲赫林耶穆斯林中间流传着四句歌谣，其一曰：“但见桃花一时落”，是说姓陶的军官率领的清军被击败的惨况。

《大学士一等诚谋英勇公阿桂像》。此图是光绪朝宫廷画家沈贞依据紫光阁阿桂图像绘制的摹本。

大学士阿桂、和珅为钦差大臣，统率先后调集的健锐营、火器营和各省满、汉官兵一万多人，开赴到兰州作战。和珅部署军队时，第一排为旧教兵，第二排是绿旗官兵，第三排为驻防旗兵。清朝的政策是："此案用旧教而除新教，最为吃紧关键。"[1]清廷又增调了四川藏兵一千、阿拉善蒙古兵七百，会同各地援军，把义师包围在华林山。义师几次突围都没有成功。

尽管如此，苏四十三的登场，已经宣告了一个大时代的降临。乾隆年的"昌盛清明"因这样一位人物的出现而被戳穿。

为了信仰决战

据五月七日勒尔谨等人奏折，清廷决定了两件事并马上执行：一为"驾驭旧教番回，令其奋勇出力，以公报私"；二为捣毁循化哲赫林耶根据地，"生擒逆贼一百零九名，妇女幼孩一百数十口，现在严禁。并将苏四十三等要犯祖坟刨挖，烧毁扬灰"。

这时，抱定决战信念的苏四十三主动放弃龙尾山，缩短战线，把兵力集中在华林山。华林山，在兰州西郊，毗连华林坪而入兰州市区。山上无水，仅有些颓庙山崖可以为险阻。苏四十三率哲赫林耶义师上山后，全力整修工事，如"大卡、碉房、深沟、小卡、木卡、鹿角"等，掘断一切路径，挖窑而居，只想决战死守，别不多求。循化故乡已遭血洗，战场只剩此处。华林山居高临下，形势甚为险峻，此时，这里已是兵气萧森，杀声磅礴于军中。官军的战报上说，"贼巢东北临崖，西南设大卡，守卫甚固"[2]，使进入华林山的清兵，"眼光既不能及，手足更无法舒展"[3]。清军多次进攻不能扑进，无法得利。义师反而给清兵以沉重的打击，使"官兵万余……每夜辄惊扰"。清廷不得已调遣各路官军，增援部队陆续达二万之众。

自四月初八日开始，清军大举进攻华林山，受到义师的迎头打击。连海兰察、舒亮、萨炳阿、鄂辉等大员受枪箭伤；固原镇总兵图钦保，受伤身亡；凉州都司王宗龙亦被击毙于战场。一时使得官员不能够前，士兵不敢临

1《高宗实录》卷1131。

2《宣统甘肃新通志》卷47《回变》。

3 同上。

阵，勒尔谨困坐危域一筹莫展，乾隆帝连连发怒。

闰五月十七，官军彻底断了哲赫林耶水源。战局骤然严峻。苏四十三所依凭的仅有深壕两道，义师断水之际，包括伤员仅存不过千余人。官军往来文件，留下了义师惨烈战斗瞬间的一些踪迹：山上挖井二处，掘至十余丈不能得水。终于二十二日天雨，将帐房盆罐等器承取，二十三日又断绝。苏四十三令不必声喊，恐官兵知其断水喉哑。二十五日夜，缒下水磨沟至从前有泉处，盗挖泉水。官兵知觉，枪箭齐发。俱因受渴已极，不能出声，唯解开胸怀，以心贴地。有炒面作粮亦不能下咽。至骡马牛驴数百，俱倒毙净尽……。[1]后来人在纪念他们时，无不感慨地说，“顿亚”（人世间）上有什么磨难能比得上苏四十三阿訇他们当年的磨难呢？兹犹如先知穆罕默德和穆斯林信众被麦加多神教徒围困在艾布塔利布峡谷，当时的处境非常恶劣，没有充足食物和饮水，而且还要在荒郊里遭受炎热的烧灼，但穆斯林先知宁愿承受痛苦的折磨，也不愿放弃自己的信仰和理想。

苏四十三阿訇在濒临渴死之际念经祈雨后，真主的奇迹为他们降临了！继闰五月二十五日、二十八日抢水失败，二十九日官军合围进扑之后，癸未阿桂、李侍尧奏折报告：“本月初一日寅时起巳时止，密雨四时。较二十二日其势更酣，贼人大资接济。接着，初四又雨！初六日大雨竟夜势甚滂沱！初七、初八连绵不止！”乾隆帝恼怒至极，怒曰：“甘省如此多雨；而历来惧谎称被旱。”他终于懂得了天罚。

《古兰经》中讲道：真主不欲使你们烦难，但他欲使你们清洁[2]。如此渴望牺牲的哲赫林耶的义士，他们与水之间似有一条奇异的纽带，水不会背叛他们。残酷的统治者可以用枪炮刀矛杀死他们，但上天决不会以旱渴杀死他们。两次降雨的事实，就是全能的造物主降给如此激烈乞求的信仰者的克拉麦提。

当各地方部队与京师劲旅均攻不下华林山时，乾隆帝又施出了“以贼攻贼”的毒计，其结果仍然是旧教穆斯林败下阵来，清军的接连失败，使乾隆

1《钦定兰州纪略》卷10。

2《古兰经》5之6。

帝万分恼火，他在上谕中一再写道“剿洗净尽”“一鼓歼擒”[1]，“严断根株……痛加惩治，以儆凶顽，不可姑息了事”。

六月十五日清军终于攻入华林山，双方展开肉搏格斗，苏四十三身先士卒，手持大刀，亲自指挥反击，不幸壮烈牺牲，表现了卓越的军事组织才能和无畏精神。清政府将“苏四十三首级，当照康熙年间办理噶尔丹之例，传示各省回民居住地方，每处悬示数日，使之共知儆戒”[2]。历时20年的矛盾斗争，经过五个月的激烈战斗，方能克之，于此可见哲赫林耶穆斯林战斗精神之高涨。起义被镇压下去之后，乾隆帝亲自部署，在回民、撒拉族民众起义地区，增加驻防军队，陕西提督由西安移驻固原，固原总兵移驻河州，以加强对回民、撒拉族的统治。

然而，华林山硝烟尚未散尽，时距华林山战事仅仅三年，再一次起事在乾隆四十九（1784）年正月里已经酝酿完毕。起义从一开始便公开打出哲赫林耶的旗帜，毫不掩饰地宣布：造反是为马明心道祖复仇。并以示反抗官府剿灭哲赫林耶，号召回民民众参加反抗清朝“剿洗回回”的斗争。清政府及乾隆帝当然记得哲赫林耶的风格，于是一路调兵遣将，一道道严厉的公文，使大战之幕骤然拉开。

而愤怒的哲赫林耶并无严整计划，只是如一股火焰在疯狂窜烧。义师在伏羌城外与清军作战，二十四日，田五阿訇于靖远狼山台血战中，腹部中枪，“是日午后，在马营水自抹身死”。他成全了自己求当舍西德的念想，在战场上归真时，起义正打满十天。在仅仅为了复仇的造反中，近十个县内百数十座村寨山滩在一瞬之间起了燎原大火，这一事实使乾隆帝明白了——至多可以平叛，但是无法灭教。五月十四日，对于新教这个敌手忧心如焚的乾隆帝恼怒难禁，将陕甘总督李侍尧革职。

清廷命福康安和海兰察赴甘肃镇压义师，并命大学士阿桂带领健锐营、火器营兵二千人增援，陆续调遣宁夏满兵一千人、阿拉善蒙古兵一千人、四川藏兵二千人、旧教撒拉回兵一千人、凉州和延绥镇兵三千人参战。七月

1《清高宗实录》卷1128。

2《清高宗实录》卷1125。

初，马四圭率领义师突围，遭到清军伏击，损失惨重。清军乘机攻陷石峰堡，残酷镇压起义，回民民众最终遭受了失败，战场相当的惨烈。这种行为并不是军事行为，甚至可以感到整个暴动都不像是军事行为。这是一些人在寻死——从起义刚刚开始，他们就向世界和后世传递了他们的心意：为主道牺牲。在最后的时刻，义民们回归了人的宗教本质，他们成为了干旱的西部神话中新的英雄。

30 水源与西部战事

就一个完整的流域而言，广袤的西部没有一寸土地是多余的

古代的军事征服，从表面上看，是一种政治形式的混沌状态，是君主与英雄的义气上的生死较量，然而，似乎再也没有什么比军事征服更具有生存上的意义了。乾隆帝深切指出，“知守中国者，不可徒言偃武修文，以示弱也”[1]。清崇德七年（1642），以达赖喇嘛为代表的格鲁派在厄鲁特蒙古领袖固始汗的军事帮助下，打败了西藏境内其他敌对势力和教派的力量，终于登上了西藏最高宗教领袖的宝座，成为最为重要的一个教派。格鲁派兴起的过程基本在明代末年，但其影响却十分深远。首先是蒙藏势力的结合打破了明朝分割蒙藏的努力，导致了一个恶性循环，即西藏教派与蒙古各部联系密切，格鲁派借助蒙古势力的支持发展教派并就此争夺权力；蒙古各部也跃跃欲试，主动以助教、护法等名义领军入藏，试图成为西藏的护法转轮圣王，挟达赖以号令诸蒙古。这已成为从17世纪下半叶以来西部、北部和西北部边境动荡的根本原因。

1 《十全记》，《清高宗御制文·三集》卷8。

顺治九年（1652）清朝政府正式邀请五世达赖到北京觐见。当时漠北蒙古的喀尔喀并未归附，而他们均信奉达赖喇嘛。显然五世达赖喇嘛进京是清朝怀柔蒙古政策的一部分。这次会见使达赖喇嘛和固始汗受到清朝的正式册封，从而确保了达赖喇嘛在西藏的宗教地位，也认可了固始汗作为西藏王的地位。清朝政府通过这次会面更加提高了对蒙古各部的号召力和影响力，同时也自然而然获得了西藏的统治权。至此，通过五世达赖到北京觐见顺治帝的政治活动，任何对于西藏的觊觎和侵犯都将被视为是对中央权威的冒犯。随后，清帝为了削弱和分化以达赖喇嘛为代表的西藏宗教集团对其他地区的影响力，主要采取了如下措施：其一是，即使不能完全切断蒙藏之间的联系，也要控制和监督他们之间往来，一旦有风吹草动将采取武力威胁或直接军事打击将其分割。其二是，扶植其他藏传佛教领袖，分化和弱化其影响力，如推崇藏地的班禅额尔德尼，提高其在西藏的影响力，使之听命于清朝；漠南地区让章嘉国师作为教主，漠北将哲布尊丹巴推到领袖地位；对于桀骜不驯的漠西厄鲁特蒙古和青海蒙古军事割据力量则进行了残酷的军事打击，直至使其完全臣服。

中国历史就是在这样一种多民族的、各地区间的交往、斗争、融合、统一中前进。到了清代，统一融合的力量大大增强，尽管各民族、各地区之间也有很长时间的战争。但是，到了乾隆以后，中国基本上形成了多民族的统一，民族的凝聚力大大增强，地区的联系也大大加强。满族作为一个统治民族，懂得与汉族和睦相处，并努力学习汉文化。清朝统治者在中原各行省沿袭了明朝建置，继续实行府、州、县行政区划管理，另外，满族作为一个少数民族，它又理解少数民族的要求，理解少数民族的心理，知道怎么尊重他们的风俗习惯，所以在统一中国以后，它是按照各个地区、各民族的特点，分别设立行政机构，这在中国历史上是没有的。清朝在东北和伊犁地区设立将军制度，在蒙古设立盟旗制度，在西藏设立噶厦制度，在维吾尔地区沿袭以前的伯克制度，在西南少数民族地区改土归流，实行和中央地区不一样的行政制度，可谓是因地制宜、一国多制，这是非常成功的一方面。可以说中国历史到了清代，游牧民族和农耕民族之间长期的战争情况大大缓和，中国的民族团结和睦关系达到了史无前例的程度。所以清朝三百年留下的一个非常重要的政治遗产，就是它采取了“修其教不易其俗，齐其政不易其宜”的方针。

“真正草原居民在一经建立其特殊的社会形态于一个适宜的牧场、半沙漠或沙漠环境之中后，就不再进化了，而只是在一个有限的部落集中与分散的循环中交替变化。所以，有人主张，游牧民族对定居民族的突然入侵，完全是自然现象造成的结果，例如气候的变化及牧场的干枯，逼迫游牧民族迁移，并从事战争”[1]。乾隆帝的战略目标是将这种“突然入侵”的可能性降到最低，他开始对社会结构进行一定程度的改造。厅、府、州、县及保甲组织，这些汉族地区的地方职能机构在蒙古地区的出现，说明一种新的经济形态——农业，开始在蒙古地区确立，并已显示出它的影响力，而这些机构的设立，反过来又保证和带动了蒙古地区农业的发展。

不能否定，康熙、雍正、乾隆时期的军事行动，仍离不开其部族向外武力扩张思想，同时应当看到的是，乾隆时期军事行动的战略思想和战略方针指向的是西部，而不是东部[2]。那里，就一个完整的流域和内陆型农业文化的生存空间而论，没有一寸土地是多余的。在平定准噶尔部、大小和卓木之后，乾隆帝在一份上谕中说：“今幸边陲式廓万有余里，以新辟之土疆，佐中原之耕凿，又化凶顽之败类为务本之良民，一举而数善备。”[3]中原之耕凿有赖于新辟疆土的佐护，同时，西部的军事开拓使灌溉之源纳入了国家的边陲式廓中，这样才让江河流域更加完整。为此，乾隆帝加强了国家武装力量的建设，在他看来“古之三时务农，一时讲武，为制兵善策。其不及者，更役流民使之战戍，皆所谓驱犬羊以饲虎豹，殊可笑耳。惟我朝用禁旅及东省旗兵以张挞伐，是以所向无敌，莫不成功”[4]。孔子早就说过：“以不教民

1 [美]拉铁摩尔著，唐晓峰译《中国的亚洲内陆边疆》，江苏人民出版社，2005年，第209页。

2 光绪年间把台湾划为行省的政策意味把其直接统治的领土正式政治化。

3 乾隆二十四年东十月丁酉日上谕，引自《清史稿 · 高宗本纪三》。

4《营伍纪事》，《清高宗御制文 · 三集》卷13。

战，是谓弃之。”[1]军队是战争的主要形式，乾隆帝已经充分体会到，只有使用正规的军队去作战，才能够捍卫广袤的帝国疆土。

皇帝的热河行宫“外八庙”之一的安远庙，建于乾隆二十九年(1764)，就坐落在陂陀的山岗之上，其形制上仿新疆伊犁河畔的固尔扎庙，故又称伊犁庙。跨越了千山万水的“安远庙”，意在“安远永销兵”，即用兵镇守远方的西部边陲，故有“一寺能抵十万兵”之说。

三江源头

黄河，发源于青海省中部的巴颜喀拉山北麓，是我国第二大河，流经青海、四川、甘肃、宁夏、内蒙古、山西、陕西、河南、山东等9省、区，注入渤海。自古以来，它像是一条自天而降、桀骜不驯的黄色巨龙，喷云吐雾，咆哮奔腾在我国北方苍茫起伏的大地上。据古籍记载，早在尧舜时，黄河就是一条有名的害河。我国著名的古籍《尚书·禹贡》中，曾有过夏禹“导河积石”的记载。

我国人民比较明确地认识黄河及源头还是在唐代以后。因为唐代起，中原人民同边疆少数民族之间的联系大大加强，特别同居住在青藏高原上的吐蕃之间的往来日益频繁，而黄河源头是古代通往西藏高原的交通要道。据记载，贞观年间，大将李靖、侯君集、李道宗等，曾“次星宿川，达柏海上，望积石山，览观河源”。“贞观十五年（641），文成公主嫁往西藏，吐番王松赞干布在河源亲迎”，唐穆宗长庆元年（821），唐使刘元鼎出使吐蕃，还曾专门考察过黄河源。至此，人们对黄河源头已有相当的认识。到了元代和清代，中央皇朝曾多次派专使探查黄河源。元世祖至元十七年（1280），元朝专使都实奉命查勘河源，发现河源在“朵甘思西部”，“有泉百余泓，或泉或潦，水沮如散涣，方可七、八十里，且泥淖溺，不胜人迹，弗可逼视，履高山下瞰，灿若列星”，认定星宿海为黄河源头。清代，黄河中下游洪水多次泛滥，灾害频繁，康熙四十三年（1704）夏四月癸酉，康熙帝命侍卫拉

1《论语·子路》。

锡察视河源。专使拉锡穷河源，告祭河神，从星宿海往上走了两天，发现星宿海之上有三山，三山之泉流出三支河，三河东流入扎陵湖，对黄河源头的认识又进了一步。

特别值得一提的是，时隔近80年后，乾隆四十七年（1782），阿弥达奉命前往河源，告祭河神。阿弥达西逾星宿海300里，对三条河进行了实地勘查，认定位于星宿海西南的阿勒斯坦郭勒河（即今卡日曲）为黄河上源。这是我国历史上第一次查明黄河的源头。

卡日曲，本是藏语，意为红铜色的河，位于巴颜喀拉山北麓的各姿各雅山下，海拔为4830米。它的源头是五条从山坡切沟流出的小泉，最初的河道只不过是一条宽约一米、深不及一米的潺潺溪流。这条溪流从平坦而又狭长的卡日曲河谷，由西南向东北而流，沿途接纳大大小小的众多支流，逐步汇成一条宽约十米多、深一米多的小河。卡日曲河水清澈见底，游鱼可数，两岸有无数大大小小、形状各异的“海子”，河水穿过一百多公里的峡谷，在巴颜禾欠山与约古宗列会合，注入玛曲河。

约古宗列，本也是藏语，意为“炒青稞的锅”。这是当地藏民根据这里的地形而起的一个形象的名字。约古宗列是一个东西长四十公里、南北宽约六十公里的椭圆形盆地，周围山岭环绕。盆地内有一百多个小水泊，远看象是无数晶莹闪亮的珍珠嵌在盆地。水泊四周，是绿草如茵的天然牧场。在盆地的西南面，距雅拉达泽山约三十公里的地方，有一个面积为三四平方米的小泉，清澈的泉水不停地喷涌翻滚，喷涌而出的泉水汇合了盆地内浸渗出来的无数涓涓细流，逐渐形成了一条宽约十米，深约半米的潺潺溪流。约古宗列在星宿海之上与卡日曲会合后，形成黄河源头最初的河道——玛曲。玛曲，当地藏族民众称之孔雀河，这一段河道，河宽水浅，流速缓慢，因而形成大片沼泽草滩和众多的水泊。登高远眺，只见数不清的水泊在阳光下闪闪发亮，犹如孔雀开屏一般。玛曲向东流过十六公里长的河谷进入著名的星宿海。

玛曲河流到这里后，便汇入了这些散乱的水泊和海子，分不清哪是河道，哪是水泊，天气晴朗时，那大大小小的水泊和海子，一个连个一个，恰似天上的繁星撒落在盆地中。黄河流过星宿海，继续向东流去二十多公里，沿途接纳大小支流，形成一条六七米宽，两米多深的河流，然后进入一条宽阔而广袤的平川，并在这里形成了两座巨大的湖泊，这就是黄河上游最大的湖泊——扎陵湖和鄂陵湖。

长江，发源于青海省南部的唐古拉山脉主峰格拉丹冬冰峰西南侧的姜根迪如冰川。格拉丹冬，藏语意为“高高尖尖的山峰”，其海拔6620米，姜根迪如海拔6548米，有南北两条呈半孤形的大冰川，南支冰川长12.5公里，宽1.6公里，冰川尾部有两公里的冰塔林。这高耸入云的冰雪山体和晶宝皎洁的大冰川，是万里长江的源泉。长江从这里流出，自西向东，流经青海、西藏、四川、云南、湖北、湖南、江西、江苏、上海等省区，注入东海，全长6380公里，为世界第三条大河。长江源头冰塔林千姿百态，银雕玉砌，似水晶宫里亭亭玉立的少女，赛九重云霄外的琼楼玉宇，冰川融水欢啸而下，成为万里长江第一河——沱沱河的源流。

澜沧江，是湄公河的上游，正源是扎曲，发源于青海省玉树藏族自治州杂多县的扎纳日根山，曲折南流，经青海、四川入印度洋，在青海境内流程约180公里。

向西作战

西部战事的生存意义莫过于保证大流域的完整性。康熙四十三年（1704）夏四月癸酉，康熙帝命侍卫拉锡察视河源，五月“丁卯（二十九日），侍卫拉锡察视河源，还自星宿海，绘图以进”。同时，康熙帝还“与大学士讲论河源、江源，及于《禹贡》三危”[1]。这次谈话，表面上看是在讨论河源与江源流域的完整性，更深一层看则是康熙帝已经将其上升到中华民族的生存空间与国家安全的战略高度。康熙五十四年（1717），准噶尔部

1《禹贡》说：“三危既宅，三苗丕叙。”又说：“导黑水至于三危，入于南海。”《淮南子·真训》也曰“有苗与三危通为一家”，指至舜禹时被迫迁于三危。《尚书·舜典》则曰：“窜三苗于三危。”三危其实皆指今四川、贵州、云南一带，这里的民族以后便散居今云贵川一带，形成今天的苗、黎、彝、徭等族。

众骚扰哈密，康熙帝谕议政大臣："朕曾出塞亲征，周知要害。今讨策旺阿拉布坦进兵之路有三：一由噶斯直抵伊里河源，趋其巢穴；一越哈密、吐鲁番，深略敌境；一取道喀尔喀，至博克达额伦哈必尔汉，度岭扼险。三路并进，大功必成。"[1]第二年，准噶尔首领策妄阿拉布坦遣兵进入西藏，杀死亲近清廷的拉藏汗，洗劫拉萨。清庭即派兵入藏，驱逐准噶尔兵，恢复了西藏的秩序。从此，清朝与准噶尔的战事又起。北路战线在科布尔、乌里雅苏台，西路战线在巴里坤、哈密。雍正九年（1731），两军战于科布尔，清军中了埋伏，几乎全军覆没。第二年，打了胜仗的准噶尔，孤军深入喀尔喀，被喀尔喀亲王、额驸策凌击败，双方一胜一负，各有损伤。雍正末年，谈判议和，划定牧场。乾隆初年，和议告成，双方休养生息近二十年之久。

乾隆初年，清朝政府和准噶尔割据政权，势均力敌，长期对峙。到了乾隆十年（1745），形势豁然开朗，准噶尔内部发生变局，在其领袖噶尔丹策零逝世后，贵族们为争夺汗位掀起了内部纷争。准噶尔内讧，带来了削平割据，统一中国的千载难逢的良机。曾经强盛无比的准噶尔——这个大的社会集中一下子分裂成许多小的集中，而后，这些分裂的单位又开始积累，于是又造成了大的集中[2]。乾隆帝英明地把握住这一循环链上的集中与分散的关节点，于二十年（1755）初，兵分两路，进攻准噶尔。北路统帅班第，封定北将军，率兵三万；西路统帅永常，封定西将军，率兵两万。后又增加阿睦尔撒纳归附兵两千三百人，马七万匹。清军出征之后，准噶尔军纷纷归降，有些地方"各部大者数千户，小者数百户，无不携酒牵羊"迎接官军，达瓦齐的准部军事力量顿时土崩瓦解，几乎全无抵抗，清军便如此顺利地到达了伊犁。达瓦齐率领兵士一万多人退守格登山一带，驻营固守。清军分兵两路攻击，直捣营地，达瓦齐兵败奔逃，降者六千多人，包括雍正初年青海叛投准噶尔的萝卜藏丹津也一并擒获，达瓦齐则与少数随从逃窜到南疆。南疆的回部本来就痛恨准噶尔的暴力统治，纷纷起来迎接清军，当达瓦齐逃经乌什

1《清史稿·圣祖本纪三》。

2 [美]拉铁摩尔著，唐晓峰译：《中国的亚洲内陆边疆》，江苏人民出版社，2005年，第210页。

时，被当地回部领袖霍集斯用计擒获，后来将其押送到清军营中，与萝卜藏丹津一起辗转押解京师。至此，一征准噶尔之役顺利完成。平定准噶尔的胜利，使乾隆帝满心欢喜，大封功臣，下令在伊犁修建“平定准噶尔勒铭伊犁之碑”。

当年，准噶尔首领策妄阿拉布坦为笼络控制着西藏的拉藏汗，将自己的女儿博托洛克许配拉藏汗之子丹衷为妻，丹衷长期住在准噶尔，先生育了班珠尔，后博托洛克又怀了阿睦尔撒纳。策妄阿拉布坦为争夺西藏，发兵攻杀拉藏汗，将自己的女婿丹衷处死，并将女儿博托洛克改嫁辉特部台吉韦征和硕齐。婚后不久，生下丹衷的遗腹子阿睦尔撒纳，他长大后继承为辉特部台吉。这位流有藏族血脉的阿睦尔撒纳为人精明能干，勇敢善战，野心勃勃。他率领辉特部游牧于雅尔地区，其嫡兄班珠尔为和硕特台吉，游牧于库尔乌苏，准噶尔内讧的数年中，他娶杜尔伯特台吉达什之女为妻，后杀死岳父，又胁诱岳父的儿子纳默库依顺自己，并迁帐于额尔齐斯河而据为领地，从此他“令行三部”（辉特、和硕特、杜尔伯特），势力大盛。阿睦尔撒纳在与达瓦齐的作战中兵败而归顺清朝，受到乾隆帝接见，封为亲王。一征准噶尔之役顺利完成后，特别封阿睦尔撒纳为双亲王，食双俸。为了在西北边疆不再有强权割据，乾隆帝采取了“众建以分其力”的策略，把卫拉特四部“封为四汗，俾各管其属”。但是阿睦尔撒纳一心想作“四部总台吉，专制西域”，他独断专行，任意杀掠，不穿清朝官服，不用清朝官印，暗中扩展势力，积极准备反清。

《平定西域战图册》第8幅《黑水解围》。

乾隆帝看出了他的野心，想乘召见有功人员到避暑山庄来入觐之

《阿玉锡持矛荡寇图》卷。郎世宁绘。台湾故宫博物院藏。乾隆二十二年(1757)，在平定准噶尔部的阿克苏战役中，阿玉锡骁勇善战，杀敌如入无人之境。

际，把他调离蒙古老巢，以消除后患。但狡猾的阿睦尔撒纳看穿了朝廷的用意，最终逃回了塔尔巴哈台，公开与清廷对抗。一时间，“伊犁诸喇嘛、宰桑劫掠军台，蜂起应之”。在阿睦尔撒纳反清后不久，喀尔喀蒙古也追随叛乱，使清政府北路台站几乎全部瘫痪，军情联络中断。针对新发生的变局，乾隆帝又制定了新的作战方案，任命了一批武将，以平定阿睦尔撒纳的叛乱。

二十二年（1757），清廷新任命的成衮扎布、兆惠等分兵两路进剿，大军在前进过程中，准噶尔地区“瘟疫流行，死亡相望”，因此官兵长驱直入，阿睦尔撒纳在清军进逼下，仓皇逃往哈萨克。在发现哈萨克部与清朝有合作时，机警的阿睦尔撒纳又与追随的少数人轻装渡过额尔济斯河逃到俄国。

乾隆帝对于阿睦尔撒纳的脱逃，很忧虑，尤其是阿睦尔撒纳逃入俄国，“俄罗斯既收留叛贼，始未尝不欲抚而用之”，因而下令理藩院行文与俄国交涉，强烈要求俄国根据雍正年间订立的《布连斯奇条约》引渡阿睦尔撒纳。后来阿睦尔撒纳患天花身亡，俄国人见奇货已不可久居，在清廷不断交涉下，便将阿睦尔撒纳的尸体送到恰克图，交给清朝官员验视，阿睦尔撒纳的死亡，也宣告了清廷第二次征讨准噶尔战争的结束。

这一年的旧历五月，清朝派出的招抚使阿敏道到南疆后，又被回部大小和卓木杀害，随从的一百多人无一幸免，回部反清的举动越演越烈。次年（1758）正月，准噶尔部的叛乱大体已被平定，乾隆帝开始着手对付回疆问题了。他先以回酋霍集占罪状宣谕回部各城，讲出用兵的原因，希望回人归顺。

随后，乾隆帝任命纳穆泰为靖逆将军，三泰、富德、阿里衮、舒赫德为参赞大臣，又重用兆惠率军由天山北路往征南路。大小和卓木则分别据守喀什噶尔与叶尔羌，互为犄角，负隅顽抗。

兆惠在十月间开始进攻叶尔羌，霍集占掘壕筑垒，加强工事，又拥兵一万三千多人，实力不弱，兆惠所率领的清军仅三千人，可谓孤军深入。叶尔羌是南疆大城，周长十多里，四周有十二个城门，兆惠在城东的黑水河“自水草处，结营自固”，由于兵少，兆惠只能攻城的一面，参战的清军约一千多人，先遭回军的诱骗，再被回军大举包围。清军尝到了败绩，只好且战且退，浮水还营。勇将高天喜、参赞大臣鄂实、都统三格等将官相继战死，兆惠也负了伤。清军以残余兵力“据壕结寨”、“筑长围以相持”，回军则以万余之众围住清军营地，形势十分危急。回军在黑水营外筑起一道长垒，想困死清军。他们不断以炮轰、在上游掘水淹灌和偷袭等方式攻击黑水营清军，兆惠都设法予以解破。兆惠一面向中央求援，一面则率军英勇迎敌，艰苦地坚持了三个月之久，先后与回军接战五次。这便是著名的“黑水营”之役。直到乾隆二十四年（1759）正月，参赞大臣阿里衮、舒赫德等才领兵四千人赶到，与富德的一军会合，包围了霍集占的回军。在富德与兆惠两军内外夹击下，霍集占的回军土崩瓦解，狼狈逃窜，黑水营之围终于化解。

三等侍卫伍克什尔图像。乾隆二十五年(1760)绘。美国纽约美籍华人黄惠英(Dora Wong)收藏。图中人物为平定准噶尔部的蒙古族勇士。

同年六月，在兵多粮足的优势下，兆惠与富德两位将军分别率领大军出发，兆惠攻击大和卓木波罗尼都防守的喀什噶尔；富德则负责进剿把守叶尔羌的霍集占。在清军逼近之际，大小和卓木竟将喀什噶尔与叶尔羌两地回部迁移，焚城砍树，携带兵马眷属弃城往巴克达山逃去。有部分不愿意随和卓木逃亡的回部，他们分别从喀什噶尔与叶尔羌写信给清朝将军，表示他们愿意投诚，并请清军速来援救。兆惠等一面将军情上报朝廷，一面接受回部的归顺。乾隆帝给兆惠的指示是，挑选精兵数千追袭二和卓木，“总以务获逆贼兄弟，始可告成功”。亦令巴达克山首领献送大小和卓木，“违者诛剿”。乾隆帝的策略收到了良好效果，清军加紧追杀，使得大小和卓木只有旧部四五百人随行逃入巴达克山，后来霍集占兄弟被巴达克山汗素勒坦沙杀死，两人首级献被给了清军，至此，平定大小和卓木之役告捷。

乾隆帝就此在西域建立了新的军事管辖制度，将天山南北路直接隶属于中央。在天山以北原卫拉特蒙古地区设一总管伊犁等处将军，简称伊犁将军。统一回疆，完成了康熙帝、雍正帝两朝“筹办未竟之事”，增强了中央政府对西北地区的统治与边防。

另一方面，为了成就藏地的佛教信徒潜修慈悲菩提心，清帝在北京建立藏传佛教的中心，吸引征召以甘肃、青海和蒙古地区为主的著名的大喇嘛作为驻京呼图克图，使之长住北京，并将京畿地区以及热河、东北、山西、新疆等地的藏传佛教寺院直接纳入其管理范围之内。更重要的是，这些大喇嘛是皇家在宗教上的代言人，食俸禄，为使者，调停蒙古各部的纠纷，传达皇帝的旨意。这些并无很高政治权力的高僧宗教地位很高，行政上隶属理藩院，属京城喇嘛印务处管理，他们一旦受命出使，往往能得到当地极高的礼遇，所以很多著名的高僧历辈驻京，成为清帝的忠实代言人。乾隆九年（1744），将北京雍和宫改造为藏传佛教学府，招收蒙古地区的青年来学习。雍和宫和布达拉宫一样设金奔巴瓶，作为蒙古活佛转世认定的场所。这一切都做得极具战略意义。

31 粮市与粮价

“乾隆十四年（1749）大饥，斗粟钱一千七百，饿殍载道，卖子女无算”。上古传说，“汤七年旱，禹五年水，民之无粮有卖子者。汤以庄山之金铸币，而赎民之无粮卖子者，禹以历山之金铸币，而赎民之无粮卖子者”[1]。这里似乎说明一个道理，私有制产生之后，人或人的劳动力也就成为了商品交换的对象，货币一经出现，便确立了交易“神圣不可侵犯”的游戏规则，即使是圣明的君王都不能干预交易结果。

乾隆后期与初期相比，米价可谓是扶摇直上。乾嘉学人钱泳说到苏南地区的情形时说：“乾隆初，米价每升十余文。二十年虫荒，四府相同，长至三十五文，饿死者无算。后连岁丰稔，价渐复旧，然每升亦只十四五文为常价也。至五十年大旱，则每升至五十六七文。自此以后，不论荒熟，总在二十七八至三十四五文之间为常价矣。”[2]乾隆五十年（1785）后，米每升二十七八文至三十四五文为“常价”，与乾隆初年相比，米价上涨了二至三倍，人们推论，这是由于人口迅速增加，粮食供不应求，货币逐渐贬值而造成的。与钱泳同时代的洪亮吉也说：乾隆末，米价上涨“昔之以升计者，钱

1《管子·山权数》。

2 钱泳：《履园丛话》卷一《旧闻·米价》。

又须三四十矣；昔之以丈计者，钱又须一二百矣”。照洪亮吉的说法，五十年内米价上涨六、七倍，从前“一人食力，即可以养十人。今则不然，为农者十倍于前而田不加增”，“户口既十倍于前，则游手好闲者更数十倍于前”[1]。在这种情况下，劳动者生计维艰，常有挨冻受饿的威胁，社会也日趋动荡不安。即所谓“终岁勤动，毕生皇皇，而自好者居然有沟壑之忧，不肖者遂至生攘夺之患矣。”

若遇严重旱灾，粮价涌贵，贫苦百姓更加饥寒交迫，苦难备尝。譬如，河南虞城县在乾隆四年（1739）大旱无雨，次年春“民乏食，米价涌贵。市鬻者，日高其价以邀利，民益困”[2]。乾隆三十三年（1768），山东曹州府钜野县发生灾荒，“富户多囤积居奇”，引起“米价腾踊，贫者不堪”，几乎发生暴动[3]。“乾隆四十七年（1782），夏旱螟，秋大涝，民饥。四十八年春大饥，斗秫钱一千四百，斗麦钱二千三百”。乾隆五十年（1785），山东邹平县“大旱，岁歉，夏大热”。次年春，米粮奇缺，商家囤积贩运，高价以图利，因此“米价涌贵，米一斗值制钱二千二百五十”[4]。乾隆五十一年（1786）“春大饥，麦一斗钱三千六百，豆一斗钱三千二百”[5]。面对如此高涨的粮价，普通农民根本买不起粮。每当遭遇此类情况，中国历代的统治者们无一不重演“重农抑商”的传统剧，其中常平之法，专为凶荒赈粜。“官为立仓，以平谷价”[6]，谷贱，则增价而籴，使不伤农，谷贵则减价而粜，使不病民。一眼看过来就知道，这是逆市场经济而动的。

1 洪亮吉：《卷施阁文甲集》卷1《意言·治平》、《意言·生计》。

2《光绪虞城县志》卷6《人物》。

3《道光钜野县志》卷13《义举》。

4《道光邹平县志》卷18《灾祥》。

5 同治《黄县志》卷5《祥异志》。

6 [明]钟化民：《赈豫纪略》，引自《中国荒政全书》第一辑，北京古籍出版社，2003年，第283页。

平籴平粜

乾隆八年（1743）农历六月二十一日奉上谕[1]：

河间、天津地方，今年雨泽愆期，米价昂贵，不得不速筹接济。上年通仓存贮，有口外采买备用之粟米，著先拨十万石运送天津。其何以分贮平粜赈恤，听总督高斌酌量办理。钦此。

即使业已蒙恩赈恤，然而，河间、天津等地次第歉收之后，米价尚属昂贵。为此，直隶总督高斌于十月间再次奏称：闻奉天米谷丰收，请驰海禁，俾商民贩运，米谷流通，接济天津等处民食。乾隆帝对此予以高度赞成，上谕曰[2]：

奉天一省，今年朕亲临幸，目睹收成丰稔，米价平贱，以之接济直隶，洵属裒多益寡。著照高斌所请，准其前往贩运。自奉旨之日，至次年秋收为止，令该地方官给与商人印票，听奉天将军府尹查验。收买之后，给以回照，仍行文知会直隶总督，并令沿海官弁时加稽查，毋令私出外洋，庶需谷者得以糊口，而粜贩者又借以获利，于奉天、直隶二省均有裨益。该部即行文给总督、将军、府尹等知之。钦此。

这样直隶总督高斌派遣官员在奉天买得米谷八万石。即使如此，对于河间、天津的粮市与粮价，乾隆帝仍是放心不下，想到了明年春季山东、河南漕运经由直隶地方，可截留漕米十万石，即令高斌会同仓场总督逐一详悉，视州县大小，酌量分派存贮，以敷粜借之用，于民食自有裨益。

同时，乾隆帝还谕令高斌酌买八沟米石以作备用，为此高斌奏称：目前米价昂贵，应暂停缓，俟十二月内各处米粮齐集，价格自平，若价格较前平

1 乾隆八年六月二十一日上谕，引自方观承辑《赈纪》，乾隆十九年刻本，第1卷。
2 乾隆八年十月十六日上谕，引自方观承辑《赈纪》，乾隆十九年刻本，第1卷。

减，再行籴买。而乾隆帝的想法却有不同，他认为，关外的米粮，每至春初价格最为平减，何况近日社会上流有停买的传言，奸商必然不再囤积，若此时得买，不拘多少，总属有益，因而务期多得米粮备用。至于前年粮食上的平减价格，原本不可以作为一种常态，即使眼前稍稍感觉粮价浮多，及至需用之时，仍得其济，因此不必拘拘较量锱铢也[1]。从后来发生的事势来看，乾隆帝的料想是正确的。自乾隆八年（1743）的雨泽愆期直至九年（1744）的五月才有甘霖霑渥，直隶所属重灾的就有26个州、县。真正到了商贩罕至，粮价高到庶民难以承受，民食艰难的地步，官仓出粜，官府以备用米粮即行散给，出借口粮，以资接济，确实在一定程度上缓和了灾民的疾苦。

乾隆帝所说的“分贮平粜”，或称常平之法，是千年救荒之政中的“不易之常法”。常平仓的意义在于“民有余则轻之，故人君敛之以轻；不足则重之，故人君散之以重。凡轻重敛散之一以时，即准平，使万家之邑必有万钟之藏，藏镪千万，千家之邑必有千钟之藏，藏镪百万，春以奉耕，耒耜器械种　粮食必取赡焉。故大家蓄家不得豪夺吾民矣。”[2]然而，常平之法的缺陷也是明显的，有研究者早有论说，其“弊在乎内米价贱而外米不至，外米不至则籴者日益多，籴者日益多则后惠将至于不继。”[3]可见此法在应付时日漫长的旱灾时就显得特别的吃劲。就算是乾隆帝大沛恩膏，先后从通仓拨米粮五十万石，又购得奉天米粮八万石，或作平籴赈恤之用，而用来应对直隶被灾42州县持续660天的旱灾，不用说，是杯水车薪。

粮食为人类最基本的生活资料。念兹稼墙兮，惟民天。原民天惟食兮，农事先。粮食价格的变动可说是社会经济变化的晴雨表。早在康熙年间，丰年粮食价格仍然偏高，就曾引起清朝统治者的警惕。康熙五十二年(1713)，康熙帝曾说：“即如京师近地，民舍市廛日以增多，略无空隙，今岁不特田禾大收，即芝麻棉花，皆得收获。如此丰年而米粟尚贵，皆由人多地少故耳。”

---

1 参阅乾隆九年正月十五日上谕，引自方观承辑《赈纪》，乾隆十九年刻本，第1卷。

2 [清]俞森：《常平仓考》，《荒政丛书》，宣统三年文盛书局。

3 [清]陈瑚：《棣香斋丛书·救荒定义》，道光十三年刻本。

在封建社会里，粮食短缺确为人口过剩的一个标志。据学者考证，康熙中叶以来，特别是雍正年间，从总体上看，中国粮价相当乎稳，而且数度出现谷贱伤农的现象，而到了乾隆年间，则开始上涨，并呈现出长期上升的趋势。乾隆二年(1737)，虽各省关税减收百余万两，但“京师货物价值，日见腾贵，而外省亦复不减于前”。乾隆三年(1738)发现，“近日粮价转昂”。粮价的连年上涨，使官府紧张不安，终于在乾隆十二年(1747)底，引发了一场著名的对粮政和粮食问题的大讨论。造成乾隆年间粮价持高不下的原因固然很多，而人口增加是一个不容忽视的重要因素，同时，粮价增高也使破产农民及破产的手工业者、商人队伍扩大，后果只能是更加刺激人口向口外迁移。

乾隆八年（1743）六月二十一日的《院奏拨通仓粟米平粜折》上说：“天津郡城为畿南水陆要冲，商民辐辏，烟户殷繁，岁需食米，向赖奉天通商贩运。乾隆六年，奉天将军奏请禁止，自此津郡缓急无藉。目下雨泽愆期，粟米每石一两六钱，高粮每石一两三钱。数日之内，市价骤增四分之一。”

乾隆帝批示：“河间天津地方，今年雨泽愆期，米价昂贵，不得不速筹措接济。上年通仓存贮有口外采买备用之粟米，著先拨十万石运送天津。其何以分贮平粜赈恤，听总督高斌酌量办理。钦此。”[1]

九年（1744）正月二十一日的《院奏奉天续买高粮折》称，这一年天津等地“维是各属冬雪既稀，春雨未降，储积为民命所关，自宜广为筹贮”。也正是这时，“京城黑豆价昂，直属河津诸处需米正殷”，为此“委员在于古北喜峰各边口采买黑豆一万石，又动拨司库银十万两，委冀州知州范清旷前往奉天采买黑豆二万石，余银尽数收买粟米，俱用海船载回天津，将黑豆运交户部，粟米由天津分发州县，补实仓储，并备春夏平粜之用”。乾隆帝朱批：好。知道了。钦此[2]。

1 引自[清]方观承：《赈纪》，乾隆十九年刻本，卷6。

2 同上。

粮食市场与“重本抑末”政策

然而，官方干预米价，动辄降减，博小民一时之欢心，却不知米价降减则富户不情愿粜米，而四方客米亦不来矣。这种干预市场的行为尤不适宜于时日漫长的旱灾。在荒年粮市上，官米一出，则市有二价；市有二价，则米铺必定关门；米铺关门，小民或有钱无米，或民穷日甚，借贷无门，一时无米已有所不忍，三日无米则生路绝矣，更何况雨泽愆期旷日持久。再者，在官方看来，似乎“官米多，则可握市价之权固也”[1]。而旱灾的时日一旦拖长，“于是贾人深藏而待其尽，尽则权归于贾人矣”[2]。粮价的权重顷刻变化，真是道高一尺魔高一丈。商贾最终成为了长时间博弈中的赢家。

在对待商业的态度上，汉初崇尚黄老哲学，放任无为，不抑兼并，像是现今的“新自由主义”政策，结果，市场活动热烈，土地迅速集中到少数大地主手中，“富者田连阡陌，贫者无立锥之地”。大地主避税能力强，国家税收进一步减少，迫使晁错提出“纳粟拜爵”政策。到汉武帝时期，大地主们都有了爵位，但国家粮库又空了，边境又告急，不得已，只好征收6%的财产税。如果富人们隐瞒税收，一经告发，则财产一半给告发者，另一半收归国库。一时间，“杨可告缗遍天下，中家以上大抵遇害”。这是中国经济史上一段极其重要的经历。从西汉初期放任自由的经济政策，一转到西汉中期的抑商政策，统治者懂得了，商人具有积聚社会财富的强大力量，必须“重农抑商”，才能平衡商人和农民的利益。从此，历朝历代都将重农抑商作为基本国策。这里必须作一些说明，实际上朝廷将大商人和大地主都看作是商人，是“重农抑商”的对象。为什么？市场经济的前提是产权私有，存在分工和交换，而土地和劳动力则是最大宗的资产。当土地和劳动力都可以任意买卖时，说明市场交换的范围已经从生活资料深入到生产资料和劳动力，形成了生产要素市场。能够购买、拥有和经营生产要素的，则是大商人。

在中国古代经济思想中，重农抑商等同于“重本抑末”。“本”是生

---

1 陈龙正语，引自[清]俞森：《常平仓考》，《荒政丛书》，宣统三年文盛书局。

2 [清]俞森：《常平仓考》，《荒政丛书》，宣统三年文盛书局。

产，以农为本；“末”是流通，以商为末。市场的积极作用在于能够促进生产的发展，保障生活资料的供给。在这一过程中，市场促使形成了大型的交换组织，使拥有资本的“商人”做大，商品的流通由此更加规范。但同时也会出现“强者愈强、弱者愈弱”，造成两极分化，进而发生社会动荡。怎样才能保留市场的积极作用，又抑制市场的两极分化特性呢？这就必须“重农抑商”。当然这一政策执行起来要有一个度，雨泽未遍，旱象将形，不出官谷平粜，粮价浮多，庶民难以承受；而平粜过早过多，就会破坏市场，外米不入，四方客米亦不来矣，最终苦煞了百姓。为了兼顾眼前与远期利益，一份乾隆八年（1743）六月初六日的《院奏预筹借粜缓征折》提出了：“各属动谷平粜，俱不得过十分之三”的例案，乾隆帝在文后朱批：“即照所请行，应咨部者咨部知之。钦此。”[1]看来应是肯定了这一提法。

有人认为，由于重农抑商政策的实施，资本积累速度将会放慢。但是，从中国社会发展的长期效果来看，则恰好相反。如果采用放任自由政策，则一个王朝将在30、50年内完成两极分化过程，引发农民起义，中断土地兼并和资本积累的过程。如果采用重农抑商政策，则王朝寿命可能达长两、三百年，相应地，资本积累周期将放长，积累规模将变得更加巨大[2]。经济史料支持这种逻辑分析。谷“贱则伤农，贵亦伤农；贱则利末，贵亦利末”[3]，处于末位的商家反倒成了“重农抑商”政策的最终受益者，在市场上他们屡战屡胜，一往无前。清中晚期，广东怡和行商的伍秉槛（1769—1843）拥有资本达2600万两白银，约为清政府年财政收入的一半左右。伍秉槛的财富并非鹤立鸡群，同期的一位宁波商人拥有2000万两白银，晋商、徽商拥资千万两白银的亦不鲜见，至于拥有百万两白银者则更为不计其数。“重农抑商”的本质是行政对市场的过度干涉，其所带来的一个直接后果是，官员与商人之间私下勾结。

放到国际范围看，同一时期的英国、法国资本家都没有像中国民间富

1 引自[清]方观承：《赈纪》，乾隆十九年刻本，卷6。

2 韩德强：《重新认识中国历史》，《天涯》2005年第1期。

3 [清]俞森：《常平仓考》，《荒政丛书》，宣统三年文盛书局。

商那样的巨额资本。在19世纪中叶，欧洲总人口仍远少于中国，又被各国疆界所分割，市场狭窄，即使有工业革命之助，可以掠夺世界范围的财富，也仍然不能与中国市场上的大商人相比。据贡德·弗兰克的新著《白银资本》估计，从1500年到1800年，美洲和日本开采的白银一半都流入了中国，以购买中国的手工业品。而这并不等同于国外市场不如中国市场，更大可不必将这样的财富太当回事，这些在法律上归属不明的财富会在一夜之间化为乌有，中国商人所执着追求的财富最终会在与忠君的国家意识以及官本位体制的冲突中，演绎成为“重农抑商”政策下的官僚资本。诸如：乾隆四十七年（1782），江广达等“公捐银二百万两，以充广东省工赈”。两淮盐商江春，在乾隆年间，“每遇灾赈、河工、军需，百万之费，指顾立办”……其他山西、河东各地商人也有捐输的，其量也不在少数，其中的“内隐”就更让人说不清了。即便是如此，应当做出肯定的是，在财富的积累方面，中国古代商人决不缺乏敛财的手段。

并没有必要在虚妄的经济数字面前沾沾自喜，相反去探究这些财富是如何得到的，这些财富的内在机构如何，才是应当予以特别去关注的。诚如布罗代尔所指出的：“不听任何人指挥的市场是整个经济的动力装置。欧洲的发展，甚至世界的发展，无非是市场经济发展，市场经济不断扩大自己的领域，把越来越多的人，越来越多的远近贸易纳入理性秩序，而所有这些贸易加在一起就趋向于创造一个有整体性的世界。”[1]市场的本质，不仅是交易的场所，甚至不仅是交易行为本身，“市场的要素是秩序、可预测性、稳定性和可靠性”，市场经济的核心是“一个有序的关系集”[2]，而这些，或正是中国古典市场上所缺失的。

下表所列，是几种不同的置于市场之外的官民储粮运作方式，它们在灾荒之后对农民有着各不相同的救助作用，对于当时的粮价及粮市的变化也产

1 [法]布罗代尔：《15至18世纪的物质文明、经济和资本主义》，三联书店，1993年，第2卷，第227页。

2 [美]丹尼尔·布罗姆利：《经济利益与经济制度》，上海三联书店，1997年，第58页。

生有着一定影响。

乾隆年诸官民储粮运作方式表

米粮仓名	所属	籴	粜	储备目的	设置地点，管理
常平仓	官司	贵籴	贱粜	准平谷价	因荒随时随地设置
公廪	官司		官赈	积贮备赈	各府州县设置
义仓	义仓本民物，寄之于官	积为义谷	济人贫难	凶荒水旱，直以还民，和睦乡里	转输州仓，立于州县。输散不出境。择里之贤有才者司出纳
社仓	里社居民	敛于乡绅	散于贫民	民间积贮，储以待凶荒	村落，立于乡都。私藏化为公用。乐善助仓

如上救荒之政的一个相同之处是，诸官民粮食运作方式都将市场视为粮食短缺时的恶魔。

32 灾民、流民与以工代赈

逃难的流民

乾隆八年（1743）农历六月二十五日的一份上谕上说：

据山东巡抚喀尔吉善奏称，东省雨泽愆期之州县，秋成渐至失望，民人多出外谋生，而邻省贫民亦有转入东省觅食者。

接下来，这份上谕就此次因旱情而导致流民事，向地方官们提出了两个问题，其一，夫地方雨旸不时，例应借给子本，督令补种；设或得雨已迟，补种无及，亦应酌量抚恤，何至一时纷纷转徙？其二，即出逃亦所时有，然必俟果至秋成无望，或流他处觅食可耳，岂有尚在六月可望续种之时，即流移至此？

那么，形成这次大规模流民潮的原因究竟何在呢？在一份关于山东旱灾情形的奏文中，喀尔吉善称其原因是“在愚氓之意，不过希冀邻省收养，多沾恩泽”。并称“细察此辈，非习惯求乞，即游隋愚氓。如竟行留养，不惟为日尚早，难乎为继，且愈滋觊觎轻出之风。若任其过往，漫无稽查，又恐流离四散，不无为匪滋事。请即饬地方官劝令各回故土，以待本处自有之恩，并令遮留抚驭，毋致再有外出”等语。

喀尔吉善的见解得到了乾隆帝的肯定，上谕认定：“所见甚为得体。”同时，传谕告知[1]：

> 各省督抚须当留心于平居务实之时，委曲开导，使之敦本务实，力田逢年。若轻弃其乡，则本业抛荒，失所依倚；即国家收养资送，亦不得已之计，非可恃为长策，也。平日既谆切劝谕，俾各知安土重迁。及至歉象已形，百姓有渐不能支之势，即设法安顿，使之各守乡里，不致越境四出。如此则先事绸缪，临期补救，于扶危济困之道斯为得宜，而闾阎实被其泽矣。若平时漫不经心，以致贫民遇歉转徙，留之不得，驱之不可，岂经国子民之善计乎？

清朝政府对受灾流民的安辑，除发放银米，还有煮粥赈济。煮赈以设厂为主，领粥给签，男女分别排队，逐一领取。当时京城每年从十月初一至次年三月二十日，都要照例开五城煮赈。地方省份亦有，是为那些流浪的灾民而准备。上谕要求地方督抚，各州县为流浪的灾民赈给口粮和煮粥，并为过往灾民搭棚造舍。《荒政琐言》上说，那些来到粥厂的难以控制的流动人群“日则就食，夜则匪窃”，因而尽可能建立更多的粥厂，以取“阳以恤其劳，而阴以散其势”[2]之成效。“阴阳”之说随着粥厂的开设，在官场上流行，其广度几乎到了难以置信的程度。政治在灾荒社会的本质就是以暴力垄断生存资源的最有“效率”的手段，而这种政治也使社会经济成了糊口型经济。就在这一年冬季，乾隆帝察觉，河间、天津等处来京就食之民日益众多，他认定“盖因愚民无知，见京师即设饭厂，又有资送盘费，是以本地虽有赈济，伊等仍轻去其乡而不顾，且有已去而复来者。不但抛荒本业，即京

1 乾隆八年六月二十五日上谕，引自方观承辑《赈纪》，乾隆十九年刻本，卷1。

2 [清]万维翰：《荒政琐言》，“平粜”。清乾隆癸未年重刻本。

师饭厂聚人太多，春暖恐染时气，亦属未便”[1]。因此令大学士寄信直隶总督高斌，要他设法安置来京流民。

一般来说，开春之后，朝廷会将安顿收养的流民遣送回藉，使之不误春耕。为保证流民的利益，地方官要按回乡路程的远近或返回天数，发给盘缠，途中患病者，则由地方官留养医治。不过，由于流民成份复杂，考虑到这种做法容易刺激流民轻去其乡，有时还会发生“遇灾留一二人在家领赈，余又潜往邻境。俗谓在家领赈为大粮，在外留养为小粮，沿途资送为行粮，至有一家领三粮者”[2]的事情，所以上面说到的这种办法在嘉庆中期以后，便不再施行了。

清政府在某些地区、某些年份内，也曾有效地组织过大规模的移民。顺治十一年（1654），顺治帝下诏，“饥民有愿赴辽东就食耕种者，山海关章京不得拦阻，所在章京及府、州、县官，随民愿住处所，拨与田地，酌给种粮，安插抚养”[3]。对流落东北的流民的管理，清政府在乾隆六年（1741）议定，愿在当地入藉的，“准其保结，给照编入”；不愿入藉，又不能马上回原藉者，“暂作另户编甲，陆续给照回藉”[4]。

清初湖北郧、襄一带聚集了很多因饥荒逃难的流民，时官任分守荆南道的俞森[5]根据赈济流民的亲身体会与文书，写就了《郧襄赈济事宜》一本书，他真切地陈述道：

襄阳土瘠，居鲜富民，官于此者，俸悉除荒，以本道而计，每年止有俸三十两，而府县各官可知矣。此即尽捐之，何足以当流民数日之粥耶？再四思维，惟有两府属重农积粟等事米谷三千一百三十石零，及积贮天下本积等事案内米谷十万五百石零，积贮在仓，可以动给，但山

1 乾隆八年十一月十五日上谕，引自方观承辑《赈纪》，乾隆十九年刻本，卷1。

2《清史稿·杨锡绂传》。

3《清世祖实录》卷84，顺治十一年六月庚辰。

4《清高宗实录》卷137，乾隆六年二月乙丑。

5 俞森，号存斋，钱塘人，由贡生官至湖广布政司参议。《荒政丛书》成书于康熙庚午年，为其官河南佥事时所撰，作常平、义仓、社仓三《考》，溯其源，述其法。

僻远水穷地方不便动支外，惟襄阳府襄阳、枣阳、宜城、光化、谷城、均州并襄阳卫八处重农粟案内共谷一千七百八十石零九斗四升，积贮天下本计案内共米一千三百六十石、谷七万八千一百八十石，可以就近动支。然思此案之米谷，固为本地赈济之需者也。现奉宪文稽查有无亏折浥烂，又奉部文有加谨收贮之行者也。本道一思之以为可动矣，转思之而觉其不可也，再思之又以为可动矣，辗转思之而愈觉其不可也。正在踌躇，而饥民之号呼于各州县者累累矣。

在他看来，当地州道的有数仓储是不足以赈济源源不断的外来灾民的。这批流民为来自陕西的避荒之民，惟临潼地区为最甚，由于旱荒已甚，当地颗粒无收。面对饥无食、寒无衣的茕茕流民，俞森深为骇叹。一旦决意赈济流民的他还算了一笔帐，“凡流民万人，每日应给谷六合，每万人每日需谷六十石，十日六百石。一月一千八百石，计自岁内赈发，至明年三月尽农功既兴，民可佣工、可觅食而止，约费谷七千二百石耳。即多至四万人，亦不过二万八千八百石。以谷二万八千八百石救流民四万人，颂皇仁而仰宪德，岂浅鲜哉？今若惜此谷石，则此辈流民必至死亡，是国家失民四万人矣。况此四万人中，有狡狯者，有剽悍者，不安于死亡，小之劫夺，大之啸聚，是又岂止失四万余人哉。故自其后观之，则费此二万八千八百石者，乃所以为朝廷爱惜钱粮万万、保护生民万万；而自今日观之，则惟见其费此二万八千八百石，干部议，罹处分而已矣，革职追赔而已矣。伏惟宪台念生民之危苦，审国家之大计，为先事之图，不贻后日之患，于本道详到，迅赐批行，迅赐咨题，准其动给仓贮谷石，以赡济民，则饥民幸甚！地方幸甚！国计幸甚！”[1]荆南官府最终还动了官谷，先赈了一月。由于“此皆出自皇恩”，引来“万人感戴皇仁，欢声动地”[2]。

其实，流民问题的严重性何止于此。自八月流入襄境的饥民，早已不只是陕西临潼一方人氏，而是杂有山东、陕西、河南三省数万人之众。而入秋

1 俞森：《郧襄赈济事宜》，选自《荒政丛书》，宣统三年文盛书局。

2 同上。

以来，三省籴贩不绝于路，买去当地粮食不可胜数，饥民就食又多，襄属粮食将尽，米价腾贵，时至隆冬岁暮，流民号呼遍地，惨不忍睹。这些从宗法网络中流离出来的游民在浪迹江湖、求得生存的过程中，很快会深感自己的软弱，因为往昔长期生活在封建宗法的共同体中，而在这个共同体中是保护与控制共存的，这样必然会造成人格的萎缩和怯懦，缺少个性和进取精神。可是，当他们一旦脱离宗法网络，成为游民，就真正变成了嗷嗷待哺的婴儿。在后来的阶段，出于策略考虑，救灾者以“道德”的名义成为灾民的监护者。但这种“道德”基本是非理性的，以此为基础的政权则成了一种“恩人执政”，它的合法性建立在“救世主”神话基础之上。一方面，在朝的政治文化是恩人作秀，如乾隆帝所说：“朕可与他人比耶，先人而忧，后人而乐，理固宜然。近因久旱无雨忧劳过甚，以至癯弱……此后雨泽霑足，朕庶解焦劳也。”他在暗示一种脆弱的政治合法性。另一方面，在野的政治文化则是“恩人移情”，如司马光所说：“四民之中，惟民最苦……水旱、霜雹、蝗蜮间为之灾，幸而收成，公私之债，交争互夺。”这是“法儒合流”的精神本质，其现实基础是一场接着一场的灾荒。

后来俞森最终写就了《荒政丛书》十卷，另有陆曾禹写作了《救荒谱》。两人都是浙江杭县人。到了乾隆时期，倪国琏把《救荒谱》做了节本，再由群臣们订正，乾隆四年（1739），全国蝗灾，这部书进呈给了皇帝，乾隆帝赐名《康济录》，虽然不再有救荒字样，但实际上是典型的救荒手册。在这部书里，既可以看到中国人如何苦于天灾的一面，同时也可以看到统治者怎样地以“恩人执政”来作秀的一面。

移民与屯垦

由灾荒而引发的大量移民的出现并非全然是坏事，积极的作用在于，适量有序的移民，会缓解流出地的人口压力，也为流入地提供了大量、充裕的劳动力。在正常情况下，流入地的田地剩余较多而人口相对缺乏，流民的进入，为开发这些地区的生产，提高当地的社会生活水平创造了良好的条件。

清初，四川一带户口凋残，“孑遗者百无一二，耕种皆三江、湖广流寓之人”。雍正年以后，“因逃荒而至者益众”，“湖广填四川”的浪潮，最后使土著人口反被移民人口超出，四川就此逐渐成为全国人口最多最密集的省份。因人口的大量涌入，康雍时期，四川荒芜的土地已全部得到开垦。乾嘉以后，更是进入拓殖山丘、修筑梯田、变旱地为水田的阶段，“楚粤侨居之人善于开田，就山场斜势挖开一二丈三四丈，将挖出之土填补低处作畦，层垒而上，绿塍横于山腰，望之若带”[1]。他们的辛勤劳动，使得这些地方克服了山区塘堰灌溉能力的不足，由此当地经济也得到了较快发展。

又如陕西的秦巴山地，由于山区地势的原因，溪水易涸易涨，容易遭到干旱洪涝的侵袭。虽然地理条件并不理想，但流入此地的人却也不少。乾隆四十三年（1778），陕西巡抚毕沅上奏说，“两湖偶被灾侵，小民流徙，络绎前来……男妇不下十余万”[2]。流民们因地制宜，采用多种形式修造多种设施来利用水资源，“用南方渠堰之法以收水利，稻田数万，军糈之资不劳外境”[3]，的确推动了当地农业经济的发展。

当然，清政府出于自身政治利益的考虑，对许多地方的流民采取了种种限制措施。这种对流民的限制，无非有两个目的，其一，是为了加强对流入地的行政管理，而这些地方通常又不易管理。其二，是为了不让流民现象在全国造成普遍之势，使百姓“轻去其乡”，毕竟流民现象的扩大终将有违于封建统治秩序。

清政府对于流民前往大西北则是招徕有加，特别是对到新疆一地的移民，尤为重视。乾隆帝认为，“招募民人前往新疆耕种一事，实为内地贫民久长生计”。为吸引流民，他主张“总须令其自知新疆一带有自然美利，到彼耕作，即可共享丰饶”。他还想到，招募如由官办，百姓必生疑虑，“此时筹办之始，止可询问贫民，有愿赴新疆垦种而力量不给者，官为资送，不

1 严如熤：《三省边防备览》卷9，《民食》。

2 毕沅：《陕西农田水利牧畜疏》，《清经世文编》卷36，《户政十一》。

3 雍正朝《陕西通志稿》卷40，《水利二》。

露强迫情形；向后愿往者多，可不烦资助”[1]。同样，从内地流入此地的灾民，即使稍遇灾害，政府亦竭力抚恤，以增加对其他流民的吸引力。

清廷针对西部边疆开发曾提供资金，如对新疆地区的开发，乾隆二十六年(1761)，清廷命陕甘总督杨应琚招募甘肃无业贫民前往乌鲁木齐垦种立业，按规定“酌量官为料理前往”。为使移民活动能够顺利进行，清廷对招募、转送、安置各个环节都作了妥善安排，实施优惠的迁移政策。像官费资送，凡举家出嘉峪关赴新疆者，发给途中盘费、车辆费、口食银及皮衣、铁锅等生活用品的购置费。据记载，乾隆二十九至三十五年(1764—1770)六年中，为移民新疆办盘费等项，共动用银两281，700余两，平均每户用银约90两。在移入地，每户拨给土地30亩，六年后起科，并代为建房和贷给牲畜、农具、籽种及当年口粮，使之“到屯即有房间栖止，又有口粮度日。得领地亩、农具、马匹、籽种，尽力田亩，不致周章”。另据《清高宗实录》记载，从乾隆二十六至四十五年(1761—1780)间，清廷共招募民户6500余户。若按上述每户给银90两计算，清廷至少资助银两585，000两[2]。

灾后被迫背井离乡流民流入的大多是干旱地带。贺兰山是中国为数不多的几个南北走向山脉之一，是中国半干旱气候与干旱气候的分界线。这里是最能集中体现额鲁特蒙古和硕特部传统文化的地方。康熙三十九年（1697），康熙帝将贺兰山西、黄河以北、祁连山以东，也就是今阿拉善大部地区划分给和硕特部首领和罗理，此后的二百多年来，九位清朝格格远嫁阿拉善。因此，阿拉善和硕特蒙古文化中又融入了许多满族文化与北京文化。乾隆初期，虽与准噶尔部暂时规定地界，两不相扰，然而双方都在厉兵秣马，待机而发，所以清廷在北疆的军事准备活动一直在进行，口外屯田也一直没有停止。从政治、军事意义出发，清廷对口外汉族劳动力是不应排斥的，然而，乾隆十四年(1749)，朝廷却发布了阿拉善地区的禁垦令。

清廷虽然三令五申禁止内地农民向蒙古地区迁移，但移民的潮流还是

1《清高宗实录》卷1012，乾隆四十一年七月辛未。

2 成崇德：《论清代西部开发》，《清代西部开发 · 绪论》，山西古籍出版社，2002年。

难以遏制。如清廷对山海关、古北口、喜峰口等地稽查严密，内地移民就从海上乘船北行。路上设卡盘查，他们就翻山越岭，辗转而行。康雍两朝，在对待向蒙古地区迁移人口问题上，较以后宽松，这主要是由于官府还能有效行使对移民的控制，即便如此，对民众私自出入关口的违法现象，清廷仍保持高度的警惕性，时时发出谕令。随着移民的增多，清政府态度愈加谨慎小心，趋于保守，到乾隆朝终于颁布了清入关以来最严厉的封禁令。这道上谕云[1]：

> 蒙古旧俗，择水草地游牧，以孳牲畜。非若内地民人，倚赖种地也。康熙年间，喀喇沁札萨克等地方宽广，每招募民人，春令出口种地，冬则遣回，于是蒙古贪得租之利，容留外来民人，迄今多至数万，渐将地亩降价出典，因而游牧地窄，至失本业……著晓谕该札萨克等，严饬所属，嗣后将容留民人居住，增垦地亩者严行禁止。至翁牛特、巴林、克什克腾、阿鲁科尔沁、敖汉等处，亦应严禁出典开垦，并晓示察哈尔八旗一体遵照。

究其违法移民事件频发的原因，是法令允许之外私自流入蒙古地区并定居下来的人口数已对朝廷构成了相当的压力，并产生了令其不安的后果——蒙古社会秩序受到了不安定因素的威胁。清代以前，农耕民族栖息的地域都极其有限。照说“当其灌溉技术被推进到草原边缘时，其回报反见减少。可灌溉的河流愈趋狭小，灌溉技术终于被阻于草原，草原上河流的缺乏使之完全不能灌溉”[2]。而事实上，康熙朝以后，中原的汉族人口是以前所未有的规模深入草原游牧地带，农田增加一分，牧地就要消失一分，这看起来是简单的土地之争，实际上是关系到两个民族生存的大问题。

乾隆三年(1738)以后，随着清军南撤，漠北屯田相继停止。漠北屯田主

1《清高宗实录》卷348。

2 [美]拉铁摩尔著，唐晓峰译：《中国的亚洲内陆边疆》，江苏人民出版社，2005年，第323页。

要有绿旗兵屯和犯屯两种形式：绿营兵主要调自陕西、甘肃等地，三年更换边戍一次，平时一般只从事屯种，无戍防任务。

与漠北屯田有所不同，归化城屯田的成果没有因对准战争的结束而废弃，这里的农业生产在以后继续得到了发展。随着移民大量涌向边疆地区，18世纪，在口外蒙古长城沿边一线及新疆天山以北建立起了比较稳定的农业区和半农业区，经济格局从延续了上千年的完全游牧经济过渡到农牧相兼或以农业为主，对后世产生了重大影响。这时的蒙古地区的农业区和半农业区主要分布在以卓索图盟为主的东部蒙古地区、归化城土默特地区、察哈尔地区及河套地区。

乾隆八年（1743）设榆林神木理事同知，“驻札县治，专管蒙古鄂尔多斯六旗伙盘租种事务，词讼有牵涉蒙古者悉由该厅审理，其近边各县蒙民交涉命盗案件，先由各县录供详报，于奉批后申请该厅会同审拟解勘，他如监放兵粮、协捕贼盗，亦有分责”[1]。乾隆时期，出口垦种的人更多，为加强管理，当时出口垦种的汉人编籍仍隶内地邻近州县，不准在蒙古入籍定居，可见出口垦种仍被清廷视为一时的权宜之计。

乾隆二十二年(1757)，清廷对准战争告捷后，卫拉特蒙古人非亡即散，损失殆尽，以致耕牧俱废，人烟稀少。清廷在“以武定功成，农政宜举”方针的指导下，大力组织各种形式的移民。从乾隆二十二年(1757)至嘉道时期，为新疆屯田的第二阶段，进入新疆的农业人口主要来自五个方面：绿营屯兵、内地民户、南疆维吾尔族农民、内地遣犯和移驻北疆的部分八旗兵丁。与移入人口的身份相适应，屯垦活动亦有兵屯、户屯、回屯、遣屯和旗屯等不同形式。

据《西域图志》、《乌鲁木齐事宜》、《三州辑略》等书记载，乾隆四十二年(1777)北疆的耕作面积达40余万亩，六十年(1795)达到了120余万亩。随着兵屯的收缩，民屯的面积在不断扩大。三十五至五十四年(1770—1789)二十年中，各屯区除有三四年遇灾减产，历年都“时和岁稔，水泉充

1 [清]卢坤：《秦疆治略》“榆林神木理事厅”条。

足”，收成在十分上下，有的年份高达十五六分。兵屯每亩的平均产量由初期的约一石零七升上升到一石四升七斗。乌鲁木齐自开屯以来年成甚好，乾隆末年，乌鲁木齐、巴里坤产屯每年上交州县赋粮72，410石，加上兵遣屯粮和就近从民间采买，一岁得粮195，000石，供支官兵及州县公用外仍余粮3万余石。伊犁每年收绿营屯粮6l，000余石，回屯纳粮10万石，户民及为民遣犯粮数千石，计16万余石。

清代以来，随着国家大一统局面的形成，长城不再是游牧民族和农业民族的天然分界线，这就为长城外的开发创造了客观条件。乾隆时，“至出口垦荒者，动辄以千万计”[1]，内地往长城外的大规模移民、塞外土地的开发以及农业和商业的发展，为长城沿线地区城镇的形成提供了物质基础。因此，伴随着长城外侧的开发，沿长城一线的许多城镇开始兴起并得到蓬勃发展。

乾隆中叶以后，生齿日繁，人多地少、无田可耕的矛盾日趋尖锐。在内地平原地区，人口密度高度集中，但“水陆可耕之地俱经垦辟无余”[2]，土地开发已达饱和点，现有土地已不足养活当地人口。官僚、地主、商人受粮价、田价腾涨的刺激，乘机疯狂兼并土地。早在乾隆年前期，“田之归于富户者大约十之六七，旧时有田之人，今俱为佃耕之户”[3]。大批丧失土地的农民，其中一部分成为地主的佃户和雇工，而绝大部分沦为“不士、不农、不工、不商”的无业游民。为了谋求生路，他们纷纷向外迁徙。一部分流入城市以乞讨为生或进入工场作工，大部分涌向深山老林或海岛边疆垦荒。内地省际边区，如川陕楚交边山区、湘鄂西山区、湘南山区、皖南山区、湘赣边山区、闽浙赣交边山区，以及边疆的云贵、台湾、海南、蒙古、东北等地区，无不有流民垦殖的足迹。除了流向上述地区外，各地的帮会组织也吸收了大量的流民。各种帮会组织在乾、嘉以后迅猛发展，以致当时的中国社会“伏莽遍地”。最终导致了诸如乾隆末年的湘黔苗民起义。

1《清仁宗实录》卷164，嘉庆十一年七月巳未。

2《清高宗圣训》卷80，《爱民》。

3 杨锡绂：《陈明米贵之由疏》，《清经世文编》卷39。

以工代赈

工赈也是经常施行的赈济方式，它是指在灾年由官府出资兴办工程，日给银米，以招募灾民。工赈所办工程，多与水利相关，具有积极的救济性质，且为将来的生产做准备，有人说它“盖以一时之补救，而开万世之乐利也。”通常，清政府会考虑到百姓疾苦，尽量让工赈落到实处，比如规定，“向例每逢闲月，听贫民尽数到工执役；若农忙之时，即有紧要工程，大率三丁抽一，其余任其耕种”[1]。

工赈的观念在汉代以后就隐伏了。到了宋代，这是另一个经济发达的时代，这种思想才又活跃起来。最佳的例子是范仲淹的荒政，皇祐二年（1050），吴中大饥，殍殣枕路。是时范仲淹领浙西，发粟及募民存饷，为术甚备。因吴人好为佛事，而召诸佛寺主首谕曰：“饥岁工价至贱，可以大兴土木之役。”于是诸寺工作鼎兴。又新敖仓吏舍，日役千夫。监司奏劾杭州不恤荒政，嬉游不节，及公私兴造，伤耗民力。范仲淹乃自条叙：所以宴游及兴造，皆欲以发有余之财，以惠贫者，贸易饮食、工夫服力之人仰食于公私者，日无虑数万人，荒政之施，莫此为大。是岁，两浙唯杭州晏然，民不流徙，皆范仲淹之惠也。

以上的故事录自沈括(1031—1095)的《梦溪笔谈》。李约瑟(Joseph Needham)博士说：此法为组织有劳动能力的青壮年灾民，给以口粮和佣资，让其兴修河坝、道路、城垣等公共设施，这种办法一般在大面积水旱灾害后使用，它既可以使灾民得以存活，又兴修了水利等工程，对人民的生活和农业生产均有补益。同时，采用这种方法，还稳定了民心，对大灾之后社会秩序的安定有着积极作用。乾隆年间以工代赈修筑了永定河坝，直隶总督陈宏谋特奏请，不能只给灾民饭食，应在口粮之外再给以工价，他认为，“若如直隶代赈之工止给饭食，其价止平时十分之三，是反于凶年而派民大差，殊非代赈之意”，应该“概照帑修一例给价”，灾民才能踊跃参加。乾隆五年春夏之交，直隶、山东雨泽愆期，二麦歉收，乾隆帝令巡抚法敏悉心计议，

1《清高宗实录》卷123，乾隆五年七月戊子。

"如有开渠、筑堤、修葺城垣等事，酌量举行，使贫民佣工就食"[1]。

乾隆四年（1739），青海大饥，饥民四流。西宁兵备道佥事杨应据趁机议准饥民以工代赈建筑九城，仅化隆境内筑土城三座，许多饥民应招并自此定居化隆。巴燕戎格设厅后，杨应据又采取劝耕政策，招集和安置以汉族为主的民众垦荒造田，重点开发河群峡以上的谢家滩乡、加合乡、昂思多乡等大面积沟岔干旱地带。其后又有大量来自兰州、临夏、永登等地的流民以应招农垦定居化隆[2]。

乾隆十六年（1751）十二月，奉上谕[3]：

> 大学士高斌等会商南北两运减河折内所称，修浚河堤桥坝各工，据各该道属河工成规约需银十二万一千余两。今请于停赈之时，照兴工代赈旧例[4]给价，共约估需银九万一千余两，俾小民得以力作餬口等语。四处减河在武清、宝坻、宁河、天津、青县、沧州诸境，今岁皆值偏灾，寓赈于工，自于小民有益。惟是以工代赈，向例较之河工成规给价转少，朕思地方既有偏灾，即不用其力，尚且多方抚恤，乃因寓赈于工，转致减价给发，于理未协。即该地方已经给赈，而赴工之人未必即系领赈之人，亦无从区别。盖所谓兴工代赈，在其工原属不必兴者，第为灾黎起见，既受赈之后，因以修举废坠，俾得籍以餬口，自应循照往例，若实系紧要工程，亟应修作，自又当照原价给与。此项减河修浚工程所有土方工价银两，著照河工成规，全行支给，以副朕子惠黎元至意。其嗣后各省以工代赈之处，俱令分别工程缓急，照此办理。该地方官务须督率稽察，俾工归实用，毋令浮冒滥销。该部遵谕速行。钦此。

1《军机处录副档》乾隆六年正月兵科给事中钟衡奏折。

2 化隆县志编委会编：《化隆县志》，陕西人民出版社，1994年。

3《户部则例》，引自[清]杨西明辑：《灾赈全书》，道光三年刻本，卷2，《以工代赈》。

4《工部则例》：直隶各省地方民堤民埝，遇偏灾歉收之年，该督抚查明应修工段，实在民力不敷者，照例具题。兴工代赈，照依修筑官河官堤土成工价，准给一半。引自[清]杨西明辑：《灾赈全书》，道光三年刻本，卷2，《以工代赈》。

工赈只是“照依修筑官河官堤土成工价，准给一半”，但是，乾隆一朝，灾害频仍，河工繁多，需费银两的数目之巨也就惊人了。四十四年（1779），乾隆帝上谕：“前因豫省黄河漫口，节次拨给部饷及两淮盐课银三百六十万两以备工赈之用，现在不敷，著户部再拨银二百万两，迅速解往。”[1]此次堵口，历时两年，四十五年（1780）二月工程告竣，实际用银500余万两[2]。

颇具特色的是，这其中的银两有相当一部分是朝廷鼓动富商捐输的，尤其是乾隆年后期，清政府财政状况趋于恶化，开捐频率明显增加。本来被认定为“甚非政体”的财路，仅盐商的报效，乾隆朝就高达38，665，491两，嘉庆朝为26，636，000两[3]，乾嘉两朝的捐输量竟是康雍时期的56倍。据《清盐法志》所载，两淮盐商中有商人江广达等，于乾隆四十七年（1782）六月，“公捐银二百万两，以充广东省工赈”，又于乾隆五十三年（1788）九月，“以荆州堤塍被水冲浸，公捐银一百万两，助工赈之需”。其实已经不难想象，这其中会隐藏有多少官商交易的黑幕。

1《清朝文献通考》卷41，《国用三》。

2《清史稿》卷126，《河渠一》。

3 参阅陈锋：《清代盐政与盐税》，中州古籍出版社，1988年，第220、228—233页。

33 南方亦有旱情

北旱南涝，说来是一条定律。而祈雨在全国则是普遍的，且是纯朴民风的一种体现。在沈从文的小说中写道：“一切皆保持到一种淳朴遵从古礼：春秋二季农事起始与结束时，照例有年老人向各处人家敛钱，为社稷神唱木傀儡戏。旱暵祈雨，便有小孩子各抬了活狗，带上柳条，或扎成草龙，各处走去。”[1]这地方是湖南湘西。

南方的稻作农业是建立在灌溉基础上的。即使没有灌溉，这里只要雨量充足，雨泽平均，种植水稻就有可能获得丰年。然而，南方土壤的品质又偏偏难以经受哪怕是短暂的干旱，诚如美国学人费正清所言：“就水的供应来讲说，华北在正常年份仅足以勉强维持，于是周期性的缺雨就易于产生旱灾饥馑。从水源上来说，华南占据优势。但就土壤而论，华南相形之下就差些，因为不断有水渗过它那温暖的土地，把那些对于植物生长至关重要的矿物养分溶化渗走了。”[2]加之在南方的多个区域，丘陵地多，即使是在不缺雨水的情况下，也难以利用农田灌溉，生产规模的小而零散，导致稍大一点的

1 沈从文：《凤子》，《沈从文全集》第7卷，北岳文艺出版社，2002年，第107页。

2 ［美］费正清著，张理京译：《美国与中国·中国景观》，世界知识出版社，1999年，第7页。

蓄水用的水利设施都很缺乏。因此，虽说北方的粟和小麦比南方的稻类在生产潜力上要低，但北方的实际生产力及生产方式和社会组织的复杂性，在沿海商贸经济发展到一定高度以前都要比南方发展的高而且成熟。因此，南方御旱的能力反倒要脆弱一些。如苏北一隅之地，黄河、淮河、运河、长江逼聚于此，境内湖泊密布，水道纵横，地势低下，乾隆以后，水道年久失修，灾祸频仍。乾隆四十六年（1781）和五十年（1785），发生特大旱灾，“树木枯死，运河几涸”。

也就在沿海商贸经济发展到一定高度的前夕，南方旱情频仍有些年了，令人无不困惑的是南方一旦闹起干旱来，祈神之声更是喧腾不已，搞得人看不懂。乾隆年以降，南方大部所遭遇的严重的干旱还在加剧，造成了农业经济的损失，禾苗出现干枯，大量人员饮水困难。身为江南长州人的沈德潜在他的诗中这样描述当地的旱情[1]：

日出未出如血红，火云烧天蒸毒风，
下田亦作十字坼，上田禾苗等枯蓬。
去年荒旱苦乏食，县令喈血鞭耕农，
愚民可惩亦可悯，仁者终愿全哀鸿。
今年旱魃复为虐，天高难问真梦梦，
传闻金坛漂水间，蝗蝻过处田俱空，
义兴百里染沴气，老者憔悴连儿童。

在我国南方华南和长江中下游地区经常性地会发生大范围秋旱，两广与台湾等地一旦出现旱情，对农作物的危害就相当严重。乾隆年间的前后两头与中间间断的年份里，广东、广西、湖南及江苏、安徽等省区降水量如果偏少幅度在常年的八成以上，农作物的歉收就要在五成。乾隆五十年

1 沈德潜：《旱》，《清诗铎》卷15，《旱灾》。沈德潜生于康熙十二年，卒于乾隆三十四年，高寿97岁，当时被尊为诗坛“大老”。著有《归愚诗文钞》、《说诗晬语》，编著有《唐诗别裁》、《国朝诗别裁》等。

（1785），进入秋季，少雨程度最为严重的江苏铜山、长洲、上元等56州县，安徽亳州等51州县并凤阳等9个卫，湖南巴陵等10州县，以及的部分地区平均降水量仅有不足三寸，这是历史同期最小值。持续少雨导致南方秋旱快速发展，旱区已扩展至几乎整个长江中下游和华南地区，浙江、湖北等地达到重旱标准，江苏、安徽、湖南的局部地区达到特重旱灾。乾隆朝的旱灾在南方有好十几次。看，这是官书所见乾隆年间南方地区的旱灾情况：

乾隆年间中国南部旱灾一览表

时间	旱情
二年(1737)	安徽寿州、霍丘旱灾，广东三水旱灾。福建漳浦旱灾。
三年(1738)	江南下江旱，盐城一带赤地千里，安徽48州县夏秋亢旱。江苏华亭等六县、卫旱灾，湖南石门县、应山旱灾。湖北孝感等六县旱灾，台湾旱灾。
四年(1739)	江苏淮北、安徽安庆旱。湖北钟祥、房县、汉阳等5县旱灾，四川忠州等3州、县旱灾。
五年(1740)	安徽无为等4州、县旱灾。
六年(1741)	福建旱，广东琼属旱。
七年(1742)	福建、广东旱。
八年(1743)	福建台湾等3县旱灾，安徽寿县等9州、县、卫旱灾，广东吴川县旱灾。
九年(1744)	浙江仁和等31州、县旱灾。
十年(1745)	广东电白等2县旱灾，湖南湘阴等3县，湖北汉川等21州、县、卫旱灾，广西思恩等县旱灾。
十二年(1747)	江苏上元等15州、县、卫旱灾。
十三年(1748)	福建台湾等2县旱灾，福建漳泉秋旱，安徽阜阳等13州、县、卫旱灾。
十六年(1751)	安徽歙县等18州、县旱灾，浙江海宁等65州、县、卫及大嵩等旱灾，江西上饶等7县旱灾，湖北天门旱灾。
十七年(1752)	湖北钟祥等25州、县、卫旱灾。

十八年(1753)	江西旱，浙江28厅、县、卫、所旱。
二十五年(1760)	湖南常宁等12州、县、卫旱灾。
三十三年(1768)	湖南、湖北、贵州旱，江苏江浦等18州、县、卫旱。
三十九年(1774)	湖北汉阳等15州县、武昌等6卫1所旱灾。
四十年(1775)	江苏句容等46州、县，镇江等5卫旱灾，安徽定远等39州县旱。
四十三年(1778)	湖北江夏等39州、县、卫旱灾，四川旱，湖南湘阴等15州、县、卫旱灾，江苏上元等36州、县被旱成灾。
五十年(1785)	江苏铜山、长洲、上元等56州、县、卫旱灾，安徽亳州等51州、县并凤阳等9卫旱灾，湖南巴陵等10州、县旱灾，浙江旱，湖北旱。

如果南方的干旱只是一种偶然，那末当地就决不会唱起了驱旱魃的大戏来，无论从戏剧的形式还是内容来看，这类戏都形成了自身独特的地域文化，作为一种历史现象也有相当长的时间了。

连台大戏——马壕戏

清代中叶以来，天府蜀都以目连戏为代表的社戏，也是一种干旱时祈雨的形式，流行于四川成都附近及三台、内江、南充等广大地区，雅俗共赏，老少咸宜。《三台县志》记载："牛头山下马场，营卒牧马地，又邑人丛葬处也。前清每岁清明，必于此举祭孤之会，张罗演剧十余日而后散。云：不尔，鬼必为厉。"[1]马场一隅在城西今牛头山公园背侧洼地，原有壕沟，临牧马场，俗称马壕，其地有鬼王寒林之庙，塑土偶数尊。庙侧竖一米来高石柱，镌"寒林鬼众之香位"。祭祀之鸡血，淋漓不尽。就在庙对面的戏楼上演出连台《目连变文》，因地处马壕，民称之为"马壕戏"。

马壕戏为连台大戏，主演《目连传》，又叫"搬目连"，加演《精忠岳传》，又叫"搬东窗"。演戏是为了禳灾异或祈福，遇天旱则搬东窗，捉旱

1 1931年《三台县志》。

魃。《目连传》以目连入地狱救母为纲，以佛家因果报应为纬，以南朝刘宋时历史为背景，连缀成看上去几分像历史，实为神话的荒诞戏。剧情第一幕为跳加官祈福祝岁，第二幕搞灵官镇台。此后，由彼率领五猖、吴二爷(无常)、鸡脚神、牛头马面等，到乱葬岗或大街上捉拿旱魃和鬼王寒林。旱魃和寒林由袍哥自愿装扮，以扫秽祈祥。旱魃青面獠牙，恶鬼一个。剧情发展到高峰，演员和观众浩浩荡荡，用铁链锁住旱魃，游街示众。旱魃被捉游街之后，即带至戏台前，取下锁练，改拴在事先准备好的替身草人或木制牌位之上。

舞龙灯

长江流域地区的游艺性灯彩，数舞龙灯最为普及。舞龙灯习俗，可追溯到远古的图腾崇拜，并与农耕民族古老的生产生活习俗密切相关。在古代神话中，“龙”是主宰雷雨的神灵。每遇旱情，人们便装扮成应龙的形状来求雨，王充《论衡·乱龙篇》也谈到“设土龙以招雨”。这一古老的习俗在四川巴县仍存在。过去，每逢干旱，当地人就要用黄荆条扎制黄荆龙求雨。舞黄荆龙的人，头上戴个黄荆条扎的圈圈，上身打光膀子，下身只穿条内裤，边走边舞；看的人也要一路泼水，还要有一人装扮成旱魃，受众人追打，这完全是古代应龙神话的再现。长江流域的舞龙，按制作材料和表演方式可大体分为龙灯、草龙、彩龙和板龙四类。龙灯中的草龙亦称“草把龙”、“稻

《乾隆南巡图》（局部）

草龙”，一般用稻草或荆条、青藤、柳枝捆扎，节数不限，单数为佳。节与节之间以草绳相连，形制较为原始，是南方稻作文化的产物。宋《梦粱录》曰“以草缚成龙，用青幕遮草上，密真灯烛万盏，望之蜿蜒如双龙飞走之状”，应指当时吴地的草龙。大约因草龙形制古朴，资历久远的缘故，民俗中有“草龙为大”的说法，大龙与彩龙遇见草龙都要回避。

一些地方舞草龙时，将水泼向舞龙人，示龙王降雨意，有似“浇旱魃”古俗。三峡地区土家族祈雨时，也用柳枝（自古为乞雨灵物）扎成“泼水龙”舞之。草龙舞毕，通常要将其投入河水中，意为送龙回归龙宫。

台湾祭妈祖、贞节妈

说来也有几分不可思议，要说台湾该算是雨泽充沛之地，然而乾隆年间竟也闹过几次旱灾，受过朝廷的赈济。在岛上，成为大甲三神（妈祖、郑成功与贞节妈）的就有两尊与祈雨相关。

传说妈祖的父亲叫林愿，别名惟悫，曾任职都巡检，世居莆田县忠门乡港里村，告老还乡后隐居莆田县湄洲屿东螺村。母亲王氏，生下一男六女。妈祖诞生于宋太祖建隆元年（960）三月二十三日，出生到满月期间从不啼哭，因此取名“默娘”或称“默”。13岁时，默娘因乐于施舍，得到玄通道士传授“玄微秘法”。16岁得到井中神人授给的铜符，学到一些法术，并以符令驱邪救世，里民称之为“神女”。21岁时，莆田大旱，县尹求妈祖祷雨济民成功。说是宋绍熙元年(1190)救旱大功，进爵加封为“灵惠妃”的封号。元天历二年(1329)以护漕大功加封，并遣官致祭天下各庙，封号共22字，“护国辅圣庇民显佑广济灵感助顺福惠徽烈明著天妃”。

台湾大甲镇澜宫所祭另一位与祈雨有关的贞节女子——贞节妈，生于清乾隆四十四年(1779)，叫林春娘，原是大安乡中庄人氏，小时候因为家贫送给大甲三脚街口余家当童养媳，12岁那年，丈夫余荣长（17岁）经商不幸溺毙，林春娘虽未成婚，却不再嫁并孝顺婆婆而名扬乡里。道光十三年（1833）林春娘年55岁，乡绅刘献廷转呈淡水厅同知报请旌表、建牌坊，然因家贫，无法筹措经费，迟至道光二十九年（1849）张纲任职大甲，得淡水同知黄开基、新竹林占梅率先捐银响应，才竣工。同治元年(1862)台中四张犁庄的戴万生率众作乱，部将王和尚、林日成三次围攻大甲城，断城水，林春娘三次替当地士绅祈雨皆灵而击退民变解危，同治三年（1864）病殁，享年86岁。地方感念其贞节、孝顺与为大甲解围，建祠堂祭祀。后来，因祠堂残破而神像暂祀镇澜宫，长生禄位暂祀外埔慈意堂，连横曰："吾读东瀛纪事，在大甲林氏导雨之事，甚奇，吾以为藉作士气尔，继而思之，至诚之道可以格天，桑林之祷启虚与哉。"

长篇弹词《描金凤》

苏州久旱成灾，官府出皇榜召人求雨，以求得雨者重赏，无雨则用火烧死。以占卜为生的江湖术士钱志节，在看皇榜时不慎撕下皇榜一角，被强行拉至三清殿求雨。钱自知必死，索取酒肴醉饱三日，于玄都观登坛求雨，适逢天降大雨，钱愤慨之余，戏弄官府一番。此故事选自长篇弹词《描金凤》，词中对钱志节玩世不恭的性格及濒临残废死亡的复杂心理，作了淋漓尽致的刻画。全书悲中有喜，笑中含泪，感人至深。

城隍神庙祈雨

《宋史·诸神寺》记载："凡天下名在地志，宫观陵庙，名山大川，能行雨者，并加崇饰，增入祭典。"就是说：有名在地方志的人，死后"能行雨者"，可加以崇敬，装饰为神，建庙祭。此外，《闽书·方外志》收录宋代福建名僧为人格化的神有：三坪祖师、清水祖师等，他们生前也都有姓有名。城隍神更如是。《宋史》："（苏）殉节于邕洲，交洲人称为苏城隍。"还有，江西城隍名"灌婴"，杭州城隍名"周新"，广东城隍名"文毅"，雷洲城隍名"陈冯实"，等等，都是人格化的神，和在家供奉的祖先神牌一样，有姓有名。

《春秋》：“郑，灾祈于四庸；宋，灾用马于四庸。”远在春秋时代已有遇旱灾而祈雨于城隍帝。祈雨供品较简单，得雨答谢隆重。旧俗祈雨时，常抬出城隍爷与龙王爷的偶像，平起平坐地到郊外祭奠。清朝福建尤溪知县孙大锟在祭城隍神文中说：“若夫风雨不节，寒曙失时，民有妖扎之灾，物失咸苦之性，此则神当为民请命者。”后来，自然神衍化为社会神。

祈雨，泉州民间俗称“乞雨”，其崇拜的神灵对象甚多，包括龙神以及众多的地方神，仪式有民间和官方之分。就德化而言，是邑多山田，涝不为害，故少祈晴，多祈雨，凡遇旱，古代地方官员时常组织民众祈雨，设龙王神坛于城隍庙，牒告城隍，官民朝夕拜祷。泉州农村尚有祈雨之俗，祈雨规模大小不一，小者抬出铺境保护神“铺主”和“境主”，大者需抬出城隍爷、大慈大悲观世音菩萨、龙王爷等偶像，届时设置香案，主持人多为当地耆老绅士，参与祈雨者，均需头扎白巾，身着素服，且不得撑伞戴斗笠，任凭炎日暴晒以示虔诚。

嗣后，主持人即率领参加祈雨的民众，由神轿带路，前往江海湖畔或溪边潭墘，打水捞物以卜雨晴。一路上，祈雨民众跪拜叩头，呼天跄地，同时口中念念有词，“久旱无雨，田园难播，颗粒无收，百姓艰苦，乞求皇天，早降甘露”或“乞雨乞雨，烂肠烂肚，皇天不顾，百姓无路……”，其词各地大同小异，其内容均是向皇天哀诉民间苦旱惨状，祈求早降甘露。打水捞物时，如捞到小螃蟹或螺狮，只能卜小雨；只有捞到“水龟”（一种生活于水中的扁圆形小虫）才可卜大雨，说是“水龟”为龙属，以龙可兴云布雨。而在晋江，若捞到小虾，则示为无雨之兆，务必反复祈求，以感动皇天，降恩赐雨。

陈靖姑的“临水宫”

相传，陈靖姑确有其人，生于唐代大历年（767），福州下渡人，18岁时嫁给古田明经贡士刘杞为妻。陈靖姑一生侠肝义胆，扶危济难。24岁那年，福州古田一带均遭大旱，靖姑身怀六甲，却毅然前往古田大桥临水施法，祈雨抗旱，不幸殒身。当地百姓感其恩德，建殿修庙。唐末五代，闽王王审知赐予“三十六婆官”，树碑纪念；南宋理宗皇帝追赐其为“慈靖夫人”，赐额“顺懿”；清乾隆帝封赐其为“太后”。这些“加封”被当成是为君亲民的善举。

临水宫坐落在大桥镇中村村北，始建于唐贞元八年（792），历史上曾称顺懿庙、龙源庙、龙川庙，奉祀“顺天圣母”陈靖姑，为海内外顺懿（临水宫）祖庙。

临水宫依山而建，红墙绿瓦，参差错落，是一座风格别致的唐代宫殿建筑，宫门顶上嵌挂着南宋朝理宗皇帝御赐“顺懿庙”匾额，全宫有前、后、左、右四个分殿。前殿临南墙设两重仪门，越数级台阶达大院。院内有古戏台、钟鼓楼、拜亭和正厅，以精雕细刻的廊柱斗拱、雕梁画栋形成大小藻井。正厅中间供奉着相传以陈靖姑真身塑造的神像，泥金彩塑，神采奕奕。身旁左右供奉着与古田毗邻的罗源县女神林九娘和连江县女神李三娘。相传三位异姓女神情同手足，共同斩妖除恶，造福百姓，深得民心。正殿神龛下，体态魁梧的文臣武将分列两旁，另有四尊类似金刚的守护神两两相对，神态威武。整个正殿气象仿若皇宫，又寓意于谐，沐浴在陈靖姑神像慈祥的目光中。因为陈靖姑是在怀孕期间为民祈雨除妖而与胎儿共赴危难的，所以其仙逝后又逐渐衍化为妇女儿童的保护神。

34 农田灌溉与人口

乾隆五十七年（1792），全国人口已逾三亿，乾隆帝十分感慨地说：“我国家承天眷佑，百余年太平天下，化泽涵濡，休养生息。承平日久，版籍益增，天下户口之数，视昔多至十余倍。”“以一人耕种而供十数人之食，盖藏已不能如前充裕。且民户既日益繁多，则庐舍所占田土不啻倍蓰。生之者寡，食之者众，于闾阎生计，诚有关系。”最后他说：“日食不继，益形拮据，朕甚忧之。”[1]乾隆帝这一番议论，虽也看到了当时社会问题的症结，但除了感叹一番，实在提不出实际解决的办法来。

在黄河流域的中下游地区及黄土高原的河谷，客观上存在有一向少雨或多雨不调的气候条件，同时，这里又有河流，人们极易在短距离内引水到缺水的农田里，且土壤很容易以简单的工具耕种。待农田灌水后，或不必耕作施肥，便可出产谷物。所谓灌溉农业即雨多时农田里可疏浚，干旱时可向农田里灌水。最好是事先作好预防工作，叫做“未雨绸缪”。古时的所谓国家要政，最首要的就在于水利。宋代朱熹说过：“赈济无奇策，不如讲水

1《清高宗实录》卷1441，乾隆五十八年十一月。

利。”[1]有清一代在土壤耕作、选种、施肥和灌溉等方面也有了一些进步。例如，北方土地干旱，要强调深耕，故山西寿阳一带犁田，“有特用深犁者”。在南方，由于稻麦两熟制的发展，整地排水技术不断改进。乾隆朝除进行了黄、淮、江浙海塘、宁夏水利等较大的水利工程外，各省还同时兴修改造了一批小规模的水利工程。在北方，主要发展了井灌，南方则兴修了一批沟渠、塘堰等。乾隆四年（1739）的《钦定康济录》有曰：“水之为道，蓄泄由人则有益，旱涝任之则为灾。”随声附和的有臣工们奏文，如乾隆九年（1744）山西道监察御史柴潮生陈长文阐述将赈灾之帑转至水利之必要，云：“甘霖一日不足，则赈费固不可已。臣窃以为徒费之于赈恤，不如大发帑金，遴遣大臣经理畿辅水利，俾以济饥民、消旱潦，且转贫乏之区为富饶。救时之急务，养国之远谟，莫以易此……天灾国家代有，荒政未有百全，何如掷百万于水滨，而立收国富民安之效？纵有尧灾汤旱，亦可挹彼注兹，是谓无弊之赈恤。”[2]乾隆帝接到了奏文，也认为此事很重要。《高宗本纪》载：九年四月庚寅，雨。壬寅，大学士、九卿议覆御史柴潮生请修直隶水利，命协办大学士刘于义往保定会同高斌筹画。到了二十八年（1763）春正月乙卯，又命侍郎裘曰修督办直隶水利。五月癸亥，命尚书阿桂往直隶霸州等处，会同侍郎裘曰修、总督方观承督办疏濬事。等等。

养活1人至少需要3亩口粮田

实际上，中国古代并没有可靠的耕地统计。明朝保有中国自古以来最重要的农耕地区，满族入关在使人口锐减的同时，也极大地开拓和巩固了中国北方、西北和西南的疆域，特别是农耕条件良好的东北疆域。到了1784年的清中期，耕地已近1000百万亩，可耕地虽远远超过明朝，而人均耕地约在3.69亩左右，却大大低于明朝，这种人地比例的变化使朝廷加强耕地与口粮

1 引自[清]陆曾禹：《钦定康济录》，《中国荒政全书》第2辑，第1卷。北京古籍出版社，2004年，第266页。

2 引自《清史稿·列传九三》。

问题的重视有了实行的客观基础和内在动力。

清代关于人均年口粮的估算，即使是华北农民口粮消费的计量，也都来自于江南食米的标准。一个人的口粮究竟多少？不少人反复地计算过。任启运认为，“夫人食谷（每日）不过一升”，“以人口日一升计之，一人终岁食米三石六斗”[1]。洪亮吉说，“一人之身，岁得布五丈即可无寒，岁得米四石即可无饥”[2]。张履祥算出的长工口粮还要高一些，每年5.5石。上述估计都是以一夫即一个壮劳力作为对象的，数量相对较高。勒紫垣在《生财裕饷第一疏》中也谈到，“苏松嘉湖之民，知壮夫一丁种稻十二三亩，其岁收粒米，肥地不过三十余石，瘠地可得二十石，以每人每日食米一升科之，则三十余石者可食九人，而二十石者可食五六人”[3]。这里成年男女的口粮标准仍为每人1日1升，年均成年人是3.3石；老年人和未成年人减半，每人口粮仅0.5升，年1.65石。后者大概是最低的口粮标准，因为它与清政府拨给灾民的赈济口粮数量相当。至于一个家庭年均口粮消费数量，也有人作过估计，如强汝询估算，“八口之家，人日廪米四合，率日食四升八合，一岁食米十七石二斗八升”[4]。依这样的标准，农民一家男女老幼每人年吃粮2.16石，如包世臣所说，“合女口小口牵算，每人岁食米三石”[5]。考虑到清代华北农民的食品结构的特点，看来把大小口拉平，每人3石左右的年均口粮标准还是差不多的[6]。

那么，3石粮食需要多少土地才能够生产出来呢？在当时的生产条件下，人口多少本应受到口粮田多寡的制约，而只是要求吃的数量而不讲究其质量的行为惯性使大多数人始终生活在贫困线上。清代华北一般年成两收，亩产在1石左右，这样养活1人至少需要3亩口粮田。如果没有复种，则需6亩

1 任启运：《清芬楼遗稿》卷1，《经筐讲义》。

2 洪亮吉：《意言》，《生计篇》第七。

3 陆耀辑：《切问斋文钞》卷15。

4 强汝询：《求益斋文集》卷4，《农家类序》。

5 包世臣《安吴四种》卷26，《齐民四术》卷2。

6 引自徐浩：《清代华北农民生活消费的考察》，《中国社会经济史研究》1999年第1期。

土地。清代华北水利薄弱，土地多为中低产田，产量很低。各地气候、水利条件不同，因而养活1人大致需要3—6亩土地。华北人农业生产水平也比江南低，因而尽管人均占有的耕地一般比江南略多，农家仍食不果腹，一般在正常年景仅能糊口，均鲜有藏，不少农户还要依靠举贷度日，因而应时收获对农家维持生计至关重要。自然灾害有轻重，灾情不同，对粮食生产的危害程度也会存在差别。灾情较轻时，粮食会有不同程度的歉收，而大的灾害可导致庄稼绝收，形成灾荒年。自然灾害不仅造成农民生命财产的直接损失，而且由于缺粮、饥荒、时疫等继发因素的困扰，间接的人口耗损也是相当惊人的。所谓“饥年田亩必贱，民以田易命，安问贵贱。而有力殷户，往往以此大富。是小民之心头肉，为彼之饵鱼钩，事所必有”[1]。河南就有类似的事情发生，乾隆五十一年（1786），巡抚毕沅奏称，“豫省年岁不登，凡有恒产之家，往往变卖糊口。近更有于青黄不接之时，将转瞬成熟麦地贱价准卖。山西等处富户，闻风赴豫，举放利债，借此准折地亩。贫民已经失业，虽遇丰稔之年，亦无凭借”[2]。土地之外，典卖儿女也成为农民无可奈何之下的选择。如河南凡民间偶因歉岁，儿女、养媳就有被当人富户，抵御当下的饥馁。身价轻则年限少，身价重则年限多也。但适遇丰年，可以措赎之时，却多因格于年限不敢回赎，即或央中代恳，主人也有拒不放赎，以致迁延日久[3]。

水资源与农田灌溉的矛盾越来越显著

马克思认为，东方社会公共水利灌溉工程的独特重要性对东方文化生成有重要意义，尽管他的分析对象可能仅仅是中亚干旱地区。《汉书·沟洫志》记汉武帝言：“农，天下之本也，泉流灌浸，所以育五谷也。”古代水利工程的历史渊远流长，正如元代王祯《农书·灌溉篇》所云：“天下良田

1 周天爵：《周文愚公尺牍》卷上，《与刘次白书》，道光年间。

2《东华录》卷103，第19页。

3 佚名《心政录》卷51，第34页，乾隆五年。

灌溉之利，大抵多古人之遗迹。”农田水利是名垂汗青的大事，顾炎武在《日知录·水利》中就说：“凡一渠之开，一堰之立，无不记之……可谓详而有体矣。”如果抛开水利工程，仅就渠道灌溉而言，则上游对下游占有优势。洪涝时，上游的水土流失得以通过河道淤积和决口泛滥的方式转移到下游；干旱时，上游可以通过水源的截留使下游村庄的旱情得不到缓解。国家权力机构在必要时可以为干涉跨地区的具体渠闸的使用制定管理规定。由于清初，朝廷就加强了水资源管理的力度，水利纠纷大多得以解决，但到后期多依赖地方官僚随机裁定，水利纠纷多难以解决。加之明清“小冰期”的气候现象，引发经常性的干旱少雨、河道干涸、水资源不足，因而，就区域性缺水问题而言，“集权”的必要性看上去是显而易见的。

同时，我国各地气候条件的区域差异大，对水利工程的需求差异明显。诸如清代的关中地区，由于气候的变化，历史上曾经出现过大型水利灌溉工程日益衰微，取而代之的是小型水利工程兴起、井灌技术普遍发展的现象。水利工程规模的缩小带来了管理规模的缩小，于是社会对于“集权”的需求自然也就不那么迫切了。华北地区典型的旱地渠道灌溉水利，与南方的圩田区水利有很大的区别。圩田系统包括一个圩田平原内的所有村庄，由于水资源丰富，水面广泛，圩田区的类型尽管有多种多样，但一个基本模式是，众多散落的村庄沿圩湖环形分布，因此，圩田区的耕地普遍能分享到灌溉之利，管理结构也比较松弛。而在北方，一个闸口渠系所浇灌的土地往往是沿渠线性分布，尽管渠道流过许多村庄，但不能将沿途的各村庄的土地浇遍，只有部分耕地受惠。如河北南部的南和县的济民闸，在其渠系所覆盖的土地中，有的村庄受灌溉面积为60%，有的则只有30%[1]。因此，管理结构也相对紧张，且复杂化。造成这一现象的根本原因是华北地区水资源的不足。

华北的自然灾害与这里的生态环境有密切关系。这里降雨各季分布不均，春季多大风，初春和晚秋常有寒潮等经过，生态环境的上述特点使本区的自然灾害以水灾、旱灾为最多，危害也最大。故“凡用水而水不蓄，去水

1 参阅中国农村惯行调查刊行会编：《中国农村惯行调查》，岩波书店，1981年，第228—235页。

而水不流，岂特有害于农田人民，亦恐由此而丧命。此经济名贤以仁智自任者，未有不急急于此也”[1]。从灾害的种类看，应该说，由于水资源的季节性短缺，旱灾是导致华北灾荒年的最主要原因之一。而且，加之生态环境的破坏，有清一代旱灾的发生频率还有不断上升的趋势。

一般而言，“灌溉的进展必然促成生活群体及工作群体的不断增大。同时，生产规模的扩大也会导致更好的工作方法及更好的工具。就逻辑说，向平原发展可以造成更大规模的生产，但这首先要有改良的社会组织，平原不但需要灌溉，而且还要有排水及防御洪水的堤岸”[2]。

乾隆八年（1743）直隶地区发生严重旱灾。为了缓和旱情，乾隆帝还命令直隶总督高斌督促民间打井灌溉。至乾隆九年（1744）二月，保定府属已打成土井2200余口，当时正值农忙季节，“亟需浇灌，民间俱各踊跃从事”。天津、河间两府也都“以次办理”，顺天府霸州也打井2000余口。乾隆帝还比较注意选拔和任用水利人才。清代选官基本是通过科举，这使得工程技术人员奇缺，“通晓河务之大员，甚为难得”。乾隆帝听说河南布政使朱定元曾担任河南河厅员和浙江海防兵备道，对河防有一定研究，就传谕给朱定元，要他仍然“将疏浚保护之法，加意讲求，以备将来之任使”。浙江按察使完颜伟担任海防道员，熟悉浙江海塘事务，主持兴建尖山海塘有功，于是乾隆帝将其提升为江南河道总督。他还规定，担任过河官或者熟悉治水业务的地方官员，可以在履历中注明，以备优先提拔使用。

乾隆朝以来，人口压力再次升高，与此同时世界的格局已经俨然形成，中国和欧洲先进国家的差距也已显著拉大。在这样的形势下，农业大国中国的社会生产仍“偏重于灌溉，人口不集中就不能发展，人口中可以提供所需要的大量劳力，开展必要的重大工程”[3]。因此，农业灌溉的规模与人口的规模几乎是成正比的。甚至，一般由国家主持的重大灌溉工程还需要更加大

1 [清]陆曾禹：《钦定康济录》，《中国荒政全书》第2辑，第1卷。北京古籍出版社，2004年，第269页。

2 [美]拉铁摩尔著，唐晓峰译：《中国的亚洲内陆边疆》，江苏人民出版社，2005年，第201页。

3 同上，第207页。

量的低廉的劳工——一大群只是要求吃的数量而不讲究质量的破产农民。因而，吃的数量是当时生产生活水平的首要标志。

35 干旱与摇而不动的农本主义

农本主义的提出

中国传统的“农本”政策实在是在灾荒记忆和灾荒现实基础上为对抗饥荒而提出来的，并必然成为古代农业社会信奉的最高原则，即“以重农为务，惟土物爱”，至于乾隆帝更是“民本食天之念，拳拳无懈。不敢以一己之贵，而忽万姓之穷；不敢以四方之丰，而忘一隅之欠”[1]。中国的农业首先是生存必需，而不是社会经济发展的选择。农业的“靠天吃饭”的脆弱性又决定了它在连续的灾荒现实中经常被摧毁。乾隆帝认定祈雨的中心目的为的是农事，四十三年（1778）的一首御制诗正是这样思想的体现，诗云：“龙见引常雩，义惟寓重农，况当望雨时，意更殷虔恭。”[2]在农本主义和旱灾之间又存在一个互动的关系，即旱灾的经常性次第提升了“农本”在人们社会生活中的原本就很高的地位。

农本主义一直是儒教的主要道德训诫之一，也为历代帝王尊奉为“根本”，主要表现为奉行“八政以农为先”和“悯农”的政策，以及对仓贮制

1《春耦斋记》，《清高宗御制文·初集》卷7。

2《西直门外》，《清高宗御制诗集·四集》卷50。

度的高度重视。《尚书》的时代，《洪范》倡言农用八政，食货为先，重农足食，遂为历代施政之纲要。国用所资，私人所需，亦莫不取给于农。农村社会的安定，系于农民经济之荣枯，而农民经济之荣枯，则又系于农产物收获之丰歉。同时，农作物咸受自然气候的支配。水旱无常，灾荒频仍，因此公私经济无不因岁歉而特感不安。因之，农本主义与其说是出于“国以民为本、民以食为天”的“善政”上的思想，不如说是来自历代对灾荒的经验，这不是一种道德热情，而是一种不断强化的生存恐惧。这种饥荒恐惧成为了历代帝王和古典农本思想的灵魂。

《礼记 · 王制》有云：“国无九年之蓄曰不足。无六年之蓄曰急。无三年之蓄曰国非其国也。三年耕必有一年之食，九年更必有三年之食，以三十年之通，虽有凶旱水溢，民无菜色。然后天子食，日举以乐。”古代中国的生活原则是：“所以务耕织者，以为本教也。”[1]汉朝的贾谊和晁错的重农抑商思想统治了中国历史，他们坚持这个思想并不是因为他们脱离现实和缺乏“货币意识”，而是因为频繁的灾变使中国人产生了顽固的生存恐惧，灾变引发的饥荒，其性质是社会性的，其特征是粮食的短缺，因而在此基础上必然产生中国社会的农本主义精神。在总结灾民历史的生活经验和教训的基础上，贾谊得出了著名的农本主义结论[2]：

> 夫积伫者，天下之大命也……古之人曰：“一人不耕，或受之饥；一女不织，或受之寒。”……今背本而趋末，食之甚众，是天下之大残也。……大命将泛，莫之振救……汉之为汉几四十年矣，公私之积尤可哀痛。失时不雨，民且狼顾，岁恶不入，请卖爵子。既闻耳矣，安有为天下阽危者若是而上不惊者。世之有饥穰，天之行也，禹汤被之矣。即不幸有方二三千里之旱，国胡以相恤？猝然边境有急，数十百万之众，国胡以馈之？兵旱相乘，天下大屈……。

1《吕氏春秋 · 上农》。

2 贾谊：《论积贮疏》。

这里，“大命将泛”就是对干旱灾害的社会记忆和因此产生的焦虑。就连乾隆帝在连年旱灾的事实面前，也居然心里怀疑起祈雨的“成效”来，他在诗中对自己说：“十岁率逢九岁旱，常雩已是暵雩时。”[1]干旱是一种渐进性的灾难，随着久晴天候的延续，灾害进程将经历几个明显的愈加深重的阶段，与洪灾相比，一场严重的旱灾可能要持续几个月、一年，乃至更长时间，特别是在中国北方。

为了对抗“必然”将至的灾祸，最重要的预防措施是发展农业，积累粮食，故曰“夫积贮者，天下之大命也”。然而，水源匮乏直接导致农业的减产，而农家的破产与农业生产规模的萎缩终成为旱灾带来的恶性循环中的灾难性结果。农本往往出于政治上的野心，占有粮食就意味着垄断了最重要的政治资源，在军事冲突中处于优势地位。关于农本主义的政治动机，管子表述得最为明确无误：“凡有地牧民者，务在四时，守在仓廪……国有十年之蓄，而民不足于食，皆以其技能望君之禄也。君有山海之金，而民不足于用，是皆以其事业交于君上也。故人君挟其食，守其用，据有余而制不足，故民无不累于上上也。五谷食米，民之司命也，黄金刀币，民之通施也。故善者执其通施，以御其司命，故民力可得而尽也……予之在君，夺之在君，贫之在君，富之在君，故民之载上如日月，亲君弱上下。”[2]“不服从者不得食”的理论，是管子最早提出来的。西汉时的那个“忧惶惶惧”的贾谊是这样解释的：“苟粟多而财有余，何为而不成；以攻则取，以守则固，以战则胜，怀敌附远，何招而不至。”他的解释是出于投其所好，迎合君主专制的农本务本政策。

干旱为农业社会带来灾难

在干旱带来的漫长的生存危机的情况下，有产者会乘机扩张其土地占有量，从而扩大已有的不平等状况。其中在这种情况下经常起作用的机制，

1《常雩礼成述事》，乾隆四十七年，《清高宗御制诗集·四集》卷89。

2《管子·四经篇》。

即抵押借贷。在持续旱灾的煎熬下，无奈的人们对当铺的需求骤然增加，这时的当铺经营者就可以压低质当物的价格，并提高利息率。对于那些有能力囤积粮食的人来说，长时间的旱灾是大发其财的机会，任何有粮食、货币可供出借的人都可以利用价格上涨之机投机贩卖来牟取额外利润。由旱灾带来的饥荒给富人和穷人所带来的相反结果，随着时间的延续，人们收入的差别越发扩大，一部分人通过借贷获取高额收入，而另一部分人则债台高筑。一旦旱情延续，就会有人“指田为当”，势必有越来越多被典押的土地无力回赎或被卖断，这种既便利又廉价获取土地的形式，进一步加剧了土地所有权的过分集中，而这种不平等正是所有对立、冲突的根源。土地兼并的情况伴随着封建生产方式的产生即已开始出现，《孟子》就有“暴君污吏必漫其经界”之说。他的“恒产”论和“井地”方案，事实上也有针对土地兼并而阐发的一层意思。在孟轲的时代，距离业已被封建生产方式废除的“井田制”时期不远，因此他还寄希望于恢复这样的土地制度。针对“漫其经界”的情况，他提出了“夫仁政，必自经界始”[1]的主张。

乾隆中后期，奉行了上千年的土地政策业已唱响了它最后的挽歌，土地兼并现象从未像清代中期以后那样普遍和不可逆。同时，如果旱灾时间持续得过长，农村中原本贫富对立的状态也会进一步加剧，乡村社会里的一种原本相安的平衡关系就会被打破。在连年干旱灾害的袭击下，佃户无力履行其义务，他们拒绝交纳地租和偿还借贷，而越来越倾向于摆脱这这种“社会契约”，最终形成暴动。在农民不断走向破产的情况下，社会矛盾加剧，“贫民富民多不相得，富者欺贫，贫者忌富。贫民闲时已欲见事风生，一迫饥饿，则势必为乱，初或抢米，再之劫富，再之公然啸聚为贼”[2]。当饥民们蓄意攻击官府衙门和官粮储备设施时，暴乱已发展到最后的关头。饥民们最初的攻击目标是富民：那些待价而沽的囤积者们，那些既不肯在地租方面让步且又兼放高利贷的地主们以及那些拒绝出售商品或漫天要价的商人们。不安

1《孟子 · 滕文公上》。

2 [清]魏禧：《救荒策》，《荒政丛书》，宣统三年文盛书局石印本，卷1。

定会促使富人将财富转移到较为安全的城市[1]。与此同时，城市经济商业化日益增长，在中心城市，存在着相当规模的权力机构，因而有能力恢复秩序，这促使土地资本的所有者向财富相对有保障的城市转移。而粮食储备与行政官员，连同救灾机构等都放在非农业的城市里，这使作为农业生产体的农村抵御灾害与阻止混乱的能力进一步削弱，经过了一个时期之后，以土地资本所有者所倡导的农本主义，就这样在农业王朝的最后时刻瓦解了。

再者，灾害持续的时间越长，对社会正常秩序的破坏程度也就越大，政府的救援与援助也将越来越难以奏效。乾隆朝出台的典章制度中所提到的控制饥荒的各种措施基本没有什么新东西，而实际上，这一时期救济的对象已有了显著变化。土地权的过度集中，导致了大量的雇佣劳动者和佃农每逢灾年，便加入到接受官方救济的行列中，传统的小自耕农不再是政府赈济的主要受益者。同时，政府强迫地主完纳赋税，又劝戒他们同意佃户缓交田租，致使本已恶化的秩序变得更加复杂。“因之，社会的政治控制有它自己的进化路线。它的趋向于复杂化的发展需要更多的劳动力储备。因为这个原因，它终于建立了一个庞大的佃农及无地农民的阶级，他们的经济需要使其成为顺服而低贱的劳工。这是要说，政治传统自始就敌视基本的精耕农业经济的任何改变，并视那些为着本地利益而从事粗耕，繁殖牲畜，尽力于多样活动，没有空闲，而各自独立的边缘群体为反叛”[2]。

另外，大量的赈济灾荒活动最终使国库入不付出，国家财政陷入疲软。在和谐的社会关系不断受到侵蚀之后，荒歉之年，乾隆帝越来越依靠于国家财政，运用具有强大经济力量的“荒政”措施开展赈灾，而不再依靠有产阶级组织和承担救灾食物的再分配。特别是在乾隆末期，由中央政府提供的赈灾资金常常是相当“慷慨”的，如：乾隆四十三年（1778）赈济河南和湖北220万两，乾隆四十五年（1780）赈济直隶和江苏185万两，乾隆五十五年（1790）赈济山东、江苏和安徽300万两。这种寅食卯粮的现象终于得到了含

1《赈纪》卷5，提到灾荒初期富民即因无人相守而离村外出的情况。

2 [美]拉铁摩尔著，唐晓峰译：《中国的亚洲内陆边疆》，江苏人民出版社，2005年，第207页。

有报应意味的结算。嘉庆六年（1801），直隶又获得100万两赈济银，这引起执掌大权不久的新皇帝的悲叹，他在上谕中指出，一旦出现灾情，就求助于户部和内务府，这种情况如果继续发展，那么，省库以及地方仓储，就将成为纸上谈兵的摆设。嘉庆六年（1801）以后，有关赈灾的数字越来越少，即使是提到，也极少提到实际数额[1]。

这一时期的因旱灾逃荒的资料证实，由于大量的人口外出逃荒，所以田地荒芜，田间已经无人耕作，即使旱灾结束了，仍是收成无望，在这种情况下，人们就更不愿回乡，最终放弃耕作。所以，关键是要使农民继续固守在土地上。然后，更重要的是，他们是否拥有以及何时才能拥有耕作资料——籽种、农具和耕畜[2]。然而，在我们了解了上面提到的几方面的情况后就会意识到，除了祈求降雨之外，其余的愿望总是难以实现。

另一种意义上的重农主义

也就在乾隆年间，遥远的法国也时兴过一种重农主义的思潮。1774年，也就是乾隆三十九年，法王路易十六任命重农主义学派重要人物安·罗伯特·雅克·杜尔哥（Anne Robert Jacques Turgot，1727—1781）为财政大臣。这一事件的历史背景是，18世纪中期法国封建王朝货币改革的失败和七年战争的失败，引发了贫穷与饥饿为特征的深刻的社会危机，这在思想界直接导致了法国重商主义的破产。重商主义作为资产阶级最初的经济学说，产生和发展于欧洲资本原始积累时期，反映了这个时期商业资本的利益和要求，它对资本主义生产方式进行了最初的理论探索。重农主义理论把研究对象从流通领域转向生产领域，认定只有农业部门才是唯一创造财富的生产部门，从而出现了与重商主义相对立的重农主义。

在就职财政大臣期间，杜尔哥提出了“不破产，不增税，不借款”的执

1 参阅[法]魏丕信：《18世纪中国的官僚制度与荒政》，江苏人民出版社，2003年，第242页。

2 [法]魏丕信：《18世纪中国的官僚制度与荒政》，江苏人民出版社，2003年，第40页。

政纲领，却遭到了贵族和行会的反对，两年之后他被解职了。

法国重农学派继承了17世纪下半期以来重视农业和主张经济自由的思潮，其理论的出发点和基础是自然秩序，视农业为财富的唯一来源和社会一切收入的基础，是永恒的、理想的、至善的，认为表现为各种政治、经济和法令规章的人为秩序必须以自然秩序为准则。重农主义者预言，违背了自然秩序，社会就处于疾病状态。看来，“自然秩序”是被理想化了的资本主义社会。重农主义理论的核心是“纯产品”学说，他们认为，财富即物质产品和使用价值，财富来源于生产，在社会各部门中，农业是唯一创造财富的部门，而人身自由和财产私有是自然秩序所规定的人类最基本的自然权利，并认定保障财产权利和个人经济自由是社会繁荣的必要条件。

杜尔哥说道：“……每人仅拥有生产其生活资料必须的土地，必然会消费掉其全部所得，从而无法提供任何东西用来交换他人的劳动。”[1]

饶有趣味的是，重农学派的另一个重要代表，也是此学派创始人的弗朗西斯·魁奈（1694—1774），他所创立的有较为完整的理论体系和共同信念的派别，其所受到的直接启发竟是中国文化，就是儒家思想。魁奈当时被他的追随者尊称为“欧洲的孔子”，他在儒家典籍中找到了强有力的攻击重商主义的思想武器，把经济运作程序的构思从重商主义的模式中解放出来。他的弟子米拉波（1715—1789）认为，魁奈在政治经济学上的重要贡献之一，是“净产品”的概念，而这正是孔子关于道德教育普行于世的产物。1767年魁奈的《中国的专制政治》一书正式出版，他本人在该书最后一章的导论中声明，此书只是“中国学说的系统说明，而中国的学说值得所有国家采用为楷模”。

重农学派的自然法则来源于儒家的道德意识，它包括了物质法则和精神法则两个方面。魁奈认为，由物质法则与精神法则合成的自然法则，在中国的学说中早就揭示过了，他所要做的，只是把中国学说中的这个意思加以系统地消化，以作为所有国家的典范。他明确提出，国家不可能在人民赤贫的

1 [法]杜尔哥著，唐日松译：《关于财富的形成和分配的考察》，华夏出版社，2007年，第1页。

情况下富强。他的一句名言是：要使国家富强，首先就得使农民富有起来。

清帝亲耕仪式，19世纪欧洲铜版画插图

重农学派的基本特征，是把社会生产形式“看成社会的生理形式，即从生产本身的自然必然性产生的，不以意志、政策等等为转移的形式”[1]。魁奈通过耶稣会会士的媒介，了解了中国农本主义的自然经济特征，并以中国作为证实“自然秩序”的最好例证。他在《自然法则》一书中把中国奉为按自然法则建立国家的圭臬。他说：“自然法则是人类立法的基础和人类行为的最高准则……但所有的国家都忽视了这一点，只有中国是例外。”[2]

魁奈非常赞赏中国的重农主义和历代君主重视农业的传统，他曾鼓动法王路易十五仿效中国皇帝举行春耕“籍田”的仪式，以表示对中国重农传统的推崇。魁奈去世后其学生在发表的悼辞中，更把他的《经济图表》说成是孔子的“道德教训普行于世界”的一种实践。

杜尔哥早在就职于利摩日州州长时（1761—1774），就改革了行政区域内的丁税的征收方法，以货币缴税的方式代替了徭役的强迫劳动，在本州境内允许谷物自由流通，并建立了一种济贫制度。这种土地单一税政策的主张，正是出自中国古代的税制，特别是受到了《周礼》均田贡赋法的启示。他们认为数千年来中国政府之所以能使自己处于社会安定的局面中，其基本

1《马克思恩格斯全集》，人民出版社，1972年，第26卷，第15页。

2 转引自［德］利奇温著，朱杰勤译：《十八世纪中国与欧洲文化的接触》，商务印书馆，1962年，第96页。

原则是劳动所得税和人头税的征收。在他们的想象中，中国人唯一的做法是向土地所有者的纯产品收入征税，以提供国家所需的赋税[1]。

18世纪的法国启蒙思想家们的重要使命，除了对传统进行反叛消解外，更重要的就是要重新审视原有的文化，寻求新的文化路径。无论前者还是后者，都需要一个有别于传统自我的参照或“他者”，只有这样才能更好地认识自己。所以，当中国文化特别是儒家思想进入到18世纪的法国时，便无意间成为了启蒙思想家们需要的那面镜子，一个“他者”。

启蒙思想家在对中国文化进行思考、阐述时，始终以自己的国情或需要为出发点，这就决定了他们在接纳这一文化的进程中，无一例外地表现出强烈的“为我所用”的实用主义取向。当启蒙思想家以这样一种亟思变革与急功近利的心态来阐释中国文化时，中国文化便有了被重新解释的可能。这样，启蒙思想家所说的“中国文化”，特别是儒家思想的一些原理、原则，经过他们的“理解”和“解释”后，已然不再是中国的“重农主义”的本义了。

由一次入学考试的国文试卷带来的思索

中国的农本主义以商鞅变法中推行“利出一孔”的国家政策为滥觞，只允许民众务农，不许从事其他的行业，诸如经商、当手工艺人，甚至于读书讲学者都被列入国家的另册。不难发现，所谓“驱民归农”，其政治实质乃是“强国”“弱民”。中国历史上历朝历代的统治者越是“重农”，农民越是倒霉。把“上农除末”的调子唱得越高，越是持重农抑商的主张，其结果就越是像晁错所说：“今法律贱商人，商人已富贵矣；尊农夫，农夫已贫贱矣。”于是农民成了“吏之所卑，法之所尊”，真所谓“上下相反，好恶乖迕”。雍正帝曾宣称工商下贱，士人“不肖”，因此四民之中农民最贵。于是他创“老农总吏”之制，挑选模范“老农”授予八品顶戴，“重农”的皇帝使政府强行干预起农户的经营，结果导致了严重的后果。粮食以外的作物

1《魁奈经济著作选集》，商务印书馆，1979年，第412—414页。

尚且要禁，更何谈“保障财产权利和个人经济自由”。

哪有农民不倒霉的？农村破产是20世纪30年代中国思想界的另一大语境，在这种语境下“恨富怜贫”就成为时代的潮流。清华大学一次入学考试的国文试卷，很能说明这一潮流的普遍和深入程度：“本年清华大学入学试验，平沪两处参加的共二千二百多人。……这回的题目是《苦热》、《晓行》、《灯》、《路》、《夜》，考生只要选作一个，文言白话均可。五题中选《苦热》的似乎最多，其次是《夜》，又次是《晓行》，选《灯》、《路》的最少。”这表明当时的青少年对于现实的主要观感是苦热和黑暗，而很少人能看到光明与出路。再看做《苦热》这个题目的，北平考生“总是分两面立论：‘阔人虽也热得难受，但可以住洋房，用电扇，吃冰激凌，还可以上青岛，北戴河去。‘穷人’的热可‘苦’了，洋车夫在烈日炎炎的时候还得拉着车跑；跑得气喘汗流，坐车的还叫快走，于是乎倒地而死”。上海考生做这个题目，“也分阔人穷人两大段，但多说到洋车夫气喘汗流而止，不再说下去”。“做《夜》的也常有分阔人的夜与穷人的夜的；做《晓行》的……也常将农人的穷苦与苛捐杂税等等发挥一番”。可见，有产阶级和无产阶级的观念，已经深入到大部分青少年的头脑中[1]。

朱自清在判完试卷以后感到，“这种恨富怜穷的思想，是这回南北试卷里的普遍思想”。“‘时代潮流’这一句话，我想可以说明这回卷子里大部分恨富怜穷的思想。我们知道这是近年来最流行的思想……，青年人不怕落伍？怕，便非追不可”[2]。作为生长在当时中国最繁华城市的中学生，竟也有这样的思想，或者没有这样的思想，为了怕落伍却不得不追随这种思想，足以说明一个时代的“主干思潮”。

中国以农立国，而搞好农业经济决非一件轻易的事。古代农家思想虽然主张君臣并耕，大家都要劳动生产，但在发展农业的技术问题上，并未留

1 引自张太原：《自由主义与马克思主义：<独立评论>对中国共产党的态度》，《历史研究》2002年第4期，第65页。

2 引自朱自清：《高中毕业生国文程度一斑》，《独立评论》65号（1933年8月27日），9—10页。

下什么理论遗产。从中国官方思想孔子的言论中，也找不到农业经济的思想和政策，充其量不过是“不患寡而患不均”等笼统的概念，这甚至于可以说是一种“均贫（寡）”的消极性的思想。有人问过孔子农和圃的事，他回答说，不如老农，不如老圃。他是谈治国平天下的人，怎么能谈这种事？因此，以礼貌而鄙视的态度，根本不予讨论。还是孟子讲过 “五亩之宅，树之以桑”之类的类似农业经济政策的话，其实完全不是改进农业的建议，只是粗枝大叶的提一下，目的是警告当权者不可采取杀鸡取卵、竭泽而渔的急功近利办法而已。

36 番薯、除蝗与坎儿井

乾隆初年，一些农业生产技术较为成熟地区已出现了“田不加广，而生齿日繁，贫民谋食维艰”[1]的局面。这一时期，内地农业生产逐渐恢复正常，农业技术继续缓慢地向前发展。

清初，就有人提出：“水旱，天时也。肥瘠，地利也，修治，垦辟，人和也，三者之中，亦以人和为重，地利次之，天时又次之，假如雨旸时若，此固人之所望也，然天不可必，一有不时，硗埆卑下之地，先受其害，惟良田不然，此天时不如地利也。田虽上产，然或沟洫不修，种植不时，则虽良田，无所用之，故谚云，卖田买佃，此地利不如人和也。”[2]中国，这样一个传统的农业国度虽然囿于封建社会的生产力条件，农业生产技术，特别是农业生产工具一直没有质的突破，但在农艺技术上还是积累了丰富的经验。

在耕作制度上，表现为轮作复种制在南北各地普遍推广。明代，北方地区虽已采用轮作复种制，但不普遍。清前期，轮作复种的二年三熟制在黄河下游地区得到推广，成为一种基本的农作制度，一年一熟地区也发展了轮作休闲之法。间作方式有麦豆间作、粮菜间作等。套作则有麦棉套作、稻豆套

1 乾隆七年十一月十一日《左都御史管广东巡抚事王安国奏折》。

2 [清]陆世仪：《思辨录辑要》。

作等。这些都大大提高了耕地利用率，对缓解内地地少人多的矛盾起了一定的作用。农作物产量的提高，对乾隆年间人口的急剧增长发挥了至为关键的作用。

明代正德、嘉靖年间传入中国南方的耐旱高产作物玉米，由于对土壤气温要求不高，适应性强，清初康熙、雍正年间，种植面积已逐步扩大。乾隆至道光一百多年，玉米引种地区迅速扩展到全国绝大多数州县，特别是在山地丘陵地区，玉米已成为主要粮食作物。

番薯与增长的人口

番薯，于明末传入中国。刊印于清乾隆三十三年（1768）的《金薯传习录》中援引《采录闽侯合志》记载：到吕宋经商的福建长乐县人陈振龙，发现红薯产量很高，于明万历二十一年（1593）农历五月，设法冲破西班牙殖民当局的封锁，将薯藤置于小篮内，航行七昼夜，秘密输入福州，并加以传播。福建巡抚金学曾虽然起初对传播红薯栽种无兴趣，但在翌年大旱歉收时下令推广，福建人民因此得食度过了荒年。番薯的产量高、繁殖快、耐旱、耐碱、耐贫瘠，块根可充食粮，蔓叶可作饲料，诸多明显的优势，加上官府的倡导和文人的宣传，番薯迅速地在长城以南各省大面积推广。陆耀《甘薯录》说："蕃薯亩可得数千斤，胜种五谷几倍。"当时直隶、天津很多人靠甘薯生活，乾隆帝也曾下谕说要"使民间共知其利，广为栽种，接济民食"。由于玉米和番薯能在干旱贫瘠的山地生长，因此它们在清代大规模垦荒活动中扮演了重要角色。乾隆五十年（1785），河南遇到大面积旱灾，春种遇到严重影响，粮食欠产。为了救荒，乾隆帝命令河南广种番薯。他在上谕中说："闽省地方向产番薯一种，可充粮食，民间种者甚多。""番薯既可充食，又可耐旱。若以之播种豫省，接济民食，亦属备荒之一法。"[1]遂令闽浙总督富勒浑，将"番薯藤种，多行采取，并开明如何栽种之法"，否则"雨泽一少，即与播种无益"。他特派大臣富勒从河南"即将番薯藤种多行

1 乾隆五十年七月初九日《河南巡抚毕沅奏折》。

采取，并开明如何栽种浇灌之法，由驿路快传至福建，转饬被旱各属，晓谕民人，依法栽种”[1]。在此之后，乾隆帝又接连发出数道谕旨，督促落实。第二年，乾隆帝更将此举推广于全国，他令各地督抚仿照河南、江苏、浙江之例，力劝民间广种番薯，并将《甘薯录》一书刊刻遍发。番薯等高产作物的传入，使人们原以粟、稻、小麦等为主的食物结构发生了变化，为人口的增长提供了更多的食物来源。由此，“广济民食”的社会需要番薯的广泛播种，而番薯的广布反过来又加速了乾隆年人口的增长。

清朝官方的人口统计，以乾隆年的记载尤为详尽。乾隆六年（1741）的人口为1亿4341万人，到二十八年（1763）为2亿420万，到五十八年（1792）为3亿1328万人。在中国，早期的人口计算只满足于用集合方法对数百年来所保存的出生、结婚和死亡档案进行统计，粗略地计算出生、死亡数字以及全国的人口规模，这个传统的统计数字不仅缺乏准确性，而且也说明不了人口背后的问题。而清代前期实行的人丁编审制度，是一个巨大的进步。从名不副实的所谓“人丁户口”的统计，发展到对全体“民数”的统计，这是一根本性的转变。由此可以看到，清代人口的高速增长，使中国人口发展跃上了第四个梯级[2]——清至民国梯级。其中，清代中叶的人口增长起了至关重要的作用，乾隆六至十六年（1741—1751）和乾隆三十六至四十六年（1771—1781）两个时段，分别高达2.40%和2.68%。虽然中国历史上个别时期的人口增长率远较清中叶高，但没有一个朝代能在一百年间维持1.0%的年均增长率。总之，清代中叶的人口在增长速度和绝对数量方面都创造了中国社会历史的最高纪录。

人口密度所反映的人口同土地的关系，是分析和判断一个国家和地区人口压力的重要指标。历史上中国的人口密度就比较高，而到了清中叶，人口密度就更高了，乾隆五十三年（1788）达到了每平方公里31.29人。清中叶人口的急剧膨胀，导致了人均耕地数量的急剧下降。根据学者研究，清中叶的

1《清高宗实录》卷1232，乾隆五十年六月庚寅。

2 清代以前，中国人口增长经历了先秦、汉唐和宋明三个梯级。

人均占有耕地面积，乾隆四十一年（1776）为3.30市亩[1]。另有学者则认为清中叶的人均耕地面积仅为2市亩左右[2]。而据《清实录》和《大清会典》的统计计算，乾隆十八年（1753）全国人均占有耕地约为4亩，以后历年递减，乾隆三十一年（1766）为3.75亩，乾隆四十九年（1784）为2.66亩，根据中国当时的生产力水平，“一人一岁之食，约得四亩”[3]。这表明，在乾隆末年，中国人口的增长已大大超过了土地资源的负载力。

首先，人口的高度增长直接导致生活资源的极大消耗，致使物资短缺、物价腾涨。据乾嘉时期的钱泳记载，苏、松、常、镇四府，“雍正、乾隆初，米价每升十余文。二十年虫荒，四府相同，长至三十五文，饿死者无算。后连岁丰稔，价渐复旧，然每升亦只十四五文为常价也。至五十年大旱，则每升至五十六七文。自此以后，不论荒熟，总在二十七八至三十四五文之间，为常价矣”[4]。与钱泳同时代的洪亮吉也说：“闻五十年以前吾祖若父之时，米之价以升计者钱不过六七，布之以丈计者钱不过三四十。今者不然，昔之以升计者钱又须三四十矣，昔之以丈计者又须一二百矣。”[5]可见米之常价，乾嘉间已升至四五倍矣。“至乾隆初年，田价渐长。然余五六岁时（乾隆三十年左右），亦不过七八两，上者十余两。今阅五十年（嘉庆二十年），竟长至五十余两矣”[6]。从康熙年间的每亩四五两，到嘉庆二十年的每亩五十余两，一百五十余年间田价增长十倍，而其中从乾隆三十年到嘉庆二十年的五十年间，田价就增长了六七倍[7]。

乾隆中叶以后，生齿日繁，人多地少、无田可耕的矛盾日趋尖锐。在内地平原地区，人口密度高度集中，但“水陆可耕之地俱经垦辟无余”[8]，土地

1 赵冈、陈钟毅：《中国土地制度史》，台北联经出版公司，1985年，第153—154页。

2 吴慧：《中国历代粮食亩产研究》，农业出版社，1985年，第195页。

3 洪亮吉：《卷施阁文甲集》卷1《意言·生计》。

4 钱泳：《履园丛话》卷1《旧闻·米价》。

5 洪亮吉：《卷施阁文甲集》卷1《意言·生计》。

6 钱泳：《履园丛话》卷1《旧闻·田价》。

7 引自黄长义：《人口压力与清中叶经济社会的病变》，《江汉论坛》2000年第12期，第80—81页。

8《清高宗圣训》卷80《爱民》。

开发已达饱和点，现有土地已不足以养活当地人口，人口剧增对于社会经济结构的破坏是相当明显的。官僚、地主、商人受粮价、田价腾涨的刺激，乘机疯狂兼并土地。早在乾隆年前期，“田之归于富户者大约十之六七，旧时有田之人，今俱为佃耕之户”[1]。人口的高度增长进一步加剧了封建生产关系的固有矛盾，导致整个社会经济结构出现了严重问题。“1750至1850年的百年间，中国人口按前现代标准急剧增长，从而无可逆转地决定了它在嗣后一个时期内起而应付现代势力的最终命运”[2]。在内地山区地带，由于流民的大量涌入，已是“老林无多”，“山渐为童”，森林资源和植被遭到严重破坏。“每遇大雨，泥沙直下，近于山之良田尽成沙地，远于山之巨浸俱积淤泥。以致雨泽稍多，溪湖漫漫，田禾淹没，岁屡不登。至于水遇晴而易涸，旱年之灌溉无由，山有石而无泥”[3]。严重的水土流失，对生态环境的影响是非常广泛的。

再者，过剩人口的普遍存在，意味着劳动力越来越便宜，资源和资本越来越昂贵，这样，对劳动替代型技术的需求也因之降低，致使农业技术长期处在停滞状态。一面是人口的迅猛增长，土地资源日益短缺，传统技术的潜力殆尽，整个社会生活水平低下；一面是科技的停滞和劳动生产率的降低，以致产出的任何增加都只能依靠人口和消费的增加。甘薯的出现甚至导致家庭结构的变化，这是由于家庭抚养孩子的成本与父母从孩子身上所获得收益的关系由此发生了变化，抚养孩子的净成本降低导致对孩子数量需求的增加，也使孩子为家庭提供的收益增多。也就是说，由于产量巨丰的甘薯使得农村家庭抚养孩子的成本降低，从而直接导致其家庭增加了对孩子的需求，而每一个家庭规模的增大势必使全国的人口规模膨胀。

清代中叶的人口增长，日益确定着中国社会的面貌。在人口稠密的江南地区，人口增长率要相对低一些[4]。根据这一动向，可以推断出清代在18世纪

---

1 杨锡绂：《陈明米贵之由疏》，《清经世文编》卷39。

2 [美]吉尔伯特·罗兹曼：《中国的现代化》，江苏人民出版社，1988年，第191页。

3 汪元方：《请禁棚民开山阻水以杜后患疏》，《道咸同光奏议》卷29。

4 参阅李伯重：《清代前中期江南人口的低速增长及原因》，《清史研究》1996年第2期。

末已存在着人口过剩和人口危机，而江南地区人口增长率的下降已成为当时人口过剩产生人口压力的一个重要表征。早在18世纪，马尔萨斯就曾指出，由于“报酬递减律”的作用，越来越大的资源压力本身就会限制人口的增长。

除蝗记

乾隆四十九年（1784），开封府大旱不雨，河水干涸。次年春“多暴风扬沙，大旱，禾尽枯，秋冬大饥”。乾隆五十一年（1786），“瘟疫遍行，死者无数，蝗生蔽野，伤稼”。次年，“遍地生蝗，积三寸许，秋禾被伤”[1]。

最为明显的是旱灾与蝗灾之间的诱发关系。蝗虫性喜温暖干燥，在其虫卵越冬时期，温暖的气候条件使蝗卵免遭寒冻，有利于蝗虫滋生繁殖；在春夏季节，干旱的气候条件使越冬卵生存的河湖滩地水位降低，虫卵不受水流浸渍，有利于夏蝗发生。因此，旱灾特别是大旱的发生为蝗虫生育创造了适宜的环境条件，旱后常有蝗灾流行。两汉以前，人们对此已经有所认识。《汉书·五行志》：“主失礼烦苛则旱之，鱼螺变为蝗。”旱灾一般都发生在春、夏时期，这一时期的气候非常有利于蝗虫的繁殖和生长，再加上治理蝗蝻的有效方法十分缺乏，旱灾引起的蝗灾情况相当普遍。大旱之后，蝗蝻遍野，对此人们束手无策。直至17世纪，人们对于蝗灾的认识还处于十分混沌的状态，就连蝗虫是如何产生之类的问题也茫然得很。作《农政全书》的徐光启竟疏解道，蝗为虾子所变而成[2]，这一观点被认为是勿容置疑的、确不可易的必然之理。当时人们的认识水平之低可见一斑。

“蝗之为灾，其害甚大。然所至之处，有食有不食，虽田在一处，而截然若有界限，是盖有神焉主之，非漫然而为灾也。然所谓神者，非蝗之自为神也，又非有神焉为蝗之长而率之来，率之往，或食或不食也。蝗之为物，

1《光绪开封县志》卷23《祥异》。

2《述异记》云：江中鱼化为蝗，而食五谷。《太平御览》云：丰年环变为虾。此一证也。《尔雅·翼言》：虾善游而好跃，蝻亦好跃。此又一证也。有一僧云：蝗有二须，虾化者须在目上，蝗子入土孳生者，须在目下，以此可别。

虫焉耳。”“故古之捕蝗，有呼噪、鸣金鼓、揭竿为旗以驱逐之者，有设坑、焚火、卷扫、瘗埋以殄除之者，皆所谓曲体鬼神之情也。今人之于蝗，俱畏惧束手，设祭演剧，而不知反身修德、祛除殄灭之道，是谓得其一而未得其二。”言者以为除蝗害者，凡官民士大夫，皆当斋祓洗心，各于其所应祷之神，洁粢盛，丰牢醴，精虔告祝，务期改过迁善，以实心实意祈神佑，而仿古捕蝗之法。于各乡有蝗处所，祈神于坛，坛旁设坎，坎设燎火，火不厌盛，坎不厌多。令老壮妇孺操响器、扬旗幡、噪呼驱扑。蝗有赴火及聚坎旁者，是神之灵之所拘也，所谓“田祖有神，秉畀炎火”者也，则卷扫而瘗埋之[1]。

这真是祈佑神灵与实践经验的完美结合。

坎儿井

吐鲁番的火焰山在维吾尔语叫红山，它是由地壳横向褶皱而成，东西走向，长100公里，宽约10公里，平均高度在500米左右，最高处海拔高度为854米。汉族民间传说，当年孙悟空大闹天空，蹬倒了太上老君的八卦炉，几块炭火从天而降，落于此处，形成了烈火炎炎的火焰山，幸亏孙悟空借得芭蕉扇，三下扇灭满天大火，冷却变成了今天的模样。在《山海经》中曾记有“西海之南、流沙之滨、赤水之后、黑火之前，有大山名曰昆仑之丘”。

自古，“火州”——吐鲁番缺雨无河。然而，老天向来不绝人，吐鲁番地下有较为丰富的水资源——博格达山和喀拉乌成山的积雪与冰川融化后，涓涓雪水流出山谷便会潜入于戈壁滩下形成大量的潜水层。于是，勤劳智慧的新疆人民利用盆地四周高、中间低、含水沙石层坡度大的地理优势将水引出了地面。这种利用其上有若干竖井的地下渠道将地下水引到地面，实现自流灌溉的水利设施，简称“坎儿井”。新疆吐鲁番盆地各县和哈密一带采用“坎儿井”较多，当地气候干旱，蒸发强烈，山麓砾石带的渗漏严重，“坎儿井”可较好地解决灌溉水源损耗大的问题。王国维所著《西域井渠考》中

1《除蝗记》，引自[清]王志伊辑《荒政辑要》，嘉庆十一年刻本，卷1。

也提到早在汉代吐鲁番地区已有“坎儿井”，据此说法，则坎儿井在吐鲁番已有2000余年的历史。

在普遍干旱的西部，在今天的宁夏地区，康熙末年修建了大清渠，雍正年，又开挖了惠农渠和昌润渠，这些河渠的灌溉面积，一般都在千顷以上。在新疆，自乾隆中叶以后，伴随着伊犁地区的屯垦，屯田官兵们在伊犁河南兴建引水渠，灌溉田地。然而，最能代表新疆人民智慧的水利工程还是地下渠“坎儿井”，它与横越中国大半江山的万里长城、纵贯南北的大运河一齐，并称为中国古代三大工程之一。

在特定的地理环境下，以农业为主要生产方式的古代中国，不仅形成了不同于其他文明古国的政治、经济、思想和文化传统，也形成了独具一格的科学技术体系。和以古希腊为代表的欧洲传统科学技术比较重视理论问题有所不同，我国传统科学技术的显著特点首先表现在重视解决实际问题，重视实践经验，而疏于理论概括，即使有理论总结，也主要是经验性或描述性的。明末清初著名的历算学家王锡阐曾指出：“古人立一法必有一理，详于法而不著其理，理具法中。”[1]即专讲怎样去做，而不解释为什么这样做，理论隐含于方法之中。经学家阮元在编写古代科学家传记时也认为，传统科学“但言其当然，而不言其所以然”[2]。

道光二十五年（1845），林则徐谪戍新疆，在新疆大兴水利，大力倡导“坎儿井”。清光绪三十一年（1905），德国人勒柯克途经哈密，曾见哈密回王招请吐鲁番工匠开挖“坎儿井”。此外，天山北麓奇台、阜康、巴里坤和昆仑山北麓皮山等处也曾凿有少量“坎儿井”。民国初，新疆水利会勘查全疆水利，重点对吐鲁番、鄯善等地的“坎儿井”进行了规划，提出了开凿新井和改造旧井的计划，重点普查了吐鲁番、鄯善、库车和阜康等地的“坎儿井”及水资源状况，以吐鲁番为例，普查的结果是“河水居其三，坎水居其七”，当时的“坎儿井”达600道，鄯善约360多道，托克逊100多道，对当地的农业发展起到相当大的作用。

1 王锡阐：《晓庵遗书 · 杂著》。

2 阮元：《畴人传》卷46，商务印书馆，1955年。

呜呼，中国干旱的梦魇似乎就此可以休矣。“坎儿井”的复兴，之于乾隆年举国上下的祈雨，乃是一首浪漫、浩然的歌。

附录　乾隆朝雩祭礼典一览表

年代	日期	皇上亲诣与否	地点	祈雨名称	农业形势
元年(1736)				祈雨	丰年，四月，河水涨，堤防冲塌。
二年(1737)				祈雨	平年，七月，永定河决堤。山西大雨。直隶、湖北旱。
三年(1738)		亲诣	黑龙潭	祈雨	灾年，江苏、安徽大旱。川北、冀南涝。
四年(1739)				祈雨	平年，淮河在亳州溢决，开封大雨。山东曹州、兖州涝。直隶、苏南旱。
五年(1740)		亲诣	黑龙潭	祈雨	丰年，江苏、甘肃涝。
六年(1741)				祈雨	灾年，苏皖二十八州县水灾。甘肃连年告饥。
七年(1742)		亲诣	黑龙潭	祈雨	大灾年，春旱。求，黄淮交涨，苏皖豫鲁赣湘鄂均遭水灾。福建、广东旱。苏南、直隶、贵州下雹，大如鸡卵。
八年(1743)					平年，淮河暴涨。江西春饥。北京亢热，直隶二十八州县、山东十三州县、甘肃七州县旱。安徽、浙江涝。

九年(1744)	四月乙卯	亲诣	圜丘，黑龙潭	常雩	灾年，北京雨少。浙江三十二州县、直隶三十一州县、四川二十三州县及安徽、湖北、广东涝，浙江尤甚。直隶、山东、安徽、江苏蝗灾。
十年(1745)	四月乙卯	亲诣	圜丘，黑龙潭	常雩	平年，江苏、安徽、四川、陕西涝。北京、直隶、贵州、甘肃旱。
十一年(1746)	四月丙子	亲诣	圜丘	常雩	灾年，黄淮并涨。河南、山东、安徽连年被灾。湘鄂赣与奉天亦涝。
十二年(1747)	四月乙丑	亲诣	圜丘，黑龙潭	常雩	平年，海宁潮溢，江苏亦受潮灾。山东全省涝。
十三年(1748)					平年，山东旱，陕西、福建旱。直隶怀来、陕西蔚县雹灾。
十四年(1749)	四月丙子	亲诣	圜丘，黑龙潭	常雩	平年，陕西、山西、福建、贵州涝。山东安丘、诸城、黄县春饥。
十五年(1750)	四月庚辰	亲诣	圜丘，黑龙潭	常雩	平年，黄河在清河县豆班集满口，江苏、山东二十七州县被淹。八月，武昌起风暴。
十六年(1751)		履亲王代行		常雩	灾年，六月，黄河在阳武漫口，豫鲁陕湘涝。浙江五十四州县旱。直隶、安徽大霜。
十七年(1752)	四月戊戌	亲诣	圜丘	常雩	平年，湖北十六州县及山东、浙江、广东部分地区涝。陕西三十七州县、甘肃三十九州县、山西十一州县旱。海宁、杭州潮灾。黄河下游飞蝗。

十八年(1753)	四月辛卯	亲诣	圜丘，黑龙潭	常雩	大灾年，九月，黄河杂铜山南张家马路漫溢。苏皖数十州县，一派汪洋。洪泽湖五坝俱开。陕西、安徽、山东涝。北京、浙江、江西旱，胶东风灾。
十九年(1754)	四月乙酉	亲诣	圜丘	常雩	丰年，永定河漫口。江苏、皖北、鲁北涝。湖北荆门州旱。
二十年(1755)	四月巳酉	亲诣	圜丘，黑龙潭	常雩	灾年，江苏、浙江、安徽、河南、湖北、陕西大水。苏州连雨。山东、山西、湖南涝，浙江旱。
二十一年(1756)	四月辛丑	亲诣	圜丘	常雩	平年，黄河在铜山孙家集决口。河南、陕西、山西、湖南涝，浙江旱。
二十二年(1757)					灾年，五月，苏鲁皖水灾。七月河南大水。苏北连年被水。山东被水。
二十三年(1758)	四月辛酉	亲诣	圜丘，黑龙潭	常雩	丰年，山西、山东、江苏涝。北京、甘肃旱。宜昌雹。
二十四年(1759)	四月丁巳	亲诣	圜丘，黑龙潭	常雩 大雩	灾年，北京、山西、陕西、甘肃、江苏、奉天大旱。直隶各河齐涨。永定河南岸四工决堤。江苏、山东蝗灾。
二十五年(1760)	四月辛巳	亲诣	圜丘	常雩	丰年，苏北水灾。奉天、山西旱。
二十六年(1761)	四月丙子	亲诣	圜丘	常雩	大灾年，七月，沁黄并涨，河南决堤十五处，全省被水五十二州县。鲁南十五州县亦被淹。湖北潜江等七州县大水。江浙胶东大雪。

二十七年(1762)					丰年，陕西旱，直隶霖雨。浙江潮灾。
二十八年(1763)	四月辛卯	亲诣	圜丘，黑龙潭	常雩	丰年，直隶、河南、山东、浙江涝。甘肃旱。冀中飞蝗。
二十九年(1764)	四月戊子	亲诣	圜丘	常雩	平年，山东、福建、广东、湖南、湖北、江西涝。洞庭湖水溢。天津蝗害。
三十年(1765)	四月癸酉	亲诣	圜丘	常雩	丰年，江苏、浙江、甘肃汗，山东、安徽涝。
三十一年(1766)		亲诣	黑龙潭		平年，黄河在沛县韩家堂决口，徐州、宿县等州县受灾较重，浙江东南大雨如注。江西中部自正月雨至七月不绝。直隶、河南、江西、湖南、浙江涝。
三十二年(1767)	四月庚子	亲诣	圜丘，黑龙潭	常雩	平年，七月，汾河溢，平遥一带汪洋浩淼。
三十三年(1768)	四月庚寅	亲诣	圜丘	常雩	平年，山西、直隶五十州县涝。江苏、河南、山东、湖北、贵州旱。洪泽湖大水。
三十四年(1769)	四月乙卯	亲诣	圜丘	常雩	平年，长江涨水，在黄梅漫溢，湖北、安徽、江苏涝。太湖水溢。山东大雨。浙、闽大风。
三十五年(1770)	四月癸丑	亲诣	圜丘，黑龙潭	常雩	平年，永定河决口。古北口山水暴涨，热河大水。京郊通州、密云、怀柔及天津、静海飞蝗。

三十六年(1771)					平年，北京大雨。七月，永定河复决。直隶、山东、安徽、江苏涝。
三十七年(1772)	四月辛未	亲诣	圜丘	常雩	丰年，甘肃二十五州县旱。
三十八年(1773)	四月甲午	亲诣	圜丘	常雩	平年，黄河在朝邑漫溢。山东、江苏、安徽、浙江、福建涝。直隶旱。
三十九年(1774)	四月丙戌	亲诣	圜丘	常雩	平年，八月，连日雨骤风狂，黄河在老坝口决堤。安徽十州县涝，北京、直隶、湖北、甘肃旱。
四十年(1775)	四月甲申	亲诣	圜丘	常雩	平年，江苏三十州县、安徽十二州县、甘肃十八州县及浙、鲁、豫、鄂旱。直隶四十州县涝。汾水溢。
四十一年(1776)					平年，江苏四十六州县及安徽、广东涝。甘肃三十一州县旱。
四十二年(1777)		亲诣	黑龙潭		丰年，山西、江西涝。江苏、浙江旱。
四十三年(1778)	四月丁酉	亲诣	圜丘，黑龙潭	常雩	大灾年，六月以前，各地旱。范围包括：北京及直隶、山东、河南、四川、湖北、湖南、贵州。北京雨泽稀少，太原半年未雨，河南苦旱，湖北蝗害。六月后，河南连日大雨，黄河与沁、洛齐涨，黄河在祥府县时和驿漫溢。湖北、四川大饥。
四十四年(1779)	四月辛酉	亲诣	圜丘	常雩	平年，仪封决口，时和驿决口复开，漳河、滏河漫溢，汉水漫溢。湖北、浙江涝。江苏、贵州、甘肃旱。

四十五年(1780)					灾年，六月，睢宁郭家渡决口，七月，考城、曹县及张家油房相继决口。永定河在芦沟桥漫溢，二十四州县被水。四川涝。
四十六年(1781)	四月巳酉	亲诣	圜丘	常雩	灾年，五月，睢宁魏家庄堤防溢决，七月，仪封漫口多处。广东、四川涝。浙江、江西、湖北旱。
四十七年(1782)	四月壬申	亲诣	圜丘	常雩	平年，四川涪江涨，河南、安徽、湖北、山西涝。苏北春夏大旱，秋后大雨。
四十八年(1783)	四月丁卯	亲诣	圜丘	常雩	丰年，北京、山东旱。四川、福建、甘肃涝。
四十九年(1784)					平年，陕西、河南大雨，河水泛滥安徽。湖南、江西涝，山东、山西大旱不雨。
五十年(1785)	四月丙戌	亲诣	圜丘	常雩	大灾年，大范围旱灾，包括北京、奉天、江苏、浙江、安徽、湖北、山东、河南、陕西。湖北大饥。苏州、湖州、泰州即旱且蝗。山西涝。
五十一年(1786)					灾年，七月，大雨滂沱，异常倾注。浙江涝，山东、河南、福建、广东、江西旱。
五十二年(1787)					平年，六月，睢州十三堡黄河决口。山东、山西旱。奉天、广东、福建、鲁豫边旱。
五十三年(1788)					大灾年，六月，长江上游大雨，湖北被淹三十六县。

五十四年(1789)					平年，六月，睢宁周家楼黄河堤决口。
五十五年(1790)		亲诣	黑龙潭		平年，直隶、山东涝。
五十六年(1791)					丰年，奉天旱，浙江涝。
五十七年(1792)		亲诣	黑龙潭		平年，北京、直隶、河南旱。
五十八年(1793)					丰年，直隶、陕西旱。
五十九年(1794)			亲诣 黑龙潭	常雩	灾年，春，北京、直隶、山东、陕西旱。秋，黄河在丰北曲家庄决口。直隶、河南、安徽、山东、湖南、贵州、福建涝。 皇八子仪郡王永璇代行常雩礼。
六十年(1795)					平年，北京、奉天、直隶、山东旱。

后 记

几年前，我专程去过宁夏中宁，体验干旱。那里地处我国中西部干旱带的最干旱的中心区域，年平均降水仅202.1毫米，而年蒸发量却有1947.1毫米，为年平均降水量的9.6倍。素有“十年九旱”之称。在当地，常有这样的事发生，客人如果看到主人家的桌子上放有湿的抹布，哪怕只是浸有一丁点的水分，就会将它“偷走”，主人则会听之任之，或有意将湿抹布放在客人的必经之处，让他去偷，主客二人心照不宣。知情人说，那就像是孩提的“佯信”表演，是当地的一种独特的巫术，意在祈雨。

每当想起那次见闻，在我的内心都会涌起一阵至深的感动，那是一份真诚。由此也更加深信鲁迅先生早年提出的：“不悟墟社稷毁家庙者，征之历史，正多无信仰之士人，而乡曲小民无与。伪士当去，迷信可存，今日之急也。”[1]当下的这一“心理学上的事实”，让我更坚定了去写作这本书的决心。

毋庸讳言，历史研究，说到底是基于对现实问题的深切关注，这其中包括，如何去建设一个美好的家园。18世纪与19世纪，欧洲对于中国的态度由赞誉到诽谤的明显变化，其剧烈的程度，让人不寒而栗。为什么上一个世纪

1 《破恶声论》，《鲁迅全集》第8卷，第28页。

对中国的热情会在短时间里被蔑视所取代。这不能不令我们回过头来，重新来审视一下那个辉煌的盛世——乾隆朝——一个伟大的经济时代，同时又存在着一个糟糕的社会经济结构，及一个混乱的精神状态，这最终导致了1840年以后中国的财富社会瓦解。

乾隆朝的祈雨，采用了宗教信仰上的实用主义，急功近利，动乱了神器，致使这一神祇体系枝蔓繁生，引发了信仰的混乱。显然，将这一现象，置于一个百年的衡量尺度上，如此广泛的“无信仰”，对于维护正法，增进行学，弘扬正义，端正人心，皆无意义。就宗教而言，中国宗教长期停滞于自然宗教阶段，且处于一种分裂，这是政治上大人、君子与小人的社会分裂在精神领域的延续。因此，尽管中国宗教具有一些高尚的至上神，却始终无法摆脱世俗的，功利的特质。乾隆帝在热烈的“雩祀”祭文中，也许获得了神圣的存在和至高无上感的满足，但他绝不会想到，其所寄予祈愿的宗教反而成为了压抑自己情感的精神力量，更不会想到，正是这种神圣的存在，最终造成了中国人在社会现实领域的悲剧。为了让这段历史带给今天更多隽永的启示，我们将投入不懈的研究。

在此要特别感谢故宫博物院、紫禁城出版社。乾隆年祈雨的史实探讨，当然可以有其他的方法去研究，只是那样去做了，就不会有这样一次特殊的合作。还有，中国社科院历史研究所的陈祖武先生，热情为拙著作序，并给予了宝贵指导；作为拙著的责任编辑，陈连营博士为此付出了高度热忱和辛勤的工作；故宫博物院的何芳女士为我提供了相关文字资料与图片。付梓之际，谨向上述各位方家，一并衷表谢忱。

作　者

2009年9月1日

图书在版编目（CIP）数据

帝国之雩——18世纪中国的干旱与祈雨/吴十洲著.
－北京：紫禁城出版社，2010.9
ISBN 978-7-5134-0039-8

Ⅰ.①帝…　Ⅱ.①吴…　Ⅲ.①干旱－历史－研究－中国－18世纪
Ⅳ.①P426.616

中国版本图书馆CIP数据核字（2010）第154347号

帝国之雩——18世纪中国的干旱与祈雨

著　　者：吴十洲
责任编辑：陈连营
装帧设计：王孔刚
出版发行：紫禁城出版社
地址：北京东城区景山前街4号　邮编：100009
电话：010-85007816　010-85007817　传真：010-65129479
邮箱：ggzjc@vip.sohu.com
印　　刷：保定市中画美凯印刷有限公司
开　　本：787×960毫米　1/16
印　　张：25
字　　数：300千字
图　　版：41张
版　　次：2010年10月第1版
2010年10月第1次印刷
印　　数：1–2000
书　　号：ISBN 978-7-5134-0039-8
定　　价：46.00元